普通高等教育计算机系列规划教材

数据库管理与数据分析
（SQL Server 2012+Tableau）

郭　进　吕峻闽　徐鸿雁　主　编
陈　婷　陈昌平　罗文佳　罗　丹　副主编

電子工業出版社
Publishing House of Electronics Industry
北京・BEIJING

内 容 简 介

本书集数据管理和数据分析为一体，以微软公司最新数据库产品 SQL Server 2012 为数据平台，在简述传统数据库理论的基础上，首先认识数据，掌握数据库设计原理，将数据以关系化方式存储到数据库中，然后基于 SQL Server 2012 平台进行数据库管理操作，最后基于 Tableau 平台进行数据分析和展示，结合案例数据进行商业智能化分析，提供翔实可视化的智能分析报告。同时，本书设计练习实验，强化实践教学和综合应用，并给出案例数据的完整分析和系统开发过程，有利于读者对照学习。

本书清晰描述了数据库管理和数据分析的主要过程，重点和难点突出，注重对实际技能的培养。本书既可作为计算机应用和信息管理等相关专业（计算机科学与技术或信息管理与信息系统等专业）的教材，也可供数据库开发技术人员使用。

图书在版编目 (CIP) 数据

数据库管理与数据分析：SQL Server 2012+Tableau/郭进，吕峻闽，徐鸿雁主编. —北京：电子工业出版社，2017.9
普通高等教育计算机系列规划教材
ISBN 978-7-121-32189-4

Ⅰ. ①数… Ⅱ. ①郭… ②吕… ③徐… Ⅲ. ①关系数据库系统－可视化软件－高等学校－教材
Ⅳ. ①TP311.138

中国版本图书馆 CIP 数据核字（2017）第 161181 号

策划编辑：徐建军（xujj@phei.com.cn）
责任编辑：谭丽莎
印　　刷：涿州市京南印刷厂
装　　订：涿州市京南印刷厂
出版发行：电子工业出版社
　　　　　北京市海淀区万寿路 173 信箱　邮编 100036
开　　本：787×1 092　1/16　印张：17.75　字数：454 千字
版　　次：2017 年 9 月第 1 版
印　　次：2019 年 12 月第 5 次印刷
定　　价：45.00 元

凡所购买电子工业出版社图书有缺损问题，请向购买书店调换。若书店售缺，请与本社发行部联系，联系及邮购电话：（010）88254888，88258888。

质量投诉请发邮件至 zlts@phei.com.cn，盗版侵权举报请发邮件至 dbqq@phei.com.cn。

本书咨询联系方式：（010）88254570。

本书编委会成员

（按拼音排序）

前言
Preface

纵观国内，大数据已经形成产业规模，并上升到国家战略层面，大数据技术和应用呈现纵深发展趋势。面向大数据的云计算技术、大数据计算框架等不断推出，新型大数据挖掘方法和算法大量出现，大数据新模式、新业态层出不穷，传统产业开始利用大数据实现转型升级。数据在纵横两向的普及和应用进一步体现了数据的价值。而数据存储与管理和数据分析为大数据的应用提供了必备的基础支撑，具体涉及数据的采集、筛选、存储、分析、展示，每部分都是在数据利用过程中的重要环节，通过数据分析和解释进一步呈现了数据本质，挖掘了数据价值，最后利用大数据处理技术对用户决策等提供依据。

本书主要提供数据科学的思维方法，积极探索对非 IT 专业大学生进行数据分析技能的培养捷径，结合多年来的教学和项目应用实践经验，以 Microsoft 的 SQL Server 2012 数据库数据存储和管理为平台，结合兼具建模和展示多功能的 Tableau 工具进行后期分析，详略结合，重点突出，既汲取原有部分数据库教学资源，又增添了案例数据分析和展示的介绍，从内容和形式上有所创新。

全书共分为 14 章，内容涵盖数据库理论介绍和 SQL Server 2012 数据库产品的详细安装方法，数据库和数据表的创建、修改和查询，T-SQL 语言的使用方法、存储过程等高级应用。同时以 SQL Server 2012 为后台数据源，使用 Tableau 对案例数据进行详细的分析，根据数据特性，采用不同的分析方式和图表展示方法，以及地图和仪表板，案例丰富，细节翔实，可供读者边学习边实践，以方便读者快速、全面地掌握数据分析技术。

本书由郭进、吕峻闽、徐鸿雁任主编，陈婷、陈昌平、罗文佳、罗丹任副主编并负责编写相应各章节。参加本书编写的还有陈婷、陈小宁、高玲玲、龚轩涛、何臻祥、靳紫辉、李化、李长松、刘强、马明、汤来锋、王强、王书伟、魏雨东、夏钰红、肖忠、姚一永、银梅、张诗雨等。同时，西南财经大学天府学院信息技术教学中心和现代技术中心的各位老师为本书提供了许多帮助，在此，编者对以上人员致以最诚挚的谢意！在编写本书的过程中参考了相关的图书和资料，在此也对这些资料的相关作者深表感谢。

为了方便教师教学，本书配有电子教学课件，请有此需要的教师登录华信教育资源网（www.hxedu.com.cn）注册后免费进行下载，如有问题可在网站留言板留言或与电子工业出版社联系（E-mail：hxedu@phei.com.cn）。

由于编者水平有限，加之时间仓促，书中难免有不妥之处，敬请读者批评指正，以便在今后的修订中不断改进。

编　者

目录
Contents

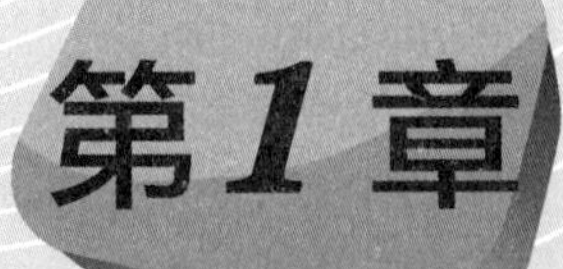

第1章 SQL Server 2012 简介

1.1 SQL Server 2012 数据库概述

1.1.1 SQL Server 2012 基本功能

SQL Server 是由 Microsoft 开发和推广的关系数据库管理系统（DBMS），它最初是由 Microsoft、Sybase 和 Ashton-Tate 三家公司共同开发的，并于 1988 年推出了第一个 OS/2 版本。Microsoft SQL Server 近年来不断更新版本，1996 年，Microsoft 推出了 SQL Server 6.5 版本；1998 年，SQL Server 7.0 版本和用户见面；SQL Server 2000 是 Microsoft 公司于 2000 年推出的；2012 年 3 月推出了 SQL Server 2012；目前最新版本为 SQL Server 2016，于 2016 年 6 月发布。考虑到资源占用和教学使用的有限功能，本书采用 SQL Server 2012 版本。

2012 年 3 月 7 日消息，Microsoft 正式发布最新的 SQL Server 2012 RTM（Release-to-Manufacturing）版本，面向公众的版本将于 4 月 1 日发布。Microsoft 此次版本发布的口号是用“大数据”来替代“云”的概念，Microsoft 对 SQL Server 2012 的定位是帮助企业处理每年大量的数据（Z 级别）增长。

来自 Microsoft 商业平台事业部的副总裁 Ted Kummert 称：SQL Server 2012 更加具备可伸缩性、可靠性及前所未有的高性能；而 Power View 为用户对数据的转换和勘探提供强大的交互操作能力，并协助做出正确的决策。即将推出 3 个主要版本和很多新特征，同时 Microsoft 也透露了 SQL Server 2012 的价格和版本计划，其中增加一个新的智能商业包。

SQL Server 2012 的主要版本包括新的商务智能版本，增加了 Power View 数据查找工具和数据质量服务，企业版本则提高安全性、可用性。从大数据到 StreamInsight 复杂事件处理，再到新的可视化数据和分析工具等，都将成为 SQL Server 2012 最终版本的一部分。

SQL Server 2012 的新增功能如下。

（1）AlwaysOn：这个功能将数据库的镜像提到了一个新的高度。用户可以针对一组数据库而不是一个单独的数据库做灾难恢复。

（2）Windows Server Core 支持：Windows Server Core 是命令行界面的 Windows，使用 DOS 和 PowerShell 来做用户交互。它的资源占用更少，更安全，支持 SQL Server 2012。

（3）Columnstore 索引：这是 SQL Server 独有的功能。它们是为数据仓库查询设计的只读索引。数据被组织成扁平化的压缩形式存储，极大地减少了 I/O 和内存使用。

（4）自定义服务器权限数据库管理员（DBA）可以创建数据库的权限，但不能创建服务器的权限。例如，DBA 想要一个开发组拥有某台服务器上所有数据库的读写权限，他必须手动完成这个操作。但是 SQL Server 2012 支持针对服务器的权限设置。

（5）增强的审计功能：所有的 SQL Server 版本都支持审计。用户可以自定义审计规则，记录一些自定义的时间和日志。

（6）BI 语义模型：这个功能是用来替代“Analysis Services Unified Dimentional Model”的。这是一种支持 SQL Server 所有 BI 体验的混合数据模型。

（7）Sequence Objects：使用 Oracle 的人一直想要这个功能。一个序列（sequence）就是根据触发器的自增值而实现的。SQL Server 有一个类似的功能，identity columns，但是用对象实现了。

（8）增强的 PowerShell 支持：所有的 Windows 和 SQL Server 管理员都应该认真地学习 PowderShell 的技能。Microsoft 正在大力开发服务器端产品对 PowerShell 的支持。

（9）分布式回放（Distributed Replay）：这个功能类似于 Oracle 的 Real Application Testing 功能。不同的是 SQL Server 企业版自带了这个功能，而使用 Oracle 时，你还需额外购买这个功能。这个功能可以让你记录生产环境的工作状况，然后在另外一个环境重现这些工作状况。

（10）PowerView：这是一个强大的自主 BI 工具，可以让用户创建 BI 报告。

（11）SQL Azure 增强：这和 SQL Server 2012 没有直接关系，但是 Microsoft 确实对 SQL Azure 做了一个关键改进，如 Reporint Service，备份到 Windows Azure。Azure 数据库的上限提高到了 150G。

（12）大数据支持：这是最重要的一点，虽然放在了最后。在 PASS（Professional Association for SQL Server）会议上，Microsoft 宣布了与 Hadoop 的提供商 Cloudera 的合作。提供了 Linux 版本的 SQL Server ODBC 驱动。主要的合作内容是微软开发 Hadoop 的连接器，也就是 SQL Server 也跨入了 NoSQL 领域。

1.1.2 SQL Server 2012 管理工具

1. SQL Server 管理环境

SQL Server 管理环境（SQL Server Management Studio，SSMS）是用于访问、配置、控制、管理和开发 SQL Server 2012 所有组件的一种集成环境，它可以管理从 SQL 服务器到 SQL 数据库之间所有的基本操作。同时，SSMS 将大量的图形工具和丰富的脚本编辑器组合在一起，实现了各种技术级别的开发人员和管理员对 SQL Server 的访问。

SSMS 将早期版本的 SQL Server 中所包含的企业管理器、查询分析器和 Analysis Manager 功能整合到单一的环境中。除此之外，SSMS 还可以协同 SQL Server 的所有组件一起工作，如 Integration Services、Reporting Services 和 SQL Server Compact 3.5 SP1。数据库管理员可以获得功能齐全的单一实用工具，开发人员也可以获得熟悉的体验。

2. SQL Server 2012 配置管理器

SQL Server 2012 配置管理器为 SQL Server 服务、服务器协议、客户端协议和客户端别名提供基本的配置管理。它可以通过执行“配置工具”→“SQL Server 2012 配置管理器”打开，如图 1-1 所示，也可以通过在命令提示下输入 sqlservemanager.msc 命令打开。

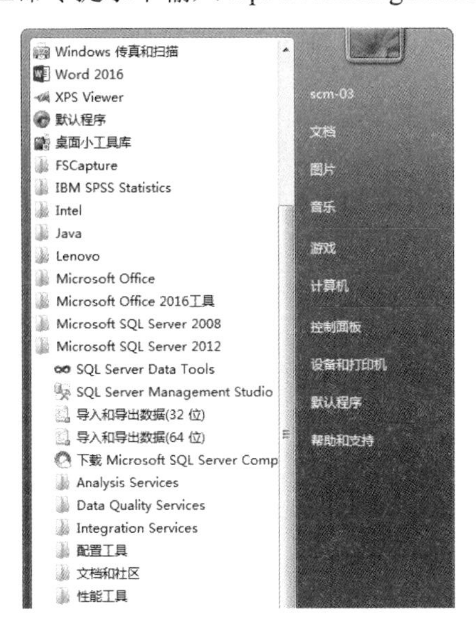

图 1-1 打开 SQL Server 2012 配置管理器

3. SQL Server Profiler

SQL Server Profiler 提供了一个用于 SQL 跟踪的图形用户界面，用于监视数据库引擎实例或 Analysis Services 实例。它可以帮助捕获关于每个数据库事件的数据，并将其保存到文件或表中，以供日后分析。SQL Server Profiler 分析界面如图 1-2 所示。

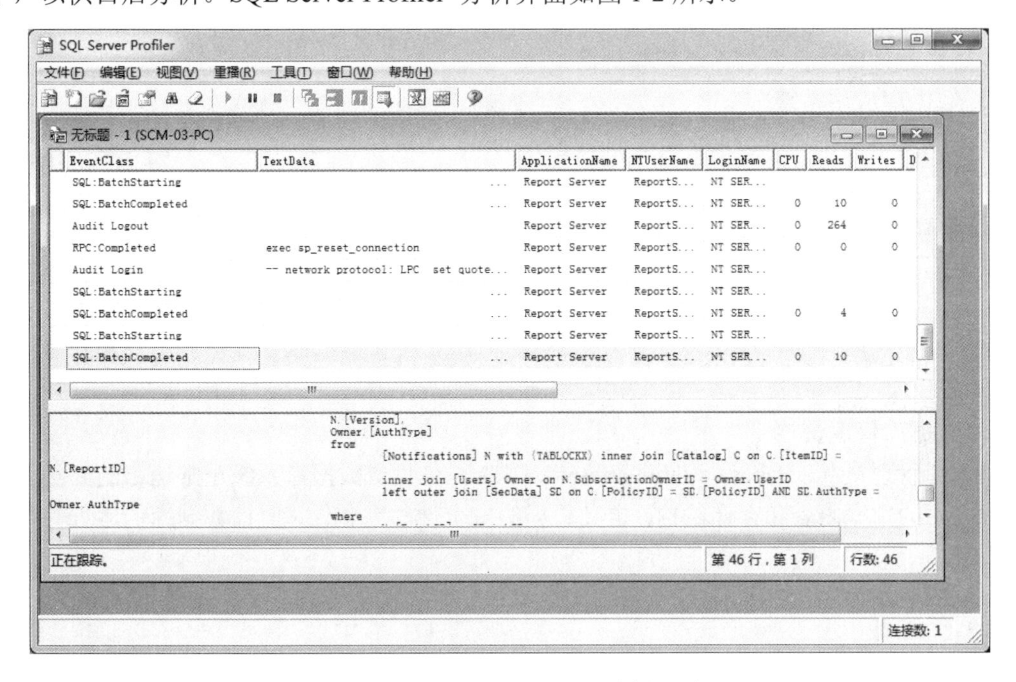

图 1-2 SQL Server Profiler 分析界面

4. 数据库引擎优化顾问

数据库引擎优化顾问（Database Engine Tuning Advisor）是协助用户创建索引、索引视图和分区的最佳组合，它可以帮助用户分析工作负荷、提出创建高效率索引的建议等。

5. 命令提示实用工具

除了上述的图形化管理工具，SQL Server 2012 还提供了可以从命令提示符中运行的工具，如 sqlcmd.exe、osql.exe、bcp.exe、dtexec.exe、dtutil.exe、rsconfig.exe、sqlwb.exe、tablediff.exe 等。

1.2 数据库基础知识

1.2.1 数据库相关概念

1. 数据

数据（Data）是数据库中存储的基本对象，是人们用来描述信息的可识别的符号。数据具有多种表现形式，它与传统意义上理解的数据不同，可以是数字、文字、图形、图像、声音、动画等，它们都可以经过数字化后存入计算机。

2. 数据库

数据库（Data Base，DB）是长期存储在计算机内的、有组织的，并且可以共享的大量数据的集合，它将数据按照一定的数据模型组织、描述和存储，具有较小冗余度、较高数据独立性和易扩展性、可以被各种用户共享等特点。

3. 数据库管理系统

数据库管理系统（Database Management System，DBMS）对数据库进行统一的管理和控制，是位于用户和操作系统之间的一种操纵和管理数据库的大型软件，用户可以通过数据库管理系统对数据库进行定义、创建、维护和访问。

4. 数据库应用系统

数据库应用系统（Database Application System）的应用相当广泛，它是使用数据库技术管理其数据的系统的总称，可以用于计算机辅助设计、计算机图形分析、人工智能等系统中。

5. 数据库系统

数据库系统（Database System，DBS）是指在计算机系统中引入数据库后构成的系统，是一个实际可以运行的，按照数据库方法存储、维护并向应用系统提供数据支持的系统，它一般由数据库、数据库管理系统（及其开发工具）、应用系统、数据库管理员、用户和计算机硬件构成。

6. 数据库管理员

数据库管理员（Database Administrator，DBA）是负责数据库系统正常运行的高级用户，决定数据库的数据内容和存储结构，定义数据的安全性与完整性，监控数据库的运行与数据的重组恢复。

数据库系统如图 1-3 所示。

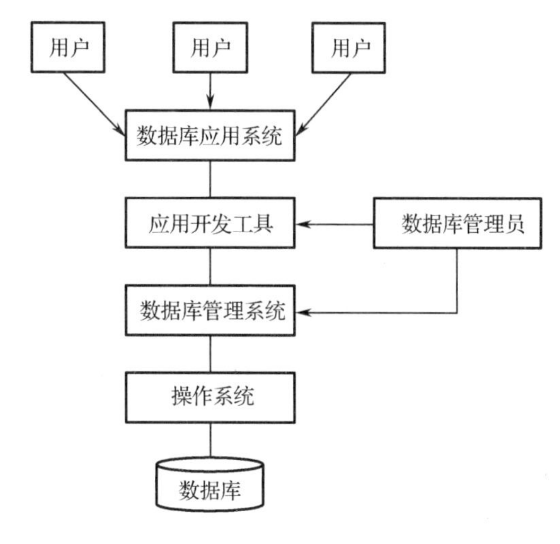

图 1-3　数据库系统

1.2.2　数据库系统的体系结构

数据库系统的体系结构分为三级模式与二级映像。

数据库系统的三级模式结构是指数据库系统由外模式、模式和内模式三级构成。数据库管理系统在这三级模式之间提供了两级映像：外模式/模式映像和模式/内模式映像。

1. 模式

模式（Schema）也称概念模式，是对数据库中全部数据的逻辑结构和特征的描述，是所有用户的公共数据视图。它是数据库系统模式结构的中间层，既不涉及数据的物理存储细节和硬件环境，也不涉及具体的应用程序及所使用的应用开发工具和高级程序设计语言。

模式实际上是数据库数据在概念级上的视图，一个数据库只有一个模式。模式通常以某一种数据模型为基础，统一、综合地考虑了所有用户的需求，并将这些需求有机地结合成一个逻辑整体。定义模式时不仅要定义数据的逻辑结构，如数据记录由哪些数据项构成，数据项的名称、类型、取值范围等，而且还要定义数据项之间的联系，定义不同记录之间的联系，以及定义与数据有关的完整性、安全性等要求。

2. 外模式

外模式（External Schema）也称用户模式，它是数据库用户能够看见和使用的局部数据的逻辑结构和特征的描述，是数据库用户的数据视图，即个别用户涉及的数据的逻辑结构。

外模式通常是模式的子集，一个数据库可以有多个外模式。由于它是各个用户的数据视图，如果不同的用户在应用需求、看待数据的方式、对数据保密的要求等方面存在差异，则其外模式描述不同。即使针对模式中的同一数据，在外模式中的结构、类型、长度和保密级别等都可以不同。另外，同一个外模式也可以为某一用户的多个应用系统所使用，但一个应用程序只能使用一个外模式。

外模式是保证数据库安全性的一项有效措施。每个用户只能看见和访问所对应的外模式中的数据，数据库中的其余数据不可见。

3. 内模式

内模式（Internal Schema）也称存储模式，一个数据库只有一个内模式，它是数据物理结构和存储方式的描述，是数据在数据库内部的表示方式。例如，记录的存储方式是顺序存储、按照 B 树结构存储还是按照 hash 方法存储；索引按照什么方式组织；数据是否压缩存储，是否加密；数据的存储记录结构有何规定等。

4. 外模式/模式映像

外模式/模式映像是数据的全局逻辑结构，外模式描述的是数据的局部逻辑结构，对应于同一个模式可以有任意多个外模式。对于每一个外模式，数据库系统都有一个外模式/模式映像，它定义了该外模式与模式之间的对应关系，这些映像定义通常包含在各自外模式的描述中。

当模式改变时（如增加新的关系、新的属性、改变属性的数据类型等），由数据库管理员对各个外模式/模式映像进行相应改变，可以使外模式保持不变。应用程序是根据数据的外模式编写的，因此应用程序不必修改，进而保证了数据与程序的逻辑独立性，简称数据的逻辑独立性。

5. 模式/内模式映像

数据库中只有一个模式，也只有一个内模式，因此模式/内模式映像是唯一的，它定义了数据全局逻辑结构与存储结构之间的对应关系。例如，它说明逻辑记录和字段在内部是如何表示的。该映像定义通常包含在模式描述中。当数据库的存储结构改变（如选用了另一种存储结构）时，由数据库管理员对模式/内模式映像进行相应改变即可，可以使模式保持不变，从而使得应用程序也不必改变，保证了数据与程序的物理独立性，简称数据的物理独立性。

在数据库的三级模式结构中，数据库模式即全局逻辑结构是数据库的中心与关键，它独立于数据库的其他层次。因此，设计数据库模式结构时应首先确定数据库的逻辑模式。

数据库的内模式依赖于它的全局逻辑结构，但独立于数据库的用户视图即外模式，也独立于具体的存储设备。它将全局逻辑结构中所定义的数据结构及其联系按照一定的物理存储策略进行组织，以达到较好的时间效率和空间效率。

数据库的外模式面向具体的应用程序，它定义在逻辑模式之上，但独立于存储模式和存储设备。当应用需求发生较大变化，相应外模式不能满足其视图要求时，该外模式就得进行相应改动，因此设计外模式时应充分考虑到应用的扩充性。

1.2.3 数据库技术的研究领域

数据库学科的研究范围主要包括以下三个领域。

1. 数据库管理系统软件的研制

数据库管理系统是数据库系统的基础。数据库管理系统的研制包括研制数据库管理系统本身及以数据库管理系统为核心的一组相互联系的软件系统，包括工具软件和中间件。研制的目标是提高系统的性能和用户的生产率。

2. 数据库设计

数据库设计的研究包括以下内容：

（1）数据库的设计方法、设计工具和设计理论的研究；

（2）数据模型和数据建模的研究；

（3）计算机辅助数据库设计及其软件系统的研究；

（4）数据库设计规范和标准的研究等。

3. 数据库理论

数据库理论的研究主要集中在关系规范化理论、关系数据理论等方面。

近年来，随着人工智能与数据库理论的结合及并行计算技术的发展，数据库逻辑演绎和知识推理、并行算法等都已成为新的研究方向。

随着数据库应用领域的不断扩展，计算机技术的迅猛发展，数据库技术与人工智能技术、网络通信技术、并行计算技术等相互渗透、相互结合，使得数据库技术不断涌现出新的研究方向。

第2章 数据库设计

2.1 数据库设计概述

在信息社会，数据库的应用已越来越广泛，大到一个国家的信息中心，小到个体私人企业，都会利用先进的数据库技术对数据进行有效的管理，保持系统数据的整体性、完整性和共享性。目前，一个国家的数据库建设规模（指数据库的个数、种类）、数据库信息量的大小和使用频度已成为衡量这个国家信息化程度的重要指标之一。

数据库设计是指根据用户的需求，在某一具体的数据库管理系统上，设计并优化数据库的逻辑结构和物理结构，建立数据库的过程。数据库设计是建立数据库应用系统的工作步骤中的关键环节，是信息系统开发中的核心。由于数据库应用系统的复杂性，为了支持相关程序运行，数据库设计就变得异常复杂，因此最佳设计不可能一蹴而就，而只能是一种“反复探寻，逐步求精”的过程，也就是规划和结构化数据库中的数据对象及这些数据对象之间关系的过程。

数据库设计既是一项涉及多学科的综合性技术，又是一项庞大的工程项目。“三分技术、七分管理、十二分基础数据”是数据库设计的特点之一。

在数据库建设中不仅涉及技术，还涉及管理。要建设好一个数据库信息系统，开发技术固然重要，但是管理更加重要。企业的业务管理对数据库结构的设计有直接影响。这是因为数据库结构（即数据库模式）是对企业中业务部门数据及各个业务部门之间的数据联系的描述和抽象。业务部门数据及这些数据之间的联系和部门的职责、企业的管理模式是密切相关的。

十二分的基础数据则强调了数据的收集、整理、组织和不断更新，这是数据库建设中的重要环节，但也是容易被忽视的部分。基础数据的收集、入库是数据库建立初期工作量最大、最烦琐和最细致的工作。在以后数据库运行的过程中更需要不断地将新数据更新到数据库中，如果没有新数据的进入，随着时间的流逝，数据库就失去了使用价值。

2.1.1　数据库设计方法

为了使数据库设计更合理、更有效，多年来人们通过努力探索，提出了各种各样的数据库设计方法，但目前还缺乏一种统一、完善、有效的整套设计方法与工具。

早期的数据库设计主要采用手工试凑法，这种数据库设计方法的设计质量与设计人员的经验和水平有直接关系，缺乏科学理论和工程方法的支持，工程的质量难以保证，经常出现数据库运行一段时间后又发现不同程度的各种问题，增加了维护的代价。

手工试凑法的缺点导致这种方法无法适应现在信息管理发展的需要，后来运用软件工程的思想和方法，提出了数据库设计的规范，即数据库的规范设计法。其基本思想是过程迭代和逐步求精。下面简单介绍几种比较有影响的设计方法。

（1）新奥尔良（New Orleans）方法：该方法是目前公认的比较完整和权威的一种规范设计方法，它将数据库设计分为 4 个阶段，即需求分析、概念设计、逻辑设计和物理设计。在新奥尔良方法上演变的 S.B.Yao 方法将数据库设计分为了五个阶段，I.R.Palmer 方法把数据库设计当成一步接一步的过程。

（2）基于 E-R 模型的数据库设计方法：该方法在需求分析的基础上，用 E-R 模型来反映现实世界实体与实体之间的联系，是数据库在概念设计阶段中广泛使用的方法。

（3）基于 3NF（第三范式）的数据库设计方法：该方法在需求分析的基础上将数据库模式中的属性及这些属性之间的依赖关系组织在一个单一的关系模式中，然后再将其投影分解，去除其中不符合 3NF 的约束条件，将其规范成若干个 3NF 关系模式的集合。

（4）ODL（Object Definition Language）方法：该方法是面向对象的数据库设计方法。它用面向对象的概念和相关术语来说明数据库结构。ODL 可以描述面向对象的数据库结构设计，也可以直接转换为面向对象的数据库。

（5）计算机辅助数据库设计方法：该方法是数据库设计趋向自动化的一个重要方面，它的基本思想是提供一个交互式的过程，一方面充分利用计算机速度快、容量大和自动化程度高的特点，完成比较规则、重复性大的设计工作；另一方面又充分发挥设计者的技术和经验，做出一些重大决策，人机结合，互相渗透，帮助更好地进行数据库设计。

2.1.2　数据库设计步骤

在数据库应用系统的开发过程中，按照规范化的设计方法，数据库的设计可以分为 6 个阶段：需求分析、概念结构设计、逻辑结构设计、物理结构设计、数据库实施、数据库运行和维护，如图 2-1 所示。

在数据库设计过程中，需求分析和概念结构设计面向用户的应用要求，面向具体的问题，可以独立于任何数据库关系系统进行。逻辑结构设计和物理结构设计面向数据库管理系统，与选用的数据库管理系统密切相关。数据库实施、数据库运行和维护是数据库的“实现和运行阶段”。

数据库设计开始之前，必须选择参加设计的人员，包括系统分析人员、数据库设计人员、数据库开发人员、数据库管理员和用户。系统分析人员和数据库设计人员是数据库设计的核心人员，他们将参与整个数据库的设计，他们的水平决定了数据库系统的质量。用户和数据库管理员主要参加需求分析、数据库的运行和维护，他们的参与不但能提高数据库设计的速度，还决定了数据库设计是否成功。数据库开发人员负责编写程序和调试软硬件环境。

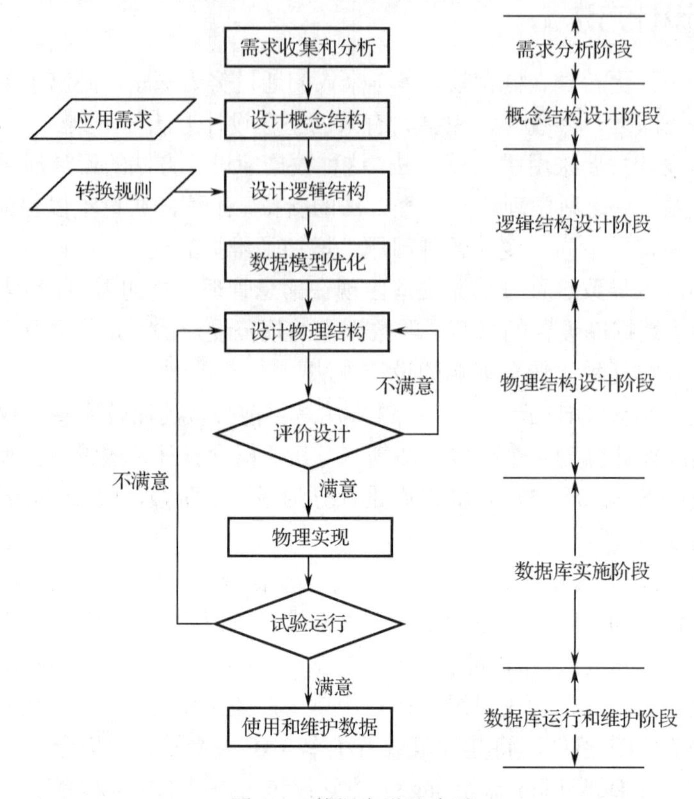

图 2-1　数据库设计步骤

如果所设计的数据库应用系统比较复杂，还需要考虑是否需要使用数据库设计工具及选取哪种设计工具，以提高数据库设计的质量并减少设计工作量。

1. 需求分析阶段

在需求分析阶段，数据库设计人员需要准确了解和分析用户的需求，包括数据和处理。需求分析是整个设计过程的基础，是最困难、最耗时的一步，它决定了整个数据库设计的速度和质量。需求分析做得不好，可能会导致整个数据库设计返工重做。

2. 概念结构设计阶段

概念结构设计是整个数据库设计的关键，它通过对用户需求进行综合、归纳与抽象，形成一个独立于具体数据库管理系统（DBMS）的概念模型。

3. 逻辑结构设计阶段

逻辑结构设计是指将概念结构转换为某个数据库管理系统所支持的数据模型，并对模型进行优化和改进。

4. 物理结构设计阶段

物理结构设计是指为逻辑数据模型选取一个最适合应用环境的物理结构，包括存储结构和存取方法。

5. 数据库实施阶段

数据库实施是指运用数据库管理系统提供的数据语言（如 SQL）、工具及宿主语言，根据逻辑设计和物理设计的结果建立数据库，编制与调试应用程序，组织数据入库，并进行试运行。

6. 数据库运行和维护阶段

数据库应用系统经过试运行后即可投入正式运行。在数据库系统运行过程中要不断地对数据库进行评价、调整与修改。

数据库设计的过程并不是一蹴而就的，它是数据库设计的6个步骤的不断反复。数据库设计步骤不仅是数据库的设计过程，也是数据库应用系统的设计过程。在设计过程中要把数据库设计和数据处理等设计紧密结合起来，将两种需求分析、抽象、设计和实现在各个阶段同时进行，相互参照、相互补充，以完善数据库和数据来处理两个方面的设计。按照这个原则，数据库各个阶段的设计内容见表2-1。

表2-1 数据库设计阶段的描述

设计阶段	设计描述	
	数 据	处 理
需求分析	数据字典、全系统中数据项、数据流、数据存储的描述	数据流图和判定表、判定树、数据字典中处理过程的描述
概念结构设计	概念模型（E-R图）、数据字典	新系统要求、方案和概图 反映新系统信息的数据流图
逻辑结构设计	某种数据模型、关系模型	系统结构图、模块结构图
物理结构设计	存储安排、存取方法、存储位置	模块设计、IPO表
数据库实施	编写模式、装入数据、数据库试运行	程序编码、编译连接、测试
数据库运行和维护	性能测试、备份和恢复、逐句库重组和重构	新旧系统转换、运行和维护

2.1.3 数据库三级模式

人们为数据库设计了一个严谨的体系结构，数据库领域公认的标准结构是三级模式结构，它包括外模式、概念模式、内模式，可有效地组织、管理数据，提高数据库的逻辑独立性和物理独立性。用户级对应外模式，概念级对应概念模式，物理级对应内模式。

外模式又称子模式或用户模式，对应于用户级。它是某个或某几个用户所看到的数据库的数据视图，是与某一应用有关的数据的逻辑表示。外模式是从模式导出的一个子集，包含模式中允许特定用户使用的那部分数据。用户可以通过外模式描述语言来描述、定义对应于用户的数据记录（外模式），也可以利用数据操纵语言（Data Manipulation Language，DML）对这些数据记录进行描述。外模式反映了数据库的用户观。

模式又称概念模式或逻辑模式，对应于概念级。它是由数据库设计者综合所有用户的数据，按照统一的观点构造的全局逻辑结构，是对数据库中全部数据的逻辑结构和特征的总体描述，是所有用户的公共数据视图（全局视图）。它是由数据库管理系统提供的数据模式描述语言（Data Description Language，DDL）来描述、定义的，体现、反映了数据库系统的整体观。

内模式又称存储模式，对应于物理级，它是数据库中全体数据的内部表示或底层描述，是数据库最低一级的逻辑描述，它描述了数据在存储介质上的存储方式和物理结构，对应着实际存储在外存储介质上的数据库。内模式由内模式描述语言来描述、定义，它是数据库的存储观。

在一个数据库系统中，只有唯一的数据库，因而作为定义、描述数据库存储结构的内模式和定义、描述数据库逻辑结构的模式，也是唯一的，但建立在数据库系统之上的应用则是非常广泛、多样的，因此对应的外模式不是唯一的，也不可能是唯一的。

数据库三级模式如图 2-2 所示。

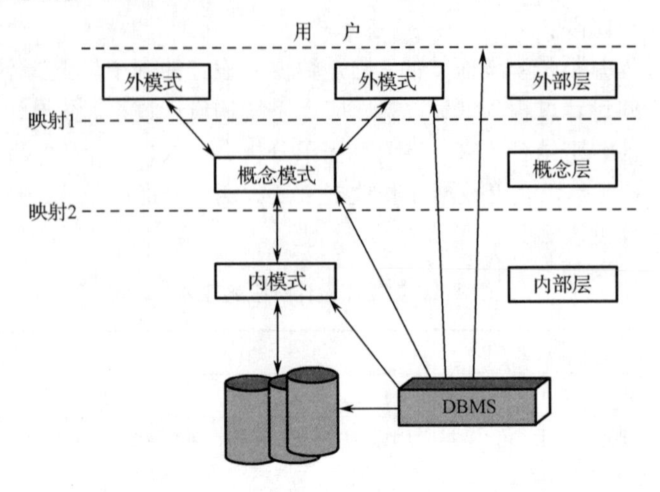

图 2-2　数据库三级模式

2.2　需求分析

需求分析是数据库设计的起点，为以后的具体设计做准备。简单地说，需求分析就是分析用户的需求。需求分析是设计数据库的起点，其结果是否准确地反映了用户的实际需求，将直接影响到后面各个阶段的设计，并将影响到设计结果是否合理和实用。经验证明，由于设计要求的不正确或误解直到系统测试阶段才发现许多错误，则纠正起来要付出很大的代价，因此必须高度重视数据库应用系统的需求分析。

2.2.1　需求分析任务

从数据库设计的角度来看，需求分析的任务是对现实世界要处理的对象（组织、部门、企业等）进行详细的调查，通过对原系统的了解，收集支持新系统的基础数据，明确用户的各种需求，对所收集的数据进行处理，确定新系统的功能。新系统要考虑今后可能的扩充和改变，不能仅仅满足当前应用需求。

具体而言，需求分析阶段的任务包括以下几个方面。

1. 调查分析用户的活动

通过对新系统运行目标的研究，对现行系统所存在的主要问题及制约因素的分析，明确用户总的需求目标，确定这个目标的功能域和数据域。具体做法是：

（1）调查组织机构情况，包括该组织的部门组成情况，各部门的职责和任务等；

（2）调查各部门的业务活动情况，包括各部门输入和输出的数据与格式、所需的表格与卡片、加工处理这些数据的步骤、输入和输出的部门等。

2. 收集和分析需求

在熟悉业务活动的基础上，协助用户明确对新系统的各种需求，包括用户的信息需求、处理需求、安全性与完整性需求。

（1）信息需求：指用户需要从数据库中获取信息的内容和性质。由信息需求可以导出各种数据要求，即在数据库中需要存储哪些数据。

（2）处理需求：指用户为了得到需求的信息而对数据进行加工处理的要求，包括对处理的响应时间、处理方式有什么要求。

（3）安全性与完整性需求：在定义信息需求和处理需求的同时必须相应确定安全性和完整性约束。

3. 确定系统边界

收集各种需求数据后，对前面调查的结果进行初步分析，确定新系统的边界。例如，确定哪些功能由计算机完成或将来准备让计算机完成；哪些活动由人工完成。由计算机完成的功能就是新系统应该实现的功能。

4. 编写需求规范说明书

需求分析阶段的结果是编写需求规范说明书。需求规范说明书是对需求分析阶段的一个总结。编写需求规范说明书是一个不断反复、逐步深入和逐步完善的过程。需求规范说明书应包括如下内容：

（1）系统概况，包括系统的目标、范围、背景、历史和现状；

（2）系统的原理和技术，对原系统的改善；

（3）系统总体结构与子系统结构说明；

（4）系统功能说明；

（5）数据处理概要、工程体制和设计阶段划分；

（6）系统方案及技术、经济、功能和操作的可行性。

随需求规范说明书可提供下列附件：

（1）系统的软硬件支持环境的选择及规格要求（所选择的数据库管理系统、操作系统、计算机型号及网络环境）；

（2）组织机构图、组织之间的联系图和各机构功能业务一览图；

（3）数据流程图、功能模块图和数据字典等。

如果用户同意需求规范说明书的内容，双方确认后，需求规范说明书就是双方的权威性文献，是今后各阶段设计和工作的依据。

2.2.2　需求分析方法

了解用户需求以后，需要对用户的需求进行进一步的分析和表达。用于需求分析的方法有很多种，主要方法有自顶向下和自底向上两种。

其中自顶向下的分析方法（Structured Analysis，SA）是最简单实用的方法。SA 方法从最上层的系统组织机构入手，采用逐层分解的方式分析系统。使用 SA 方法，任何一个系统都可以抽象为图 2-3 所示的数据流图。

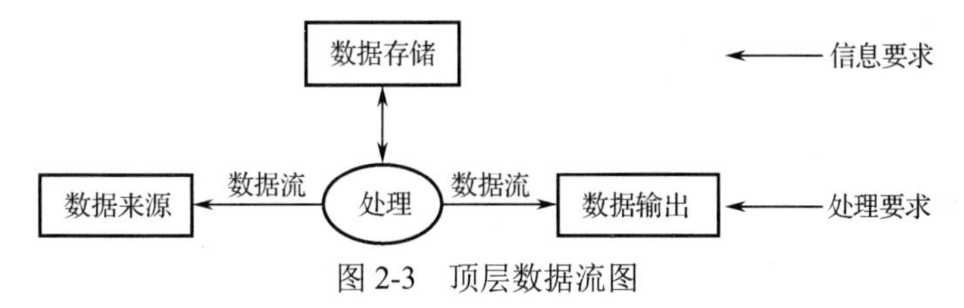

图 2-3　顶层数据流图

在 SA 方法中，用数据流图（Data Flow Diagram，DFD）和数据字典（Data Dictionary，DD）来描述系统。数据流图表达了数据和处理的关系，处理过程的处理逻辑通常借助判定表和判定树来描述。系统中的数据则借助数据字典来描述。

1. 数据流图

数据流图是结构化分析方法中使用的工具，它以图形的方式描绘数据在系统中流动和处理的过程。数据流图从数据传递和加工的角度，以图形的方式刻画数据流从输入到输出的移动变换过程。

数据流程图中有以下几种主要元素：

→：数据流。数据流是数据在系统内传播的路径，因此由一组成分固定的数据组成。例如，订票单由旅客姓名、年龄、单位、身份证号、日期、目的地等数据项组成。由于数据流是流动中的数据，所以必须有流向。除了与数据存储之间的数据流不用命名外，数据流应该用名词或名词短语命名。

□：数据源（终点）。数据源代表系统之外的实体，可以是人、物或其他软件系统。

○：对数据的加工（处理）。加工是对数据进行处理的单元，它接收一定的数据输入，对其进行处理，并产生输出。

〓：数据存储。数据存储表示信息的静态存储，可以代表文件、文件的一部分、数据库的元素等。

一个简单的系统可用一张数据流图来表示，但当系统比较复杂时，为了便于理解，控制其复杂性，可以采用分层描述的方法。根据层级，数据流图分为顶层数据流图、中层数据流图和底层数据流图。除顶层数据流图外，其他数据流图从零开始编号。

顶层数据流图只含有一个加工表示整个系统；输出数据流和输入数据流为系统的输出数据和输入数据，表明系统的范围，以及与外部环境的数据交换关系。

中层数据流图是对父层数据流图中的某个加工进行细化，而它的某个加工也可以再次细化，形成子图；中间层次的多少，一般视系统的复杂程度而定。

底层数据流图是指其加工不能再分解的数据流图，其加工称为“原子加工”。

2. 数据字典

数据字典是对系统中数据的详细描述，是各类数据结构和属性的清单。它与数据流图互为注释。数据字典贯穿于数据库需求分析直到数据库运行的全过程，在不同的阶段其内容和用途是不同的。在需求分析阶段，它通常包含以下五个部分。

1）数据项

数据项是数据流图中数据块的数据结构中的数据项说明，是不可再分的数据单位。对数据项的描述通常包括以下内容：

数据项描述={数据项名，数据项含义说明，别名，数据类型，长度，取值范围，取值含义，与其他数据项的逻辑关系}

其中“取值范围”、“与其他数据项的逻辑关系”定义了数据的完整性约束条件，是设计数据检验功能的依据。若干个数据项可以组成一个数据结构。

2）数据结构

数据结构是数据流图中数据块的数据结构说明，反映了数据之间的组合关系。一个数据结构既可以由若干个数据项组成，也可以由若干个数据结构组成，或由若干个数据项和数据结构混合组成。对数据结构的描述通常包括以下内容：

数据结构描述={数据结构名，含义说明，组成:{数据项或数据结构}}

3）数据流

数据流是数据流图中流线的说明，是数据结构在系统内传输的路径。对数据流的描述通常包括以下内容：

数据流描述={数据流名，说明，数据流来源，数据流去向，组成:{数据结构}，平均流量，高峰期流量}

其中“数据流来源”是说明该数据流来自哪个过程，即数据的来源。“数据流去向”是说明该数据流将到哪个过程去，即数据的去向。“平均流量”是指在单位时间（每天、每周、每月等）里的传输次数。“高峰期流量”则是指在高峰时期的传输次数。

4）数据存储

数据存储是数据流图中数据块的存储特性说明，是数据结构停留或保存的地方，也是数据流的来源和去向之一。对数据存储的描述通常包括以下内容：

数据存储描述={数据存储名，说明，编号，流入的数据流，流出的数据流，组成:{数据结构}，数据量，存取方式}

其中“数据量”是指每次存取多少数据，每天（或每小时、每周等）存取几次等信息。“存取方式”包括是批处理，还是联机处理；是检索还是更新；是顺序检索还是随机检索等。

另外，“流入的数据流”要指出其来源，“流出的数据流”要指出其去向。

5）处理过程

处理过程是指数据流图中功能块的说明，数据字典中只需要描述处理过程的说明性信息，通常包括以下内容：

处理过程描述={处理过程名，说明，输入:{数据流}，输出:{数据流}，处理:{简要说明}}

其中“简要说明”中主要说明该处理过程的功能及处理要求。功能是指该处理过程用来做什么（而不是怎么做）；处理要求包括处理频度要求，如单位时间里处理多少事务，多少数据量，响应时间要求等，这些处理要求是后面物理设计的输入及性能评价的标准。

2.3　概念结构模型设计

概念结构设计的任务是在需求分析阶段产生的需求说明书的基础上，按照特定的方法把它们抽象为一个不依赖于任何具体机器的数据模型，即概念结构模型（也称为概念数据模型、概念模型）。概念模型使设计者的注意力能够从复杂的实现细节中解脱出来，而只集中在最重要的信息的组织结构和处理模式上。概念数据模型主要在系统开发的数据库设计阶段使用，按照用户的观点来对数据和信息进行建模，利用实体关系图来实现。它描述系统中的各个实体及相关实体之间的关系，是系统特性和静态的描述。

2.3.1　概念结构模型

为了把现实世界中的具体事物抽象、组织为某一数据库管理系统支持的数据模型，人们常常首先将现实世界抽象为信息世界，然后将信息世界转换为机器世界。也就是说，首先把现实世界中的客观对象抽象为某一种信息结构，这种信息结构并不依赖于具体的计算机系统，不是某一个数据库管理系统（DBMS）支持的数据模型，而是概念级的模型，称为概念模型。

概念数据模型是面向用户、面向现实世界的数据模型，是与 DBMS 无关的。它主要用来描述一个单位的概念化结构。采用概念数据模型，数据库设计人员可以在设计的开始阶段，把主要精力用于了解和描述现实世界，而把涉及 DBMS 的一些技术性的问题推迟到设计阶段去考虑。

由于概念模型用于信息世界的建模，是现实世界到信息世界的第一层抽象，是用户与数据库设计人员之间进行交流的语言，因此概念模型一方面应该具有较强的语义表达能力，能够方便、直接地表达应用中的各种语义知识，另一方面还应该简单、清晰、易于用户理解。

概念模型不依赖于具体的计算机系统，它纯粹反映信息需求的概念结构。建模是在需求分析结果的基础上展开的，常常要对数据进行抽象处理。人们提出了许多概念模型，其中 E-R 方法是设计概念模型时常用的方法，它将显示世界的信息结构统一用属性、实体及实体间的联系来描述。

2.3.2 概念结构模型设计方法

设计概念结构的 E-R 模型通常有 4 种方法。

1. 自顶向下

首先定义全局概念结构的框架，然后逐步细化，如图 2-4 所示。

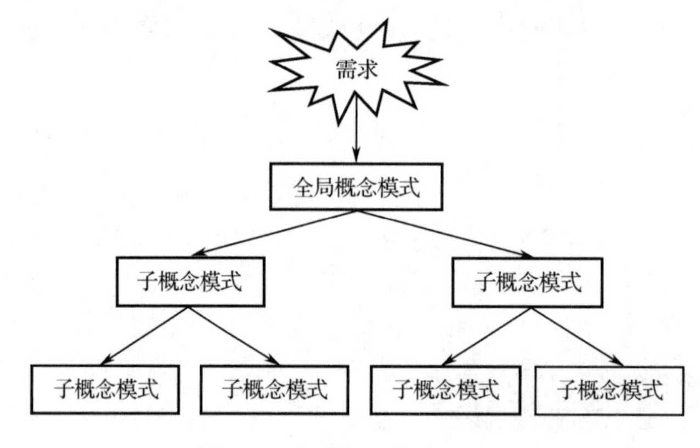

图 2-4 自顶向下的设计方法

2. 自底向上

首先定义各局部应用的子概念结构，然后将它们集成起来，得到全局概念结构，如图 2-5 所示。

3. 逐步扩张

首先定义最重要的核心概念结构，然后向外扩充，以滚雪球的方式逐步生成其他概念结构，直至总体概念结构，如图 2-6 所示。

4. 混合策略

将自顶向下和自底向上相结合，用自顶向下策略设计一个全局概念结构的框架，以它为骨架集成由自底向上策略所设计的各局部概念结构。

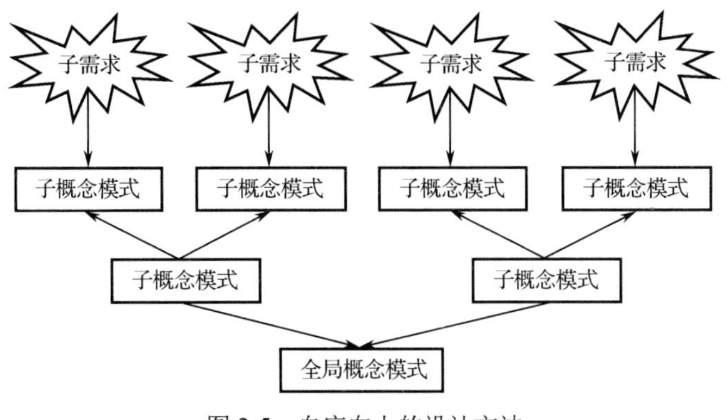

图 2-5　自底向上的设计方法

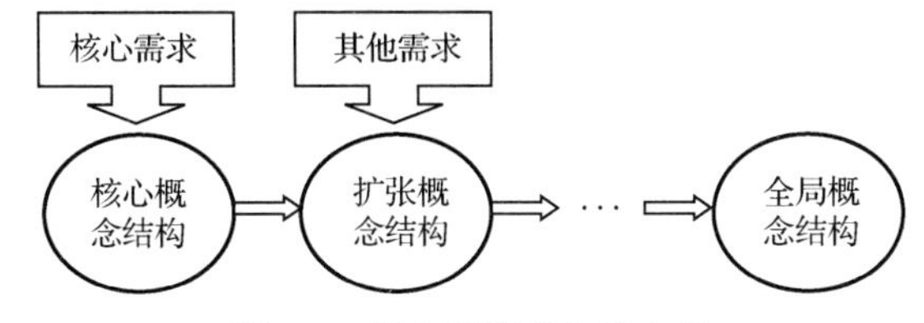

图 2-6　逐步扩张的设计方法

其中最常用的方法是自底向上，即自顶向下地进行需求分析，再自底向上地设计概念模式结构。

2.3.3　概念结构模型设计步骤

自底向上设计中概念结构模型的设计步骤分为两步：进行数据抽象，设计局部 E-R 图；集成局部视图，得到全局 E-R 图。

1. 数据抽象

概念结构是对现实世界的一种抽象。所谓抽象就是对实际的人、物、事和概念中抽取所关心的共同特征，忽略非本质的细节，并把这些特性用各种概念精确地加以描述。这些概念组成了某种模型。数据抽象常用方法有三种：

（1）分类：定义某一类概念作为现实世界中一组对象的类型，将一组具有某些共同特性和行为的对象抽象为一个实体，对象和实体之间是“is member of”的关系。在 E-R 模型中，实体型就是这种抽象。

（2）聚集：定义某一类型的组成部分。它抽象了对象内部类型和成分之间“is part of”的语义，在 E-R 模型中若干属性的聚集组成了实体型，就是这种抽象。

（3）概括：定义类型之间的一种子集联系，它抽象了类型之间“is subset of”的语义。概括有一个很重要的性质——继承性。子类继承父类上定义的所有抽象。

2. 局部 E-R 图设计

选择好一个局部应用之后，就要对每个局部应用逐一设计分 E-R 图，也称局部 E-R 图。

E-R 图也称实体-联系图（Entity Relationship Diagram），提供了表示实体类型、属性和联系的方法，用来描述现实世界的概念模型，是表示概念模型的一种方式。

构成 E-R 图的基本要素是实体型、属性和联系，其表示方法如下。

实体型（Entity）：具有相同属性的实体具有相同的特征和性质，用实体名及其属性名集合来抽象和刻画同类实体；在 E-R 图中用矩形表示，矩形框内写明实体名；如学生张三丰、学生李寻欢都是实体。如果是弱实体，则在矩形外面再套实线矩形。

属性（Attribute）：实体所具有的某一特性，一个实体可由若干个属性来刻画。在 E-R 图中用椭圆形表示，并用无向边将其与相应的实体连接起来；如学生的姓名、学号、性别都是属性。如果是多值属性，则在椭圆形外面再套实线椭圆。如果是派生属性，则用虚线椭圆表示。

联系（Relationship）：联系也称关系，在信息世界中反映实体内部或实体之间的联系。实体内部的联系通常是指组成实体的各属性之间的联系；实体之间的联系通常是指不同实体集之间的联系。在 E-R 图中用菱形表示，菱形框内写明联系名，并用无向边分别与有关实体连接起来，同时在无向边旁标上联系的类型（1 : 1，1 : N 或 M : N）。如老师给学生授课存在授课关系，学生选课存在选课关系。如果是弱实体的联系则在菱形外面再套菱形。联系可分为以下 3 种类型：

1）一对一联系（1 : 1）

例如，一个部门有一个经理，而每个经理只在一个部门任职，则部门与经理的联系是一对一的，如图 2-7（a）所示。

2）一对多联系（1 : N）

例如，公司与职员的关系。一个公司可以拥有多个职员，但每个职员只能受雇于一个公司，如图 2-7（b）所示。

3）多对多联系（M : N）

例如，某校教师与课程之间存在多对多的联系“教”，即每位教师可以教多门课程，每门课程也可以由多位教师来教，如图 2-7（c）所示。

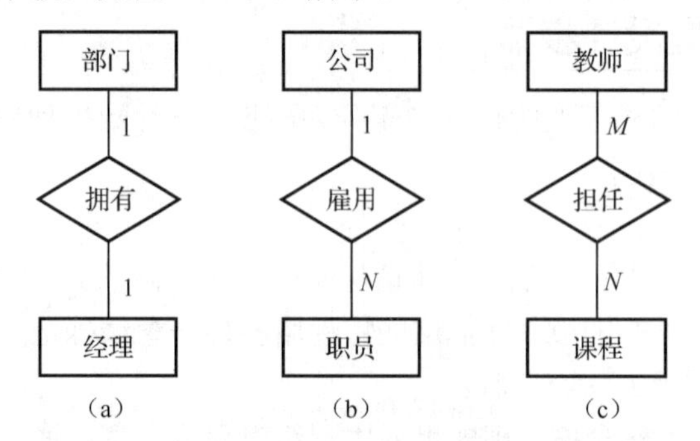

图 2-7　联系的三种类型

实际上实体和属性是相对而言的，往往要根据实际情况进行必要的调整，在调整时要遵守两条原则：

（1）属性不能再具有需要描述的性质，即属性必须是不可分的数据项，不能再由另一些属性组成；

（2）属性不能与其他实体具有联系，联系只发生在实体之间。

符合上述两条特性的事物一般作为属性对待。为了简化 E-R 图的处置，现实世界中的事物凡能够作为属性对待的，应尽量作为属性。

3. 全局 E-R 模型设计

所有的分 E-R 图建立好后，还需要对它们进行合并，集成为一个整体的概念数据结构，即全局 E-R 图，也就是视图的集成。视图的集成有一次性集成法和逐步积累式集成法两种。

一次性集成法是一次集成多个分 E-R 图，通常用于局部视图比较简单时，如图 2-8 所示。

逐步积累式集成法是首先集成两个局部视图（通常是比较关键的两个局部视图），以后每次将一个新的局部视图集成进来，如图 2-9 所示。

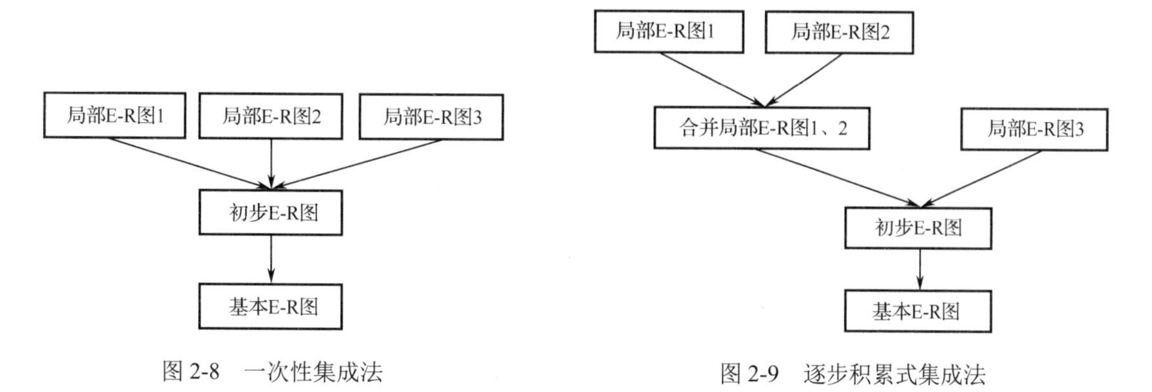

图 2-8 一次性集成法

图 2-9 逐步积累式集成法

不管采用哪种方法，集成局部 E-R 图都分为两个步骤：

（1）合并：解决各个局部 E-R 图之间的冲突，将各个局部 E-R 图合并起来生成初步 E-R 图。

（2）修改与重构：消除不必要的冗余，生成基本 E-R 图。

本书后面用到的案例（嘉兴运输有限公司）经过优化后的 E-R 图如图 2-10 所示。

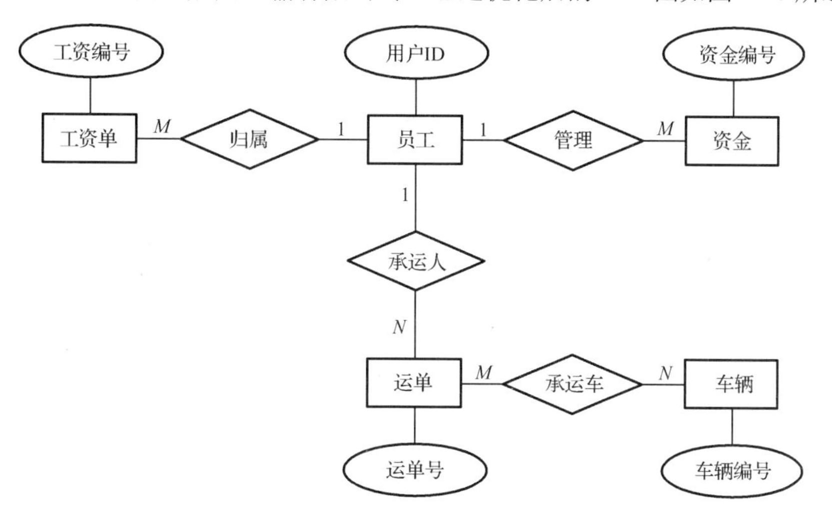

图 2-10 嘉兴运输有限公司总体 E-R 图

2.4 逻辑结构设计

逻辑结构设计阶段的任务是将概念结构设计阶段所得到的概念模型转换为具体 DBMS 所能支持的数据模型（即逻辑结构），并对其进行优化。

一般的逻辑结构设计分为 3 个步骤：

（1）将概念结构模型转化为一般的关系、网状、层次模型；

（2）将转化来的关系、网状、层次模型向特定 DBMS 支持下的数据模型转换；

（3）优化其数据模型。

2.4.1 E-R 图向关系模型的转换

概念结构设计中得到的 E-R 图是由实体、属性和联系组成的，而关系数据库逻辑设计的结果是一组关系模式的集合，因此将 E-R 图转换为关系模型实际上是将实体、属性和联系转换为关系模式。在转换过程中要遵守以下原则。

1. 实体类型转换

每个实体类型转换成一个关系模式，实体属性即为关系模式的属性，实体标识符即为关系模式的键。

2. 二元联系类型转换

1:1 联系：联系两端的实体类型转成两个关系模式，在任一个关系模式中加入另一个关系模式的键（作为外键）和联系的属性。

1:*N* 联系：在 *N* 端实体类型转换成的关系模式中，加入一端实体类型的键（作为外键）和联系的属性。

M:*N* 联系：联系类型需转换为关系模式，属性为两端实体类型的键（分别作为外键）加上联系的属性，而键为两端实体键的组合（特殊情况下，需要扩展）。

3. 三元联系类型转换

1:1:1：转换成的三个关系模式中，在任一个关系模式中加入另两个关系模式的键（作为外键）和联系的属性。

1:1:*N*：在 *N* 端实体类型转换成的关系模式中，加入两个一端实体类型的键（作为外键）和联系的属性。

1:*M*:*N*：联系类型需转换为关系模式，属性为 *M* 端和 *N* 端实体类型的键（分别作为外键）加上联系的属性，而键为 *M* 端和 *N* 端实体键的组合（特殊情况下，需要扩展）。

M:*N*:*P*：联系类型需转换为关系模式，属性为三端实体类型的键（分别作为外键）加上联系的属性，而键为三端实体键的组合（特殊情况下，需要扩展）。

根据以上规则，本书案例的 E-R 图转换为关系模式如下。

员工（用户 ID、姓名、性别、出生年月日、入职时间、职位）

工资（工资编号、用户 ID、基本工资、社保、公积金、奖金、个人所得税、扣发、工资生成时间）

资金（资金编号、用户 ID、收入项、收入数、支出项、支出数、资金发生时间）

车辆（车辆编号、载重量、运费单价）

运输（运单号、用户 ID、发车时间、发车地点、收车时间、收车地点）

车辆-运输 [运单号、车辆编号、用户 ID（司机 ID）]

用户（用户 ID、密码、权限）

2.4.2 关系模式的规范化

关系模式设计的好坏直接影响到数据库设计的成败，将关系模式规范化是设计较好的关系模式的唯一途径。方法如下。

（1）确定数据依赖。关系模式中的各属性之间相互依赖、相互制约的联系称为数据依赖。数据依赖是通过一个关系中属性间值的相等与否体现出来的数据间的相互关系，是现实世界属性间相互联系的抽象，是数据内在的性质和语义的体现。数据依赖分为函数依赖、多值依赖和链接依赖三种。其中函数依赖是最重要的依赖。

（2）对于各个关系模式的数据依赖进行极小化处理，消除冗余的联系。

（3）根据数据依赖理论对关系模式进行逐一分析，确定各关系模式分别属于第几范式。满足一定条件的关系模式称为范式，关系数据库中的关系必须满足一定的要求，满足不同程度要求的为不同范式。将一个低一级范式的关系模式，通过模式分解转换为若干个高一级范式的关系模式是关系模式的规范化中非常重要的一步。

（4）对关系模式进行必要的分解或合并，以提高数据操作的效率和存储空间的利用率。

2.4.3　关系模式的改进

在数据库设计的过程中，如果因为系统前期的需求分析、概念结构设计的疏忽导致某些应用不能支持，则应该增加新的关系模式或属性。如果因为性能考虑而要求改进，则可使用合并或分解的方法。

1. 分解

为了提高数据操作的效率和存储空间的利用率，常用的方法就是分解，对关系模式的分解一般分为水平分解和垂直分解。

水平分解是指把关系的元组分为若干子集合，定义每个子集合为一个子关系，以提高系统的效率。

垂直分解是指把关系模式 R 的属性分为若干子集合，形成若干子关系模式。垂直分解的原则：经常在一起使用的属性从 R 中分解出来形成一个子关系模式，优点是可以提高某些事务的效率；缺点是可能使另一些事务不得不执行连接操作，从而降低了效率。

2. 合并

具有相同主键的关系模式，且对这些关系模式的处理主要是查询操作，而且经常是多关系的查询，则可针对这些关系模式按照组合频率进行合并，这样可以减少连接操作而提高查询速度。

必须强调的是，在进行模式的改进时，绝不能修改数据库信息方面的内容，如果不修改信息内容无法改进数据模式的性能，则必须重新进行概念设计。

2.5　物理结构设计

数据库物理结构设计是指设计数据库的物理结构，根据数据库的逻辑结构来选定 DBMS（如 Oracle、Sybase 等），并设计数据库的存储结构，以不同方式进行数据存储。物理结构依赖于给定的 DBMS 和硬件系统，因此设计人员必须充分了解所用 DBMS 的内部特征、存储结构、存取方法。

2.5.1　物理结构设计内容

数据库的物理结构设计包含以下四方面的内容：

（1）确定数据的存储结构：指根据逻辑结构的指标及 DBMS 支持的数据类型，所确定的数据项的存储类型和长度及元组的存储结构等，也即数据文件及其数据项在介质上的具体存储结构。

（2）确定数据的存取方法：指用户存取数据库的方法和技术。

（3）确定数据的存放位置：指数据库文件和索引文件等在介质上的具体存储位置。

（4）确定系统配置：DBMS 产品一般都提供了一些系统配置变量、存储分配参数，供设计人员和 DBA 对数据库进行物理优化。初始情况下，系统为这些变量赋予了合理的默认值。但是这些值不一定适合每一种应用环境，在进行物理设计时，需要重新对这些变量赋值，以改善系统的性能。

数据库物理结构设计过程中需要对时间效率、空间效率、维护代价和各种用户要求进行权衡，选择一个优化方案作为数据库物理结构。在数据库物理结构设计中，最有效的方式是集中地存储和检索对象。

嘉兴运输有限公司的物理存储结构如表 2-2～表 2-7 所示。

表 2-2　员工基本信息表

表　名　称	user_info		含　　义		员工基本信息	
字段名称	字段类型	字段长度	是否主键	是否为空	字段含义	字段说明
uid	char(4)	4	是	否	用户 ID	
name	varchar(20)	输入字符长度，最多不超过 20		是	姓名	
sex	char(2)	2		是	性别	男女
birthday	date	3		是	出生年月日	
entrydate	date	3		是	入职时间	
job	varchar(10)	输入字符长度，最多不超过 10		是	职位	

表 2-3　员工工资基本信息表

表　名　称	pay_info		含　　义		员工工资基本信息	
字段名称	字段类型	字段长度	是否主键	是否为空	字段含义	字段说明
pid	char(8)	8	是	否	工资编号	自增
uid	varchar(10)	输入字符长度，最多不超过 10		否	用户 ID	外键
salary	smallmoney	4		否	基本工资	
security	smallmoney	4		否	社保	
pub_funds	smallmoney	4		否	公积金	
bonus	smallmoney	4		是	奖金	
tax	smallmoney	4		是	个人所得税	
deduction	smallmoney	4		是	扣发	
paydate	smalldatetime	4		否	工资生成时间	

表 2-4 公司资金基本信息表

表 名 称	asset_info		含 义		公司资金基本信息	
字段名称	字段类型	字段长度	是否主键	是否为空	字段含义	字段说明
asid	char(8)	8	是	否	资金编号	自增
uid	varchar(10)	输入字符长度，最多不超过 10		否	用户 ID	外键
payout	varchar(20)	输入字符长度，最多不超过 20		是	支出项	字段值为"员工工资"或"车辆维修"或"燃油费"等
payoutnum	smallmoney	4		是	支出数	
income	varchar(20)	输入字符长度，最多不超过 20		是	收入项	字段值为"运输费"或"车辆转让费"等
incomenum	smallmoney	4		是	收入数	
assetdate	smalldatetime	4		否	资金发生时间	

表 2-5 车辆基本信息表

表 名 称	car_info		含 义		车辆基本信息	
字段名称	字段类型	字段长度	是否主键	是否为空	字段含义	字段说明
cid	char(4)	4	是	否	车辆编号	
load	int	4		否	载重量	
price	smallmoney	4		否	运费单价	

表 2-6 运输基本信息表

表 名 称	tran_info		含 义		运输基本信息	
字段名称	字段类型	字段长度	是否主键	是否为空	字段含义	字段说明
tid	char(8)	8	是	否	运单号	自增
startdate	smalldatetime	4		否	发车时间	外键
startloc	varchar(20)	输入字符长度，最多不超过 20		否	发车地点	
stopdate	smalldatetime	4		否	收车时间	
stoploc	varchar(20)	输入字符长度，最多不超过 20		否	收车地点	
uid	char(4)	4		否	用户 ID	外键，为运单完成人

表 2-7 车辆运输基本信息表

表名称	cartran		含义		车辆运输基本信息	
字段名称	字段类型	字段长度	是否主键	是否为空	字段含义	字段说明
tid	char(8)	8	是	否	运单号	
cid	char(4)	4	是	否	车辆编号	
uid	char(4)	4		否	用户 ID	司机

2.5.2 关系模式存取

数据库系统是多用户共享的系统，对同一个关系要建立多条存取路径才能满足不同用户的不同应用要求。物理设计的任务之一就是要确定选择哪种存取方法，即建立哪些存取路径。常用的存取方法有三类：第一类是索引存取方法，目前主要是 B+树索引方法；第二类是聚簇存取方法；第三类是 Hash 存取方法。其中 B+树索引方法是使用最多的存取方法。

1. 索引存取方法

索引存取方法的主要内容包括：对哪些属性列建立索引、对哪些属性列建立组合索引及对哪些索引设计为唯一索引。当然，索引并不是越多越好，关系上定义的索引数过多会带来较多的额外开销，如维护索引的开销、查找索引的开销。

2. 聚簇存取方法

为了提供某个属性（或属性组）的查询速度，把这个或这些属性（称为聚簇码）上具有相同值的元组存放在连续的物理块上组成聚簇。聚簇可以大大提高按聚簇码进行查询的效率，还可以节省存储空间，聚簇以后，聚簇码相同的元组集中在一起，因而聚簇码值不必在每个元组中重复存储，只要在一组中存一次就够了。

3. Hash 存取方法

当一个关系满足下列两个条件时，可以选择 Hash 存取方法：

（1）该关系的属性主要出现在等值连接条件中或主要出现在相等比较选择条件中；

（2）该关系的大小可以预知且关系的大小不变或该关系的大小动态改变但所选用的 DBMS 提供了动态 Hash 存取方法。

2.5.3 评价物理结构

数据库物理结构设计有很多种，需要通过评价选择最佳的物理结构。评价物理结构包括评价内容、评价指标和评价方法。

（1）评价内容包括存取方法选取的正确性、存储结构设计的合理性、文件存放位置的规范性、存储介质选取的标准性。

（2）评价指标包括存储空间的利用率、存取数据的速度和维护费用等。

（3）评价方法是根据物理结构的评价内容，统计存储空间的利用率、数据的存取速度和维护费用指标。

2.6　数据库实施

完成数据库的逻辑设计和物理设计之后，设计人员就要用 DBMS 提供的数据定义语言和其他程序将数据库逻辑设计和物理设计的结果严格描述出来，成为 DBMS 可以接受的源代码，再经过调试产生目标模式，然后就可以组织数据入库，编制和调试应用程序，对数据库进行试运行了。

2.6.1　数据库的实施

数据库实施阶段包括两项重要的工作，一项是数据的载入，另一项是应用程序的编制和调试。

1. 数据载入

数据载入可以采用人工方法和计算机辅助数据入库两种方法。

人工方法适用于小型系统。首先将需要装入数据库中的数据筛选出来，这些数据的格式往往不符合数据库的要求，还需要进行转换，这种转换有时可能很复杂。然后将转换好的数据输入计算机中，检查输入的数据是否有误。

计算机辅助方法适用于大中型系统。由数据录入人员通过数据输入子系统将原始数据直接输入计算机中，数据输入子系统采用多种检验技术检查输入数据的正确性；数据输入子系统根据数据库系统的要求，从录入的数据中抽取有用成分，对其进行分类，然后转换数据格式。抽取、分类和转换数据是数据输入子系统的主要工作，也是数据输入子系统的复杂性所在。最后数据输入子系统对转换好的数据根据系统的要求进一步综合成最终数据。

2. 编制与调试应用程序

数据库应用程序的设计应该与数据库设计同时进行，因此在组织数据入库的同时还要调试应用程序。调试应用程序时由于数据入库尚未完成，可以先使用模拟数据。

2.6.2　数据库试运行

应用程序调试完成，并且已有一小部分数据入库后，就可以开始数据库的试运行了。数据库试运行也称为联合调试，其主要工作包括：

（1）功能测试：实际运行应用程序，执行对数据库的各种操作，测试应用程序的各种功能。

（2）性能测试：测量系统的性能指标，分析是否符合设计目标。

数据库物理设计阶段对数据库结构估算时间、空间指标进行了评价，而数据库试运行则是要实际测量系统的各种性能指标（不仅是时间、空间指标），如果结果不符合设计目标，则需要返回物理设计阶段，调整物理结构，修改参数；有时甚至需要返回逻辑设计阶段，调整逻辑结构。

重新设计物理结构甚至逻辑结构，会导致数据重新入库。由于数据入库工作量实在太大，所以可以采用分期输入数据的方法，先输入小批量数据供先期联合调试使用，待试运行基本合格后再输入大批量数据。逐步增加数据量，逐步完成运行评价。

在数据库试运行阶段，系统还不稳定，硬、软件故障随时都可能发生，系统的操作人员对新系统还不熟悉，误操作也不可避免。因此，必须做好数据库的备份和恢复工作，尽量减少对数据库的破坏。

2.6.3 数据库的维护

数据库试运行合格后，数据库系统就可以真正投入运行了。数据库投入运行标志着开发任务的完成和维护工作的开始。对数据库设计进行评价、调整、修改等维护工作是一个长期的任务，主要由 DBA 完成。在数据库运行阶段，数据库维护主要包括以下 4 个方面的内容。

1. 数据库的备份和恢复

数据库的备份和恢复是数据库系统正式运行后最重要的工作之一。DBA 要针对不同的应用要求制订不同的备份计划，以保证当数据库发生故障后能尽快将数据库恢复到某种一致的状态，并尽可能减少对数据库的破坏。

2. 数据库的安全性、完整性控制

在数据库运行过程中，DBA 要根据用户的实际需求授予不同的操作权限。由于应用环境的变化，对安全性的要求也会发生变化，DBA 需要根据实际情况修改原有的安全性控制。由于应用环境的变化，数据库的完整性约束条件也会变化，也需要 DBA 不断修正，以满足用户需求。

3. 数据库的监督、分析和改造

在数据库运行过程中，DBA 要监督系统运行，对监测数据进行分析，给出改进系统性能的方法。目前有些 DBMS 产品提供了监测系统性能参数的工具，DBA 可以利用这些工具方便地得到系统运行过程中一系列性能参数的值。DBA 应仔细分析这些数据，判断当前系统运行情况是否良好，应做哪些改进。

4. 数据库的重组织和重构造

数据库运行一段时间后，由于数据不断增、删、改，会使数据库的物理存储变坏，降低数据的存取效率，数据库性能下降。因此，要对数据库进行重组织或部分重组织，如重新安排数据的存储位置、回收垃圾、减少指针链等，改进数据库的响应时间和空间利用率，提高系统性能。

由于数据库应用环境发生了变化，增加了新的应用和实体，取消了某些旧的应用，有的实体和实体之间的联系也发生了变化等，使得原有的数据库设计不能满足新的需求，需要调整数据库的外模式和内模式。例如，在表中增加或删除某些数据项，改变数据项的类型，增加或删除某张表等。当然，数据库的重构也是有限的，只是做部分修改。如果应用变化太大，重构也无济于事，说明此数据库应用系统的生命周期已经结束，需要设计新的数据库应用系统了。

数据库的重组织并不改变原数据库设计的逻辑结构和物理结构，但数据库的重构造则不同，它是指部分修改数据库的外模式和内模式。

第3章 数据库基本管理操作

本章主要介绍对数据库的操作和管理。用户根据需求，需要对数据库进行增加、删除、修改和查询等各种各样的操作，以实现对数据库的管理和使用。用户可以以手动的方式在 SQL Server 2012 的管理操作平台 Microsoft SQL Server Management Studio 上进行操作，也可以使用 SQL 的命令语言进行操作和管理。本章以第 2 章中的案例为基础，以手动方式和命令方式分别介绍对数据库、表和数据的管理操作。

3.1 数据库操作

这里主要介绍对数据库的添加、删除和修改操作，以及对数据库文件和日志文件的操作，包括手动方式和命令方式。

单击“开始”菜单→“所有程序”→“Microsoft SQL Server 2012”→“SQL Server Management Studio”，打开 Microsoft SQL Server Management Studio，如图 3-1 所示。

服务器类型：主要包括数据库引擎、Analysis Services、Integration Services、SQL Server Mobile 和 Reporting Services 等数据库服务选项，其中“数据库引擎”是默认的主要选项。

服务器名称：这里是本机的计算机名。

身份验证：主要包括 Windows 身份验证和 SQL Server 身份验证，这里使用“SQL Server 身份验证”进行登录，输入用户名和密码。

单击“连接”按钮，连接成功后进入 Microsoft SQL Server Management Studio，如图 3-2 所示。

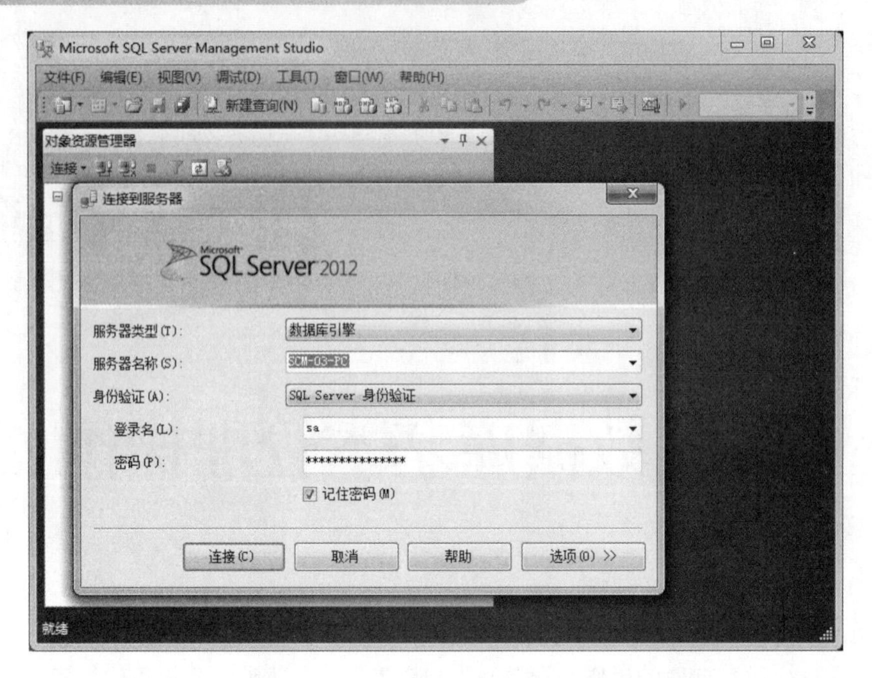

图 3-1　Microsoft SQL Server Management Studio 登录

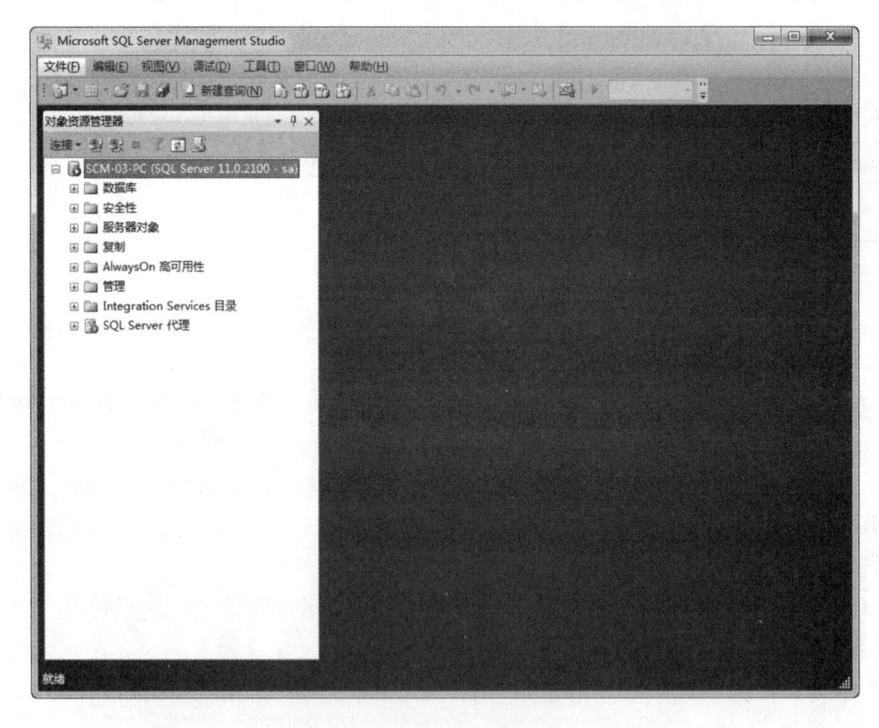

图 3-2　Microsoft SQL Server Management Studio 登录成功

3.1.1　创建数据库

（1）手动创建数据库。以第 2 章的数据库设计内容为例，设计数据库名字为 company，单击“对象资源管理器”→“数据库”→单击鼠标右键→“新建数据库”，打开“新建数据库”

面板，如图 3-3 所示。在“数据库名称”中输入 company，“所有者”为“默认值”，自动生成数据库文件逻辑名称为 company，日志文件逻辑名称为 company_log。其中，数据库文件初始大小为 5MB，自动增加方式为增量为 1MB，增长无限制，保存路径为默认路径 C:\Program Files\Microsoft SQL Server\MSSQL10_50.MSSQLSERVER\MSSQL\DATA，日志文件初始大小为 2MB，增量为 10%，增长无限制。单击“确定”按钮，完成数据库新建任务，新建的数据库如图 3-4 所示。

图 3-3　新建数据库

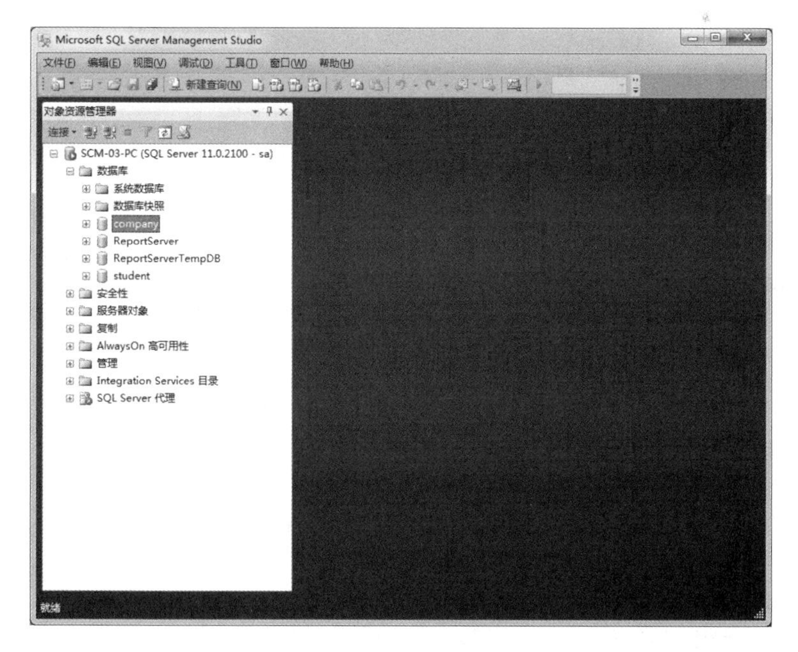

图 3-4　新建数据库成功

（2）以 SQL 命令方式创建数据库，创建数据库的基本命令为 create database name。

```
create database 数据库名
on
(
    name=数据库文件名，
    filename=数据库文件存储路径，
    size=数据库文件初始大小，
    maxsize=数据库文件最大大小，
    filegrowth=数据库文件增长方式
)
log on
(
    name=日志文件名，
    filename=日志文件存储路径，
    size=日志文件初始大小，
    maxsize=日志文件最大大小，
    filegrowth=日志文件增长方式
)
```

例：创建数据库名为 company，数据库文件名为 company.mdf，路径为 C:\Program Files\Microsoft SQL Server\MSSQL11.MSSQLSERVER\MSSQL\DATA，初始大小为 10MB，最大大小为 50MB，增长方式为 5%；日志文件名为 company.ldf，路径为 C:\Program Files\Microsoft SQL Server\MSSQL11.MSSQLSERVER\MSSQL\DATA，初始大小为 2MB，最大大小为 100MB，增长方式为 1MB。

打开“SQL Server Management Studio”，单击“新建查询”→在命令窗口输入如下命令，单击“执行”按钮，命令执行成功，在“消息”窗口显示命令已成功执行，数据库创建成功，如图 3-5 所示。

```
create database company
on
(
    name=company,
    filename='C:\Program Files\Microsoft SQL Server\MSSQL11.MSSQLSERVER\MSSQL\DATA\company.
mdf',
    size=10MB,
    maxsize=50MB,
    filegrowth=5%
)
log on
(
    name=company_log,
    filename='C:\Program Files\Microsoft SQL Server\MSSQL11.MSSQLSERVER\MSSQL\DATA \company_
log.ldf',
    size=2MB,
    maxsize=100MB,
    filegrowth=1MB
)
```

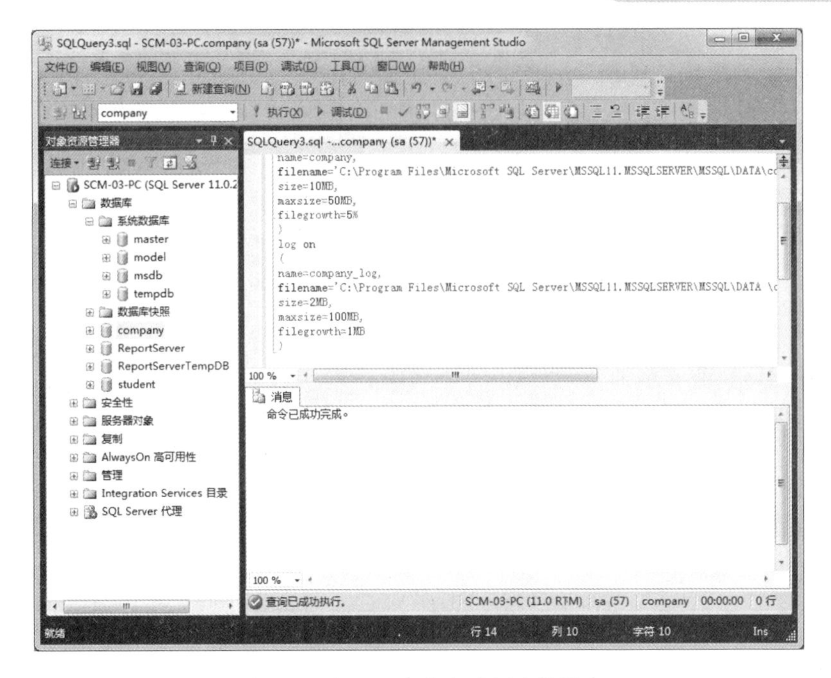

图 3-5 以 SQL 命令方式创建数据库

3.1.2 修改数据库

（1）手动修改数据库。新建的数据库可以进行修改，主要包括对数据库文件和日志文件的“初始大小”、“自动增长”进行修改和编辑，以及对数据库文件和日志文件进行增加和删除。选中新建的数据库 company，右击“属性”，打开“数据库属性”面板，如图 3-6 所示，单击“选择页”中的“文件”选项，打开如图 3-7 所示的属性页。

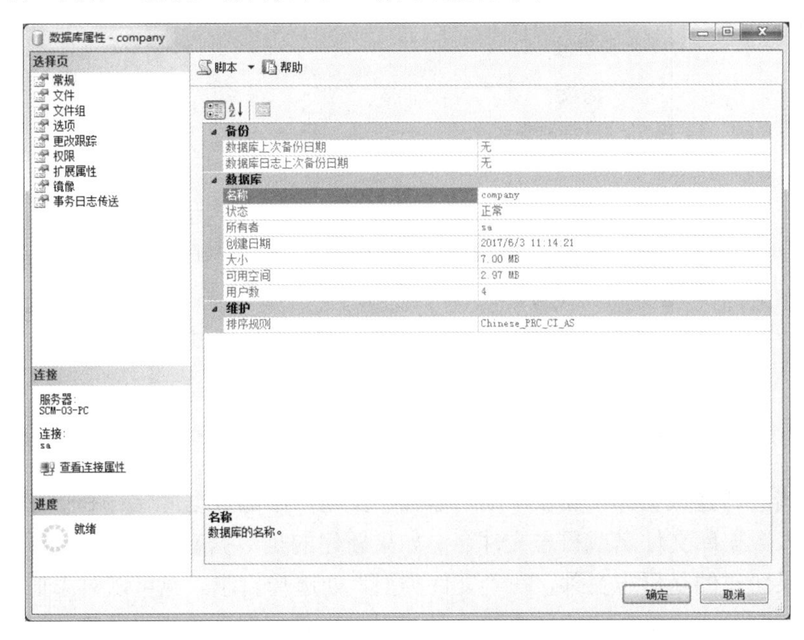

图 3-6 数据库修改选项

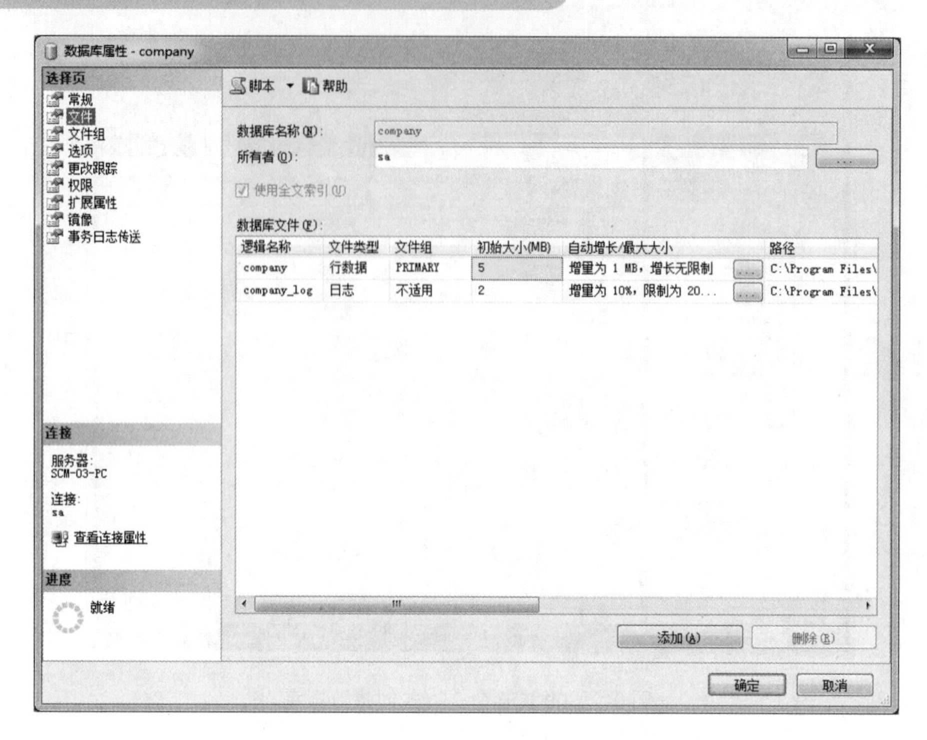

图 3-7　数据库属性修改

可单击“初始大小”文本框修改数据库文件和日志文件的大小，也可以单击“自动增长”选择框，如图 3-8 所示，分别修改数据库文件和日志文件是否启用自动增长方式，文件是按百分比还是按 MB 增长，以及设置最大文件大小，可限制文件最大大小为多少 MB，或者不限制文件增长。

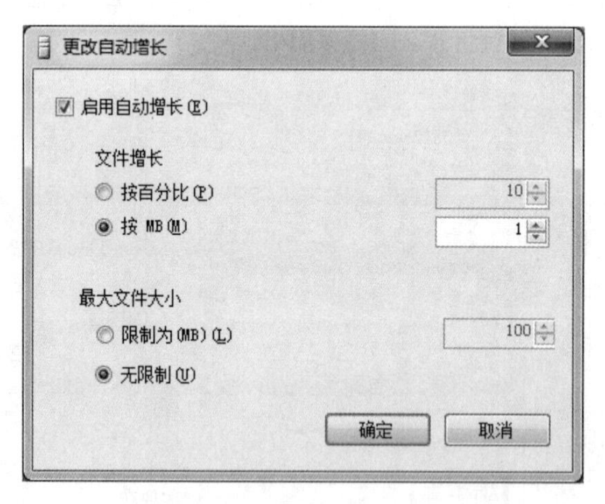

图 3-8　设置自动增长方式

也可以单击“新建数据库”面板中的“添加”按钮，添加数据库文件和日志文件。在“逻辑名称”处输入数据库文件名或日志文件名，如果新建的是数据库文件，在“文件类型”处选择行数据，如果新建的是日志文件，在“文件类型”处选择日志。也可以对添加的日志文件和数据库文件进行删除：选中新建的数据库文件或日志文件，然后单击“新建数据库”面板中的“删除”按钮。

（2）以 SQL 命令方式修改数据库，主要包括对数据库文件属性的修改（modify）、数据库文件和日志文件的添加（add），以及数据库文件和日志文件的删除（remove）。

修改数据库文件的基本命令为 alter database name —— modify。

```
alter database name
modify file
(
    name=数据库文件名,
    filename=修改数据库文件路径,
    size=修改数据库文件初始大小,
    maxsize=修改数据库文件最大大小,
    filegrowth=修改数据库文件增长方式
)
```

例 1：修改数据库文件最大大小为不受限制，如图 3-9 所示。

```
alter database company
modify file
(
    name=company,
    maxsize=unlimited
)
```

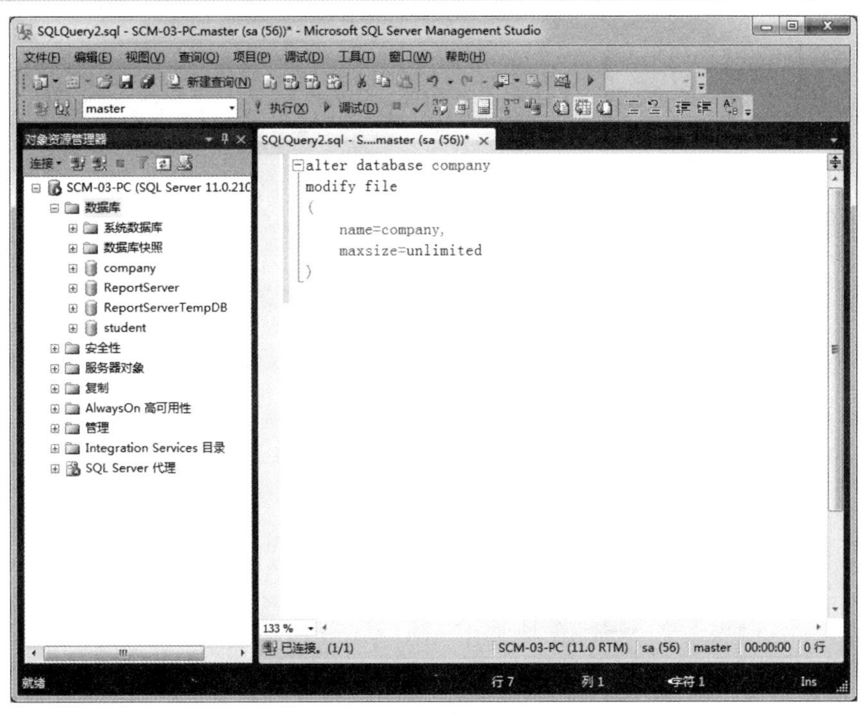

图 3-9　以 SQL 命令方式修改数据库

添加数据库文件或日志文件的基本命令为 alter database name —— add。

```
alter database name
add file
```

```
(
    name=添加的数据库文件名,
    filename=添加的数据库文件路径,
    size=添加的数据库文件初始大小,
    maxsize=添加的数据库文件最大大小,
    filegrowth=添加的数据库文件增长方式
)
```

例 2：给 company 数据库添加一个数据库文件，名字为 company2，路径为 C:\Program Files\Microsoft SQL Server\MSSQL11.MSSQLSERVER\MSSQL\ DATA，初始大小为 5MB，最小大小为 100MB，文件增长方式为 10%，如图 3-10 所示。

```
Alter database company
Add file
(
Name=company2,
filename='C:\Program Files\Microsoft SQL Server\MSSQL11.MSSQLSERVER\MSSQL\DATA\company2.MDF',
size=5MB,
maxsize=100MB,
filegrowth=10%
)
```

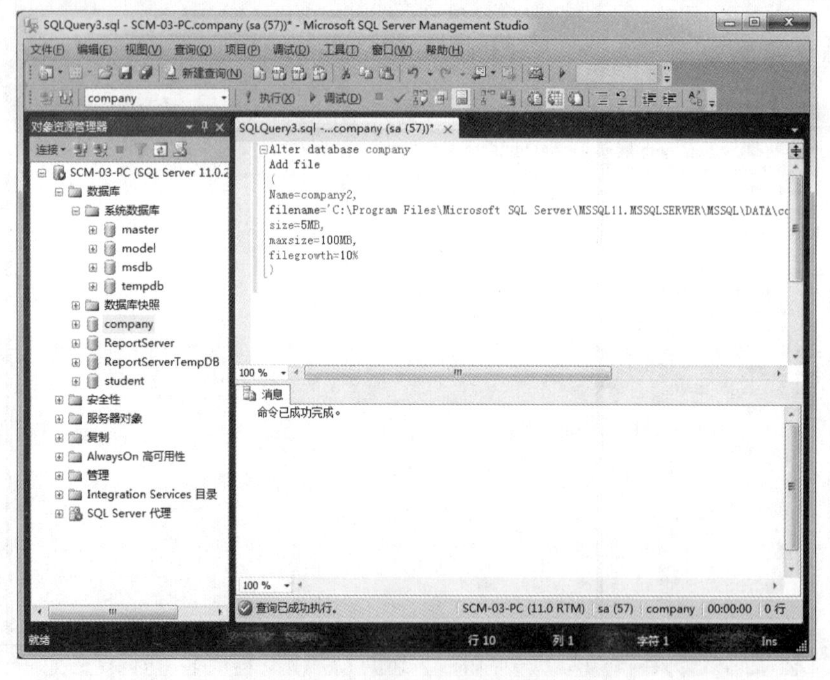

图 3-10 采用 SQL 命令修改数据库

删除数据库文件或日志文件的基本命令为 alter database name —— remove，不能删除主数据库文件和主日志文件。以 SQL 命令方式修改数据成功如图 3-11 所示。

```
alter database name
remove file name
```

图 3-11　以 SQL 命令方式修改数据成功

例 3：删除新建的数据库文件 company2，如图 3-12 所示。

```
Alter database company
remove file company2
```

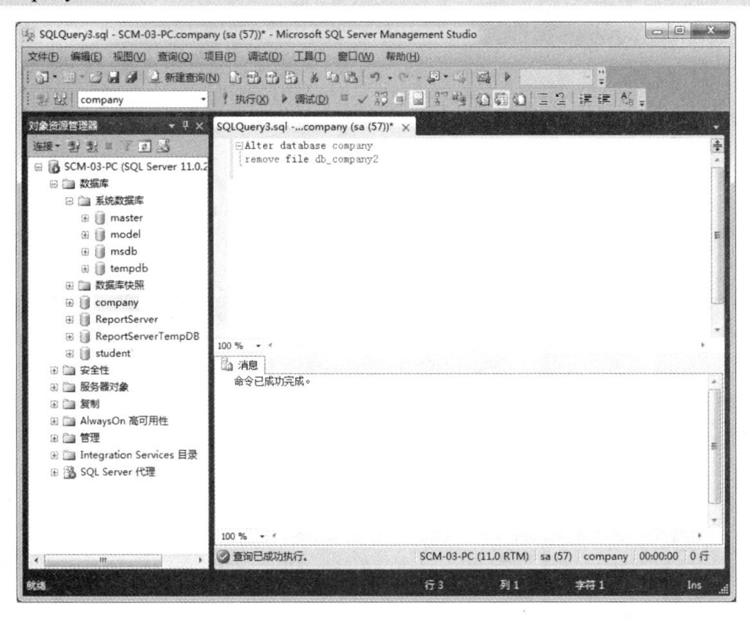

图 3-12　删除数据库文件 company2

3.1.3　删除数据库

（1）手动删除数据库。选中数据库，单击鼠标右键，选择“删除”，打开“删除对象”属性页，“删除数据库备份和还原历史记录信息”默认为选中状态，也可以勾选“关闭现有连接”，然后单击“确定”按钮，删除该数据库对象，如图 3-13 所示。

图 3-13　删除数据库

（2）以 SQL 命令方式删除数据库，基本命令为 drop。

```
drop database name
```

例：删除数据库 company，如图 3-14 所示。

```
drop database company
```

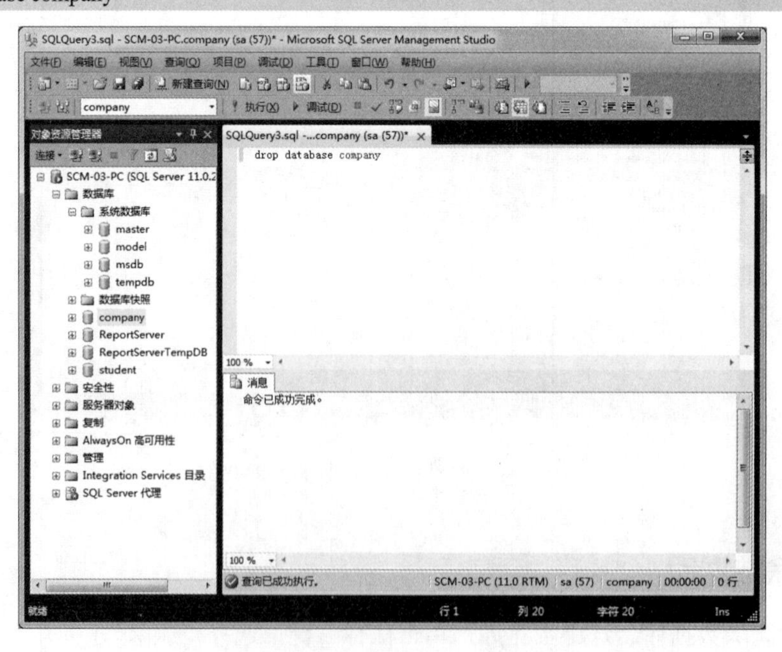

图 3-14　删除数据库 company

3.2　数据表操作

数据库创建成功之后，需要进行数据表的创建，这里仍以第 2 章中的案例为例进行介绍。通常数据库中会包含多张表，以存储用户需求的数据，对数据表的操作主要包括数据表的创建，数据表字段的修改、添加和删除，以及对数据表的删除。同样，对于数据表的操作，既可以使用 SQL Server Management Studio 的对象资源管理器，也可以使用 SQL 语句。

数据表的创建需要设置字段的数据类型，数据类型既对应着 SQL Server 2012 在内存或硬盘上开辟的存储空间，也决定了访问、显示、更新数据的方式。因此，在使用数据之前，必须指定其数据类型。SQL Server 2012 的数据类型主要包括数值型、字符型、日期型、货币型等，如表 3-1 所示。T-SQL 还支持用户自定义数据类型。

表 3-1　SQL Server 2012 的数据类型

类　别	数 据 类 型	类　别	数 据 类 型	类　别	数 据 类 型
二进制字符串	binary varbinary image	近似数字	float real	日期和时间	datetime date smalldatetime
精确数字	bit int bigint smallint tinyint decimal numeric money smallmoney	字符串	char varchar text nchar nvarchar next	其他类型	timestamp sql_varint table cursor uniqueidentifier xml

1. 精确数字

精确数字主要包括整数、精确小数数字、货币三种类型。

1）整数类型

（1）bit：bit 类型的值只能是 0 或者 1。

（2）int：int 类型为 4 字节，可以存储-231～231-1。

（3）bigint：bigint 类型为 8 字节，可以存储-263～263-1。

（4）smallint：smallint 类型为 2 字节，可以存储-215～215-1。

（5）tinyint：tinyint 类型为 1 字节，可以存储 0～255。

2）精确小数数字数据类型

（1）decimal：decimal 类型为 2～17 字节，可以存储-1038+1～1038-1。

（2）numeric：numeric 类型为 2～17 字节，可以存储-1038+1～1038-1。

3）货币数据类型

（1）money：money 类型为 8 字节，存储范围为-263～263-1，精确到货币单位 1%。

（2）smallmoney：smallmoney 类型为 4 字节，存储范围为-214748.3648～214748.3647。

2. 近似数字

（1）float：float 空间大小取决于 *n*，*n* 为用于存储 float 数值尾数的位数，可以确定精度和存储大小。*n* 的取值范围为 1～53，*n* 的默认值为 53，当 *n* 的取值范围在 1～24 之间时为 4 字节，当 *n* 的取值范围在 25～53 之间时为 8 字节。该类型数据范围是-1.79E+308～1.79E+308。

（2）real：real 所占字节数为 4，该类型数据范围是-3.40E+38～3.40E+38。

3. 日期和时间

（1）date：date 存储大小为 3 字节，存储从 0001 年 1 月 1 日到 9999 年 12 月 31 日之间的日期，日期格式为"YYYY-MM-DD"。

（2）datetime：datetime 存储大小为 8 字节，存储从 1753 年 1 月 1 日到 9999 年 12 月 31 日之间的日期和时间数据，格式为"YYYY-MM-DD hh :mm :ss.n*"。

（3）smalldatetime：smalldatetime 存储大小为 4 字节，存储从 1900 年 1 月 1 日到 2079 年 12 月 31 日之间的日期和时间数据，可以精确到分钟，格式为"YYYY-MM-DD hh：mm：ss"。

4. 字符串

字符串由数字、字母和符号组成。

（1）char[n]：长度为 *n* 的固定字符串，每个字符占 1 字节存储空间。

（2）varchar[n]：最大长度为 *n* 的可变长度字符串，当给定字符串长度超过 *n* 时，超出部分将被截断。

（3）text：专门用于存储数量庞大的文本字符数据，所占存储空间最大为 231-1 字节。

（4）binary[n]：固定长度为 *n* 字节的二进制字符串，所占存储空间大小为 *n* 字节。

（5）varbinary[n]：最大长度为 *n* 字节的可变二进制字符串，所占存储空间为实际二进制字符串长度。

（6）image：可用于存储超过 8000 字节的数据，如 Word 文档、Excel 图表及图像数据。

5. 其他类型

（1）cursor：游标的引用，所占存储空间大小为 8 字节。

（2）sql_variant：数据类型可以存储 text、ntext、image 以外的各种数据。

（3）timestamp：时间戳，数据库范围内的唯一值，所占存储空间大小为 8 字节。

（4）table：存储对表或视图处理后的结果集。

（5）uniqueidentifier：全局唯一标识符，所占存储空间为 16 字节。

（6）xml：存储可扩展标记文本数据。

用户根据需求分析创建数据库中的表，在表的创建过程中主要是对字段进行设置，其中字段的类型尤为重要。用户需要根据实际情况创建字段，选择合适的数据类型和合适的存储空间。

3.2.1 创建表

（1）以手动方式创建表。以第 2 章介绍的嘉兴运输有限公司项目中的员工基本信息表为例，选择数据库"company"→"表"，单击鼠标右键选择"新建表"，打开"新建表"对话框，员工基本信息表各字段信息如表 3-2 所示。

表 3-2　员工基本信息表数据字典

表 名 称	user_info		含　义		员工基本信息
名　称	类　型	长　度	主　键	是否为空	字　段
uid	char(4)	4	是	否	用户 ID
name	varchar(20)	最多不超过 20		是	姓名
sex	char(2)	2		是	性别
birthday	date	3		是	出生年月日
entrydate	date	3		是	入职时间
job	varchar(10)	最多不超过 10		是	职位

在“新建表”对话框中输入各字段名，以及长度、主键、是否为空等属性值，选择 uid 字段，单击鼠标右键选择“设置主键”，将 uid 设置为主键，然后单击“关闭”按钮，保存数据表名字为“user_info”，创建成功后可以在“company”→“表”下看到创建之后的结果，如图 3-15 所示。

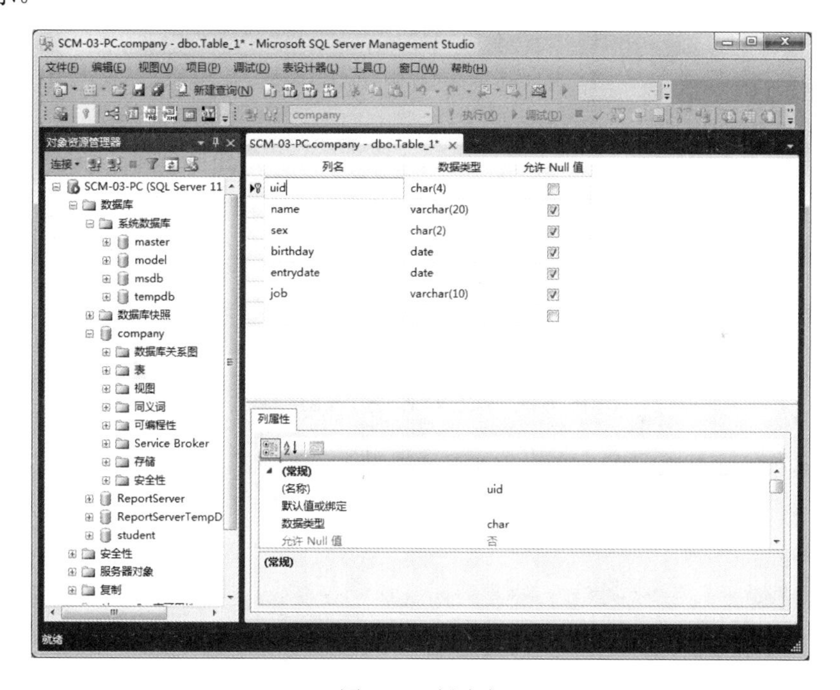

图 3-15　创建表

（2）以 SQL 命令方式创建表。创建表的基本命令为 create table name。

```
create table name
(
    字段名 数据类型（长度）是否为空  是否是主键,
)
```

例 1：创建员工基本信息表，字段及各属性如表 3-2 所示，单击 company，单击鼠标右键选择“新建查询”，打开命令窗口，输入如下命令，然后单击“执行”按钮，执行命令成功，结果如图 3-16 所示。

```
create table user_info
(
    uid char(4) not null primary key,
    name varchar(20) null,
    sex char(2) null,
    birthday date null,
    entrydate date null,
    job varchar(10) null
)
```

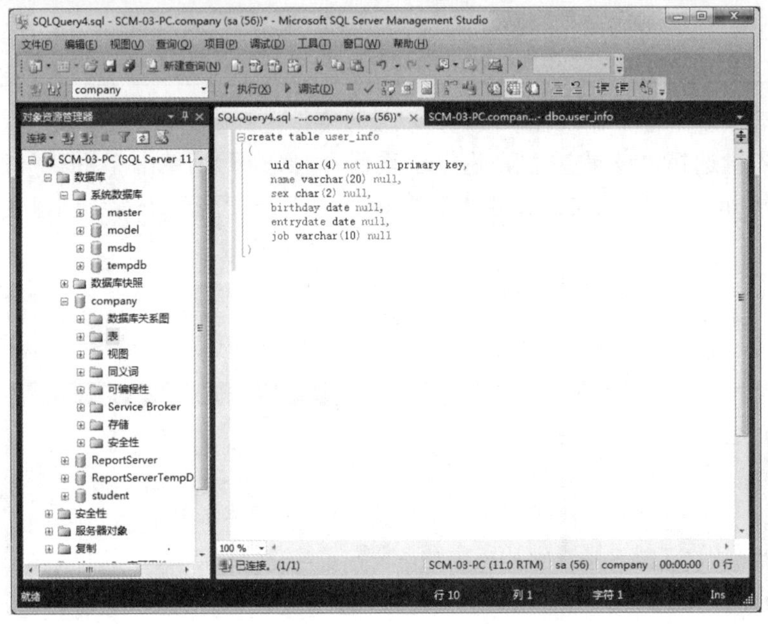

图 3-16　以 SQL 命令方式创建表

例 2：创建车辆运输信息表，表信息如表 3-3 所示，表中的 tid 和 cid 都是主键，在命令窗口输入如下命令，运行结果如图 3-17 所示。

```
create table cartran
(
    tid char(8) not null,
    cid char(4) not null,
    uid char(4) not null,
    primary key(tid,cid)
)
```

表 3-3　车辆运输信息表数据字典

表 名 称	cartran		含 义		汽车运输信息表
名　称	类　型	长　度	是 否 主 键	是 否 为 空	含　义
tid	char(8)	8	是	否	运单号
cid	char(4)	4	是	否	车辆编号
uid	char(4)	4		否	用户 ID

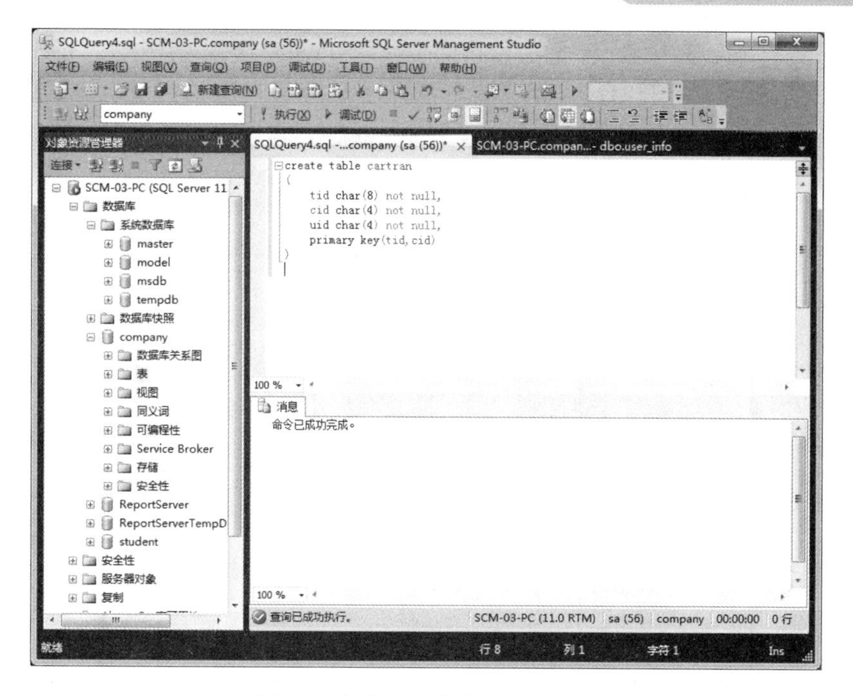

图 3-17　以 SQL 命令方式创建表

3.2.2　修改表

（1）以手动方式修改表，包括对表的字段进行添加、修改和删除。

例 1：在 user_info 表中添加年龄字段 age，tinyint 类型，也可以为空。单击表“user_info”，单击鼠标右键选择“设计”，打开字段设计窗口，如图 3-18 所示，添加一个字段 age，选择 int 类型，勾选“Null”，单击“确定”按钮。

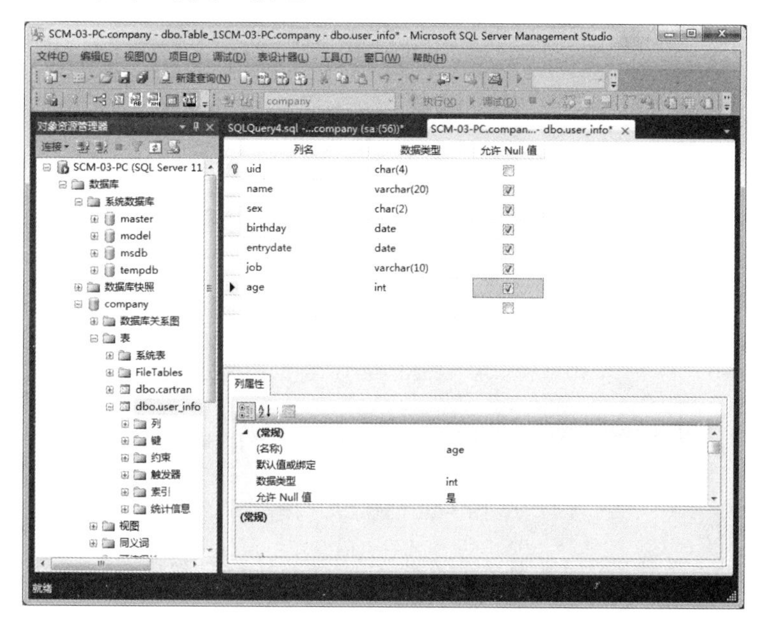

图 3-18　修改表字段

例 2：将 user_info 表中 age 字段的数据类型改为 tinyint 类型。单击表“user_info”，单击鼠标右键选择“设计”，打开字段设计窗口，选择 age 字段的数据类型，在下拉菜单中选择“tinyint”类型，如图 3-19 所示，然后单击“关闭”按钮，再单击“保存”按钮。

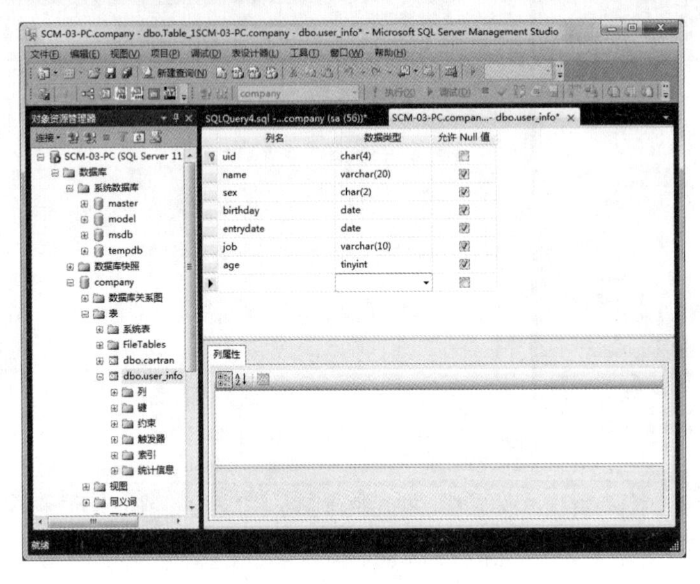

图 3-19 修改表字段

例 3：将 user_info 表中的 age 字段删除。单击表“user_info”，展开后单击“列”，选择“age”字段单击鼠标右键，选择“删除”，打开如图 3-20 所示的“删除对象”窗口，单击“确定”按钮即可删除该字段。

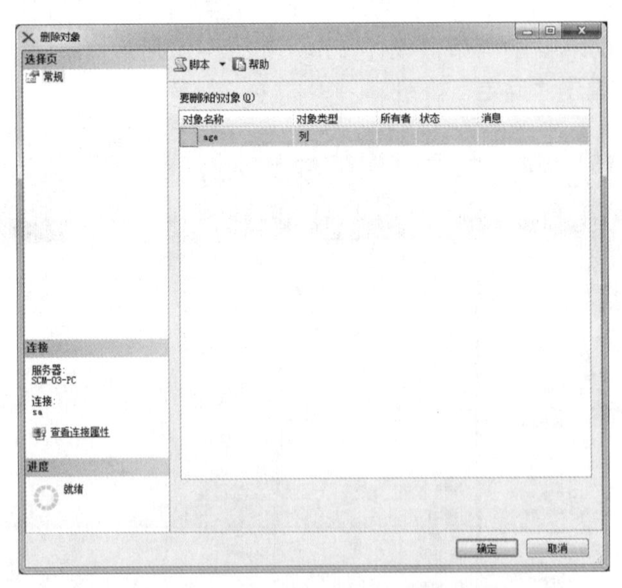

图 3-20 删除表字段

（2）以 SQL 命令方式操作表。基本命令为 alter table name，包括添加字段、修改字段属性、删除字段。

添加表字段的基本命令为 add。

```
alter table name
add 字段名 长度 是否为空 是否为主键
```

例 4：在 user_info 表中添加字段 age，int 类型，可以为空，不是主键。

```
alter table user_info
add age int null
```

修改表字段的基本命令为 alter column。

```
alter table name
alter column 字段名 属性值
```

例 5：将 user_info 表中的 age 字段修改为 tinyint 类型。

```
alter table user_info
alter column age tinyint
```

删除表字段的基本命令为 drop column。

```
alter table name
drop column name
```

例 6：将 user_info 表中的 age 字段删除。

```
alter table user_info
drop column age
```

3.2.3 删除表

（1）以手动方式删除表。选中要删除的表，单击鼠标右键选择“删除”，打开“删除对象”窗口，单击“确定”按钮即可删除。

例 1：删除车辆运输基本信息表 cartran。单击表“cartran”，单击鼠标右键选择“删除”，打开如图 3-21 所示的“删除对象”窗口，单击“确定”按钮删除 cartran 表。

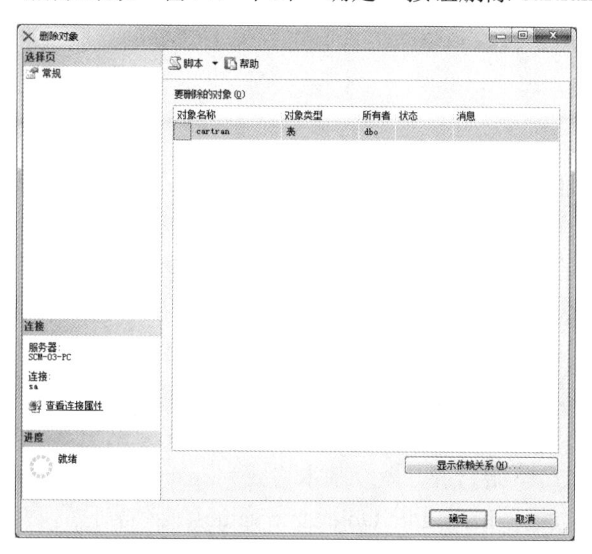

图 3-21 删除表

（2）以 SQL 命令方式删除表。基本命令为 drop table name。

例 2：删除员工基本信息表。选择数据库“company”，单击鼠标右键选择“新建查询”，打开命令窗口，输入下列代码，然后单击“执行”按钮。结果如图 3-22 所示。

```
drop table user_info
```

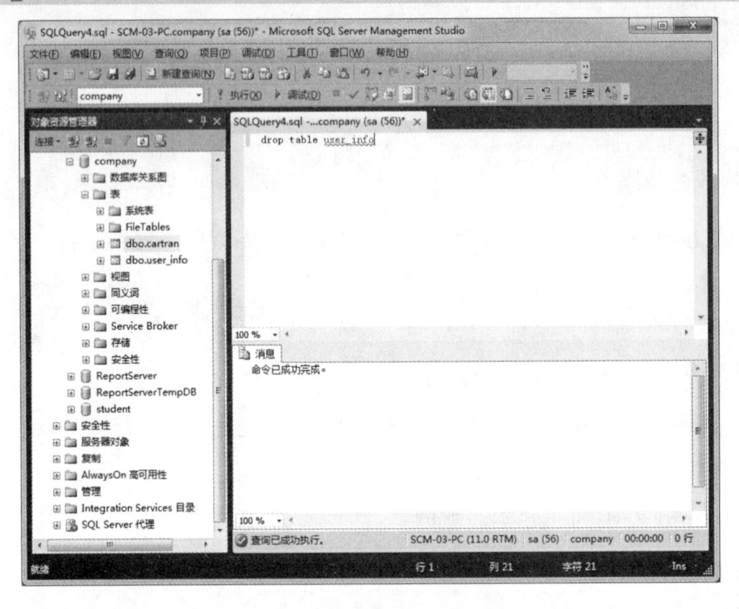

图 3-22　以 SQL 命令方式删除表

3.3　数据更新

数据库创建成功、数据表新建成功之后，就可以添加和保存用户的各式各样数据了，数据保存在数据库中只体现了数据的保存功能，而数据表不仅有保存数据的功能，还可以对数据进行更新，包括数据的添加、删除和修改，并且可以保证数据的完整性和规范性。

3.3.1　添加记录

（1）以手动方式添加记录。选择表“user_info”，单击鼠标右键选择“编辑前 200 行”，打开表数据窗口，然后在最下面一行输入需要添加的数据。需要特别注意的是，输入数据的数据类型和长度及数据类型的格式都需要与表中该字段的数据类型和长度匹配。

例 1：在 user_info 表中添加一条数据，U008，杨智，男，生日 1982 年 11 月 25 日，入职日期 2014 年 6 月 1 日，职位司机。选择表“user_info”，单击鼠标右键选择“编辑前 200 行”，打开如图 3-23 所示的数据表窗口，在最下面一行增加数据（U008　杨智　男　1982-11-25 2014-6-1 司机），然后单击“关闭”按钮，再单击“保存”按钮确保数据录入成功。

（2）以 SQL 命令方式添加记录。命令基本格式为 insert into。

插入该表所有字段数据：insert into tablename values(值列表)。

插入该表部分字段数据：insert into tablename(字段名列表) values(值列表)。

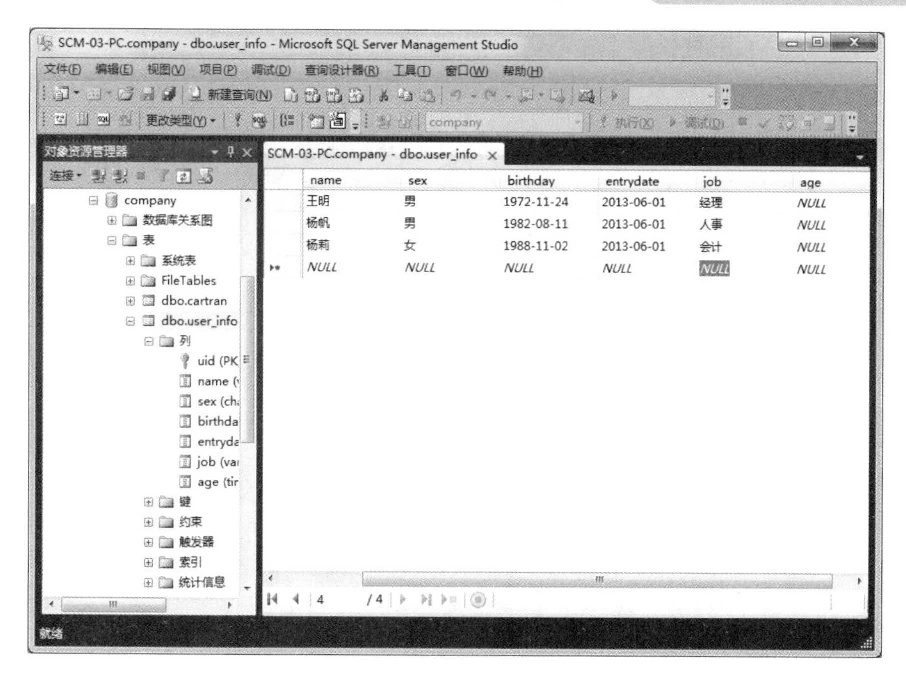

图 3-23　插入数据

例 2：为 user_info 表添加一个新职员，员工编号 U009，姓名何丽，性别女，生日 1992 年 10 月 1 日，入职日期 2014 年 6 月 1 日，职位文员，如图 3-24 所示。

```
insert into user_info values('U009','何丽','女','1992-10-1','2014-6-1','文员')
```

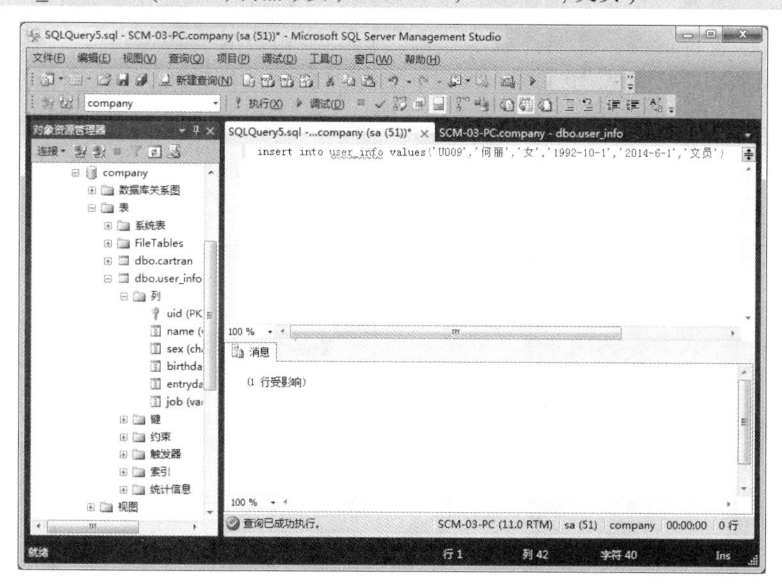

图 3-24　以 SQL 命令方式插入数据

例 3：为 user_info 表添加一个新职员，员工编号 U010，姓名曾一凡，性别男，生日 1992 年 6 月 1 日，入职日期 2014 年 6 月 1 日，职务待定，如图 3-25 所示。

```
insert into user_info(uid,name,sex,birthday,entrydate)
values('U010','曾一凡','男','1992-6-1','2014-6-1')
```

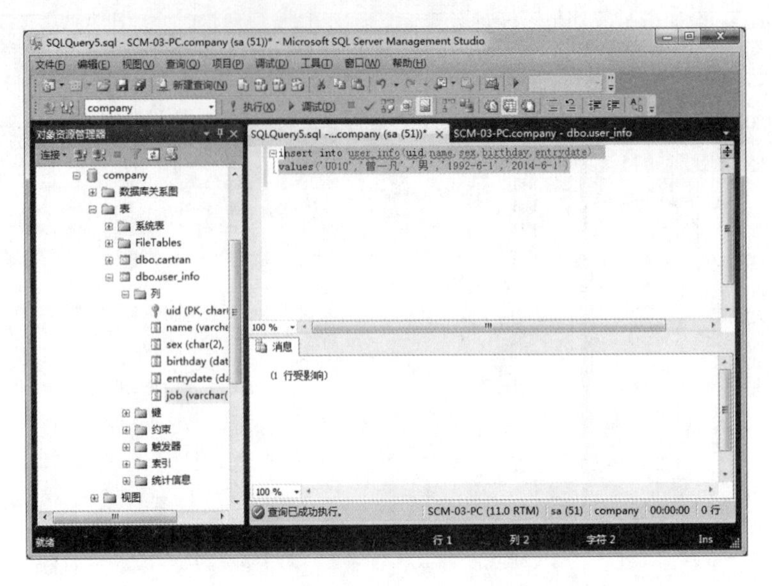

图 3-25　以 SQL 命令方式插入数据

需要注意的是，命令中录入的数据值列表，包括个数、类型、顺序，需要和字段名列表匹配。

3.3.2　修改记录

（1）以手动方式修改记录。选择表，单击鼠标右键，选择“编辑前 200 行”，打开表数据窗口，直接对数据进行修改。需要注意的是，数据类型和数据长度需要和字段匹配。

例 1：将数据表 user_info 中刚添加的员工编号为 U010 的职员职位修改为实习生。单击表“user_info”，单击鼠标右键选择“编辑前 200 行”，打开如图 3-26 所示的表数据窗口，在 U010 行 job 列修改 NULL 为实习生，然后单击“关闭”按钮，再单击“确定”按钮保存数据，修改后的数据结果如图 3-27 所示。

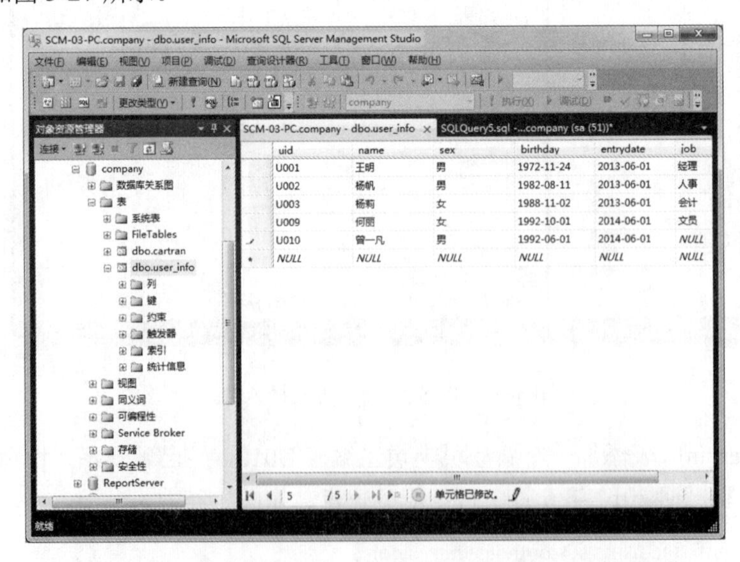

图 3-26　以手动方式修改记录

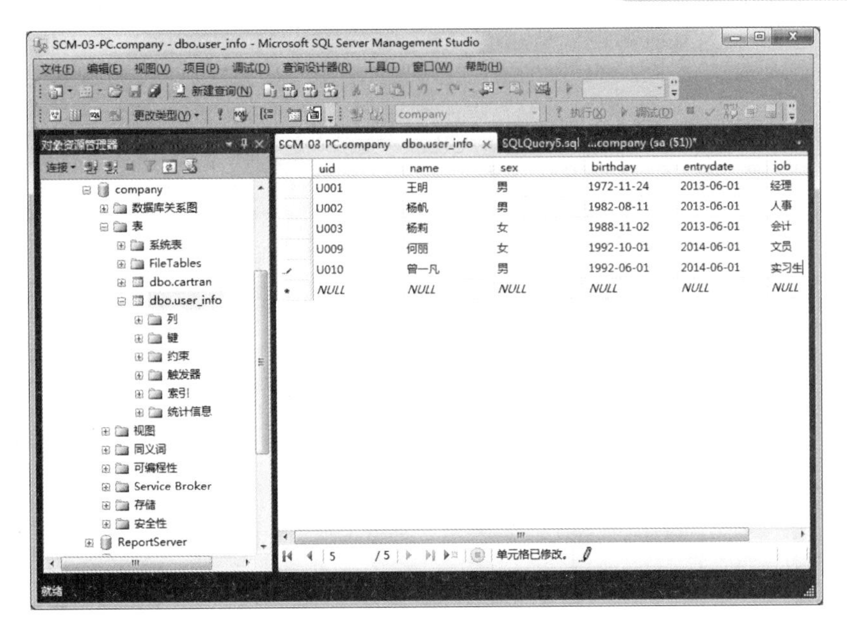

图 3-27　修改后的数据结果

（2）以 SQL 命令方式修改记录。基本命令为 update。

```
update 表名 set 字段=值 where 条件
```

例 2：将 U010 号职员的职位修改为物流调度。选择数据库“company”，单击鼠标右键选择“新建查询”，打开命令窗口，输入如下命令，然后单击“执行”按钮，执行结果如图 3-28 所示。

```
update user_info set job='物流调度' where uid='U010'
```

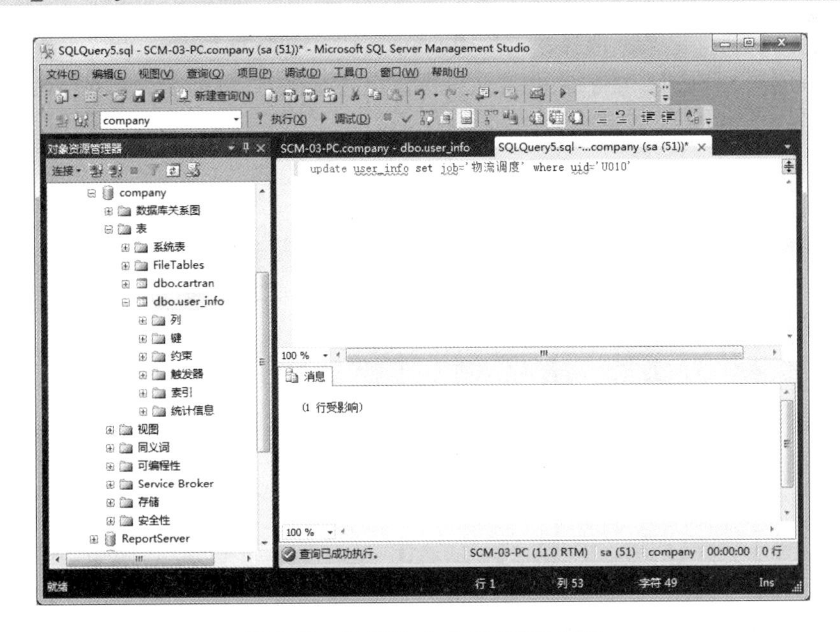

图 3-28　以 SQL 命令方式修改记录

例 3：将何丽的生日改为 1992 年 10 月 11 日。选择数据库“company”，单击鼠标右键选择“新建查询”，打开命令窗口，输入如下命令，然后单击“执行”按钮，执行结果如图 3-29 所示。

```
update user_info set birthday='1992-10-11' where name='何丽'
```

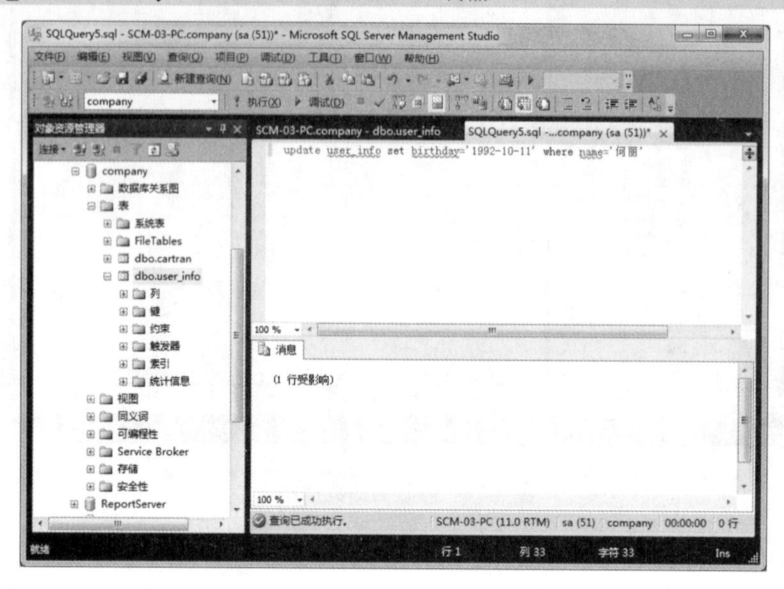

图 3-29　以 SQL 命令方式修改记录

3.3.3　删除记录

（1）以手动方式删除记录。选择数据库，找到要删除数据的表，单击鼠标右键选择“编辑前 200 行”，再选择要删除的行，单击鼠标右键选择“删除”，确定永久删除这些行。

例 1：删除 U010 行记录。选择数据库“company”，选择表“user_info”，单击鼠标右键选择“编辑前 200 行”，再选择要删除的行，单击鼠标右键选择“删除”，如图 3-30 所示，在确认窗口单击“是”按钮删除该记录，如图 3-31 所示。

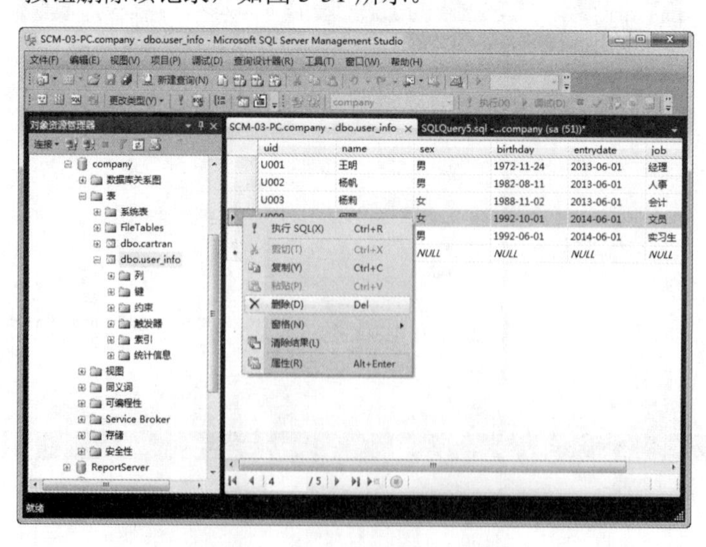

图 3-30　以手动方式删除记录

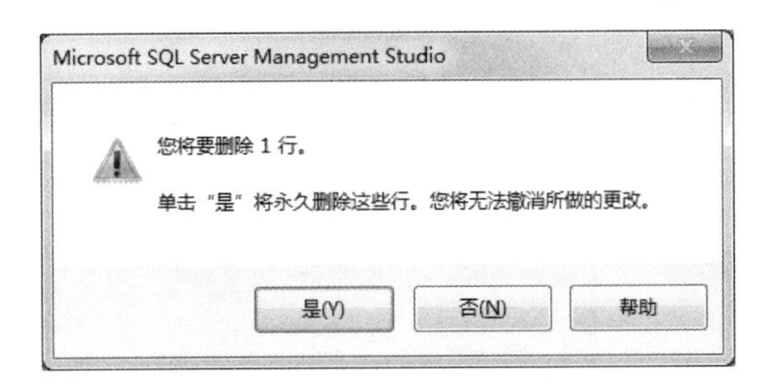

图 3-31 删除记录确定选项

（2）以 SQL 命令方式删除记录。命令基本格式为 delete。

```
delete 表名 where 条件
```

例 2：删除员工编号为 U009 的记录。在“新建查询”命令窗口中输入如下命令，然后单击“执行”按钮，执行结果如图 3-32 所示。

```
delete user_info where uid='U009'
```

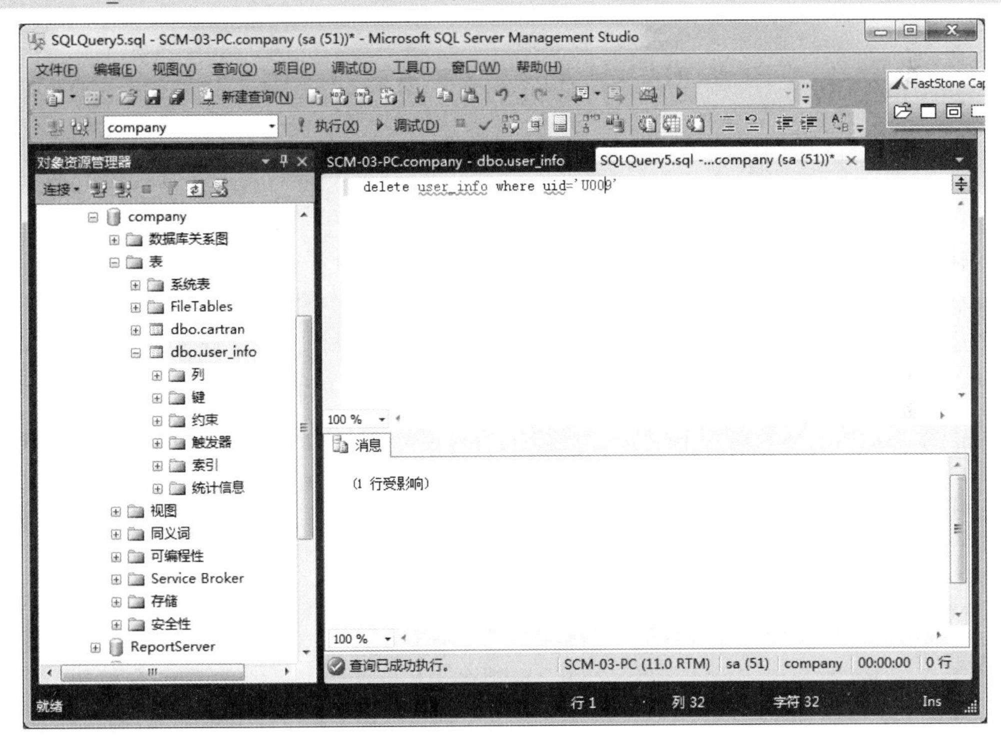

图 3-32 以 SQL 命令方式删除记录

例 3：删除姓名为“曾一凡”的这条员工记录，命令如下所示，结果如图 3-33 所示。

```
delete user_info where name='曾一凡'
```

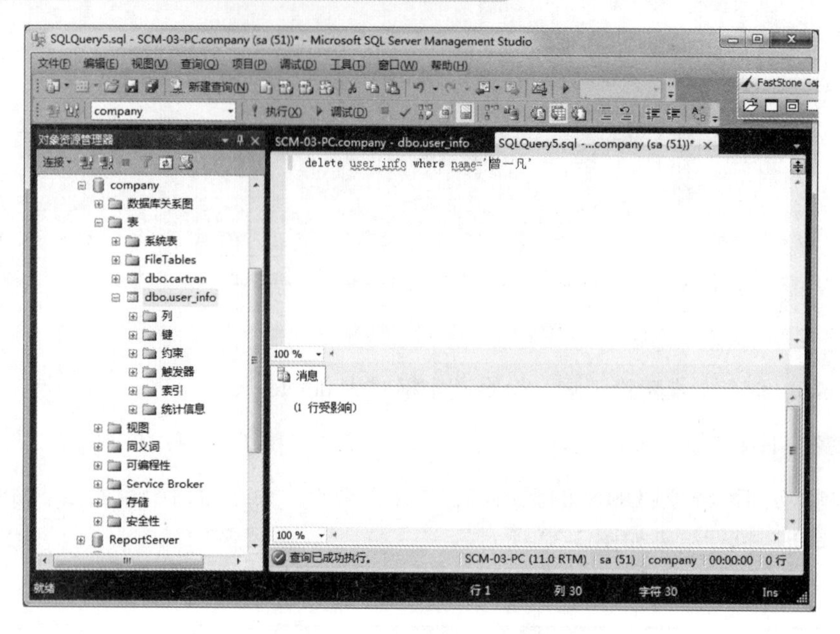

图 3-33　以 SQL 命令方式删除记录

3.4　单表查询

将数据保存于数据库中本身是毫无意义的，需要对数据进行分析处理和加工，其中数据的查询功能是相当强大的。数据查询是数据库的核心操作，所谓查询实际上就是根据用户的需求，从数据库中检索需要的数据的过程。SQL 语言中使用 select 语句进行数据查询，该语句使用灵活、功能丰富，能够满足十分复杂的查询要求。select 语句的基本格式为：

```
SELECT select_list [ INTO new_table ]
[ FROM    table_source ]
[ WHERE search_condition ]
[ GROUP BY <列名> [, <列名>…]]
[ HAVING    search_condition]
[ ORDER BY <列名> [ ASC|DESC] [, <列名>…][ ASC|DESC] ]
```

3.4.1　查询简单列

对数据库中数据列的查询主要包括查询一个表中指定的列、查询全部列、修改查询结果中的列标题、替换查询结果中的数据、查询经过计算的值。

	uid	name	sex	job
1	U001	王明	男	经理
2	U002	杨帆	男	人事
3	U003	杨莉	女	会计
4	U004	周玉云	女	会计
5	U005	陈平	男	物流调度
6	U006	李林	男	司机
7	U007	代刚	男	司机

图 3-34　SQL 命令查询结果

（1）查询表中指定的列。命令基本格式为 select 表字段名 from 表名。

例 1：在员工基本信息表中查询员工编号、姓名、性别和职位，结果如图 3-34 所示。

```
select uid ,name ,sex, job from user_info
```

例 2：在员工工资基本信息表中查询工资编号、员工编号、基本工资、社保、公积金及支付日期，结果如图 3-35 所示。

```
select pid,uid,salary,security ,pub_funds ,paydate from pay_info
```

例 3：在公司资金基本信息表中查询资金编号、员工编号、支付款项、支付数目及支付日期，结果如图 3-36 所示。

```
select asid,uid,payout,payoutnum,assetdate from asset_info
```

	pid	uid	salary	security	pub_funds	paydate
1	P1306001	U001	5100.00	318.00	400.00	2013-06-28
2	P1306002	U002	3700.00	227.00	400.00	2013-06-28
3	P1306003	U003	1800.00	227.00	400.00	2013-06-28
4	P1306005	U005	2800.00	227.00	400.00	2013-06-28
5	P1306006	U006	4500.00	227.00	400.00	2013-06-28
6	P1307001	U001	5100.00	318.00	400.00	2013-07-28
7	P1307002	U002	3700.00	227.00	400.00	2013-07-28
8	P1307003	U003	1800.00	227.00	400.00	2013-07-28
9	P1307005	U005	2800.00	227.00	400.00	2013-07-28
10	P1307006	U006	4500.00	227.00	400.00	2013-07-28
11	P1308001	U001	5100.00	318.00	400.00	2013-08-28
12	P1308002	U002	3700.00	227.00	400.00	2013-08-28
13	P1308003	U003	1800.00	227.00	400.00	2013-08-28
14	P1308005	U005	2800.00	227.00	400.00	2013-08-28
15	P1308006	U006	4500.00	227.00	400.00	2013-08-28
16	P1309001	U001	5100.00	318.00	400.00	2013-09-28
17	P1309002	U002	3700.00	227.00	400.00	2013-09-28
18	P1309003	U003	1800.00	227.00	400.00	2013-09-28
19	P1309004	U004	1500.00	227.00	400.00	2013-09-28

图 3-35 SQL 命令查询结果

	asid	uid	payout	payoutnum	assetdate
1	a1306001	U003	社保	89.00	2013-06-20
2	a1306002	U003	员工工资	66.00	2013-06-25
3	a1306003	U007	无	0.00	2013-06-26
4	a1307001	U004	员工工资	55555.00	2013-07-02
5	a1307002	U006	油费	9669.00	2013-07-06
6	a1307003	U002	奖金	45646.00	2013-07-10
7	a1307004	U006	员工工资	414.00	2013-07-24
8	a1308001	U001	员工工资	79871.00	2013-08-02
9	a1308002	U002	社保	79871.00	2013-08-13
10	a1308003	U003	无	0.00	2013-08-24
11	a1309001	U005	油费	4564.00	2013-09-05
12	a1309002	U002	员工奖金	569.00	2013-09-20
13	a1310001	U003	油费	56856.00	2013-10-01
14	a1310002	U003	公积金	5686.00	2013-10-19
15	a1310003	U005	员工工资	6625.00	2013-10-23
16	a1311001	U002	无	0.00	2013-11-01
17	a1311002	U006	奖金	53.00	2013-11-12
18	a1311003	U001	油费	9669.00	2013-11-14
19	a1311004	U007	员工奖金	2222.00	2013-11-24

图 3-36 SQL 命令查询结果

例 4：在运输基本信息表中查询运单号、运输始发地址和运输目的地址，结果如图 3-37 所示。

```
select tid,startloc,stoploc from tran_info
```

例 5：在车辆基本信息表中查询汽车编号、载重量和价格，结果如图 3-38 所示。

```
select cid,loads,price from car_info
```

	tid	startloc	stoploc
1	t1306001	成都	南昌
2	t1306002	广州	南京
3	t1307001	武汉	沈阳
4	t1307002	武汉	拉萨
5	t1307003	成都	贵阳
6	t1307004	成都	乌鲁木齐
7	t1307005	成都	乌鲁木齐
8	t1308001	南昌	厦门
9	t1308002	成都	天津
10	t1308003	南京	合肥
11	t1309001	南京	成都
12	t1309002	拉萨	乌鲁木齐
13	t1309003	北京	福州
14	t1310001	杭州	西宁
15	t1310002	成都	上海
16	t1310003	西宁	天津
17	t1311001	武汉	乌鲁木齐
18	t1311002	成都	贵阳
19	t1311003	福州	武汉

图 3-37 SQL 命令查询结果

	cid	loads	price
1	c001	4	240.00
2	c002	2	280.00
3	c003	4	250.00
4	c004	8	210.00
5	c005	1	300.00
6	c006	5	230.00
7	c007	6	230.00
8	c008	8	220.00
9	c009	10	200.00
10	c010	6	220.00

图 3-38 SQL 命令查询结果

（2）查询全部列，命令基本格式为 select * from 表名。

例 6：查询员工基本信息表的全部列，结果如图 3-39 所示。

```
select * from user_info
```

	uid	name	sex	birthday	entryday	job
1	U001	王明	男	1972-11-24	2013-06-01	经理
2	U002	杨帆	男	1982-08-11	2013-06-01	人事
3	U003	杨莉	女	1988-11-02	2013-06-01	会计
4	U004	周玉云	女	1990-07-09	2013-09-01	会计
5	U005	陈平	男	1982-10-01	2013-06-01	物流调度
6	U006	李林	男	1965-05-12	2013-06-01	司机
7	U007	代刚	男	1977-06-12	2013-09-01	司机

图 3-39　SQL 命令查询结果

例 7：查询员工工资基本信息表的全部列，结果如图 3-40 所示。

```
select * from pay_info
```

	pid	uid	salary	security	pub_funds	bonus	tax	deduction	paydate
1	P1306001	U001	5100.00	318.00	400.00	300.00	238.00	0.00	2013-06-28
2	P1306002	U002	3700.00	227.00	400.00	200.00	128.00	0.00	2013-06-28
3	P1306003	U003	1800.00	227.00	400.00	200.00	0.00	100.00	2013-06-28
4	P1306005	U005	2800.00	227.00	400.00	200.00	69.00	0.00	2013-06-28
5	P1306006	U006	4500.00	227.00	400.00	100.00	226.00	0.00	2013-06-28
6	P1307001	U001	5100.00	318.00	400.00	300.00	238.00	0.00	2013-07-28
7	P1307002	U002	3700.00	227.00	400.00	200.00	128.00	0.00	2013-07-28
8	P1307003	U003	1800.00	227.00	400.00	200.00	0.00	0.00	2013-07-28
9	P1307005	U005	2800.00	227.00	400.00	200.00	69.00	0.00	2013-07-28
10	P1307006	U006	4500.00	227.00	400.00	100.00	226.00	0.00	2013-07-28
11	P1308001	U001	5100.00	318.00	400.00	300.00	238.00	0.00	2013-08-28
12	P1308002	U002	3700.00	227.00	400.00	300.00	128.00	100.00	2013-08-28
13	P1308003	U003	1800.00	227.00	400.00	200.00	0.00	0.00	2013-08-28
14	P1308005	U005	2800.00	227.00	400.00	200.00	69.00	0.00	2013-08-28
15	P1308006	U006	4500.00	227.00	400.00	200.00	226.00	0.00	2013-08-28
16	P1309001	U001	5100.00	318.00	400.00	300.00	238.00	0.00	2013-09-28
17	P1309002	U002	3700.00	227.00	400.00	200.00	128.00	0.00	2013-09-28
18	P1309003	U003	1800.00	227.00	400.00	200.00	0.00	0.00	2013-09-28
19	P1309004	U004	1500.00	227.00	400.00	100.00	0.00	0.00	2013-09-28

图 3-40　SQL 命令查询结果

例 8：查询公司资金基本信息表的全部列，结果如图 3-41 所示。

```
select * from asset_info
```

	asid	uid	payout	payoutnum	income	incomenum	assetdate
1	a1306001	U003	社保	89.00	运费	489.00	2013-06-20
2	a1306002	U003	员工工资	66.00	运费	221.00	2013-06-25
3	a1306003	U007	无	0.00	运费	45646.00	2013-06-26
4	a1307001	U004	员工工资	55555.00	运费	414.00	2013-07-02
5	a1307002	U006	油费	9669.00	运费	79871.00	2013-07-06
6	a1307003	U002	奖金	45646.00	运费	456.00	2013-07-10
7	a1307004	U006	员工工资	414.00	运费	56.00	2013-07-24
8	a1308001	U001	员工工资	79871.00	运费	5666.00	2013-08-02
9	a1308002	U002	社保	79871.00	运费	89.00	2013-08-13
10	a1308003	U003	无	0.00	运费	66.00	2013-08-24
11	a1309001	U005	油费	4564.00	运费	5999.00	2013-09-05
12	a1309002	U002	员工奖金	569.00	运费	669.00	2013-09-20
13	a1310001	U003	油费	56856.00	运费	9669.00	2013-10-01
14	a1310002	U003	公积金	5686.00	运费	363.00	2013-10-19
15	a1310003	U005	员工工资	6625.00	运费	56.00	2013-10-23
16	a1311001	U002	无	0.00	运费	35569.00	2013-11-01
17	a1311002	U006	奖金	53.00	运费	526.00	2013-11-12
18	a1311003	U001	油费	9669.00	运费	555.00	2013-11-14
19	a1311004	U007	员工奖金	2222.00	运费	88.00	2013-11-24

图 3-41　SQL 命令查询结果

例 9：查询运输基本信息表的全部列，结果如图 3-42 所示。

```
select * from tran_info
```

例 10：查询汽车运输基本信息表的全部列，结果如图 3-43 所示。

```
select * from cartran
```

tid	uid	startdate	startloc	stopdate	stoploc
t1306001	U005	2013-06-19	成都	2013-06-25	南昌
t1306002	U001	2013-06-20	广州	2013-06-26	南京
t1307001	U003	2013-07-08	武汉	2013-07-10	沈阳
t1307002	U001	2013-07-10	武汉	2013-07-14	拉萨
t1307003	U003	2013-07-14	成都	2013-07-16	贵阳
t1307004	U004	2013-07-18	成都	2013-07-24	乌鲁木齐
t1307005	U001	2013-07-19	成都	2013-07-25	乌鲁木齐
t1308001	U001	2013-08-10	南昌	2013-08-14	厦门
t1308002	U001	2013-08-20	成都	2013-08-25	天津
t1308003	U001	2013-08-22	南京	2013-08-26	合肥
t1309001	U001	2013-09-08	南京	2013-09-10	成都
t1309002	U003	2013-09-10	拉萨	2013-09-15	乌鲁木齐
t1309003	U001	2013-09-24	北京	2013-09-26	福州
t1310001	U003	2013-10-18	杭州	2013-10-24	西宁
t1310002	U003	2013-10-19	成都	2013-10-21	上海
t1310003	U001	2013-10-20	西宁	2013-10-26	天津
t1311001	U002	2013-11-08	武汉	2013-11-16	乌鲁木齐
t1311002	U001	2013-11-10	成都	2013-11-11	贵阳
t1311003	U002	2013-11-24	福州	2013-11-26	武汉
t1312001	U001	2013-12-18	杭州	2013-12-21	成都
t1312002	U004	2013-12-20	成都	2013-12-21	南京
t1312003	U001	2013-12-21	南京	2013-12-23	贵阳
t1312004	U001	2013-12-23	青岛	2013-12-27	成都
t1401001	U001	2014-01-08	成都	2014-01-12	上海
t1401002	U002	2014-01-11	成都	2014-01-11	贵阳
t1401003	U001	2014-01-15	成都	2014-01-16	武汉
t1401004	U003	2014-01-16	南京	2014-01-17	武汉
t1401005	U004	2014-01-20	拉萨	2014-01-22	成都
t1401006	U001	2014-01-25	北京	2014-01-28	深圳
t1402001	U005	2014-02-02	南昌	2014-02-04	上海
t1402002	U001	2014-02-13	成都	2014-02-16	天津
t1402003	U001	2014-02-15	南京	2014-02-15	合肥
t1402004	U005	2014-02-25	西安	2014-02-28	广州
t1403001	U001	2014-03-02	深圳	2014-03-04	武汉
t1403002	U004	2014-03-06	成都	2014-03-12	沈阳
t1404001	U003	2014-04-08	上海	2014-04-16	拉萨
t1404002	U001	2014-04-10	天津	2014-04-20	乌鲁木齐
t1404003	U002	2014-04-14	合肥	2014-04-16	南京
t1404004	U001	2014-04-18	成都	2014-04-24	乌鲁木齐
t1405001	U001	2014-05-08	南京	2014-05-16	成都

图 3-42 SQL 命令查询结果

	tid	cid	uid
1	t1401001	c001	U006
2	t1401001	c003	U007
3	t1401002	c003	U006
4	t1401003	c004	U006
5	t1401003	c006	U007
6	t1401004	c007	U006
7	t1401004	c009	U007
8	t1401005	c010	U007
9	t1401006	c002	U006
10	t1401006	c003	U007
11	t1402001	c003	U006
12	t1402001	c002	U007
13	t1402002	c004	U006
14	t1402002	c005	U007
15	t1402003	c006	U006
16	t1402003	c007	U007
17	t1402004	c005	U006
18	t1402004	c008	U007
19	t1403001	c001	U006

图 3-43 SQL 命令查询结果

（3）修改查询结果中的列标题，命令基本格式为 select 表字段名 as 显示字段名 from 表名。

例 11：查询员工基本信息表的员工编号、姓名和工资，显示字段为员工编号、姓名、工资，结果如图 3-44 所示。

```
select uid as '员工编号',name as '姓名',job as '工资' from user_info
```

例 12：查询员工工资基本信息表，列标题显示为员工编号、工资、社保、公积金，结果如图 3-45 所示。

```
select uid as '员工编号',salary as '工资',security as '社保',pub_funds as '公积金' from pay_info
```

	员工编号	姓名	工资
1	U001	王明	经理
2	U002	杨帆	人事
3	U003	杨莉	会计
4	U004	周玉云	会计
5	U005	陈平	物流调度
6	U006	李林	司机
7	U007	代刚	司机

图 3-44 SQL 命令查询结果

	员工编号	工资	社保	公积金
1	U001	5100.00	318.00	400.00
2	U002	3700.00	227.00	400.00
3	U003	1800.00	227.00	400.00
4	U005	2800.00	227.00	400.00
5	U006	4500.00	227.00	400.00
6	U001	5100.00	318.00	400.00
7	U002	3700.00	227.00	400.00
8	U003	1800.00	227.00	400.00
9	U005	2800.00	227.00	400.00
10	U006	4500.00	227.00	400.00
11	U001	5100.00	318.00	400.00
12	U002	3700.00	227.00	400.00
13	U003	1800.00	227.00	400.00
14	U005	2800.00	227.00	400.00
15	U006	4500.00	227.00	400.00
16	U001	5100.00	318.00	400.00

图 3-45 SQL 命令查询结果

（4）替换查询结果中的数据，命令基本格式为 select 字段 case when then end from 表名。

例 13：查询员工工资基本信息表，如果工资大于 5000，显示工资高，工资为 3000～5000 显示工资中等，3000 以下显示工资低，结果如图 3-46 所示。

```
select pid,uid,salary = case
when salary>5000 then ’工资高’
when salary>3000 and salary<5000 then ’工资中等’
when salary<3000 then ’工资低’
end,security,pub_funds
from pay_info
```

（5）查询经过计算的值，命令基本格式为 select 计算表达式 from 表名。

例 14：计算基本工资减去社保之后的结余数，结果如图 3-47 所示。

```
select ’余额’=salary-security from pay_info
```

	pid	uid	salary	security	pub_funds
1	P1306001	U001	工资高	318.00	400.00
2	P1306002	U002	工资中等	227.00	400.00
3	P1306003	U003	工资低	227.00	400.00
4	P1306005	U005	工资低	227.00	400.00
5	P1306006	U006	工资中等	227.00	400.00
6	P1307001	U001	工资高	318.00	400.00
7	P1307002	U002	工资中等	227.00	400.00
8	P1307003	U003	工资低	227.00	400.00
9	P1307005	U005	工资低	227.00	400.00
10	P1307006	U006	工资中等	227.00	400.00
11	P1308001	U001	工资高	318.00	400.00
12	P1308002	U002	工资中等	227.00	400.00
13	P1308003	U003	工资低	227.00	400.00
14	P1308005	U005	工资低	227.00	400.00
15	P1308006	U006	工资中等	227.00	400.00
16	P1309001	U001	工资高	318.00	400.00

图 3-46　SQL 命令查询结果

	余额
1	4782.00
2	3473.00
3	1573.00
4	2573.00
5	4273.00
6	4782.00
7	3473.00
8	1573.00
9	2573.00
10	4273.00
11	4782.00
12	3473.00
13	1573.00
14	2573.00
15	4273.00
16	4782.00

图 3-47　SQL 命令查询结果

3.4.2　查询简单行

对数据库行的查询主要包括：消除结果集中的重复行，限制结果集的返回行数，以及查询满足条件的行。

（1）消除结果集中的重复行。根据需求有时在查询过程中需要将查询结果中的重复行消除，使用关键字 distinct。

例 1：查询公司员工的职位有哪些，结果如图 3-48 所示。

```
select distinct job from user_info
```

例 2：查询运输起始地，消除重复行，结果如图 3-49 所示。

```
select distinct startloc from tran_info
```

（2）限制结果集的返回行数。如果需要查询的数据行数比较多，而我们只关心这个表的前面多少行，可以使用 top 限制查询显示结果。

例 3：查询公司资金基本信息表，返回前 10 行内容，结果如图 3-50 所示。

```
select top 10 * from asset_info
```

	job
1	会计
2	经理
3	人事
4	司机
5	物流调度

图 3-48 SQL 命令查询结果

	startloc
1	北京
2	成都
3	福州
4	广州
5	杭州
6	合肥
7	拉萨
8	南昌
9	南京
10	青岛
11	上海
12	深圳
13	天津
14	武汉
15	西安
16	西宁

图 3-49 SQL 命令查询结果

	asid	uid	payout	payoutnum	income	incomenum	assetdate
1	a1306001	U003	社保	89.00	运费	489.00	2013-06-20
2	a1306002	U003	员工工资	66.00	运费	221.00	2013-06-25
3	a1306003	U007	无	0.00	运费	45646.00	2013-06-26
4	a1307001	U004	员工工资	55555.00	运费	414.00	2013-07-02
5	a1307002	U006	油费	9669.00	运费	79871.00	2013-07-06
6	a1307003	U002	奖金	45646.00	运费	456.00	2013-07-10
7	a1307004	U006	员工工资	414.00	运费	56.00	2013-07-24
8	a1308001	U001	员工工资	79871.00	运费	5666.00	2013-08-02
9	a1308002	U002	社保	79871.00	运费	89.00	2013-08-13
10	a1308003	U003	无	0.00	运费	66.00	2013-08-24

图 3-50 SQL 命令查询结果

例 4：查询运输基本信息，返回前 10%的内容，结果如图 3-51 所示。

```
select top 10 percent * from cartran
```

	tid	cid	uid
1	t1401001	c001	U006
2	t1401001	c003	U007
3	t1401002	c003	U006
4	t1401003	c004	U006
5	t1401003	c006	U007
6	t1401004	c007	U006
7	t1401004	c009	U007

图 3-51 SQL 命令查询结果

3.4.3 条件查询

查询满足条件的行，可以使用 where 语句限定查询的条件。where 语句可以是逻辑运算符、比较运算符、指定一个范围、确定是否在一个集合里、字符匹配，或者是空值比较。

（1）where 语句后可以使用逻辑运算符 and、or、not。not 是取反的意思，和所列条件正好相反；and 是并且的意思，表示两个条件需要同时满足；or 是或者关系，两个条件只要有一个满足即可。逻辑运算结果如表 3-4 所示。

表 3-4 逻辑运算结果表

X	Y	X and Y	X or Y
True	True	True	True
False	True	False	True

续表

X	Y	X and Y	X or Y
True	False	False	True
False	False	False	False

例 1：查询不是男性的员工信息，结果如图 3-52 所示。

```
select * from user_info where not sex='男'
```

	uid	name	sex	birthday	entryday	job
1	U003	杨莉	女	1988-11-02	2013-06-01	会计
2	U004	周玉云	女	1990-07-09	2013-09-01	会计

图 3-52　SQL 命令查询结果

例 2：在员工基本信息表中查询男性并且职位为物流调度的所有人的全部信息，结果如图 3-53 所示。

```
select * from user_info where sex='男' and job='物流调度'
```

	uid	name	sex	birthday	entryday	job
1	U005	陈平	男	1982-10-01	2013-06-01	物流调度

图 3-53　SQL 命令查询结果

例 3：查询载重超过 3 吨，或者价格低于 250 的车辆信息，结果如图 3-54 所示。

```
select * from  car_info where loads>3 or price<250
```

	cid	loads	price
1	c001	4	240.00
2	c003	4	250.00
3	c004	8	210.00
4	c006	5	230.00
5	c007	6	230.00
6	c008	8	220.00
7	c009	10	200.00
8	c010	6	220.00

图 3-54　SQL 命令查询结果

例 4：查询由 U003 操作的资金单，支出为公积金且资金大于 1000 的信息，结果如图 3-55 所示。

```
select * from  asset_info
where uid='U003' and payout='公积金' and payoutnum>1000
```

	asid	uid	payout	payoutnum	income	incomenum	assetdate
1	a1310002	U003	公积金	5686.00	运费	363.00	2013-10-19

图 3-55　SQL 命令查询结果

（2）where 语句后可以使用比较运算符，包括=、<、<=、>、>=、<>、!=、!<、!>。

例 5：查询 2013 年 6 月，U001 号员工的工资、社保和住房公积金（pid 为日期和 uid 的组合），结果如图 3-56 所示。

```
select salary,security,pub_funds from pay_info where pid='p1306001'
```

例 6：查询员工生日小于 1980-1-1 的员工信息，结果如图 3-57 所示。

```
select * from  user_info where birthday < '1980-1-1'
```

	salary	security	pub_funds
1	5100.00	318.00	400.00

图 3-56 SQL 命令查询结果

	uid	name	sex	birthday	entryday	job
1	U001	王明	男	1972-11-24	2013-06-01	经理
2	U006	李林	男	1965-05-12	2013-06-01	司机
3	U007	代刚	男	1977-06-12	2013-09-01	司机

图 3-57 SQL 命令查询结果

例 7：查询 2013 年 12 月 28 日支付的基本工资大于 3000 的工资信息，结果如图 3-58 所示。

```
select * from  pay_info where salary>3000 and paydate='2013-12-28'
```

	pid	uid	salary	security	pub_funds	bonus	tax	deduction	paydate
1	P1312001	U001	5100.00	318.00	400.00	1000.00	238.00	0.00	2013-12-28
2	P1312002	U002	3700.00	227.00	400.00	200.00	128.00	0.00	2013-12-28
3	P1312006	U006	4500.00	227.00	400.00	500.00	226.00	0.00	2013-12-28
4	P1312007	U007	3800.00	227.00	400.00	400.00	139.00	0.00	2013-12-28

图 3-58 SQL 命令查询结果

例 8：查询运输信息中起始地是成都，终点是上海的运单信息，结果如图 3-59 所示。

```
select * from tran_info where startloc='成都' and stoploc='上海'
```

（3）where 语句后可以使用 between 和 not between，用于判断是否在一个范围。

例 9：查询 2013-8-1 到 2013-12-1 入职的员工信息，结果如图 3-60 所示。

```
select * from user_info where entrydate between '2013-8-1' and '2013-12-1'
```

	tid	startdate	startloc	stopdate	stoploc
1	t1310002	2013-10-19	成都	2013-10-21	上海
2	t1401001	2014-01-08	成都	2014-01-12	上海

图 3-59 SQL 命令查询结果

	uid	name	sex	birthday	entryday	job
1	U004	周玉云	女	1990-07-09	2013-09-01	会计
2	U007	代刚	男	1977-06-12	2013-09-01	司机

图 3-60 SQL 命令查询结果

例 10：查询工资单中，2013 年 9 月 28 日支付，奖金不在 300～500 范围的工资单信息，结果如图 3-61 所示。

```
select * from pay_info
where paydate='2013-9-28' and bonus not between 300 and 500
```

	pid	uid	salary	security	pub_funds	bonus	tax	deduction	paydate
1	P1309002	U002	3700.00	227.00	400.00	200.00	128.00	0.00	2013-09-28
2	P1309003	U003	1800.00	227.00	400.00	200.00	0.00	0.00	2013-09-28
3	P1309004	U004	1500.00	227.00	400.00	100.00	0.00	0.00	2013-09-28
4	P1309005	U005	2800.00	227.00	400.00	200.00	69.00	0.00	2013-09-28
5	P1309006	U006	4500.00	227.00	400.00	100.00	226.00	0.00	2013-09-28
6	P1309007	U007	3800.00	227.00	400.00	100.00	139.00	0.00	2013-09-28

图 3-61 SQL 命令查询结果

（4）where 语句后可以使用 in 和 not in，用于判断是否在一个集合内。

例 11：查询员工中职位为物流调度或司机的员工基本信息，结果如图 3-62 所示。

```
select * from user_info where job in('物流调度','司机');
```

例 12：查询汽车载重不是 2 吨、4 吨、8 吨的车辆信息，结果如图 3-63 所示。

```
select * from car_info where loads not in(2,4,8)
```

	uid	name	sex	birthday	entryday	job
1	U005	陈平	男	1982-10-01	2013-06-01	物流调度
2	U006	李林	男	1965-05-12	2013-06-01	司机
3	U007	代刚	男	1977-06-12	2013-09-01	司机

图 3-62　SQL 命令查询结果

	cid	loads	price
1	c005	1	300.00
2	c006	5	230.00
3	c007	6	230.00
4	c009	10	200.00
5	c010	6	220.00

图 3-63　SQL 命令查询结果

（5）where 语句后可以使用 like 和 not like，用于进行字符匹配，通配符说明如表 3-5 所示。

表 3-5　通配符说明

通　配　符	含　　义
_下画线	任何单个字符（如 a_c 表示以 a 开头、c 结尾、长度为 3 的字符串）
%百分号	包含 0 个或多个字符的任意字符串 （如 a%c 表示以 a 开头、c 结尾、任意长度的字符串）
[ ]	在指定范围（如[a-f] 或[abcdef]内的任何单个字符）
[^]	不在指定范围（如[^a-f] 或[^abcdef]内的任何单个字符）

例 13：在员工基本信息表中查询姓杨的员工信息，结果如图 3-64 所示。

```
select * from user_info where name like '杨%'
```

例 14：查询 20 世纪 80 年代出生的员工信息，结果如图 3-65 所示。

```
select * from user_info where birthday like '198_-__-__'
```

	uid	name	sex	birthday	entryday	job
1	U002	杨帆	男	1982-08-11	2013-06-01	人事
2	U003	杨莉	女	1988-11-02	2013-06-01	会计

图 3-64　SQL 命令查询结果

	uid	name	sex	birthday	entryday	job
1	U002	杨帆	男	1982-08-11	2013-06-01	人事
2	U003	杨莉	女	1988-11-02	2013-06-01	会计
3	U005	陈平	男	1982-10-01	2013-06-01	物流调度

图 3-65　SQL 命令查询结果

（6）where 语句后可以使用 is null 和 is not null 进行空值比较。

例 15：查询没有分配职位的员工信息。

```
select * from user_info where job is null
```

例 16：查询公司资金基本信息表中收入项为 NULL 的资金项，结果如图 3-66 所示。

```
select * from asset_info where income is NULL
```

	asid	uid	payout	payoutnum	income	incomenum	assetdate
1	a1403004	U001	油费	7488.00	NULL	0.00	2014-03-19
2	a1405007	U005	油费	56.00	NULL	0.00	2014-05-27

图 3-66　SQL 命令查询结果

3.4.4 聚合函数

查询语句中可以使用数据库管理系统提供的聚合函数，如 SUM( )、AVG( )、MIN( )、MAX( )、COUNT()。括号内既可以是一个字段名，也可以是*，*表示所有行，SUM 表示对字段求和，AVG 表示对字段求平均值，MIN 表示对字段求最小值，MAX 表示对字段求最大值，COUNT 表示行数。

（1）COUNT 表示行数、累加条数。

例 1：查询一共有多少名员工，结果如图 3-67 所示。

```
select 员工=COUNT(*) from user_info
```

例 2：统计有多少名司机，结果如图 3-68 所示。

```
select 司机=COUNT(*) from user_info where job='司机'
```

例 3：查询 U001 号员工入职以来已经领了多少次工资，结果如图 3-69 所示。

```
select 次数=COUNT(*)from pay_info where uid='U001'
```

	员工
1	7

图 3-67 SQL 命令查询结果

	司机
1	2

图 3-68 SQL 命令查询结果

	次数
1	13

图 3-69 SQL 命令查询结果

例 4：查询公司资金基本信息表中一共有多少次运费收入项，结果如图 3-70 所示。

```
select 次数=COUNT(*)from asset_info where income='运费'
```

（2）SUM 表示对字段求和。

例 5：求 2013 年 12 月 28 日，公司一共支付给员工多少工资、社保和公积金，结果如图 3-71 所示。

```
select 工资=SUM(salary), 社保=SUM(security), 公积金=SUM(pub_funds) from pay_info where paydate='2013-12-28'
```

	次数
1	46

图 3-70 SQL 命令查询结果

	工资	社保	公积金
1	23200.00	1680.00	2800.00

图 3-71 SQL 命令查询结果

例 6：查询公司全年一共为员工支付了多少奖金，扣除了多少钱，结果如图 3-72 所示。

```
select 奖金=SUM(bonus), 扣除=sum(deduction)  from pay_info
```

例 7：查询公司的所有车辆总共能载重多少吨，结果如图 3-73 所示。

```
select 载重=SUM(loads) from car_info
```

	奖金	扣除
1	29000.00	1500.00

图 3-72 SQL 命令查询结果

	载重
1	54

图 3-73 SQL 命令查询结果

（3）AVG 表示求字段的平均值，MAX 表示求字段的最大值，MIN 表示求字段的最小值。

例 8：查询公司 2014 年 1 月 28 日支付的平均工资、最大工资和最小工资，结果如图 3-74 所示。

```
select 平均工资=avg(salary),最大工资=max(salary),最小工资=min(salary) from pay_info
```

例 9：查询公司汽车的平均载重、最大载重和最小载重，结果如图 3-75 所示。

```
select 平均载重=avg(loads),最大载重=max(loads),最小载重=min(loads) from car_info
```

	平均工资	最大工资	最小工资
1	3509.4117	5500.00	1500.00

图 3-74 SQL 命令查询结果

	平均载重	最大载重	最小载重
1	5	10	1

图 3-75 SQL 命令查询结果

3.4.5 分组查询

Where 语句后可以使用 group by 子语句，将查询的结果按照指定的分组依据列或表达式值相同的为一组进行分组。使用分组子语句时通常都已使用聚合函数进行了统计分析等。

例 1：查询每个员工的平均工资，结果如图 3-76 所示。

```
select uid,平均工资=avg(salary) from pay_info group by uid
```

例 2：查询每个员工的平均社保、平均公积金和最大奖金，结果如图 3-77 所示。

```
select uid,平均社保=avg(security),平均公积金=avg(pub_funds),最大奖金=MAX(bonus) from pay_info group by uid
```

	uid	平均工资
1	U001	5284.6153
2	U002	3838.4615
3	U003	1984.6153
4	U004	1500.00
5	U005	2984.6153
6	U006	4638.4615
7	U007	3980.00

图 3-76 SQL 命令查询结果

	uid	平均社保	平均公积金	最大奖金
1	U001	336.4615	492.3076	1000.00
2	U002	240.3846	492.3076	800.00
3	U003	240.3846	492.3076	600.00
4	U004	244.40	520.00	300.00
5	U005	240.3846	492.3076	600.00
6	U006	240.3846	492.3076	500.00
7	U007	244.40	520.00	400.00

图 3-77 SQL 命令查询结果

例 3：查询每个月份工资支付的工资总额和奖金总额，结果如图 3-78 所示。

```
select paydate,工资总额=SUM(salary),奖金总额=SUM(bonus)
from pay_info group by paydate
```

例 4：查询每个员工负责的资金表中的运费收入总和，结果如图 3-79 所示。

```
select uid,运费收入=SUM(incomenum) from asset_info group by uid
```

例 5：查询每项的支出总和，结果如图 3-80 所示。

```
select payout,支出总和=SUM(payoutnum) from asset_info group by payout
```

例 6：查询每个司机出车的次数，结果如图 3-81 所示。

```
select uid,count(*) from cartran group by uid
```

	paydate	工资总额	奖金总额
1	2013-06-28	17900.00	1000.00
2	2013-07-28	17900.00	1000.00
3	2013-08-28	17900.00	1200.00
4	2013-09-28	23200.00	1200.00
5	2013-10-28	23200.00	1400.00
6	2013-11-28	23200.00	1600.00
7	2013-12-28	23200.00	3000.00
8	2014-01-28	25300.00	2900.00
9	2014-02-28	25300.00	3000.00
10	2014-03-28	25300.00	2800.00
11	2014-04-28	25300.00	3300.00
12	2014-05-28	25300.00	3700.00
13	2014-06-28	25300.00	2900.00

图 3-78　SQL 命令查询结果

	uid	运费收入
1	U001	20567.00
2	U002	255253.00
3	U003	37727.00
4	U004	59524.00
5	U005	29531.00
6	U006	88913.00
7	U007	46388.00

图 3-79　SQL 命令查询结果

例 7：查询每个车出勤的次数，结果如图 3-82 所示。

```
select cid,次数=count(*) from cartran group by cid
```

	payout	支出总和
1	NULL	0.00
2	公积金	83025.00
3	奖金	168351.00
4	社保	82529.00
5	油费	144142.00
6	员工工资	269846.00
7	员工奖金	92525.00

图 3-80　SQL 命令查询结果

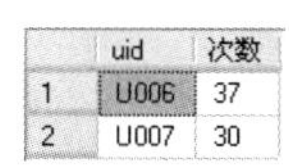

	uid	次数
1	U006	37
2	U007	30

图 3-81　SQL 命令查询结果

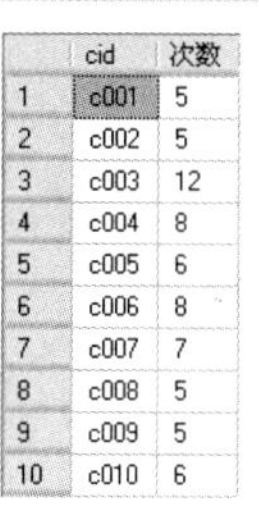

	cid	次数
1	c001	5
2	c002	5
3	c003	12
4	c004	8
5	c005	6
6	c006	8
7	c007	7
8	c008	5
9	c009	5
10	c010	6

图 3-82　SQL 命令查询结果

3.4.6　对查询结果排序

Where 语句后可以接 order by 子语句进行排序，查询的结果依次按照该子句所指定的列进行升序（ASC）或降序（DESC）排列。如果指定了多个列，将首先按照第一列进行排序，第一列的值相同，再按照第二列进行排序，以此类推。

例 1：查询 2013 年 12 月 28 日发放的工资情况，并且按工资从高到低降序排序，结果如图 3-83 所示。

```
select * from pay_info where paydate='2013-12-28' order by salary DESC
```

	pid	uid	salary	security	pub_funds	bonus	tax	deduction	paydate
1	P1312001	U001	5100.00	318.00	400.00	1000.00	238.00	0.00	2013-12-28
2	P1312006	U006	4500.00	227.00	400.00	500.00	226.00	0.00	2013-12-28
3	P1312007	U007	3800.00	227.00	400.00	400.00	139.00	0.00	2013-12-28
4	P1312002	U002	3700.00	227.00	400.00	200.00	128.00	0.00	2013-12-28
5	P1312005	U005	2800.00	227.00	400.00	600.00	69.00	100.00	2013-12-28
6	P1312003	U003	1800.00	227.00	400.00	200.00	0.00	0.00	2013-12-28
7	P1312004	U004	1500.00	227.00	400.00	100.00	0.00	0.00	2013-12-28

图 3-83　SQL 命令查询结果

例 2：查询每个车出勤的次数，按从低到高升序排序，结果如图 3-84 所示。

```
select cid,次数=count(*) from cartran group by cid order by 次数
```

	cid	次数
1	c001	5
2	c002	5
3	c008	5
4	c009	5
5	c010	6
6	c005	6
7	c007	7
8	c004	8
9	c006	8
10	c003	12

图 3-84　SQL 命令查询结果

例 3：查询 U001 号员工的工资信息，先按奖金降序排，再按税收升序排，结果如图 3-85 所示。

```
select * from pay_info where uid='U001' order by bonus DESC,tax asc
```

	pid	uid	salary	security	pub_funds	bonus	tax	deduction	paydate
1	P1312001	U001	5100.00	318.00	400.00	1000.00	238.00	0.00	2013-12-28
2	P1405001	U001	5500.00	358.00	600.00	1000.00	319.00	0.00	2014-05-28
3	P1404001	U001	5500.00	358.00	600.00	800.00	319.00	200.00	2014-04-28
4	P1406001	U001	5500.00	358.00	600.00	500.00	319.00	100.00	2014-06-28
5	P1401001	U001	5500.00	358.00	600.00	500.00	319.00	0.00	2014-01-28
6	P1402001	U001	5500.00	358.00	600.00	500.00	319.00	0.00	2014-02-28
7	P1403001	U001	5500.00	358.00	600.00	500.00	319.00	0.00	2014-03-28
8	P1306001	U001	5100.00	318.00	400.00	300.00	238.00	0.00	2013-06-28
9	P1307001	U001	5100.00	318.00	400.00	300.00	238.00	0.00	2013-07-28
10	P1308001	U001	5100.00	318.00	400.00	300.00	238.00	0.00	2013-08-28
11	P1309001	U001	5100.00	318.00	400.00	300.00	238.00	0.00	2013-09-28
12	P1310001	U001	5100.00	318.00	400.00	300.00	238.00	100.00	2013-10-28
13	P1311001	U001	5100.00	318.00	400.00	300.00	238.00	0.00	2013-11-28

图 3-85　SQL 命令查询结果

3.5　多表查询

前面章节所介绍的内容为单表查询，查询只涉及一张表，而在现实中，实际查询往往需要涉及多张表，从多个表中获取需要的数据。当查询涉及多个表时，就是多表查询。多表查询有三种方式：连接查询、集合查询和嵌套查询。

3.5.1　连接查询

连接查询的基本格式如下。

```
select [all|distinct] <目标列表达式>[,<目标列表达式>]…
    from <表名 1>[,<表名 2>]…
     [where<条件表达式>]
```

where 子句中用来连接两个表的条件称为连接条件或连接谓词。其一般格式为：[<表名 1>.]<列名 1> <比较运算符> [<表名 2>.]<列名 2>。

连接查询主要有条件连接和自身连接两种。

1. 条件连接

例 1：查询员工的编号、姓名、职位，以及 2013 年 12 月 28 日的工资、社保和公积金，结果如图 3-86 所示。

```
select user_info.uid,name,job,salary,security,pub_funds
from user_info,pay_info
where user_info.uid=pay_info.uid and paydate='2013-12-28'
```

	uid	name	job	salary	security	pub_funds
1	U001	王明	经理	5100.00	318.00	400.00
2	U002	杨帆	人事	3700.00	227.00	400.00
3	U003	杨莉	会计	1800.00	227.00	400.00
4	U004	周玉云	会计	1500.00	227.00	400.00
5	U005	陈平	物流调度	2800.00	227.00	400.00
6	U006	李林	司机	4500.00	227.00	400.00
7	U007	代刚	司机	3800.00	227.00	400.00

图 3-86　SQL 命令查询结果

例 2：查询男性员工 2013 年 10 月 28 日的奖金和扣除情况，结果如图 3-87 所示。

```
select user_info.uid,sex,name,pub_funds,deduction,paydate
from user_info,pay_info
where user_info.uid=pay_info.uid and paydate='2013-10-28' and sex='男'
```

	uid	sex	name	pub_funds	deduction	paydate
1	U001	男	王明	400.00	100.00	2013-10-28
2	U002	男	杨帆	400.00	0.00	2013-10-28
3	U005	男	陈平	400.00	0.00	2013-10-28
4	U006	男	李林	400.00	0.00	2013-10-28
5	U007	男	代刚	400.00	0.00	2013-10-28

图 3-87　SQL 命令查询结果

例 3：查询由杨莉操作的资金单，结果如图 3-88 所示。

```
select name,asid,payout,payoutnum,income,incomenum ,assetdate
from asset_info,user_info
where asset_info.uid=user_info.uid and name='杨莉'
```

	name	asid	payout	payoutnum	income	incomenum	assetdate
1	杨莉	a1306001	社保	89.00	运费	489.00	2013-06-20
2	杨莉	a1306002	员工工资	66.00	运费	221.00	2013-06-25
3	杨莉	a1308003	NULL	0.00	运费	66.00	2013-08-24
4	杨莉	a1310001	油费	56856.00	运费	9669.00	2013-10-01
5	杨莉	a1310002	公积金	5686.00	运费	363.00	2013-10-19
6	杨莉	a1404003	社保	1376.00	运费	26896.00	2014-04-24
7	杨莉	a1405006	员工工资	79871.00	运费	23.00	2014-05-26

图 3-88　SQL 命令查询结果

例 4：查询运单号为 t1401001 的基本信息，以及执行该运单的车辆的基本信息，结果如图 3-89 所示。

```
select tran_info.tid ,startdate,startloc,stopdate,stoploc,
car_info.cid,loads,price
from tran_info,car_info,cartran where car_info.cid=cartran.cid
and tran_info.tid=cartran.tid and tran_info.tid='t1401001'
```

	tid	startdate	startloc	stopdate	stoploc	cid	loads	price
1	t1401001	2014-01-08	成都	2014-01-12	上海	c001	4	240.00
2	t1401001	2014-01-08	成都	2014-01-12	上海	c003	4	250.00

图 3-89　SQL 命令查询结果

例 5：查询执行运单 t1401002 的 c003 号车的运载重量和运费情况，结果如图 3-90 所示。

```
select tran_info.tid,car_info.cid,loads,price
from tran_info,car_info,cartran where car_info.cid=cartran.cid
and tran_info.tid=cartran.tid and tran_info.tid=’t1401002’ and car_info.cid=’c003’
```

	tid	cid	loads	price
1	t1401002	c003	4	250.00

图 3-90　SQL 命令查询结果

2. 自身连接

例 6：查询和杨莉一个职位的员工的信息，结果如图 3-91 所示。

```
select * from user_info a,user_info b where a.job=b.job and a.name=’杨莉’and a.uid<>b.uid
```

	uid	name	sex	birthday	entryday	job	uid	name	sex	birthday	entryday	job
1	U003	杨莉	女	1988-11-02	2013-06-01	会计	U004	周玉云	女	1990-07-09	2013-09-01	会计

图 3-91　SQL 命令查询结果

例 7：查询同一个职位的其他人的基本信息，结果如图 3-92 所示。

```
select * from user_info a,user_info b where a.job=b.job and a.uid<>b.uid
```

	uid	name	sex	birthday	entryday	job	uid	name	sex	birthday	entryday	job
1	U003	杨莉	女	1988-11-02	2013-06-01	会计	U004	周玉云	女	1990-07-09	2013-09-01	会计
2	U004	周玉云	女	1990-07-09	2013-09-01	会计	U003	杨莉	女	1988-11-02	2013-06-01	会计
3	U006	李林	男	1965-05-12	2013-06-01	司机	U007	代刚	男	1977-06-12	2013-09-01	司机
4	U007	代刚	男	1977-06-12	2013-09-01	司机	U006	李林	男	1965-05-12	2013-06-01	司机

图 3-92　SQL 命令查询结果

3.5.2　集合查询

select 语句查询的结果是一个集合。可以将多个 select 语句得到的结果集合进行并、交、差的运算，这种查询类似于集合操作，需要多次查询的结果集具有相同的列。

1. 并操作 UNION

例 1：查询司机或物流调度职位员工的基本信息，结果如图 3-93 所示。

```
select * from user_info where job=’司机’
union select * from user_info where job=’物流调度’
```

	uid	name	sex	birthday	entryday	job
1	U006	李林	男	1965-05-12	2013-06-01	司机
2	U007	代刚	男	1977-06-12	2013-09-01	司机
3	U005	陈平	男	1982-10-01	2013-06-01	物流调度

图 3-93　SQL 命令查询结果

例 2：查询 2013 年 12 月 28 日，工资大于 5000 或奖金大于 500 的工资条信息，结果如

图 3-94 所示。

```
select * from pay_info where salary>5000 and paydate='2013-12-28'
union select * from pay_info where bonus>500 and paydate='2013-12-28'
```

	pid	uid	salary	security	pub_funds	bonus	tax	deduction	paydate
1	P1312001	U001	5100.00	318.00	400.00	1000.00	238.00	0.00	2013-12-28
2	P1312005	U005	2800.00	227.00	400.00	600.00	69.00	100.00	2013-12-28

图 3-94 SQL 命令查询结果

2. 交操作 INTERSECT

例 3：查询男性并且为司机的员工基本信息，结果如图 3-95 所示。

```
select * from user_info where sex='男'
INTERSECT
select * from user_info where job='司机'
```

	uid	name	sex	birthday	entryday	job
1	U006	李林	男	1965-05-12	2013-06-01	司机
2	U007	代刚	男	1977-06-12	2013-09-01	司机

图 3-95 SQL 命令查询结果

例 4：查询工资大于 5000，并且奖金大于 500 的工资记录信息，结果如图 3-96 所示。

```
select * from pay_info where salary>5000
INTERSECT
select * from pay_info where bonus>500
```

	pid	uid	salary	security	pub_funds	bonus	tax	deduction	paydate
1	P1312001	U001	5100.00	318.00	400.00	1000.00	238.00	0.00	2013-12-28
2	P1404001	U001	5500.00	358.00	600.00	800.00	319.00	200.00	2014-04-28
3	P1405001	U001	5500.00	358.00	600.00	1000.00	319.00	0.00	2014-05-28

图 3-96 SQL 命令查询结果

3. 差操作 EXCEPT

例 5：查询性别为男，并且职位不是司机的员工信息的差集，结果如图 3-97 所示。

```
select * from user_info where sex='男'
EXCEPT
select * from user_info where job='司机'
```

	uid	name	sex	birthday	entryday	job
1	U001	王明	男	1972-11-24	2013-06-01	经理
2	U002	杨帆	男	1982-08-11	2013-06-01	人事
3	U005	陈平	男	1982-10-01	2013-06-01	物流调度

图 3-97 SQL 命令查询结果

例 6：查询运单中，出发地是成都，结束地不是武汉的运单信息，结果如图 3-98 所示。

```
select * from tran_info where startloc='成都'
EXCEPT
select * from tran_info where stoploc='武汉'
```

	tid	startdate	startloc	stopdate	stoploc
1	t1306001	2013-06-19	成都	2013-06-25	南昌
2	t1307003	2013-07-14	成都	2013-07-16	贵阳
3	t1307004	2013-07-18	成都	2013-07-24	乌鲁木齐
4	t1307005	2013-07-19	成都	2013-07-25	乌鲁木齐
5	t1308002	2013-08-20	成都	2013-08-25	天津
6	t1310002	2013-10-19	成都	2013-10-21	上海
7	t1311002	2013-11-10	成都	2013-11-11	贵阳
8	t1312002	2013-12-20	成都	2013-12-21	南京
9	t1401001	2014-01-08	成都	2014-01-12	上海
10	t1401002	2014-01-11	成都	2014-01-11	贵阳
11	t1402002	2014-02-13	成都	2014-02-16	天津
12	t1403002	2014-03-06	成都	2014-03-12	沈阳
13	t1404004	2014-04-18	成都	2014-04-24	乌鲁木齐

图 3-98　SQL 命令查询结果

3.5.3　嵌套查询

在 SQL 中，将一个查询块嵌套在另外一个查询块 where 语句的条件中称为嵌套查询，此时嵌入 where 语句的条件中的查询称作子查询或内层查询，而包含子查询的语句称为父查询或外层查询。SQL 中支持多层嵌套查询，其执行过程是由内向外的，子查询的每一次执行结果都可以作为上一级父查询判定元组或计算是否满足条件的依据。需要注意的是子查询的结果是用来表达父查询条件的中间结果，并非最终结果，因此子查询中不能使用 order by 子语句。

嵌套查询有三种：带谓词 in 的嵌套查询，带比较运算符的嵌套查询，带谓词 exists 的嵌套查询。

1. 带谓词 in 的嵌套查询

例 1：查询和代刚一个职位的其他人的基本信息。首先在员工基本信息表中查询代刚的职位，然后根据这个职位查询员工的基本信息，结果如图 3-99 所示。

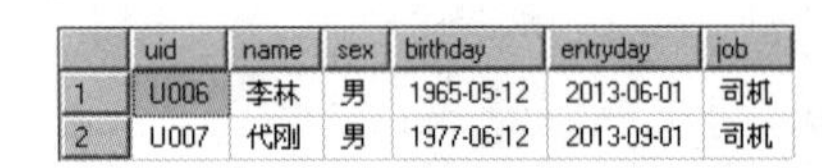

	uid	name	sex	birthday	entryday	job
1	U006	李林	男	1965-05-12	2013-06-01	司机
2	U007	代刚	男	1977-06-12	2013-09-01	司机

图 3-99　SQL 命令查询结果

```
select * from user_info
where job in(select job from user_info where name='代刚')
```

例 2：查询姓杨的员工工资清单。首先查询姓杨的员工的编号，然后根据这个编号的信息查询工资清单，结果如图 3-100 所示。

	pid	uid	salary	security	pub_funds	bonus	tax	deduction	paydate
1	P1306002	U002	3700.00	227.00	400.00	200.00	128.00	0.00	2013-06-28
2	P1306003	U003	1800.00	227.00	400.00	200.00	0.00	100.00	2013-06-28
3	P1307002	U002	3700.00	227.00	400.00	200.00	128.00	0.00	2013-07-28
4	P1307003	U003	1800.00	227.00	400.00	200.00	0.00	0.00	2013-07-28
5	P1308002	U002	3700.00	227.00	400.00	300.00	128.00	100.00	2013-08-28
6	P1308003	U003	1800.00	227.00	400.00	200.00	0.00	0.00	2013-08-28
7	P1309002	U002	3700.00	227.00	400.00	200.00	128.00	0.00	2013-09-28
8	P1309003	U003	1800.00	227.00	400.00	200.00	0.00	0.00	2013-09-28
9	P1310002	U002	3700.00	227.00	400.00	200.00	128.00	0.00	2013-10-28
10	P1310003	U003	1800.00	227.00	400.00	300.00	0.00	0.00	2013-10-28
11	P1311002	U002	3700.00	227.00	400.00	200.00	128.00	0.00	2013-11-28
12	P1311003	U003	1800.00	227.00	400.00	200.00	0.00	0.00	2013-11-28
13	P1312002	U002	3700.00	227.00	400.00	200.00	128.00	0.00	2013-12-28
14	P1312003	U003	1800.00	227.00	400.00	200.00	0.00	0.00	2013-12-28
15	P1401002	U002	4000.00	256.00	600.00	500.00	149.00	0.00	2014-01-28
16	P1401003	U003	2200.00	256.00	600.00	500.00	57.00	0.00	2014-01-28
17	P1402002	U002	4000.00	256.00	600.00	500.00	149.00	0.00	2014-02-28
18	P1402003	U003	2200.00	256.00	600.00	600.00	57.00	0.00	2014-02-28
19	P1403002	U002	4000.00	256.00	600.00	400.00	149.00	100.00	2014-03-28
20	P1403003	U003	2200.00	256.00	600.00	500.00	57.00	0.00	2014-03-28
21	P1404002	U002	4000.00	256.00	600.00	500.00	149.00	0.00	2014-04-28
22	P1404003	U003	2200.00	256.00	600.00	600.00	57.00	0.00	2014-04-28
23	P1405002	U002	4000.00	256.00	600.00	800.00	149.00	0.00	2014-05-28
24	P1405003	U003	2200.00	256.00	600.00	500.00	57.00	0.00	2014-05-28
25	P1406002	U002	4000.00	256.00	600.00	500.00	149.00	0.00	2014-06-28
26	P1406003	U003	2200.00	256.00	600.00	500.00	57.00	200.00	2014-06-28

图 3-100　SQL 命令查询结果

```
select * from pay_info
where uid in(select uid from user_info where name like '杨%')
```

例 3：查询执行运单号为 t1401004 的车的基本信息。首先在车辆运输基本信息表中根据运单号查询汽车号，然后在车辆基本信息表中根据车辆编号查询车辆信息，结果如图 3-101 所示。

	cid	loads	price
1	c007	6	230.00
2	c009	10	200.00

图 3-101 SQL 命令查询结果

```
select * from car_info
where cid in(select cid from cartran where tid='t1401004')
```

2. 带比较运算符的嵌套查询

例 4：查询比杨莉年龄小的员工的 2014 年 1 月的工资情况。首先在员工基本信息表中查询杨莉的生日，然后在员工基本信息表中查询大于杨莉生日的员工编号，最后根据员工编号在员工工资基本信息表中查询 2014 年 1 月的工资信息，结果如图 3-102 所示。

```
select * from pay_info where paydate='2014-1-28'
and uid=(select uid from user_info where birthday>(select birthday from user_info where name='杨莉'))
```

	pid	uid	salary	security	pub_funds	bonus	tax	deduction	paydate
1	P1401004	U004	1500.00	256.00	600.00	300.00	0.00	0.00	2014-01-28

图 3-102 SQL 命令查询结果

例 5：查询比平均工资高的员工的基本信息。首先在员工工资基本信息表中查询平均工资，然后在员工工资基本信息表中查询大于平均工资的员工编号，最后在员工基本信息表中根据员工编号查询满足条件的员工基本信息，结果如图 3-103 所示。

```
select * from user_info where uid in
(select uid from pay_info where salary>
(select AVG(salary) from pay_info))
```

例 6：查询 2013 年 9 月 28 日，比 U007 号员工工资高的员工基本信息。首先在员工工资基本信息表中查询 U007 号员工的 2013 年 9 月 28 日的工资，然后在员工工资基本信息表中查询比他工资高的员工编号，最后再从员工基本信息表中查询这些员工的基本信息，结果如图 3-104 所示。

```
select * from user_info where uid in(
select uid from pay_info where salary>
(select salary from pay_info where uid='U007' and paydate='2013-9-28'))
```

	uid	name	sex	birthday	entryday	job
1	U001	王明	男	1972-11-24	2013-06-01	经理
2	U002	杨帆	男	1982-08-11	2013-06-01	人事
3	U006	李林	男	1965-05-12	2013-06-01	司机
4	U007	代刚	男	1977-06-12	2013-09-01	司机

图 3-103 SQL 命令查询结果

	uid	name	sex	birthday	entryday	job
1	U001	王明	男	1972-11-24	2013-06-01	经理
2	U002	杨帆	男	1982-08-11	2013-06-01	人事
3	U006	李林	男	1965-05-12	2013-06-01	司机
4	U007	代刚	男	1977-06-12	2013-09-01	司机

图 3-104 SQL 命令查询结果

3. 带谓词 exists 的嵌套查询

例 7：查询有工资记录的员工基本信息，结果如图 3-105 所示。

```
select * from user_info where EXISTS
(select * from pay_info)
```

例 8：查询没有运输记录的员工信息，结果如图 3-106 所示。

```
select * from user_info where not EXISTS
(select * from cartran where user_info.uid=cartran.uid)
```

	uid	name	sex	birthday	entryday	job
1	U001	王明	男	1972-11-24	2013-06-01	经理
2	U002	杨帆	男	1982-08-11	2013-06-01	人事
3	U003	杨莉	女	1988-11-02	2013-06-01	会计
4	U004	周玉云	女	1990-07-09	2013-09-01	会计
5	U005	陈平	男	1982-10-01	2013-06-01	物流调度
6	U006	李林	男	1965-05-12	2013-06-01	司机
7	U007	代刚	男	1977-06-12	2013-09-01	司机

图 3-105　SQL 命令查询结果

	uid	name	sex	birthday	entryday	job
1	U001	王明	男	1972-11-24	2013-06-01	经理
2	U002	杨帆	男	1982-08-11	2013-06-01	人事
3	U003	杨莉	女	1988-11-02	2013-06-01	会计
4	U004	周玉云	女	1990-07-09	2013-09-01	会计
5	U005	陈平	男	1982-10-01	2013-06-01	物流调度

图 3-106　SQL 命令查询结果

数据库管理

4.1 数据库恢复

4.1.1 数据库恢复概述

数据是数据库系统中非常重要的资源，在数据库系统中采取了各种保护措施防止数据库的完整性和安全性被破坏。但是，各种软硬件故障、用户的错误操作、用户的恶意破坏等问题会影响数据库中数据的正确性，甚至造成数据丢失、服务器崩溃等严重后果。因此，当故障发生后，数据库管理系统必须具有把数据库从错误状态恢复到某一已知的正确状态（也称一致状态或完整状态）的功能，即数据库的恢复（Recover）。数据库管理系统的恢复功能是否行之有效，不仅对系统的可靠程度起着决定性的作用，而且对系统的运行效率也有很大影响，是衡量数据库管理系统性能优劣的重要指标之一。

4.1.2 数据库故障类型

数据库系统中有可能发生各种各样的故障，大致可以划分为以下几类。

1. 事务故障

事务故障是指事务在执行过程中发生的故障，有些是预期的，可以通过事务程序本身发现并处理。如果故障发生，应用程序可以让事务回滚，撤销已经完成的操作，使数据库恢复到正确状态。

事务故障更多的是非预期的，不能由事务程序进行处理。例如，运算溢出、违反了完整性约束、并发事务发生死锁而被选中撤销该事务等。

发生事务故障时，事务对数据库的操作没有到达预期的终点，破坏了事务的原子性和一致性，数据库可能处于不正确状态。因此，数据库管理系统必须提供某种恢复机制，撤销该事务对数据库已经做出的任何修改，使系统回到该事务发生前的状态，这类恢复操作称为事务撤销（UNDO）。

2. 系统故障

系统故障主要是指在服务器运行过程中，突然发生硬件错误（如 CPU 故障）、操作系统故障、DBMS 代码错误、突然停电等原因造成的非正常中断，致使整个系统停止运转，所有事务全部中断，内存缓冲区中的数据全部丢失，所有运行事务非正常终止。

系统故障的恢复需要区别对待，其中有些事务尚未提交完成，其恢复方法是强行撤销所有未完成的事务；有些事务已经完成，但其数据部分可能还全部保留在内存缓冲区中，由于缓冲区数据的全部丢失，致使事务对数据库修改的部分或全部丢失，也会使数据库处于不一致状态，因此，应将这些事务已经提交的结果重新写入数据库，待系统重新启动后，恢复子系统除需要撤销所有未完成的事务外，还需要重做（REDO）所有已提交的事务，使数据库恢复到一致状态。

3. 介质故障

介质故障又称硬故障，是指如磁盘损坏、磁头碰撞、瞬时强磁场干扰、操作系统的某种潜在错误等引起的外存故障。这类故障比前两类故障发生的可能性小得多，但破坏性最大。它将破坏数据库或部分数据库，并影响正在存取这部分数据的所有事务。对于介质故障，通常是将数据从建立的备份上先还原，然后重做自此时开始的所有成功事务，并将这些事务已经提交的结果重新写入数据库。

无论是哪种故障，对数据库的影响均有两种可能性：一是数据库本身被破坏；二是数据库没有被破坏，但数据可能不正确，这是由于事务的运行被非正常终止造成的。

4.1.3 数据库恢复技术

恢复操作的基本原理就是冗余，即利用存储在系统其他地方的冗余数据来重建数据库中已经被破坏或不正确的那部分数据。

建立冗余数据最常用的技术是数据转储和登记日志文件。在一个数据库系统中，这两种方法通常是配合使用的。

1. 数据转储（Backup）

数据转储是指 DBA 定期地将整个数据库复制到磁带或另一个磁盘上保存起来的过程。这些备用的数据文本称为后备副本或后援副本。

当数据库遭到破坏后可以将后备副本重新装入，但重装后备副本只能将数据库恢复到转储时的状态，要想恢复到故障发生时的状态，还必须重新运行自转储以后的所有更新事务。

2. 登记日志文件（Logging）

1）日志文件的格式及内容

日志文件是指用来记录事务对数据库的更新操作的文件，不同的数据库系统采用的日志文件格式并不完全一样，主要有两种格式：以记录为单位的日志文件和以数据块为单位的日志文件。

其中，以记录为单位的日志文件内容主要包括：

（1）各个事务的开始标记（BEGIN TRANSACTION）；

（2）各个事务的结束标记（COMMIT 或 ROLLBACK）；

（3）各个事务的所有更新操作。

以上均作为日志文件中的一个日志记录（Log Record）。

以记录为单位的日志文件，每条日志记录的内容主要包括：

（1）事务标识（标明是哪个事务）；

（2）操作类型（插入、删除或修改）；

（3）操作对象（记录内部标识）；

（4）更新前的旧值（对插入操作而言，此项为空值）；

（5）更新后的新值（对删除操作而言，此项为空值）。

以数据块为单位的日志文件，每条日志记录的内容主要包括：

（1）事务标识（标明是哪个事务）；

（2）被更新的数据块。

2）日志文件的作用

日志文件在数据库恢复中起着非常重要的作用，可以归纳如下。

（1）进行事务故障恢复；

（2）进行系统故障恢复；

（3）协助后备副本进行介质故障恢复。

3）登记日志文件

为保证数据库是可恢复的，登记日志文件时必须遵循两条基本原则：

（1）登记的次序严格按照并发事务执行的时间次序；

（2）必须先写日志文件，后写数据库。

4.1.4　数据库镜像

为了避免介质故障影响数据库的可用性，许多数据库管理系统提供了数据库镜像（Mirror）功能用于数据库的恢复。所谓数据库镜像，即 DBMS 根据 DBA 的要求，自动把整个数据库或其中的关键数据复制到另一个磁盘上，当主数据库更新时，DBMS 会自动把更新后的数据复制过去，DBMS 可以自动保证镜像数据与主数据的一致性。当出现介质故障时，可由镜像磁盘继续提供数据库的使用。同时，DBMS 自动利用镜像磁盘数据进行数据库的修复，不需要关闭系统和重装数据库副本；没有出现故障时，数据库镜像还可以用于并发操作，即当一个用户对数据库加排他锁修改数据时，其他用户可以读镜像数据库上的数据，而不必等待用户释放锁。

由于数据库镜像是通过复制数据实现的，频繁地复制数据自然会降低系统运行效率，因此在实际应用中，用户往往只选择对关键数据和日志文件进行镜像，而不是对整个数据库进行镜像。

4.2　数据库并发控制

4.2.1　数据库并发控制概述

数据资源共享是数据库的最大特点之一，它可以允许多个用户使用。当多个用户同时存取同一数据时，如果对这些并发事务不加控制，就可能存取和存储不正确的数据，最终破坏数据的一致性和完整性。因此，为了保证数据库中数据的一致性，DBMS 必须对并发执行的事务之间的相互作用加以控制，这也是数据库管理系统中并发控制机制的责任。并发控制机制是衡量数据库管理系统性能的重要指标之一。

并发操作如果控制不好，会带来以下几个问题。

1. 丢失更新（Lost Update）

当事务 T1 和事务 T2 从数据库中读入同一数据做修改并发执行时，T2 把 T1 或 T1 把 T2 的修改结果覆盖，造成数据的丢失更新问题，导致数据不一致，如表 4-1 所示。

表 4-1　丢失更新示例

时　　间	事务 T1	数据库中 D 的值	事务 T2
t0		500	
t1	检索 D		
t2			检索 D
t3	D=D-100		
t4			D=D-200
t5	写回 D		
t6		400	写回 D
t7		300	

2. 读“脏”数据（Dirty Read）

事务 T1 更新了数据 D，事务 T2 读取了更新后的数据 D，事务 T1 由于某种原因被撤销，T1 修改的值恢复原值，这样事务 T2 得到的数据与数据库的内容不一致，是“脏”数据，这种情况称为读“脏”数据，如表 4-2 所示。

表 4-2　读“脏”数据示例

时　　间	事务 T1	数据库中 D 的值	事务 T2
t0		500	
t1	检索 D		
t2	D=D-100		
t3	写回 D		
t4		400	检索 D
t5	回滚		
t6		500	

3. 不可重复读（Unrepeatable Read）

事务 T1 读取了数据 D，事务 T2 读取并且更新了数据 D，当事务 T1 再一次读取数据 D 时，两次读取值不一致，这种情况称为“不可重复读”，如表 4-3 所示。

表 4-3　不可重复读示例

时　　间	事务 T1	数据库中 D 的值	事务 T2
t0		500	
t1	检索 D		
t2			检索 D

续表

时间	事务 T1	数据库中 D 的值	事务 T2
t3			D=D-100
t4			写回 D
t5			
t6	检索 D	400	

4.2.2 数据库活锁和死锁

封锁是实现并发控制的一项非常重要的技术，是传统的方法，也是使用最多的一种方法。所谓封锁，即事务 T 在对某个数据对象（表、记录、数据集或整个数据库）操作之前，先向系统发出请求，对其加锁。加锁后事务 T 就对该数据对象有了一定的控制，在事务 T 释放它的锁之前，其他的事务对此数据对象不能执行更新操作。

SQL Server 2012 中提供了多种锁模式，如排他锁、共享锁、更新锁、意向锁、键范围锁、架构锁、大容量更新锁等。而基本的封锁类型有两种：排他锁（Exclusive Locks，简称 X 锁）和共享锁（Share Locks，简称 S 锁）。

排他锁又称写锁，可以用于读操作，也可以用于写操作。如果事务 T 对某数据对象 D 加上 X 锁，则只允许 T 读取和修改 D，直到 T 释放 D 上的锁之前，其他任何事务都不能再对 D 加任何类型的锁。这就保证了其他事务在 T 释放 D 上的锁之前不能再读取和修改 D。

共享锁又称读锁，允许并发读数据。如果事务 T 对数据对象 D 加上 S 锁，则事务 T 可以读 D 但不能修改 D，其他事务只能再对 D 加 S 锁，而不能加 X 锁，直到 T 释放 D 上的 S 锁。这就保证了其他事务可以读 D，但在 T 释放 D 上的 S 锁之前不能对 D 做任何修改。

封锁技术可以有效地解决并发操作的一致性问题，但是与操作系统一样，封锁的方法也可能带来活锁或死锁的问题。

1. 活锁

如果事务 T1 封锁了数据对象 D，事务 T2 又请求封锁数据对象 D，于是 T2 等待。随后 T3 也请求封锁数据对象 D，当 T1 释放了 D 上的封锁之后，系统首先批准了 T3 的请求，T2 仍然等待。然后 T4 又请求封锁数据对象 D，当 T3 释放了 D 上的封锁之后，系统又批准了 T4 的请求……因此，T2 有可能永远等待，这就是活锁的情形。

避免活锁的简单方法是采用先来先服务的策略。当多个事务请求封锁同一数据对象时，封锁子系统按照请求封锁的先后次序对事务排队，该数据对象上的锁一旦释放，首先批准申请队列中的第一个事务获得锁。

2. 死锁

如果事务 T1 封锁了数据对象 D1，T2 封锁了数据对象 D2，然后 T1 又请求封锁数据对象 D2，因为 T2 已经封锁了 D2，于是 T1 等待 T2 释放 D2 上的锁；接着 T2 又申请封锁数据对象 D1，因为 T1 已经封锁了 D1，T2 也只能等待 T1 释放 D1 上的锁。这样就出现 T1 在等待 T2，而 T2 又在等待 T1 的局面，T1 和 T2 两个事务永远不能结束，这就是死锁问题。

死锁的另一种情况就是数据库系统中有若干个长时间运行的事务在执行并行的操作，当查询分析器处理一种非常复杂的连接查询时，由于不能控制处理的顺序，就有可能发生死锁现象。

死锁的问题在操作系统和一般并行处理中已经有了深入的研究。目前在数据库中解决死锁问题主要有两种方法：一种是采取一定的措施预防死锁的发生；另一种是允许发生死锁，采用一定手段定期诊断系统中有无死锁，若有，则解除。

1）死锁的预防

在数据库中，产生死锁的原因是两个或多个事务都已经封锁了一些数据对象，然后又都请求对已为其他事务封锁的数据对象加锁，从而出现死等待。防止死锁的发生其实就是要破坏产生死锁的条件。预防死锁通常有以下两种方法。

（1）一次封锁法。

一次封锁法要求每个事务必须一次将所有要使用的数据对象全部加锁，否则就不能继续执行。它虽然可以有效地防止死锁的发生，但也存在问题。首先，一次就将以后要用到的全部数据加锁，必然会扩大封锁的范围，从而降低了系统的并发度。其次，数据库中的数据是不断变化的，原来不要求封锁的数据对象，在执行过程中有可能会变成封锁的数据对象。因此，很难事先准确地确定每个事务所要封锁的数据对象，为此只能扩大封锁范围，将事务在执行过程中有可能要封锁的数据对象全部加锁，这就进一步降低了并发度。

（2）顺序封锁法。

顺序封锁法是预先对数据对象规定一个封锁顺序，所有事务都按照这个顺序实行封锁，它可以有效地防止死锁，但也同样存在问题：首先，数据库系统中封锁的数据对象极多，并且随着数据的插入、删除等操作而不断地变化，要维护这些资源的封锁顺序相当困难，成本也较高；其次，事务的封锁请求可以随着事务的执行而动态地决定，很难事先确定每一个事务要封锁哪些对象，因此，很难按照规定的顺序去施加封锁。

综上，在操作系统中广泛采用的预防死锁的策略相对于数据库的特点来说并非很适合。因此，DBMS 在解决死锁的问题上普遍采用的是诊断并解除死锁的方法。

2）死锁的诊断与解除

数据库系统中诊断死锁的方法与操作系统类似，一般使用超时法或事务等待图法。

（1）超时法。

如果一个事务的等待时间超过了规定的时限，就认为发生了死锁。超时法实现简单，但其不足也很明显：一是有可能误判死锁，事务因为其他原因使等待时间超过时限，系统会误认为发生了死锁；二是时限若设置得太长，死锁发生后系统不能及时发现。

（2）事务等待图法。

事务等待图是一个有向图 G =（T，U）。T 为结点的集合，每个结点表示正运行的事务；U 为边的集合，每条边表示事务等待的情况。如果 T1 等待 T2，则 T1 与 T2 之间画一条有向边，从 T1 指向 T2。事务等待图动态地反映了所有事务的等待情况。并发控制子系统周期性地检测事务等待图，如果发现图中存在回路，则表示系统中出现了死锁。

DBMS 的并发控制子系统一旦检测到系统中存在死锁，就要设法解除。通常采用的方法是选择一个处理死锁代价最小的事务，将其撤销，释放此事务持有的所有锁，使其他事务得以继续运行下去。当然，对撤销的事务所执行的数据修改操作必须加以恢复。

4.3　数据库备份和还原

4.3.1　备份数据库

备份就是对 SQL Server 2012 数据库或事务日志进行复制，数据库备份记录了在进行备份这一操作时数据库中所有数据的状态，如果数据库因意外而损坏，这些备份文件将在数据库恢复时被用来恢复数据库至损坏发生前的状态。

SQL Server 2012 中提供了四种备份类型，包括完全数据库备份、差异数据库备份、事务日志备份、数据文件和文件组备份。

1. 完全数据库备份

完全数据库备份简称完全备份，是指对整个数据库的完整备份，包括所有对象、系统表和数据。完全备份是对备份时刻的整个数据库进行备份，当数据库出现故障时可以利用这种完全备份恢复到备份时刻的数据库状态。

2. 差异数据库备份

差异数据库备份又称增量备份，是指对自上次完全备份以来发生过变化的数据库中的数据进行备份，是一种增量数据库备份。因此，差异备份的恢复操作不能单独完成，必须有一次在其之前的完全备份作为参考点，即差异备份必须与基础备份进行结合才能将数据库恢复到差异备份时刻的数据库状态。

3. 事务日志备份

事务日志备份简称日志备份，是对数据库发生的事务进行备份，包括所有已经完成的事务。它具有备份量小、时间快等特点。

4. 数据文件和文件组备份

数据文件和文件组备份是指对数据库文件和文件组进行备份，一般与事务日志备份结合使用。它可以对受到损坏的数据文件或文件组进行恢复，而不必恢复数据库的其他部分，从而提高了恢复的效率。

在 SQL Server 2012 中，可以使用 Microsoft SQL Server Management Studio 直接备份数据库，也可以利用 T-SQL 命令备份数据库。

1. 利用 Microsoft SQL Server Management Studio 备份数据库

（1）选择要备份的数据库，单击鼠标右键，在弹出的菜单中选择“任务/备份”命令，如图 4-1 所示。

（2）弹出“备份数据库-company”对话框，可以设置备份类型、备份组件、备份集名和备份目标位置，如图 4-2 所示。相应参数设置完成后，单击“确定”按钮。

（3）备份完成后，弹出相应的提示对话框，如图 4-3 所示。

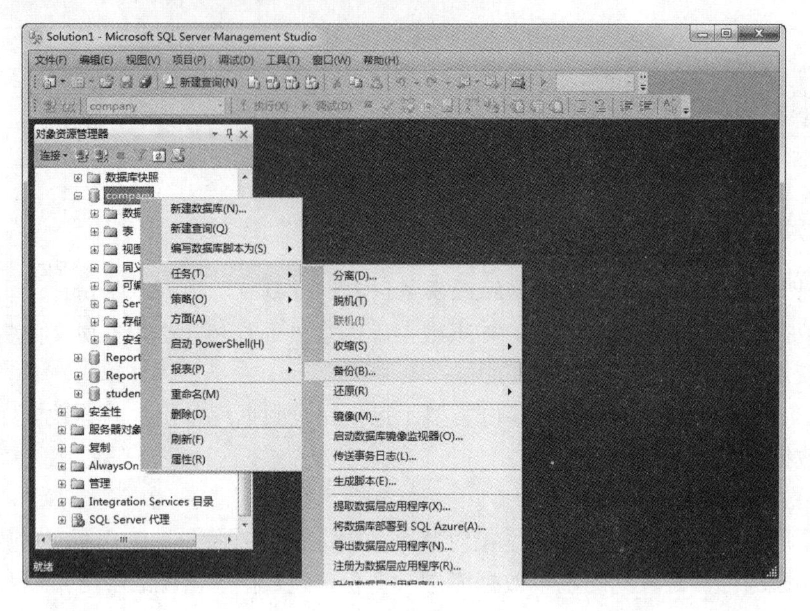

图 4-1　备份菜单

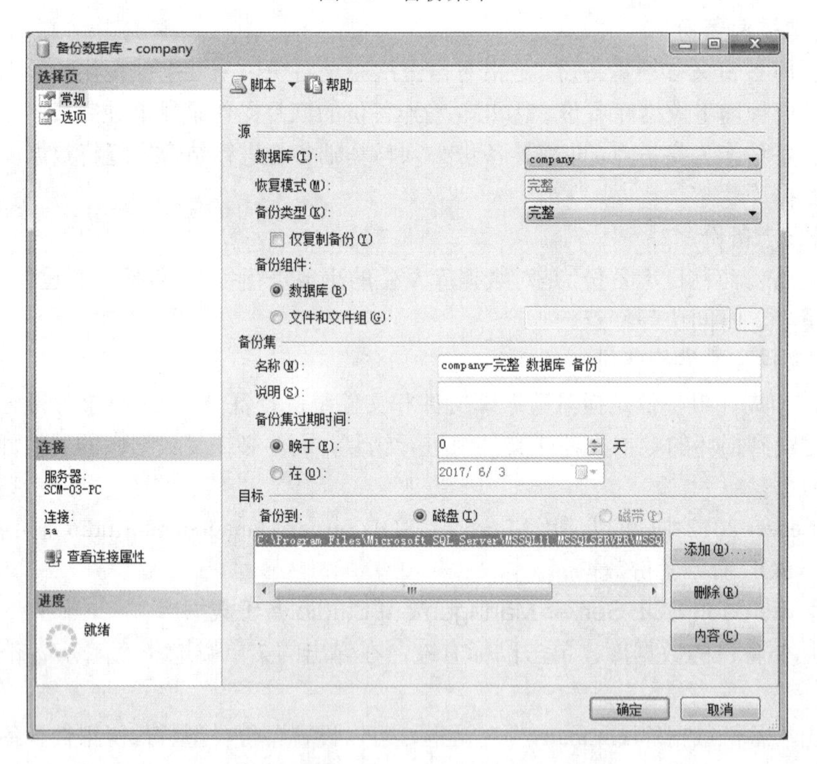

图 4-2　“备份数据库-company”对话框

图 4-3　备份完成提示对话框

2. 使用 T-SQL 命令备份数据库

1）完全数据库备份

```
BACKUP DATABASE database_name
 TO <backup_device>[...n]
 [WITH
 [[,] NAME = backup_set_name]
 [[,] DESCRIPTION = 'TEXT']
 [[,] {INIT| NOINIT}]
 [[,] {COMPRESSION | NO_COMPRESSION}]
]
```

参数说明：

database_name：备份的数据库名称。

backup_device：备份设备的名称。

WITH 子句：指定备份选项。

NAME = backup_set_name：备份的名称。

DESCRIPTION = 'TEXT'：备份的描述。

INIT| NOINIT：INIT 表示新备份的时间覆盖当前设备设备上的每一项内容，NOINIT 表示新备份的数据追加到备份设备上已有的内容后面。

COMPRESSION | NO_COMPRESSION：是否启用备份压缩功能。

例如：使用 T-SQL 语句为 company 数据库创建完整备份，如图 4-4 所示。

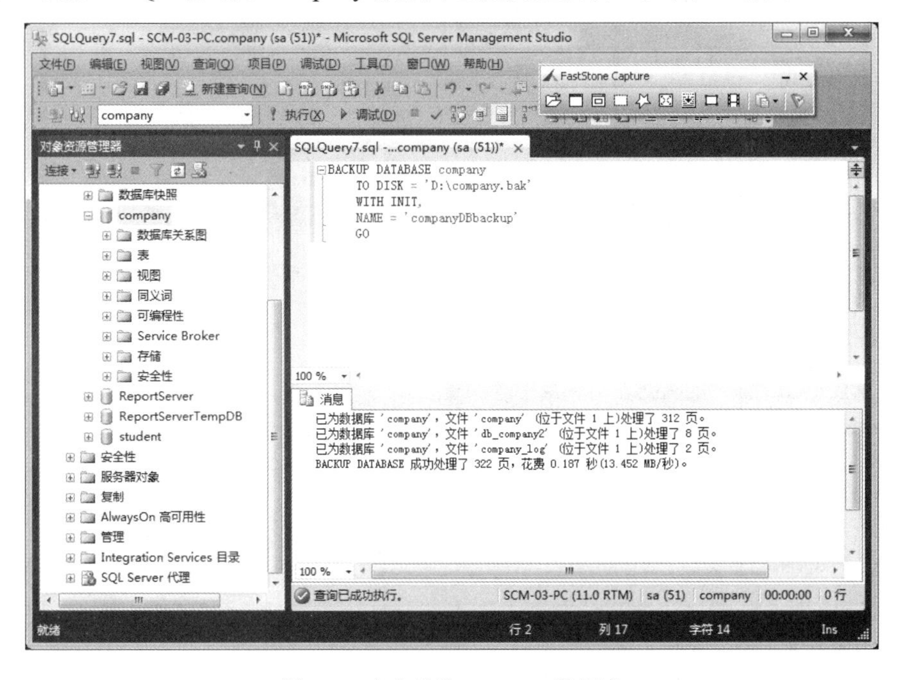

图 4-4 完全备份 company 数据库

2）差异数据库备份

```
BACKUP DATABASE database_name
TO <backup_device>[...n]
```

```
WITH
DIFFERENTIAL
[[,] NAME = backup_set_name]
[[,] DESCRIPTION = 'TEXT']
[[,] {INIT| NOINIT}]
[[,] {COMPRESSION | NO_COMPRESSION}]
]
```

参数说明：

WITH DIFFERENTIAL：指明本次备份为差异备份。

例如，使用 T-SQL 语句为 company 数据库创建差异备份，如图 4-5 所示。

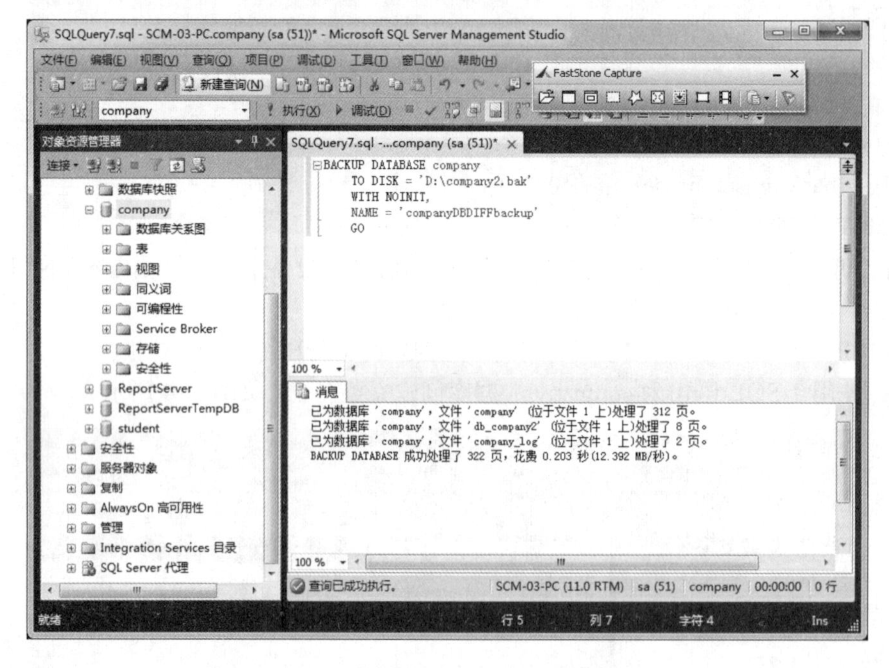

图 4-5　差异备份 company 数据库

3）事务日志备份

```
BACKUP LOG database_name
 TO <backup_device>[...n]
 [WITH
 [[,] NAME = backup_set_name]
 [[,] DESCRIPTION = 'TEXT']
 [[,] {INIT| NOINIT}]
 [[,] {COMPRESSION | NO_COMPRESSION}]
]
```

其中，LOG 指定仅备份事务日志。该日志是从上一次成功执行的日志备份到当前日志的末尾。只有创建完整备份后，才可以创建第一个日志备份。

例如，使用 T-SQL 语句为 company 数据库创建日志备份，如图 4-6 所示。

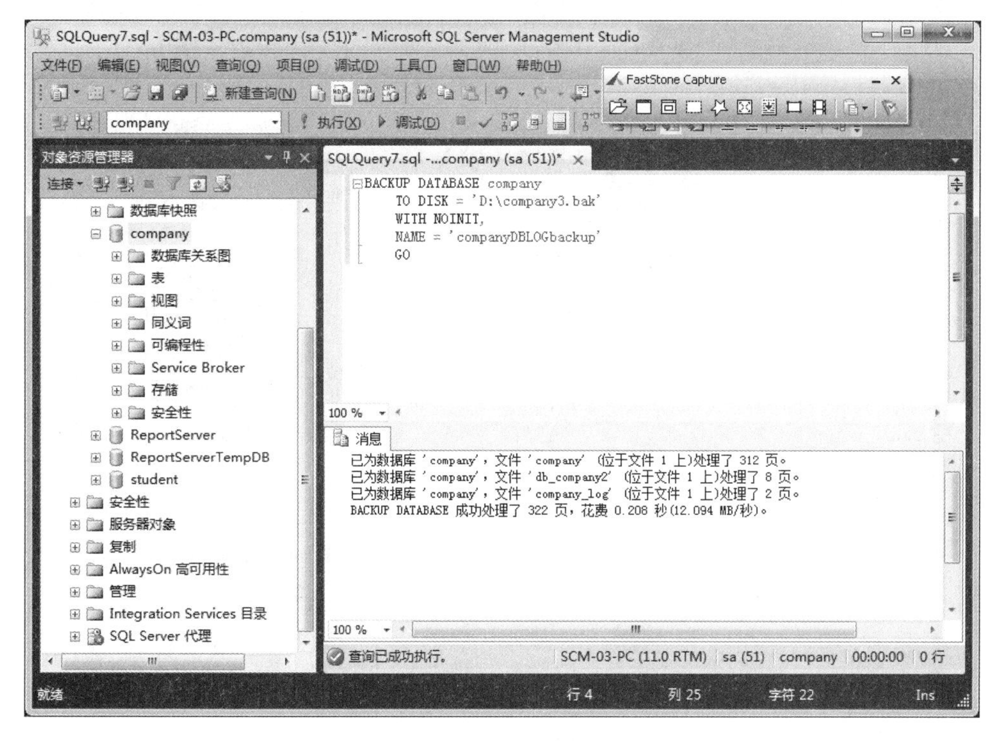

图 4-6　日志备份 company 数据库

4）文件或文件组备份

```
BACKUP DATABASE database_name
 <file_or_filegroup>[...n]
 TO <backup_device>[...n]
  [WITH
 [[,] NAME = backup_set_name]
 [[,] DESCRIPTION = 'TEXT']
 [[,] {INIT| NOINIT}]
 [[,] {COMPRESSION | NO_COMPRESSION}]
]
```

其中，file_or_filegroup 指定了将要备份的文件或文件组。

4.3.2　还原数据库

在 SQL Server 2012 中，可以使用 Microsoft SQL Server Management Studio 直接还原数据库，也可以利用 T-SQL 命令还原数据库。

1. 利用 Microsoft SQL Server Management Studio 还原数据库

（1）选择要还原的数据库，单击鼠标右键，在弹出的菜单中选择“任务/还原/数据库”命令，如图 4-7 所示。

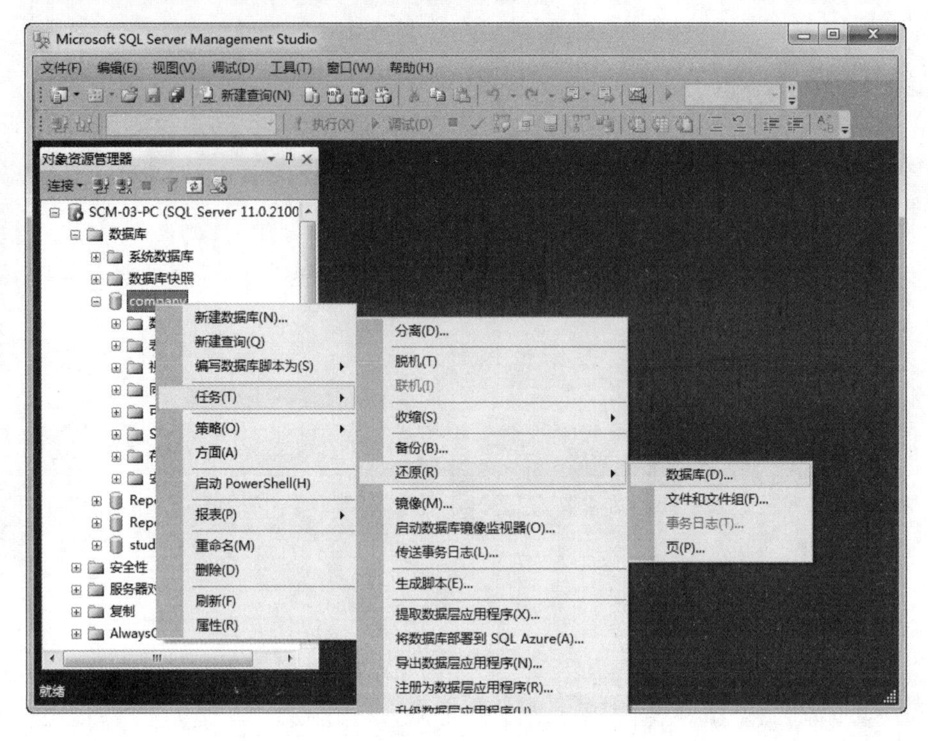

图 4-7　还原菜单

（2）弹出“还原数据库-company”对话框，如图 4-8 所示，设置还原的目标数据库名，一般与还原的源数据库名相同，也可以不同，再选择用于还原的备份集，最后单击“确定”按钮。

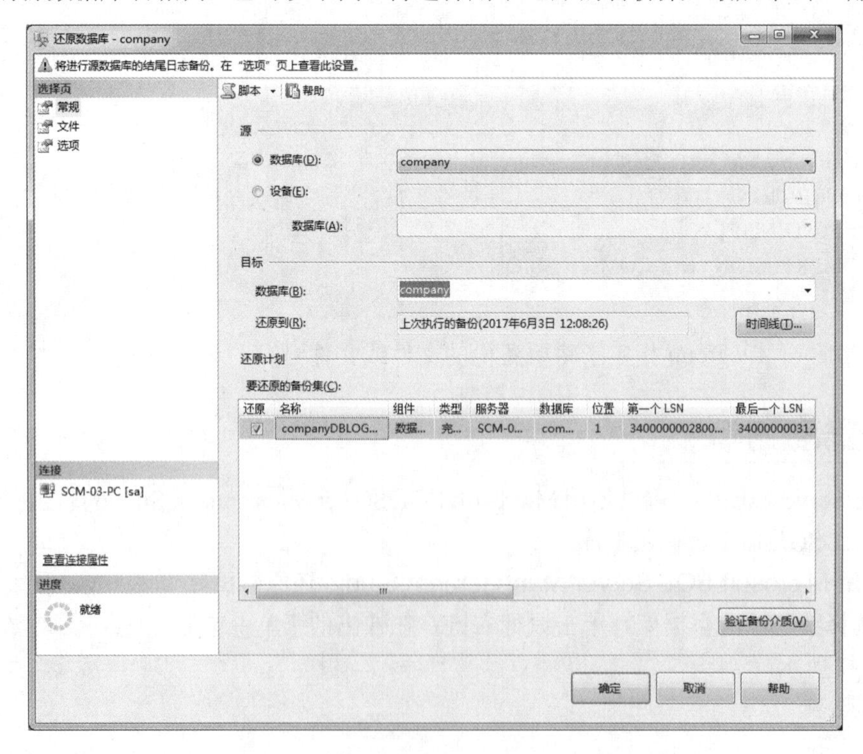

图 4-8　“还原数据库-company”对话框

（3）也可以设置还原时间，如图 4-9 所示，单击“确定”按钮，即可成功还原数据库。

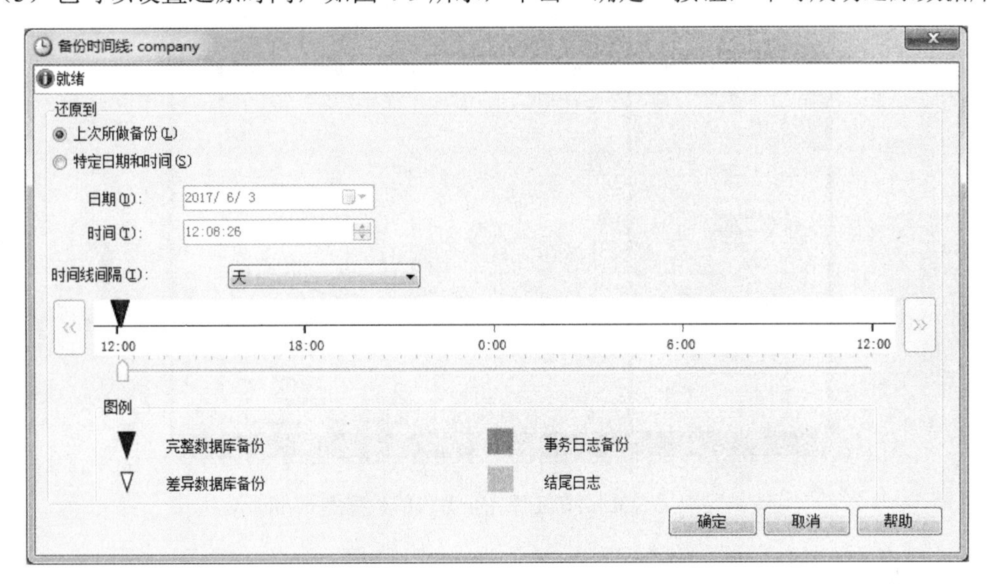

图 4-9　还原数据库成功对话框

2. 使用 T-SQL 命令还原数据库

1）完全备份的还原

```
RESTORE DATABASE {database_name | @ database_name_var}
 [FROM <backup_device>[...n]]
 [WITH
    {
        [ RECOVERY | NORECOVERY | STANDBY =
       { standby_file_name | @standby_file_name_var }
       ]| , <general_WITH_options>[...n]
       |, <replication_WITH_option> | , <change_data_capture_WITH_option>
       |, <service_broker_WITH options>
       |, <point_in_time_WITH_OPTIONS---RESTORE_DATABASE>
    } [...n]
 ]
[;]
```

参数说明：

database_name：还原数据库的名称。

backup_device：还原操作要使用的逻辑或物理备份设备。

WITH 子句：指定备份选项。

RECOVERY | NORECOVERY：当还有事务日志需要还原时，应指定 NORECOVERY，如果所有的备份都已经还原，则指定 RECOVERY。

STANDBY：指定撤销文件名以便可以取消恢复效果。

例如，还原 company 数据库及其完整数据库的备份，如图 4-10 所示。

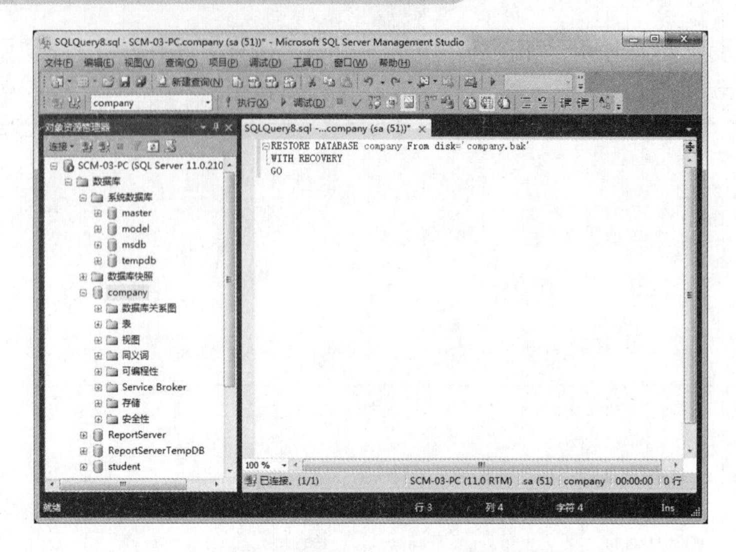

图 4-10　用 SQL 语句还原完全备份的数据库 company

2）事务日志备份的还原

```
RESTORE LOG {database_name | @ database_name_var}
 [FROM <backup_device>[...n]]
 [WITH
    {
       [ RECOVERY | NORECOVERY | STANDBY =
       { standby_file_name | @standby_file_name_var }
       ]| , <general_WITH_options>[...n]
       |, <replication_WITH_option> | , <change_data_capture_WITH_option>
       |, <service_broker_WITH options>
       |, <point_in_time_WITH_OPTIONS---RESTORE_DATABASE>
    } [...n]
 ]
[;]
```

例如，还原 company 数据库的事务日志备份，如图 4-11 所示。

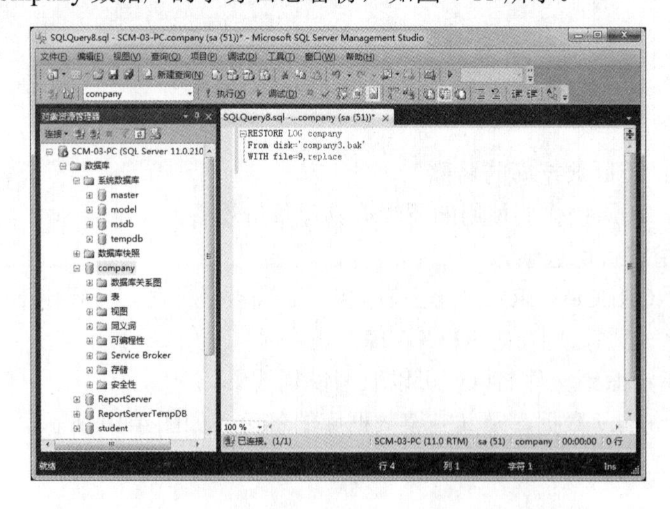

图 4-11　用 SQL 语句还原事务日志备份的数据库 company

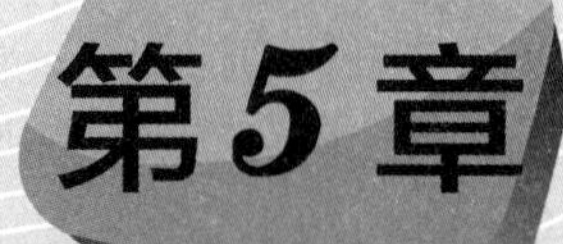

第5章 数据库应用

5.1 索引

5.1.1 索引概述

在 SQL Server 中，索引是基于表中一个或多个列的值，对表中记录进行快速存取的一种内部表结构。在数据库中，索引主要帮助用户快速定位想要查找的内容，而不必扫描整个数据库。

5.1.2 索引类型

在 SQL Server 中，索引主要有聚簇索引和非聚簇索引两种基本类型。

1. 聚簇索引

聚簇索引（簇索引或聚集索引）主要用于确定表中数据的物理存储顺序。在数据库中，聚簇索引数据表的物理顺序与索引顺序相同。每张表只能创建一个聚簇索引，但是该索引中可以包含多个列项。用户可以在经常查询的列上建立聚簇索引来提高查询的效率，但创建索引需要花费时间和存储空间，因此需要合理设计。

2. 非聚簇索引

非聚簇索引（非簇索引或非聚集索引）是独立于数据行的结构，其数据表的物理顺序与索引顺序不相同。与聚簇索引不同，每张表可以创建多个非聚簇索引，最多能建 249 个。在非聚簇索引中，数据出现的顺序是随机的，而逻辑顺序由其索引指定，数据行有可能随机地分布在整个表中。

5.1.3 创建索引

在 SQL Server 中，作为表或视图的所有者才能为其创建索引。当 SQL Server 执行查询时，查询优化程序将自动检索是否有索引，如果有则首先使用索引。但是，由于索引会减慢数据修改的速度，并且每次修改数据时索引也需要更新，因此对于是否需要建立索引，用户得根据实际情况进行分析。

通常，以下几种情况适合创建索引。

（1）主键与外键所在的列。

（2）频繁地作为 where 子句条件出现的列。

（3）经常在 order by 子句中出现的列。

（4）其取值唯一的列。

以下几种情况不适合创建索引。

（1）在 where 子句中不用或很少用到的列。

（2）列的取值只有 1、2 个或列值重复太多。

（3）表中的记录很少。

（4）维护索引的开销很大。

在 SQL Server 中，用户可以通过对象资源管理器和 T-SQL 语句来创建索引。

1．使用对象资源管理器创建索引

以数据库 company 中的表 user_info 为例，使用对象资源管理器创建索引的具体步骤如下。

（1）依次展开对象资源管理器中的“+”节点直到找到要创建索引的表 user_info；单击鼠标右键，在弹出的菜单中选择“设计”，打开表 user_info；选中表 user_info 中要创建索引的列（如 uid），单击鼠标右键，在弹出的菜单中选择“索引/键”或者在菜单栏的“表设计器”中选择“索引/键”，如图 5-1 所示。

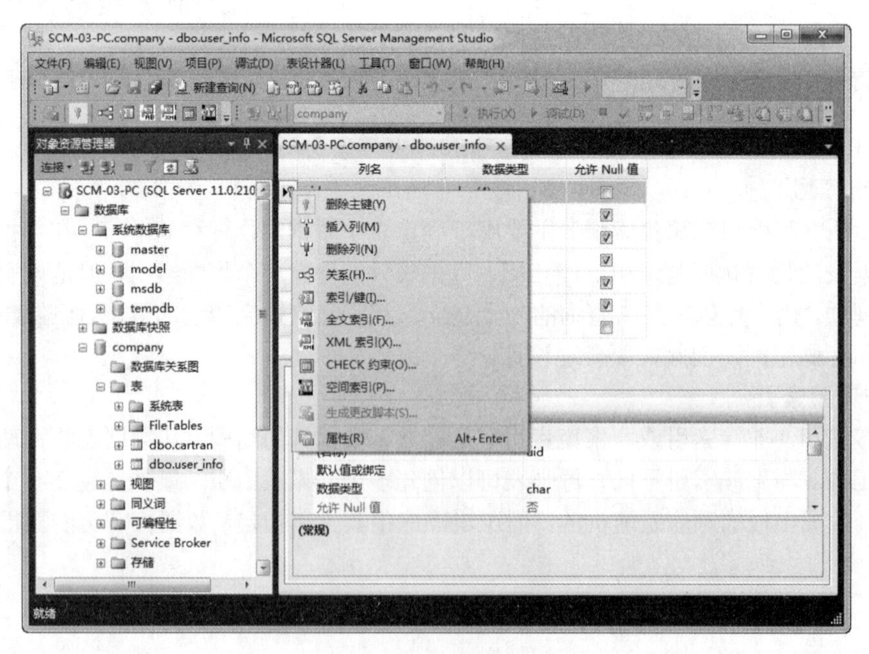

图 5-1 选择“索引/键”

（2）在弹出的“索引/键”对话框中，单击“添加”按钮，在右边的“常规”选项中设置该索引的属性，如图 5-2 所示。

（3）设置完成后，单击“关闭”按钮，完成并结束索引的创建。

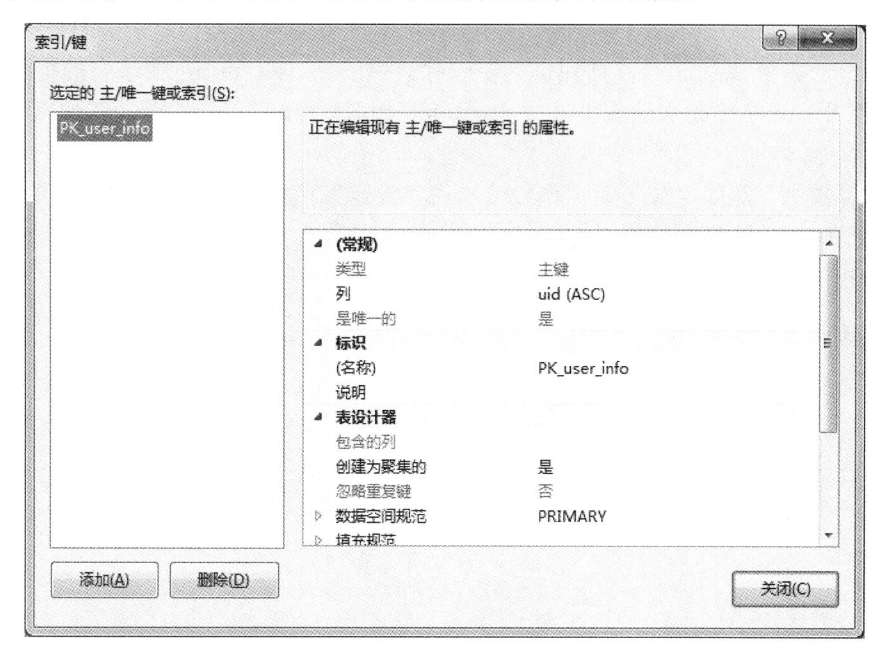

图 5-2　创建索引

2. 使用 T-SQL 语句创建索引

在 T-SQL 语句中，用户可以使用 CREATE INDEX 语句来创建索引，其语法格式如下。

```
CREATE [UNIQUE][CLUSTERED|NONCLUSTERED] INDEX index_name
ON table_name(column_name[ASC|DESC][,…n])
```

此语法中每个参数的含义如下。

（1）UNIQUE：表示为表或视图建立唯一的索引。

（2）CLUSTERED|NONCLUSTERED：用于指定建立聚簇索引或非聚簇索引。

（3）index_name：指定所要创建的索引名称。

（4）table_name：指定建立索引所用的表名。

（5）column_name：指定建立索引所用的列名。

例 1：用 T-SQL 语句在表 user_info 的“uid”列上建立非聚簇索引，索引名称为 userinfo_index，排列顺序设定为升序。

```
USE db_stu
GO
CREATE NONCLUSTERED INDEX userinfo_index
ON user_info(uid ASC)
```

5.1.4　删除索引

由于索引占用一定的存储空间，并影响修改或删除数据的速度，因此应及时删除不需要的索引。在 SQL Server 中，索引的删除同样可以采用使用对象资源管理器和使用 T-SQL 语句两种方法。

1. 使用对象资源管理器删除索引

以数据库 company 中的表 user_info 为例，使用对象资源管理器删除索引的具体步骤如下。

（1）展开对象资源管理器，直到找到要删除索引的表 user_info，在该表的折叠项中找到“索引”并展开；选中要删除的索引（如 userinfo_index），单击鼠标右键，在弹出的菜单中选择“删除”命令。

（2）在弹出的“删除对象”对话框中，单击“确定”按钮，完成并结束索引的删除。

2. 使用 T-SQL 语句删除索引

在 T-SQL 语句中，用户可以使用 DROP INDEX 语句来删除索引，其语法格式如下。

```
DROP INDEX table_name.index_name
```

例：用 T-SQL 语句从表 user_info 中删除索引 userinfo_index。

```
USE db_stu
GO
DROP INDEX user_info.userinfo_index
```

5.2 视图

5.2.1 视图概述

在关系数据库中，视图为用户提供了从多个角度观察数据的重要机制。与使用查询来创建一张新表不同，视图是一张虚表，可以用它访问来自一个或多个表的列的子集。因此，视图可以定义为从一个表或多个表中派生出的虚拟表，其实质是一个查询结果。派生出视图的表称为基表或底层表。在数据库中只存储视图的定义，而数据仍然存储在派生出视图的基本表中。

视图经过定义之后就可以像基本表一样进行查询和更新了。视图的作用主要有以下几点。

（1）简化用户操作数据的方式。对于复杂的查询可以创建一个视图，用户每次查询时，只需要对建立的视图进行简单的查询即可，而不需要输入复杂的查询语句。

（2）提供一种安全机制。通过视图访问和操纵数据，可以保证用户只能检索和修改各自能看到的数据，从而增强了数据的安全性。

（3）共享数据。创建视图可以共享数据库中的数据，不同用户需要的数据不必都定义和存储，从而可以提高数据的共享性。

5.2.2 创建视图

在 SQL Server 中，同样可以通过对象资源管理器和 T-SQL 语句两种方法来创建视图。

1. 使用对象资源管理器创建视图

以数据库 company 中的表 user_info 为例，使用对象资源管理器创建视图名为 kjinfo_view（描述职位为会计的员工信息）的具体步骤如下。

（1）依次展开对象资源管理器中的“+”节点直到 company 下的“视图”节点；单击鼠标

右键，选择“新建视图”命令，如图 5-3 所示。

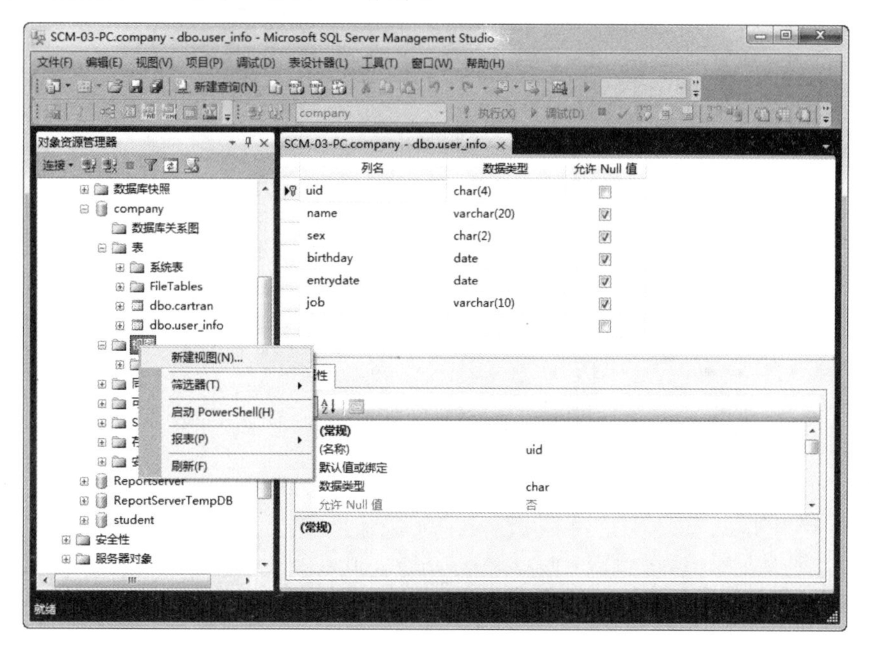

图 5-3　新建视图

（2）在弹出的“添加表”对话框中选择与创建视图相关的表、视图、函数或同义词。选择完成后，单击“添加”按钮，如图 5-4 所示。

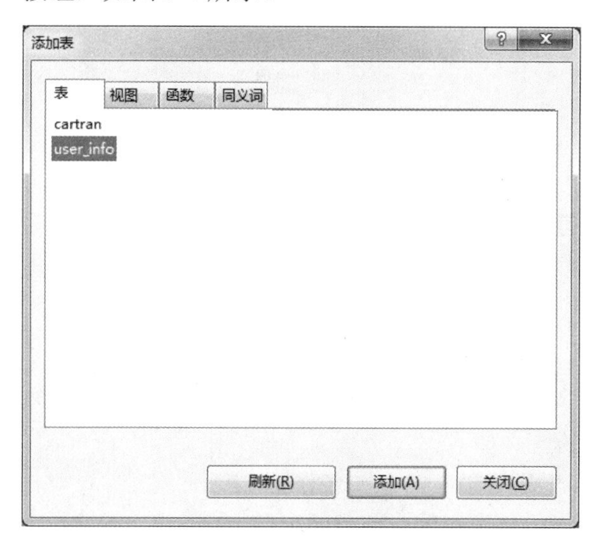

图 5-4　添加表

（3）在如图 5-5 所示的窗口中选择创建视图需要的字段，并且可以指定各列的别名、排序类型、排序顺序和筛选条件等。在本例中，指定 job 字段的筛选条件为“会计”。设置完成后，单击“保存”按钮，出现保存视图的对话框。输入视图名后单击“确定”按钮就完成了视图 kjinfo_view 的创建，如图 5-6 所示。

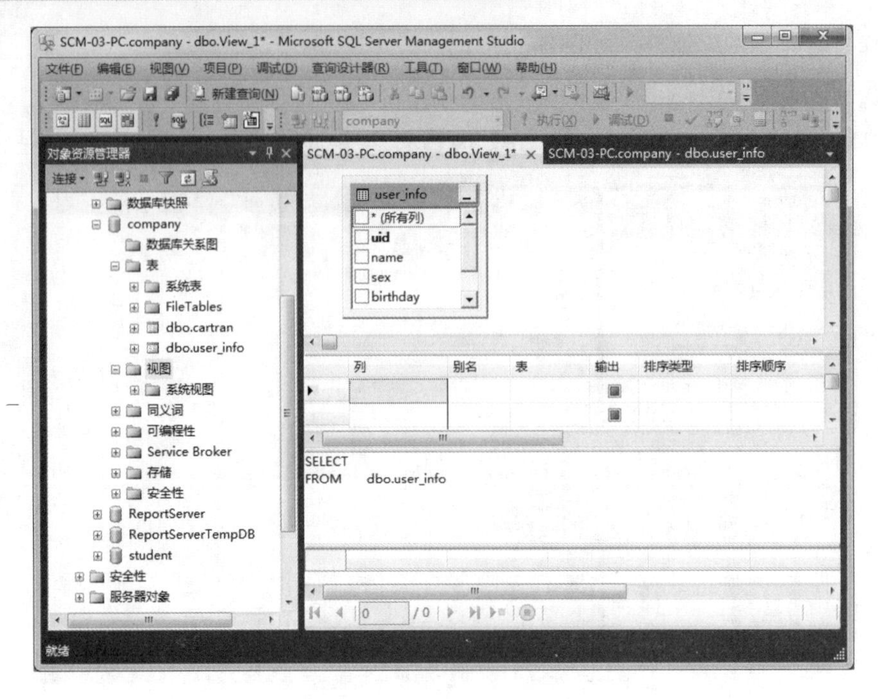

图 5-5　创建视图 kjinfo_view

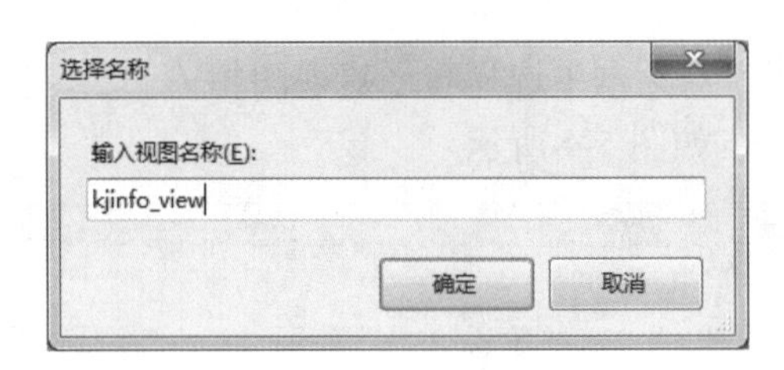

图 5-6　保存视图

2. 使用 T-SQL 语句创建视图

在 T-SQL 语句中，用户可以使用 CREATE VIEW 语句来创建视图，其语法格式如下。

```
CREATE VIEW view_name[(column_name[,column_name]…)]
[WITH ENCRYPTION]
AS select_statement[WITH CHECK OPTION]
```

语法格式中各参数的含义如下。

（1）view_name：指出所要创建的视图名称。

（2）column_name：指出将在视图中使用的列名。若不设定此项，则视图中将以在 SELECT 语句中指定的列名创建。

（3）WITH ENCRYPTION：表示在 syscomments 系统表中对视图的文本进行加密。

（4）AS：指出将由视图执行的动作。

（5）select_statement：指出定义视图的 SELECT 语句。

（6）WITH CHECK OPTION：表示强制修改数据的语句必须满足所定义视图中 SELECT 语句中给定的标准。

注意：用来定义视图的 SELECT 语句有以下几种限制：

（1）定义视图的用户必须对视图所依赖的基本表拥有查询权限；

（2）不能使用 ORDER BY、COMPUTE 和 INTO 子句；

（3）不能在临时表上创建视图。

例 1：创建视图 dbo.View_1，包含会计职位员工的用户 ID、工资编号、姓名和奖金。

```
CREATE VIEW dbo.View_1
AS
SELECT user_info.uid, name,pid, bonus
FROM user_info, pay_info
WHERE user_info.uid=pay_info.uid and job='会计'
```

执行上述代码命令后，在对象资源管理器左边窗格的“视图”节点下就可以看到新创建的视图 dbo.View_1，如图 5-7 所示。

图 5-7 视图 dbo.View_1

例 2：为职位是会计的员工创建他们的平均奖金的视图 kjpay_avg，包括用户 ID（在视图中的列名为员工编号）和平均奖金（在视图中的列名为平均奖金）。

```
CREATE VIEW kjpay_avg(员工编号,平均奖金)
AS
SELECT uid, AVG(bonus)
FROM    userbonus_view
GROUP BY uid
```

由此可见，视图可以从基本表中导出，如例 1 中的表 user_info 和表 pay_info；也可以从视图中导出，如例 2 中的视图 userbonus_view。

5.2.3 修改视图

在视图使用的过程中，可能会因为基本表的改变使得视图无法正常工作，这时就需要重新修改视图的定义。修改视图的定义有两种方法：一种是通过对象资源管理器修改；另一种是使用 T-SQL 语句。

1. 使用对象资源管理器修改视图的定义

（1）依次展开对象资源管理器中的“+”节点直到 company 下的“视图”节点；展开“视图”节点，选中需要修改的视图（如 dbo.View_1）；单击鼠标右键，在弹出的菜单中选择“设计”命令，会打开如图 5-8 所示的窗口。

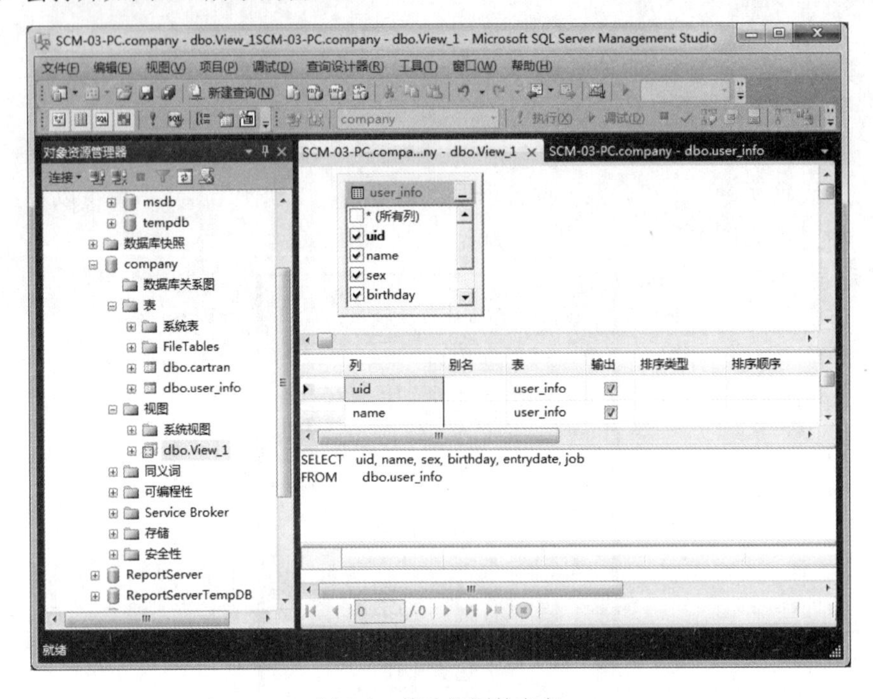

图 5-8 修改视图的定义

（2）在如图 5-8 所示的窗口中对视图的定义进行修改，完成修改之后，单击“保存”按钮即可。

2. 使用 T-SQL 语句修改视图的定义

在 T-SQL 语句中，用户可以使用 ALTER VIEW 语句来修改视图的定义，其语法格式如下。

```
ALTER VIEW view_name[(column_name[,column_name]…)]
[WITH ENCRYPTION]
AS select_statement[WITH CHECK OPTION]
```

其中各参数含义与 CREATE VIEW 语句中的含义相同。

例：将视图 kjinfo_view 修改为只包含职位为会计的员工的用户 ID、姓名和职位。

```
ALTER VIEW kjinfo_view
AS
SELECT uid,name,job
FROM user_info
WHERE job='会计'
```

5.2.4 使用视图

视图的使用包括查询视图及通过视图对数据进行插入、更新和删除。在 SQL Server 中，对视图的插入、更新和删除等操作最终转换成对创建视图时所依据的基本表的操作。

1. 查询视图

视图经过定义之后，就可以像查询基本表一样对其进行查询了。

1）使用对象资源管理器查询视图

依次展开对象资源管理器中的“+”节点直到 company 下的“视图”节点；展开“视图”节点，选中需要查看的视图（如 dbo.View_1）;单击鼠标右键，在弹出的菜单中选择“选择前 1000 行”命令就可以查看视图中的数据了。

2）使用 SELECT 语句查询视图

例 1：使用视图 userbonus_view 查询职位为会计的员工的姓名和奖金。

```
Use company
SELECT name,bonus
FROM dbo.userbonus_view
```

执行代码后结果如图 5-9 所示。

	name	bonus
1	杨莉	300.00
2	杨莉	200.00
3	杨莉	200.00
4	杨莉	200.00
5	周玉云	100.00
6	杨莉	300.00
7	周玉云	100.00
8	杨莉	200.00
9	周玉云	100.00
10	杨莉	200.00
11	周玉云	100.00
12	杨莉	500.00
13	周玉云	300.00
14	杨莉	600.00
15	周玉云	300.00
16	杨莉	500.00
17	周玉云	300.00
18	杨莉	600.00
19	周玉云	300.00
20	杨莉	500.00
21	周玉云	300.00
22	杨莉	500.00
23	周玉云	300.00

图 5-9　视图查询结果

2. 插入数据

使用 INSERT 语句可以通过视图向基本表中插入数据，其语法格式如下。

```
INSERT INTO view_name VALUES（column1, column2, column3,…column n）
```

例 2：向视图 kjinfo_view 中插入一条记录。

```
('U008','陈静','女','1983.4.1','2014.6.1','会计')
INSERT INTO kjinfo_view
VALUES('U008','陈静','女','1983.4.1','2014.6.1','会计')
```

执行代码后结果如图 5-10 所示。

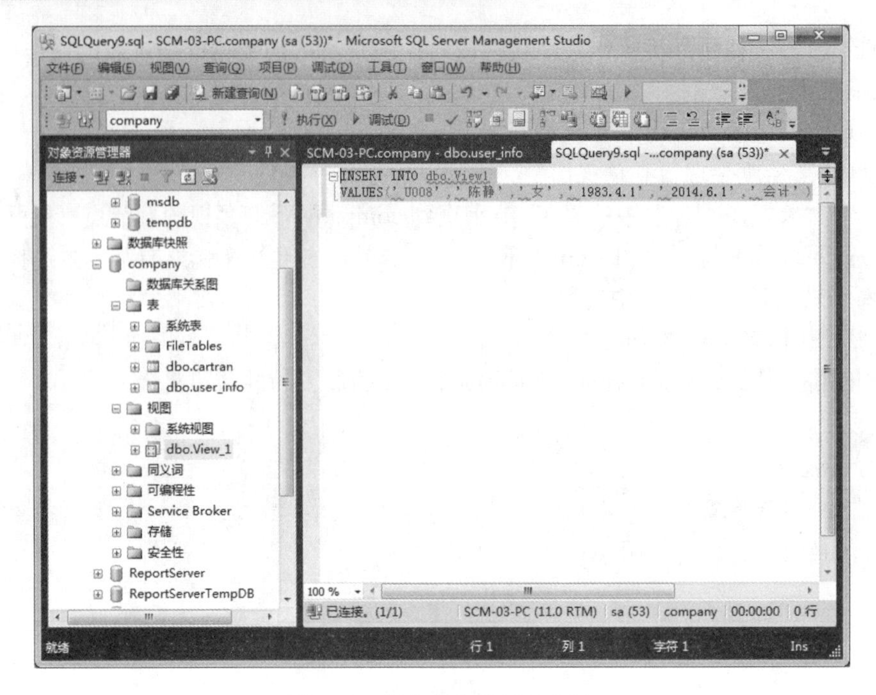

图 5-10　插入数据的运行结果

SQL Server 在执行此语句时，先从数据字典中找到视图 kjinfo_view 的定义，然后把其定义和插入数据的操作结合起来，最终转换成等价的对基本表 user_info 的插入数据的操作。下面使用 SELECT 语句查询视图 kjinfo_view 所依赖的基本表 user_info 的信息，来验证在表 user_info 中是否通过视图 kjinfo_view 插入了一行记录。

```
SELECT * FROM user_info
```

运行结果如图 5-11 所示。从图中可以看出记录('U008','陈静','女','1983.4.1','2014.6.1','会计')已经添加到表 user_info 中。

	uid	name	sex	birthday	entryday	job
1	U001	王明	男	1972-11-24	2013-06-01	经理
2	U002	杨帆	男	1982-08-11	2013-06-01	人事
3	U003	杨莉	女	1988-11-02	2013-06-01	会计
4	U004	周玉云	女	1990-07-09	2013-09-01	会计
5	U005	陈平	男	1982-10-01	2013-06-01	物流调度
6	U006	李林	男	1965-05-12	2013-06-01	司机
7	U007	代刚	男	1977-06-12	2013-09-01	司机
8	U008	陈静	女	1983-04-01	2014-06-01	会计

图 5-11　更新 kjinfo_view 视图后的查询结果

注意：当视图所依赖的基本表有两个或两个以上时，不能向视图中插入数据，因为此操作会影响多个基本表。例如，不能向视图 userbonus_view 插入数据，因为 userbonus_view 依赖 user_info 和 pay_info 两张基本表。

例 3：向视图 userbonus_view 中插入一条记录。

```
('U009','陈静',600)
INSERT INTO userbonus_view
VALUES('U009','陈静')
```

运行结果如图 5-12 所示。

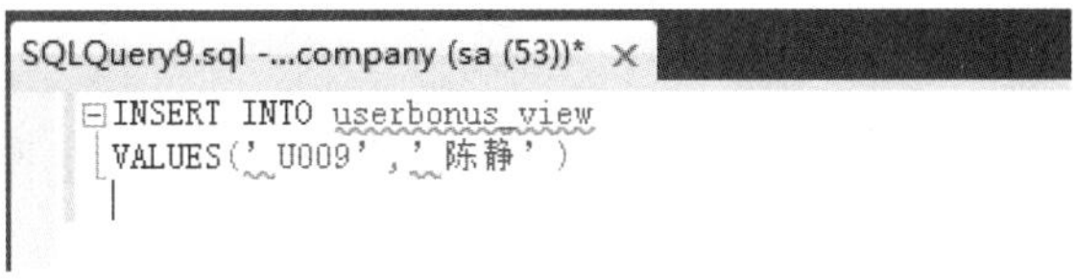

```
SQLQuery9.sql -...company (sa (53))* ×
INSERT INTO userbonus_view
VALUES('U009','陈静')
```

图 5-12　更新视图 userbonus_view

3. 更新数据

使用 UPDATE 语句可以通过视图更新基本表中的数据，其语法格式如下。

```
UPDATE view_name
SET column1=column_value1
    column2=column_value2
  …
    column n=column_valuen
```

例 4：将视图 kjinfo_view 中所有员工的入职时间修改为 2013.7.1：

```
UPDATE kjinfo_view
SET entrydate='2013.7.1'
```

运行结果如图 5-13 所示。

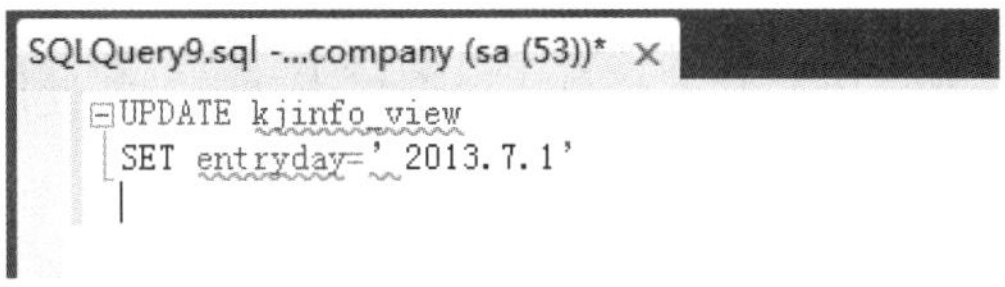

```
SQLQuery9.sql -...company (sa (53))* ×
UPDATE kjinfo_view
SET entryday='2013.7.1'
```

图 5-13　更新视图 kjinfo_view 中的数据

再用 SELECT 语句查询视图 kjinfo_view 依赖的基本表 uers_info：

```
SELECT * FROM user_info
```

运行结果如图 5-14 所示。

	uid	name	sex	birthday	entryday	job
1	U001	王明	男	1972-11-24	2013-06-01	经理
2	U002	杨帆	男	1982-08-11	2013-06-01	人事
3	U003	杨莉	女	1988-11-02	2013-07-01	会计
4	U004	周玉云	女	1990-07-09	2013-07-01	会计
5	U005	陈平	男	1982-10-01	2013-06-01	物流调度
6	U006	李林	男	1965-05-12	2013-06-01	司机
7	U007	代刚	男	1977-06-12	2013-09-01	司机
8	U008	陈静	女	1983-04-01	2013-07-01	会计

图 5-14　查询表 user_info 的结果

比较图 5-11 和图 5-14 可以看出，例 4 中的语句实际上是将视图 kjinfo_view 所依赖的基本表 user_info 中所有 job 值为'会计'的记录的 entrydate 字段值修改成了 2013.7.1。

注意：当一个视图所依赖的基本表有两个或两个以上时，一次修改该视图的操作只能改变一个基本表中的数据。

例 5：将视图 userbonus_view 中用户 ID 为 U003 的员工的工资编号为 P1306003 的奖金修

改为 300。语法格式如下。

```
UPDATE userbonus_view
SET bonus=300
WHERE uid='U003' AND pid=' P1306003'
```

运行结果如图 5-15 所示。

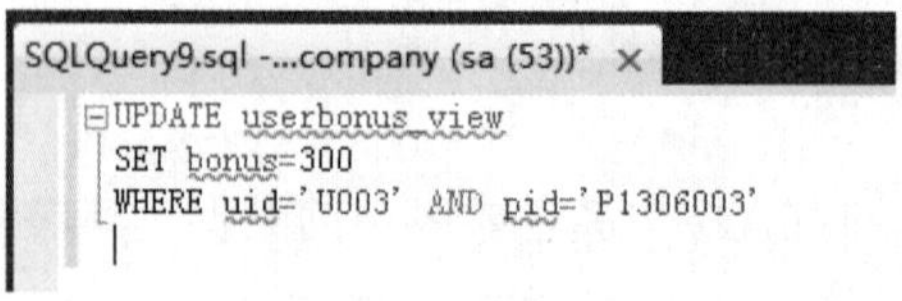

图 5-15　更新视图 userbonus_view 的结果

4．删除数据

使用 DELETE 语句可以通过视图删除基本表中的数据，其语法格式如下。

```
DELETE FROM view_name
WHERE search_condition
```

例 6：删除视图 kjinfo_view 中入职时间为 2013.9.1 的记录：

```
DELETE FROM kjinfo_view
WHERE entrydate=' 2013.9.1'
```

注意：当一个视图所依赖的基本表有两个或两个以上时，不能使用 DELETE 语句删除数据。

5.2.5　删除视图

在 SQL Server 中，删除视图只是删除了视图的定义和分配给它的所有权限。删除视图同样有两种方法：一种是通过对象资源管理器删除；另一种是使用 T-SQL 的 DELETE VIEW 语句进行删除。

1．使用对象资源管理器删除视图

以数据库 company 中的表 user_info 为例，使用对象资源管理器删除视图名为 kjinfo_view 的具体步骤如下：依次展开对象资源管理器中的“+”节点直到 company 下的“视图”节点；展开“视图”节点，选中需要删除的视图（如 dbo.kjinfo_view）；单击鼠标右键，在弹出的菜单中选择“删除”命令，在弹出的对话框中单击“确定”按钮就可以删除视图了。

2．使用 DELETE VIEW 语句删除视图

语法格式如下。

```
DROP VIEW view_name[1,...n ]
```

其中，view_name 指定要删除的视图名称。可以使用 DROP VIEW 语句一次性删除多个视图。

例：删除视图 userbonus_view

```
DROP VIEW userbonus_view
```

5.3　存储过程

5.3.1　存储过程概述

存储过程是一组为了完成特定功能，由 T-SQL 语句和程序控制语言组成的集合。存储过程能提高批量语句执行的速度，从而帮助提高查询的性能。用户还可以通过调用执行相同操作的存储过程来保证数据的一致性。在 SQL Server 2012 中，存储过程可分为系统存储过程、扩展存储过程和用户自定义存储过程三种。

1. 系统存储过程

顾名思义，系统存储过程是由 SQL Server 系统提供的存储过程，定义在系统数据库中，以 sp_作为前缀命名。具有执行系统存储过程权限的用户可以使用它执行修改表的任务，并且可以在所有数据库中执行。

2. 扩展存储过程

扩展存储过程是指 SQL Server 的实例可以动态加载和运行的 DLL，是由用户使用编程语言创建自己的外部程序，一般以 sp_或 xp_为前缀命名。

3. 用户自定义存储过程

用户自定义存储过程是指用户为了实现某些特定功能自己创建并完成的存储过程，能接受和返回用户自己提出的参数。

5.3.2　使用存储过程

下面主要介绍如何创建和执行用户自定义存储过程。

在 SQL Server 2012 中，用户只能在当前数据库中创建自定义的存储过程，并且过程名称不能与其他过程名称相同。创建和执行存储过程有使用对象资源管理器和使用 T-SQL 语句两种方法。

1. 使用对象资源管理器创建和执行存储过程

下面以数据库 company 为例，介绍使用对象资源管理器创建一个存储过程 pr_userinfo，其作用是查看 company 数据库中某员工的记录，具体操作步骤如下。

（1）依次展开对象资源管理器中的“+”节点直到 company 下的“可编程性”节点；展开“可编程性”节点，右击“存储过程”，单击“新建存储过程”，出现创建存储过程的查询编辑器窗口，如图 5-16 所示。

（2）在“查询”菜单中单击“指定模板参数的值”，弹出如图 5-17 所示的对话框，设置完成后，单击“确定”按钮。其中，参数 procedure_Name 设置为 pr_userinfo，@Param1 设置为 @p1，数据类型为 char，默认值为 U001。

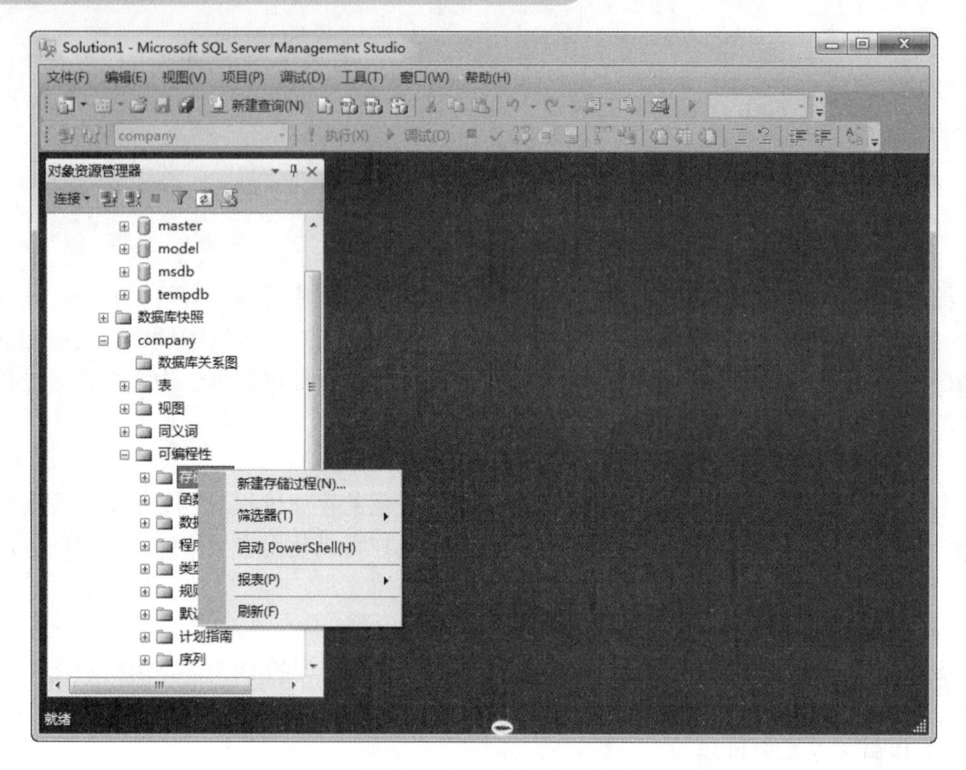

图 5-16　新建存储过程

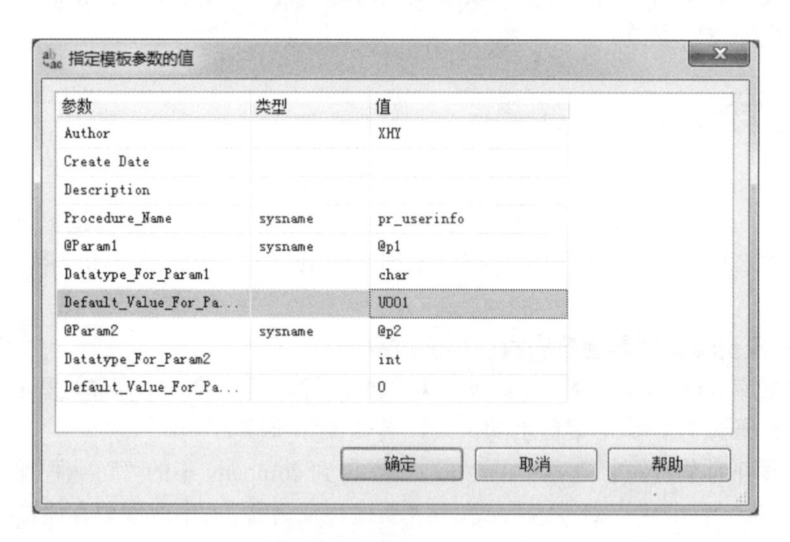

图 5-17　“指定模板参数的值”对话框

（3）在查询编辑器窗口中，将“Add the parameters for the stored procedure here”下面第一行最后的逗号和第二行删除；在“Insert statements for procedure here”下面输入查询的 T-SQL 语句“SELECT * FROM user_info WHERE uid=@p1”，如图 5-18 所示。

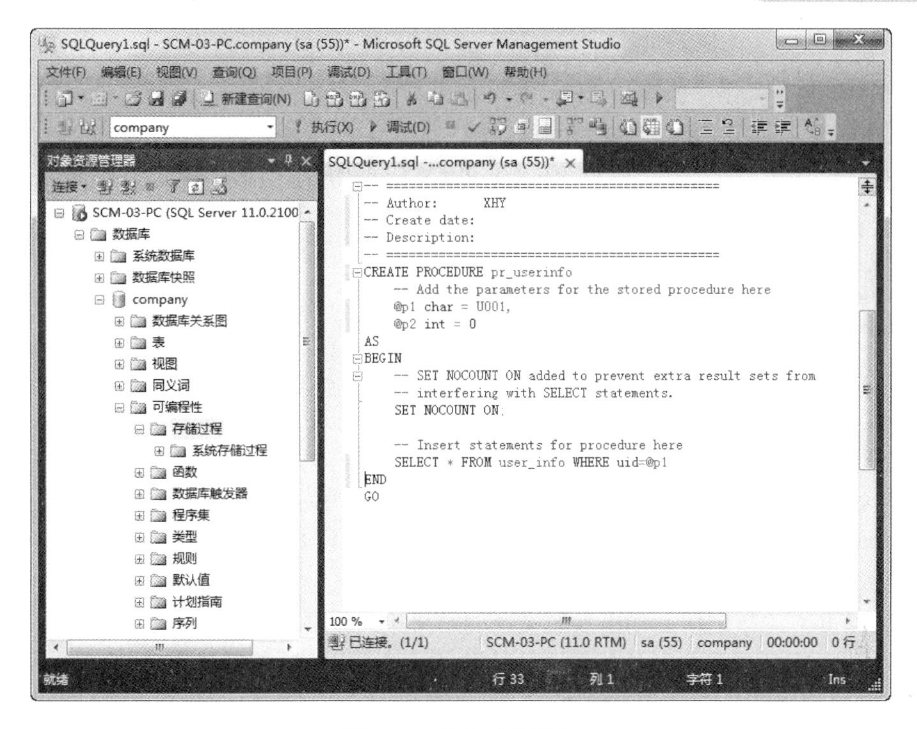

图 5-18 输入查询语句

（4）在“查询”菜单中单击“分析”测试语法后，单击“执行”创建存储过程，结果如图 5-19 所示。

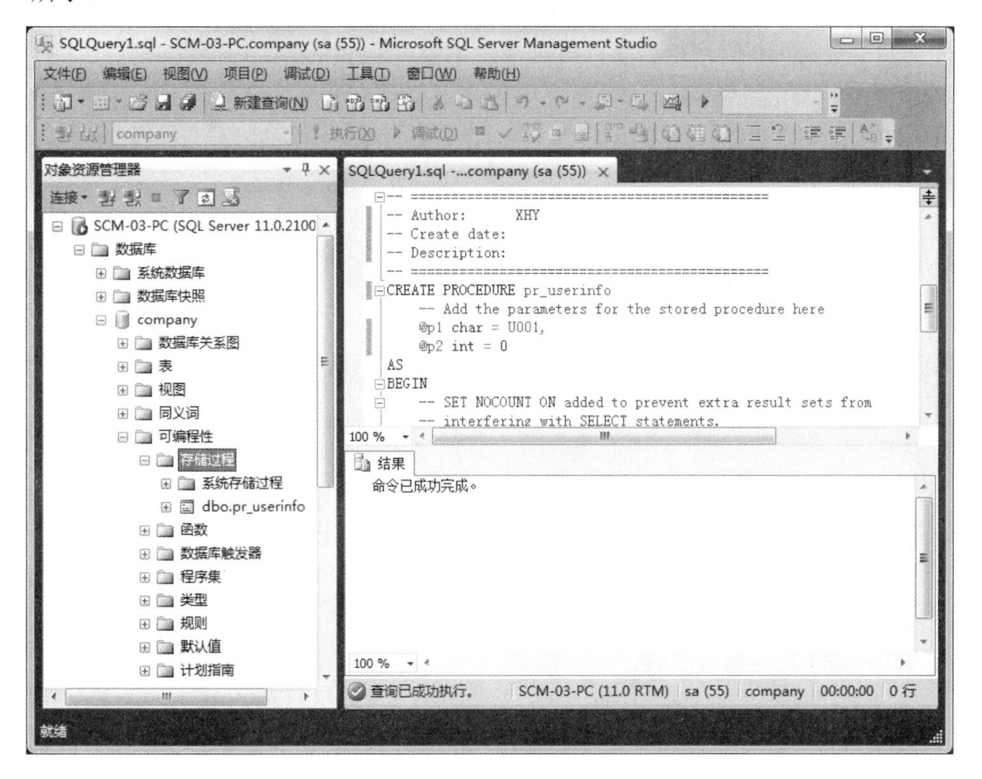

图 5-19 创建存储过程 pr_userinfo

（5）若要保存脚本，请在“文件”菜单上单击“保存”按钮。接受该文件名或将其替换为新的名称，再单击“保存”按钮。

2. 使用 T-SQL 语句创建和执行存储过程

在 T-SQL 语句中，用户可以使用 CREATE PROCEDURE 来创建存储过程，其语法格式如下。

```
CREATE PROCEDURE procedure_name
[{@parameter data_type}
[VARYING][=default][OUT|OUTPUT][READONLY]][,…n]
[WITH{RECOMPILE|ENCRYPTION}]
[FOR REPLICATION]
AS {<sql_statement>[;][...n]}
```

其中各参数的含义如下。

（1）procedure_name：指出存储过程的名称。

（2）@parameter：表示过程中的参数，在创建存储过程时可以声明一个或多个参数。

（3）data_type：指定参数的数据类型。

（4）VARYING：指定作为输出参数支持的结果集。仅适用于游标参数。

（5）default：表示参数的默认值。如果已定义了 default 值，则无须指定此参数的值就可以执行过程。默认值必须是常量或 NULL。

（6）OUTPUT：指出参数是输出参数。此选项值可以返回给调用 EXECUTE 的语句。

（7）RECOMPILE：指出该过程在运行时编译。

（8）ENCRYPTION：指出将创建过程语句的原始文本进行加密。

（9）FOR REPLICATION：指定不能在订阅服务器上执行为复制创建的存储过程。

（10）<sql_statement>：指出存储过程执行的 T-SQL 语句。

例：创建从数据库 company 中查询员工工资基本信息表中员工奖金的存储过程，操作如下。

（1）在查询分析器中输入如下语句：

```
USE company
GO
CREATE PROCEDURE pr_userbonus
AS
SELECT user_info.uid,pid,bonus
FROM user_info,pay_info
WHERE user_info.uid=pay_info.uid
GO
```

（2）在工具栏中单击 ! 执行(X) 按钮，完成存储过程的创建，此时在数据库 company 的存储过程窗口可以看到新建的存储过程 dbo.pr_userbonus，如图 5-20 所示。

创建存储过程之后，可以使用 EXECUTE（或简写为 EXEC）命令执行，其语法格式如下。

```
[{EXECUTE|EXEC}]
{[@return_status=]
 {module_name[;number]|@moudle_name_var}
[[@parameter=]{value|@variable[OUTPUT]|[DEFAULT]}][,...n]
[WITH RECOMPILE]
}
```

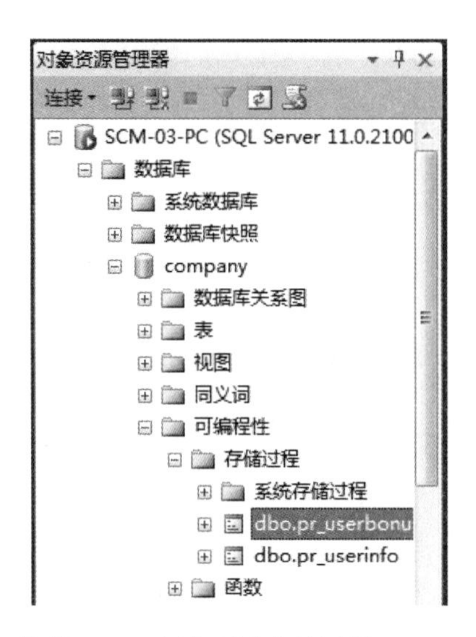

图 5-20 使用 T-SQL 语句创建存储过程 dbo.pr_userbonus

其中各参数含义如下。

（1）return_status：表示可选的整型变量，保存存储过程的返回状态。此变量在使用前必须先进行定义。

（2）module_name：指出要调用的存储过程的完全限定或不完全限定名称。

（3）@parameter：表示过程定义中的参数。若省略，则后面的实参顺序要与定义的参数顺序一致。

（4）value：表示存储过程的实参。

（5）@variable：表示局部变量，用于保存 OUTPUT 参数返回的值。

（6）default：表示不提供实参，而使用对应的默认值。

（7）WITH RECOMPILE：指定强制编译。

例如，在查询分析器中输入如下语句后，在工具栏中单击 ! 执行(X) 按钮，就可以调用执行已创建的存储过程 pr_userbonus。

```
USE company
GO
EXEC pr_userbonus
```

5.3.3 管理存储过程

创建存储过程之后，如果需要改变存储过程中的参数或语句，可以通过修改或重命名存储过程来实现。当存储过程不需要时，也可以删除。

下面以修改 company 数据库的存储过程为例，介绍具体操作步骤。

1. 修改存储过程

修改存储过程 pr_userinfo，查询某员工的 ID、姓名和职位。

（1）依次展开对象资源管理器中的“+”节点直到 company 下的“可编程性”节点；展开“可编程性”节点，右击“存储过程”，选中要修改的存储过程，单击鼠标右键，再单击“修改”，如图 5-21 所示。

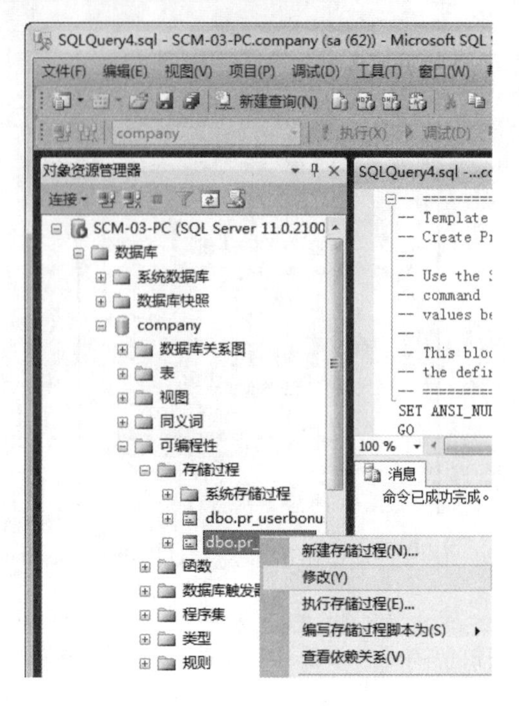

图 5-21　选择“修改”

（2）使用 ALTER PROCEDURE 命令修改存储过程。在“Insert statements for procedure here”下面输入查询的 T-SQL 语句“SELECT uid,name,job FROM user_info WHERE uid=@p1”，如图 5-22 所示。

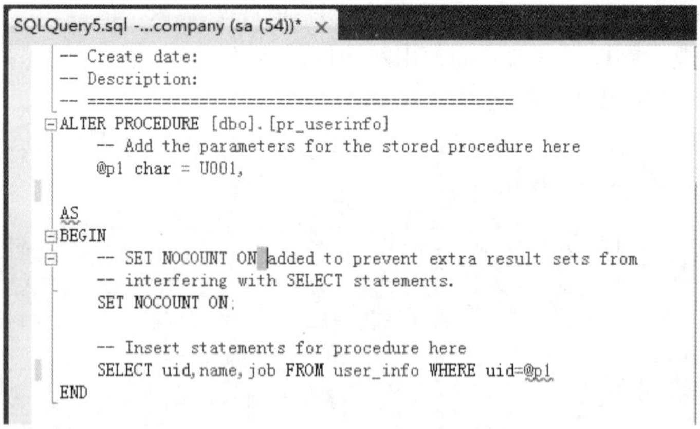

SQLQuery5.sql -...company (sa (54))*

```
-- Create date:
-- Description:
-- =============================================
ALTER PROCEDURE [dbo].[pr_userinfo]
    -- Add the parameters for the stored procedure here
    @p1 char = U001,

AS
BEGIN
    -- SET NOCOUNT ON added to prevent extra result sets from
    -- interfering with SELECT statements.
    SET NOCOUNT ON;

    -- Insert statements for procedure here
    SELECT uid,name,job FROM user_info WHERE uid=@p1
END
```

图 5-22　修改存储过程 pr_userinfo

（3）单击“查询”菜单下的“分析”测试语法后，再单击“执行”按钮，即可修改存储过程，如图 5-23 所示。

（4）若想保存脚本，可在“文件”菜单下单击“另存为”按钮进行保存。

图 5-23 修改结果

2. 删除存储过程

1）使用对象资源管理器删除存储过程

依次展开对象资源管理器中的“+”节点直到 company 下的“可编程性”节点；展开“可编程性”节点，右击“存储过程”，选中要删除的存储过程（如 pr_userinfo），单击鼠标右键，再单击“删除”。若需要查看基于存储过程的对象，则单击“显示依赖关系”，如图 5-24 所示，确定已选择了正确的存储过程，再单击“确定”按钮，从依赖对象和脚本中删除过程名称。

图 5-24 “删除对象”对话框

2）使用 T-SQL 语句中的 DROP PROCEDURE 语句删除存储过程

其语法格式如下。

```
DROP PROCEDURE {procedure_name}[,…n]
```

例：删除存储过程 pr_userbonus

```
USE company
GO
CREATE PROCEDURE pr_userbonus
```

5.4 触发器

5.4.1 触发器概述

触发器是一种特殊的存储过程，用于对特定表或列进行特定类型的数据修改。它能在执行一些具有特定功能的 SQL 语句时自动执行，不由用户直接调用。在 SQL Server 2012 中，提供了 DML 触发器和 DDL 触发器两大类型。当数据库中发生数据定义语言（DDL）事件时将调用 DDL 触发器，当数据库中发生数据操作语言（DML）事件时则调用 DML 触发器。DML 触发器可以通过数据库中的相关表来实现级联更改。DML 触发器通常包括 INSERT 触发器、UPDATE 触发器和 DELETE 触发器三种，分为 AFTER 触发器和 INSTEAD OF 触发器两大类。

SQL Server 2012 给每个触发器语句都创建了两种特殊的表：INSERTED 表和 DELETED 表。在 INSERTED 表中存放的是执行 INSERT 或 UPDATE 语句而要向表中插入的所有行；DELETED 表中存放的是执行 DELETE 或 UPDATE 语句而要从表中删除的所有行。

5.4.2 创建触发器

1. 使用对象资源管理器创建触发器

以数据库 company 中的表 user_info 为例，使用对象资源管理器创建触发器的具体操作步骤如下。

（1）依次展开对象资源管理器中的“+”节点直到 company 中表 dbo.user_info 下的“触发器”节点；单击鼠标右键，在弹出的菜单中选择“新建触发器”，如图 5-25 所示。

（2）在单击“新建触发器”后出现的窗口中输入 SQL 语句，如图 5-26 所示。

```
CREATE TRIGGER user1 ON user_info
AFTER INSERT,DELETE,UPDATE
AS
Select * from user_info
```

（3）单击菜单栏上的 ! 执行(X) 按钮，则在该表的“触发器”节点下面就可以看到新建的触发器 user1 了。

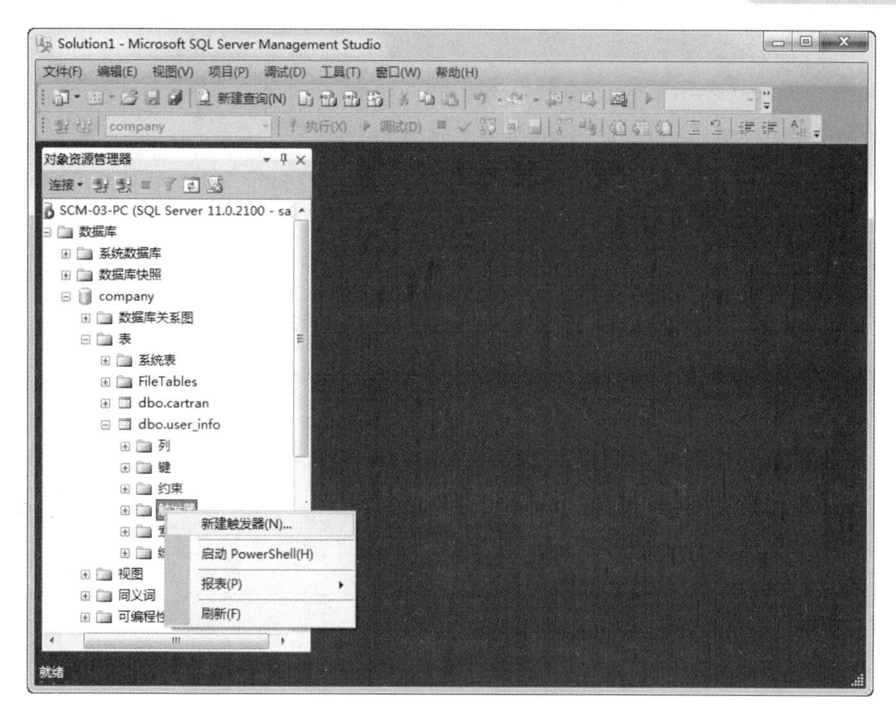

图 5-25　新建触发器

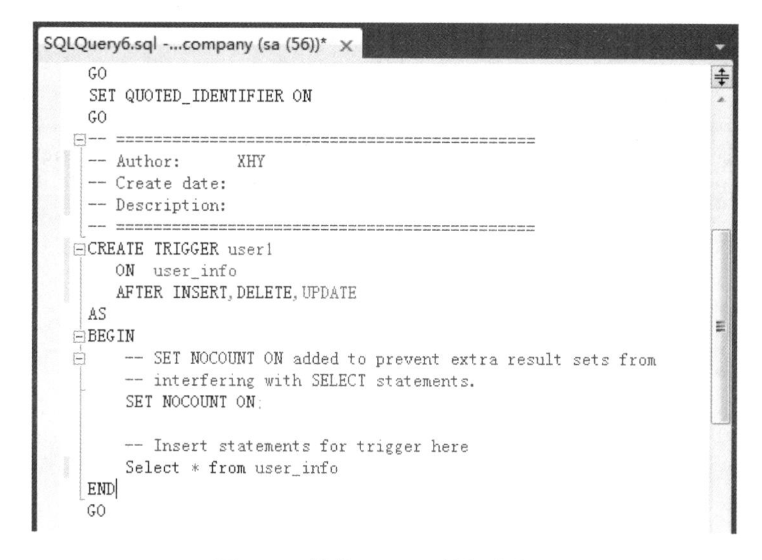

图 5-26　触发器 user1 的创建窗口

2. 使用 T-SQL 语句创建触发器

对于不同的触发器，其创建的语法相似，基本语法格式如下。

```
CREATE TRIGGER trigger_name
ON {table_name|view_name}
{AFTER|INSTEAD OF}{[INSERT][,][UPDATE][,][DELETE]}
AS
Sql_statement[,…n]
```

其中各个参数的含义如下。

（1）trigger_name：表示要创建的触发器名称，在数据库中必须唯一。

（2）table_name|view_name：表示是在其上执行触发器的表或视图。

（3）AFTER|INSTEAD OF：指定触发器触发的时机。

（4）INSERT, UPDATE, DELETE：表示在指定表或视图上执行哪些数据修改语句时将触发触发器的关键字。

（5）Sql_statement：指定触发器执行的 SQL 语句。

例 1：在表 car_info 中创建一个名为 car1 的触发器，当要删除车辆的基本信息时，触发器被触发，检查表 cartran，并同时删除相同车辆编号的车辆。打开查询分析器，在里面输入以下代码，运行结果如图 5-27 所示。

```
USE company
GO
CREATE TRIGGER carl
ON car_info
AFTER   DELETE
AS
BEGIN
DELETE FROM cartran
where cid IN (select cid from deleted)
END
GO
```

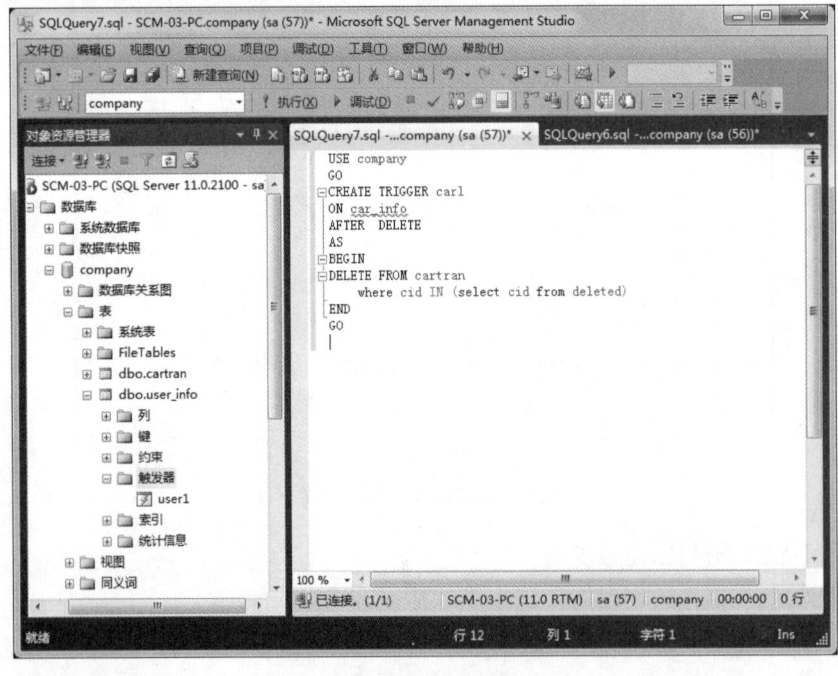

图 5-27　创建 AFTER 触发器 car1

例 2：在表 user_info 中创建一个名为 userinsert 的触发器，当要插入新的员工时，触发器被触发，检查表 pay_info，并同时插入相同用户 ID 的员工。

```
CREATE TRIGGER userinsert
ON user_info
INSTEAD OF INSERT
AS
INSERT INTO user_info
VALUES('U009','张强','男','1984.6.1', '2014.6.1','司机')
INSERT INTO pay_info
VALUES('U009',null,null,null,null,null,null,null,null)
```

5.4.3　管理触发器

触发器创建好之后，可以根据具体需要对其进行修改，若不需要时也要删除。

1. 修改触发器

（1）依次展开对象资源管理器直到表 user_info 下的“触发器”节点；展开“触发器”节点，选中要修改的触发器，单击鼠标右键，在弹出的菜单中选择“修改”，在右侧窗口中就可以查看所选触发器的相关内容了，如图 5-28 所示。

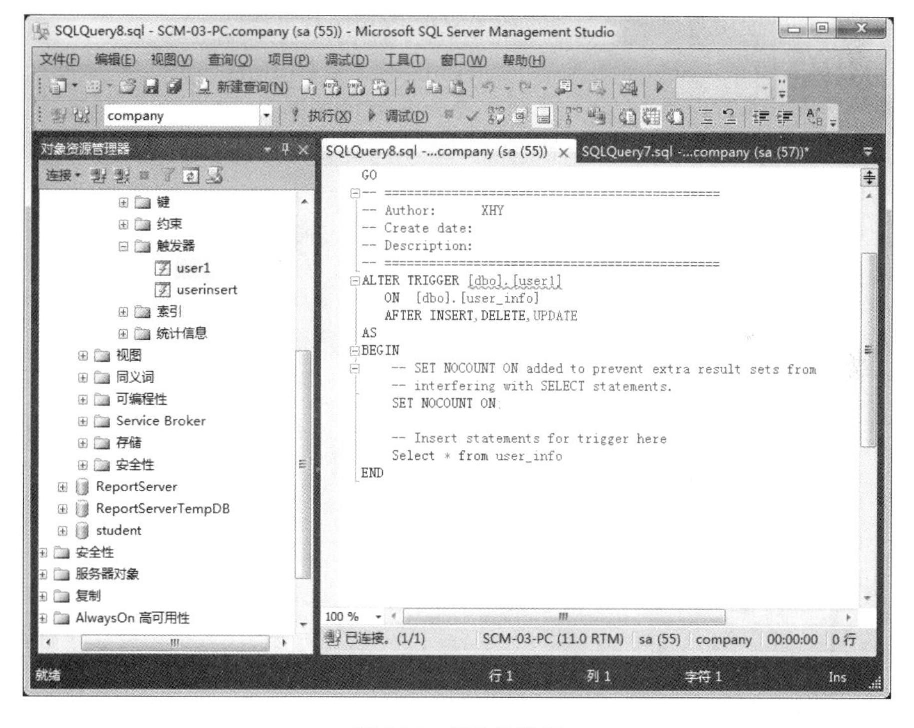

图 5-28　修改触发器

（2）使用 T-SQL 语句的 ALTER TRIGGER 命令修改触发器。

ALTER TRIGGER 命令的语法格式如下。

```
ALTER TRIGGER trigger_name
ON [table_name|view_name] FOR [INSERT][,][UPDATE][,][DELETE]
AS
Sql_statement[,…n]
```

例 1：下面的语句用于修改数据库 company 中的触发器 car1。

```
USE [company]
GO
/****** Object:   Trigger [dbo].[carl]       Script Date: 12/12/2014 13:03:44 ******/
SET ANSI_NULLS ON
GO
SET QUOTED_IDENTIFIER ON
GO
ALTER TRIGGER [dbo].[carl]
ON [dbo].[tran_info]
AFTER   DELETE
AS
BEGIN
DELETE FROM cartran
where tid IN (select tid from deleted)
END
```

2. 删除触发器

删除触发器可以使用对象资源管理器和 T-SQL 语句两种方法。

1）使用对象资源管理器删除触发器

依次展开对象资源管理器的“+”节点直到表 user_info 下的“触发器”节点；展开“触发器”节点，选中要删除的触发器后单击鼠标右键，在弹出的菜单中选择“删除”即可。例如，删除触发器 user1，如图 5-29 所示。

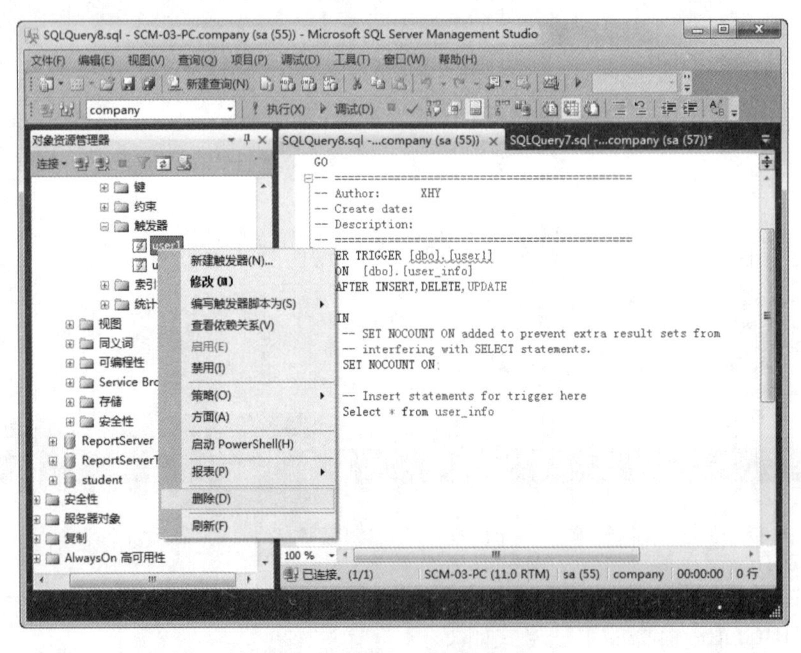

图 5-29　删除触发器 user1

2）使用 T-SQL 语句的 DROP TRIGGER 命令删除触发器

语法格式如下。

```
DROP TRIGGER {trigger}[,...n]
```

例 2：删除数据库 company 中的触发器 carl。

```
USE company
DROP TRIGGER carl
GO
```

注意：删除触发器时，其所在的表及表中的数据不会受到影响；若删除表，则表中的所有触发器将被自动删除。

5.5 事务

5.5.1 事务概述

事务是现代数据库理论的核心概念之一。在 SQL Server 中，事务相当于单个工作单元，是数据库中不可再分的基本部分。使用事务可以保证同时发生的行为与数据有效性不发生冲突，并且能维护数据的完整性，确保数据的有效性。

5.5.2 事务定义

事务就是用户对数据库进行的一系列操作的集合。事务由开始语句（BEGIN TRANSACTION）、提交语句（COMMIT TRANSACTION）和回滚语句（ROLLBACK TRANSACTION）构成，这些需要组合起来使用才能完成一个事务的结构。在 SQL Server 2012 中，事务以下列 4 种模式运行。

1. 自动提交事务

此类型的事务能够自动执行并自动回滚，每条单独的语句都是一个事务。

2. 显式事务

此类型的事务又称用户定义事务，明确地定义其开始和结束。每个事务以 BEGIN TRANSACTION 语句开始，以 COMMIT 或 ROLLBACK 语句结束。

3. 隐式事务

当前一个事务提交或回滚后自动启动的事务，但每个事务仍然需要用 COMMIT 或 ROLLBACK 语句显示结束。

4. 批处理级事务

此类事务只能应用于多个活动结果集（MARS），在 MARS 会话中启动的 Transact-SQL 显式或隐式事务变为批处理级事务。当批处理完成后，未提交或回滚的批处理级事务将自动由 SQL Server 进行回滚。

事务具有原子性（Atomicity）、一致性（Consistency）、隔离性（Isolation）和持久性（Durability）四大属性，简称 ACID 属性。

1. 原子性（Atomicity）

一个事务作为一个工作单元，对数据的修改要么全部执行，要么全部取消。

2. 一致性（Consistency）

一个事务完成时，该事务所修改的数据必须遵循数据库中的各种约束、规则，保持数据的完整性。

3. 隔离性（Isolation）

一个事务所做的修改必须能够与其他事务所做的修改隔离，在并发处理过程中一个事务所看到的数据状态必须是另一个事务处理前或处理后的数据。

4. 持久性（Durability）

事务完成后，它对数据库所做的修改被永久保存下来。

下面将举几个例子来帮助读者理解事务的概念。

例 1：通过 UPDATE 语句更新表行被 SQL Server 作为单个事务来对待。假设执行下列语句：

```
USE company
GO
UPDATE user_info
SET job='司机'
uid='U007'
WHERE name='陈平'
```

当执行这个操作时，SQL Server 会认为用户的意图是在单个行为中同时修改“job”和“uid”两列。假设“uid”列上存在约束，使得“uid”列的更新无法实现，在这种情况下，“job”和“uid”两列的更新都无法实现。因为这两个更新在同一条 UPDATE 语句中，所以 SQL Server 将这两个更新看作同一个事务的一部分。

如果希望这两个更新能被视作独立的操作，则可以把上一条 UPDATE 语句修改成如下两条 UPDATE 语句：

```
USE company
GO
UPDATE user_info
SET job='司机'
WHERE name='陈平'

UPDATE user_info
SET uid='U007'
WHERE name='陈平'
```

此时，即使对“uid”列的更新失败，但是对“job”列的更新仍能进行。

下面介绍使用 T-SQL 语句创建跨多条语句的事务。

例 2：执行下列批处理：

```
DECLARE @SSL_ERR INT，@RP_ERR INT
BEGIN TRANSACTION
UPDATE user_info
SET job='司机'
WHERE name='陈平'
SET @SSL_ERR=@@ERROR
UPDATE user_info
SET uid='U007'
WHERE name='陈平'
```

```
SET @RP_ERR=@@ERROR
IF @SSL_ERR=0 AND @RP_ERR=0
COMMIT TRANSACTION
ELSE
ROLLBACK TRANSACTION
```

在这段代码中，BEGIN TRANSACTION 语句告诉 SQL Server 应该把下一条 COMMIT TRANSACTION 语句或 ROLLBACK TRANSACTION 语句以前的所有事情作为单个事务。如果 SQL Server 遇到一条 COMMIT TRANSACTION 语句，则保存至最近一条 BEGIN TRANSACTION 语句以后对数据库所做的所有工作；如果 SQL Server 遇到一条 ROLLBACK TRANSACTION 语句，则将抛弃所有这些工作。

事务是数据库恢复和并发控制的基本单位，理解事务的定义有助于理解数据库恢复技术。

第6章 Tableau简介

6.1 数据可视化基本概念

6.1.1 什么是数据可视化

随着信息技术的发展，当今社会已经步入大数据时代，如何帮助企业在海量数据中快速获取重要信息，来应对市场的不断变化，已经成为各个企业急需解决的重要问题。

数据可视化是对数据的一种形象直观的解释，是指借助于图形化的手段，清晰、有效地传达与沟通信息。它通过各种技术对数据进行处理，其中包括图像处理、计算机视觉等，通过使用动画、建模等方式对数据进行属性、表面和立体的显示，让我们可以从不同的维度观察数据，从而得到更有价值的信息。

6.1.2 数据可视化的应用

数据可视化可以让枯燥的数据以简单友好的图形形式展现出来，是一种直观有效的分析方式。数据可视化的开发和大部分项目开发一样，也需要利用数据的属性和维度来进行有效的筛选，从而提供能够被用户接受的方式来进行表现。也就是说，同一份数据，根据目的和用户群的不同，可以可视化成多种不同的表现形式。

（1）为了观测和跟踪数据，数据可视化需要对运算、变化和实时性能力进行强调，从而形成可读性强并且富有变化的图表。

（2）为了分析数据，数据可视化需要对数据的呈现度进行强调，从而形成一份可以检索、交互式的图表。

（3）为了表达数据之间的潜在关联，数据可视化也会形成多维分布式图表。

（4）为了帮助用户快速理解数据的含义和变化，数据可视化需要通过颜色、动画的配合，形成具有吸引力的、生动、明了的图形。

6.2　Tableau 介绍

Tableau 是一款定位于数据可视化敏捷开发和实现的商务智能展现工具，可以用来实现交互的、可视化的分析和仪表板应用，帮助企业快速地认识、理解数据，从而应对不断变化的市场环境与挑战。

Tableau 的用户可以轻易地对已有的数据进行可视化、可交互的即时展示与分析。数据可视化技术是 Tableau 的核心，体现在以下两个方面。

（1）独创的 VizQL 数据库。Tableau 的初创合伙人是来自斯坦福大学的数据科学家，他们为了实现卓越的可视化数据获取与后期处理，并没有像普通数据分析类软件那样简单地调用和整合现行主流的关系型数据库，而是革命性地进行了大尺度的创新，独创了 VizQL 数据库。

（2）用户体验良好且易用的表现形式。Tableau 提供了一个新颖且易用的使用界面，当处理规模巨大的、多维的数据时，可以即时地从不同角度和设置看到数据所呈现的规律。Tableau 通过数据可视化技术，使得数据挖掘变得平民化，而其自动生成和展现出的图表，也丝毫不逊色于互联网美术编辑的水平。正是这个特点奠定了其广泛的用户基础（用户总数年均增长 126%），带来了高续订率（90%的用户选择续订其服务）。

6.2.1　Tableau 的产品简介

Tableau 的产品体系非常丰富，不仅包括制作报表、视图和仪表板的桌面端设计和分析工具，还包括适用于企业部署的 Tableau 服务器产品，以及适用于网页上创建和分享数据可视化内容的完全免费服务产品 Tableau Public。

1. Tableau Desktop

Tableau Desktop 适用于个人用户，是一款设计和创建美观的视图与仪表板、实现快捷数据分析功能的桌面端分析工具，包括 Tableau Desktop Personal（个人版）和 Tableau Desktop（专业版）两个版本，支持 Windows 和 Mac 操作系统。

Tableau 个人版允许连接的数据源有限，其能连接到的数据源有 Excel、Access、Textfiles、OData、Windows Azure Marketplace Datamarket 和 Tableau Data Extracts 格式的数据；而 Tableau 专业版除了具备个人版的全部功能以外，支持的数据源更加丰富，能够连接到几乎所有格式或类型的数据文件和数据库，包括以 ODBC 方式新建数据源库，分析成果还可以发布到企业或个人的 Tableau 服务器、Tableau Online 服务器和 Tableau Public 服务器上，实现移动办公。因此，专业版比个人版更加通用，但个人版的价格相对专业版也便宜很多。

2. Tableau Server

Tableau Server 适用于各组织间的合作，是一款商业智能应用程序，用于发布和管理 Tableau Desktop 制作的报表，也可以发布和管理数据源。Tableau Server 是基于浏览器的分析技术，非常适用于企业范围内的部署，当工作簿做好并发布到 Tableau Server 上以后，用户可以通过浏览器或移动终端设备查看工作簿的内容并与之交互。

Tableau Server 可控制对数据连接的访问权限，并允许针对工作簿、仪表板甚至用户来设置不同安全级别的访问权限。通过 Tableau Server 提供的访问接口，用户可以搜索和组织工作簿，还可以在仪表板上添加批注，与同事分享数据见解，实现在线互动。利用 Tableau Server 提供的订阅功能，当允许访问的工作簿版本有更新时，用户可以接收到邮件通知。

3. Tableau Online

Tableau Online 适用于云端商业智能，是 Tableau Server 软件及服务的托管版本，建立在与 Tableau Server 相同的企业级架构之上，省去硬件部署、维护及软件安装的时间与成本，提供的功能与 Tableau Server 没有区别，每人每年付费使用。

4. Tableau Mobile

Tableau Mobile 是基于 IOS 和 Android 平台的移动端应用程序。用户可以通过 iPad、Android 设备或移动浏览器，来查看发布到 Tableau Server 或 Tableau Online 上的工作簿，并可进行简单的编辑和导出操作。

5. Tableau Reader

Tableau Reader 是一款免费的桌面应用程序，可以用来打开和查看打包工作簿文件(.twbx)，也可以与工作簿中的视图和仪表板进行交互操作，如筛选、排序、向下钻取和查看数据明细等。打包工作簿文件可以通过 Tableau Desktop 创建和发布，也可以从 Tableau Public 服务器下载。用户无法使用 Tableau Reader 创建工作表和仪表板，也无法改变工作簿的设计和布局。

6. Tableau Public

Tableau Public 适用于新闻撰稿人或任何使用者在线发表互动数据，是一款免费的桌面应用程序，用户可以连接 Tableau Public 服务器上的数据，设计和创建自己的工作表、仪表板和工作簿，并把成果保存到大众皆可访问的 Tableau Public 服务器上（不可以把成果保存到本地计算机上）。

Tableau Public 使用的数据和创建的工作簿都是公开的，任何人都可以与其互动并可随意下载，还可以根据你的数据创建自己的工作簿。

6.2.2 Tableau 的主要特性

Tableau 作为轻量级可视化 BI 工具的优秀代表，在 Gartner（高德纳）2017 年 2 月公布的《Gartner 2017 年商务智能和分析平台魔力象限报告》中，连续第五次蝉联领先者殊荣。Gartner 商务智能及分析平台魔力象限图如图 6-1 所示。

Tableau 之所以在业界有如此出色的表现，在于以下几个方面的主要特性。

1. 极速高效

传统 BI 通过 ETL 过程处理数据，数据分析往往会延迟一段时间。而 Tableau 通过内存数据引擎，不但可以直接查询外部数据库，还可以动态地从数据仓库抽取数据，实时更新连接数据，大大提高了数据访问和查询的效率。

除此之外，用户通过拖放数据就可以由 VizQL 转化成查询语句，从而快速改变分析内容；单击就可以突出变亮显示，并可随时下钻或上卷查看数据；添加一个筛选器、创建一个组或分层结构就可变换一个分析角度，实现真正灵活、高效的即时分析。

2. 简单易用

简单易用是 Tableau 非常重要的一个特性。Tableau 提供了非常友好的可视化界面，用户通过轻点鼠标和简单拖放，就可以迅速创建出智能、精美、直观和具有强交互性的报表和仪表盘。

Tableau 的简单易用性具体体现在以下两个方面。

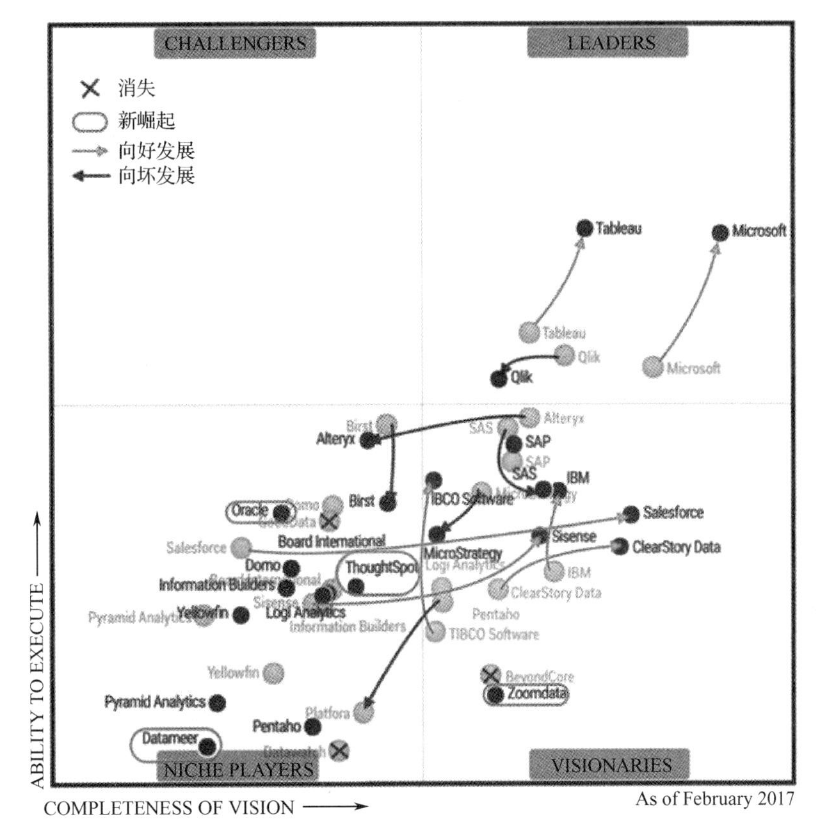

图 6-1　Gartner 商务智能及分析平台魔力象限图（2017 年 2 月）

（1）易学，不需要技术背景和统计知识。使用者不需要 IT 背景，也不需要统计知识，只通过拖放和单击的方式就可以创建出精美的、交互式仪表盘。可以迅速发现数据中的异常点，对异常点进行明细钻取，还可以实现异常点的深入分析，定位异常原因。

（2）拖放极其简单。对于传统 BI 工具，业务人员和管理人员主要依赖 IT 人员定制数据报表和仪表盘，并且需要花费大量时间与 IT 人员沟通需求、设计报表样式，而只有少量时间真正用于数据分析。Tableau 具有友好且直观的拖放界面，操作上类似于 Excel 数据透视表，即学即会即用，IT 人员只需将数据准备好，并开放数据权限，业务人员或管理人员就可以连接数据源自己来做分析。

3. 可连接多种数据源，轻松实现数据融合

在很多情况下，用户想要展示的信息分散在多个数据源中，有的存在于文件中，有的可能存放在数据库服务器上。Tableau 允许从多个数据源访问数据，包括带分隔符的文本文件、Excel 文件、SQL 数据库、Oracle 数据库和多维数据库等。Tableau 也允许用户查看多个数据源，在不同的数据源间来回切换分析，并允许用户把多个不同数据源结合起来使用。

此外，Tableau 还允许在使用关系数据库或文本文件时，通过创建联接（支持多种不同联接类型，如左侧联接、右侧联接和内部联接等）来组合多个表或文件中存在的数据，以允许分析相互有关系的数据。

4. 高效接口集成，具有良好可扩展性，提升数据分析能力

Tableau 提供多种应用编程接口，包括数据提取接口、页面集成接口和高级数据分析接口，具体包括以下几个。

（1）数据提取 API。Tableau 可以连接使用多种格式的数据源，但由于业务的复杂性，数据源的格式多种多样，Tableau 所支持的数据源格式不可能面面俱到。为此，Tableau 提供了数据提取 API，使用它们可以在 C、C++、Java 或 Python 中创建用于访问和处理数据的程序，然后使用这样的程序创建 Tableau 数据提取（.tde）文件。

（2）JavaScript API。通过 JavaScript API，可以把通过 Tableau 制作的报表和仪表盘嵌入已有的企业信息化系统或企业商务智能平台中，实现与页面和交互的集成。

（3）与数据分析工具 R 的集成接口。R 是一种用于统计分析和预测建模分析的开源软件编程语言和软件环境，具有非常强大的数据处理、统计分析和预测建模能力。Tableau8.1 之后的版本，支持与 R 的脚本集成，大大提升了 Tableau 在数据处理和高级分析方面的能力。

6.3 Tableau 数据连接

在任何数据分析中，数据连接都是非常常见的要求。Tableau 可以方便、快速地连接到各类数据源，且支持的数据源类型非常多，如图 6-2 所示，“在文件中”类型包括 Excel、文本文件、Access、统计文件、其他文件等；“在服务器上”类型包括 Tableau Server、Microsoft SQL Server 等。

图 6-2 Tableau 支持的数据源类型

6.3.1　文件数据源连接

在文件数据源中，最常用的是电子表格，下面以 Microsoft Excel 文件为例进行说明，步骤如下。

（1）单击“Microsoft Excel”，选择“连接到数据”，如图 6-3 所示，在“打开”界面，选择需要连接的数据，如图 6-4 所示。

图 6-3　连接到数据

图 6-4　选择需要连接的数据

（2）进入“Excel 工作簿连接”界面，核对“步骤 1”、“步骤 2”、“步骤 3”、“步骤 4”信息无误后，单击“确定”按钮，如图 6-5 所示。

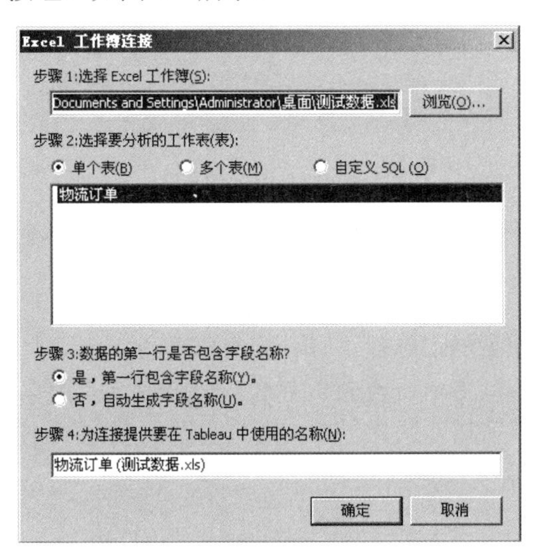

图 6-5　核对连接信息界面

（3）进入“数据连接”窗口，一般在数据量不是特别大的情况下，选择“实时连接”，如图 6-6 所示，进入数据窗口，如图 6-7 所示。

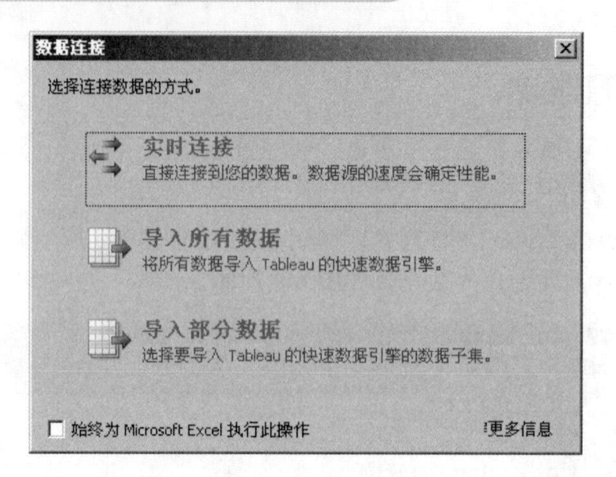

图 6-6　数据连接方式选择窗口

图 6-7　数据窗口

6.3.2　数据库连接

（1）在数据源类型连接界面，选择“Microsoft SQL Server”，如图 6-8 所示。

（2）进入“Microsoft SQL Server 连接”界面，仿照图 6-9 示例，填写相应选项。

（3）进入“数据连接”窗口，选择“导入所有数据”，如图 6-10 所示，连接成功以后，如图 6-11 所示。

图 6-8 选择需要连接的数据类型

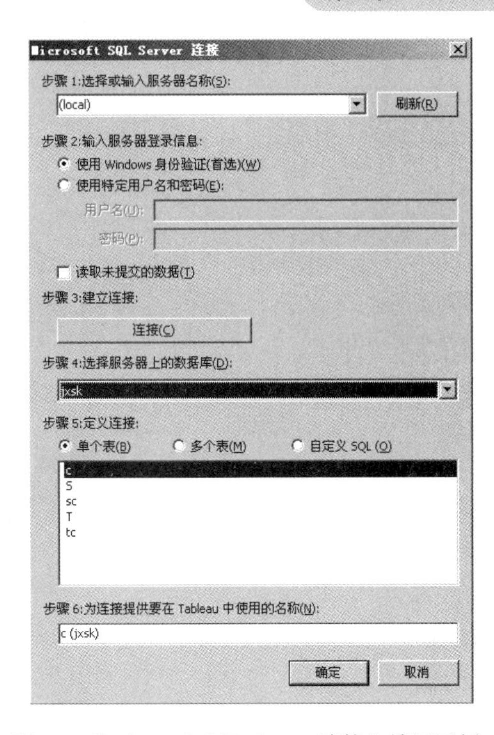

图 6-9 “Microsoft SQL Server 连接”填写示例

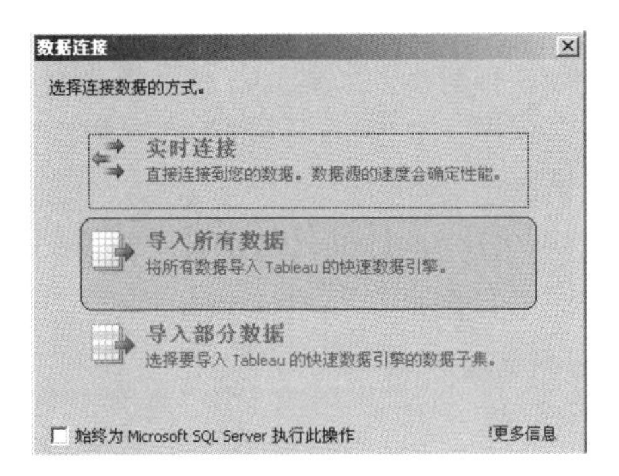

图 6-10 数据连接方式选择窗口

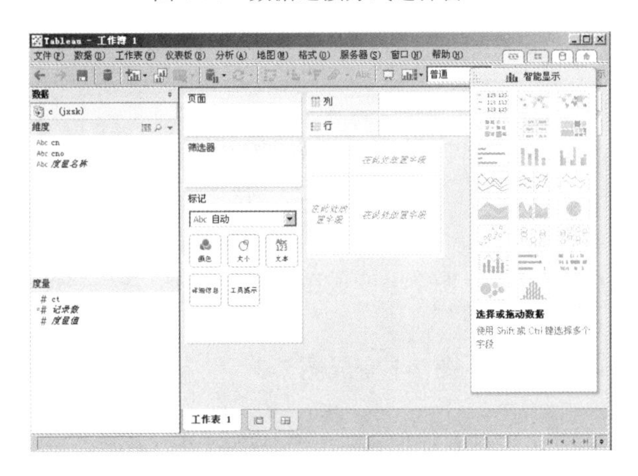

图 6-11 数据窗口

第7章 Tableau 基础操作

7.1 排序

数据分析过程中，为了对数据有初步的了解，往往需要先对数据进行排序，查看数据的取值范围，以及是否存在异常值等状况。Tableau 提供的排序方式很多，如升序、降序、按字母列表、手动设置等，且操作比较简单。

以某网站客户数据分析为例，首先连接到“网站客户数据.xls”，将“访问量”、“媒介”分别拖放于“列”、“行”上，如图 7-1 所示。

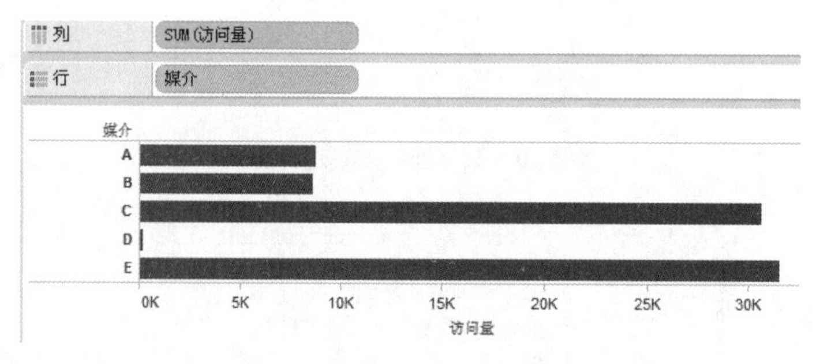

图 7-1　各种媒介的访问量分析

1. 升序

单击工具栏中的升序图标，图 7-1 变成图 7-2。

2. 降序

单击工具栏中的降序图标，图 7-1 变成图 7-3。

3. 排序对话框

将鼠标移动至需要排序的变量名处，单击鼠标右键，选择“排序”，如图 7-4 所示，弹出如图 7-5 所示的对话框，可以对“排序顺序”、“排序依据”、“手动”等选项进行设置。

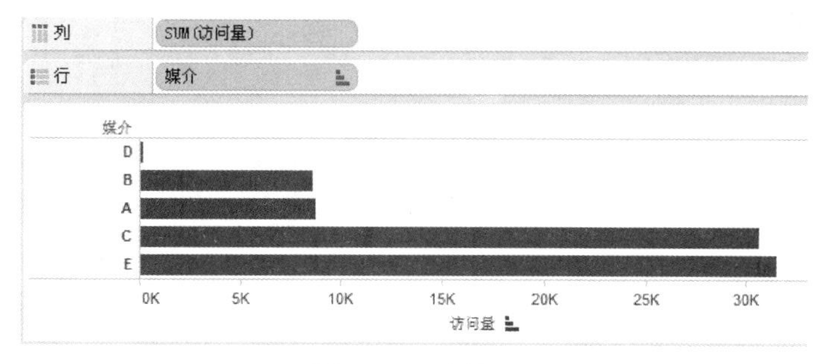

图 7-2 升序排列

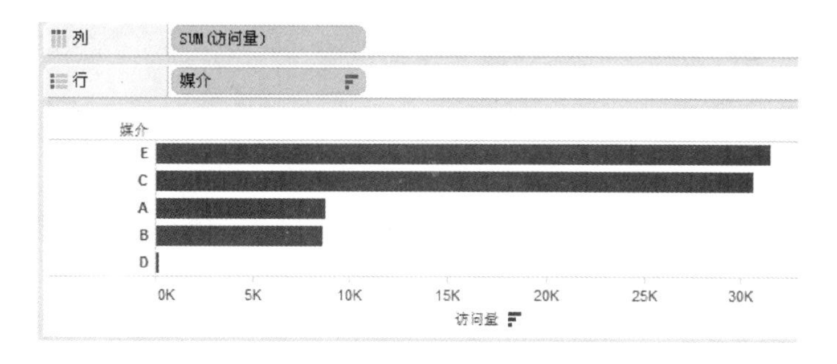

图 7-3 降序排列

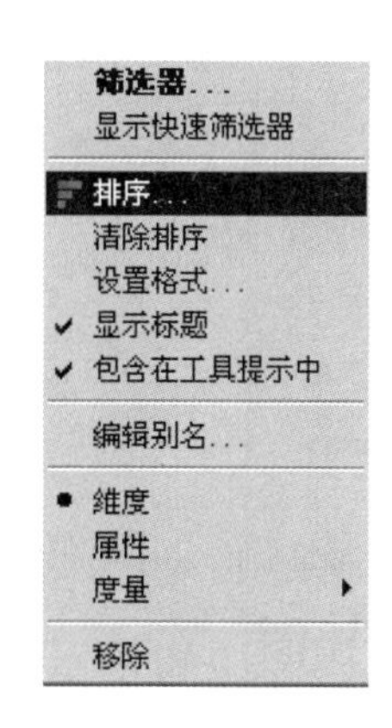

图 7-4 排序

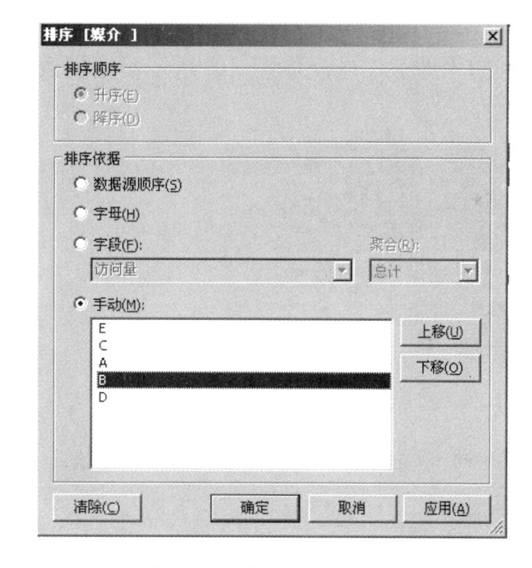

图 7-5 “排序”对话框

7.2 分层

分层结构是维度之间自上而下的组织形式，即俗称的“下钻”操作。数据分析过程中，如果需要向下钻取数据，就可以考虑对几个变量创建分层结构。

Tableau 默认包含了对某些字段的分层结构，如日期、地理角色等。例如，日期维度字段本身包含了“年－季度－月－日”的分层结构。

下面以“网站客户数据”为例，介绍分层操作步骤。

（1）连接数据后，在维度字段中，按住 Ctrl 键，单击“区域”、“省级”、“市级”，在数据类型连接界面选择“创建分层结构”，如图 7-6 所示。

（2）弹出“创建分层结构”对话框，Tableau 默认将选中变量名作为层级的名称，在名称处输入“地区”，如图 7-7 所示。

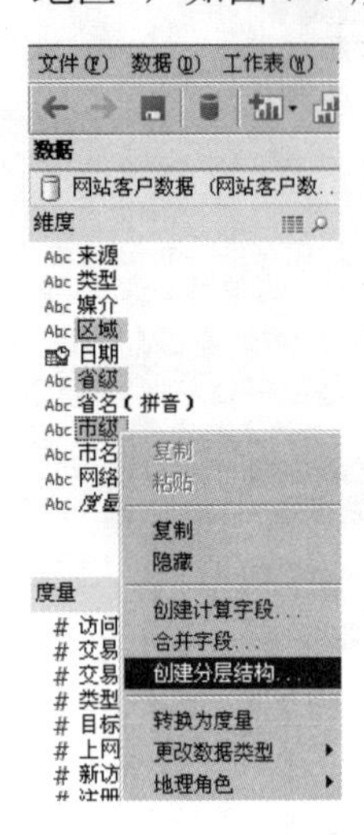

图 7-6 调出“创建分层结构”

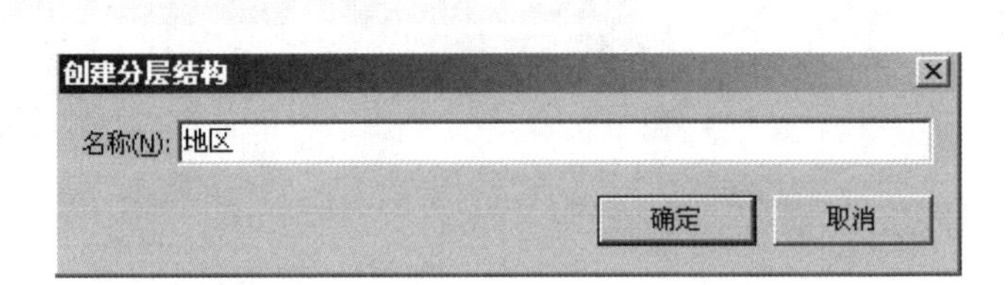

图 7-7 设置分层结构名称

（3）设置好的“地区”层次如图 7-8 所示，根据逻辑关系，调整 3 个变量的顺序，调整后的结果如图 7-9 所示。

图 7-8 初始分层结果

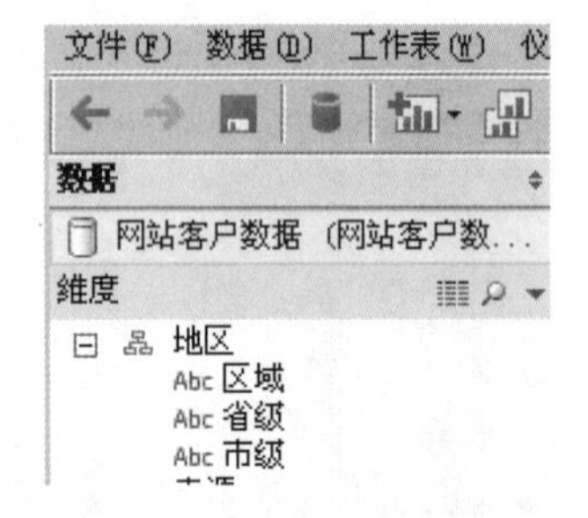

图 7-9 调整后的分层结果

（4）将“总浏览量”、“区域”分别拖放于“列”、“行”上，如图 7-10 所示。

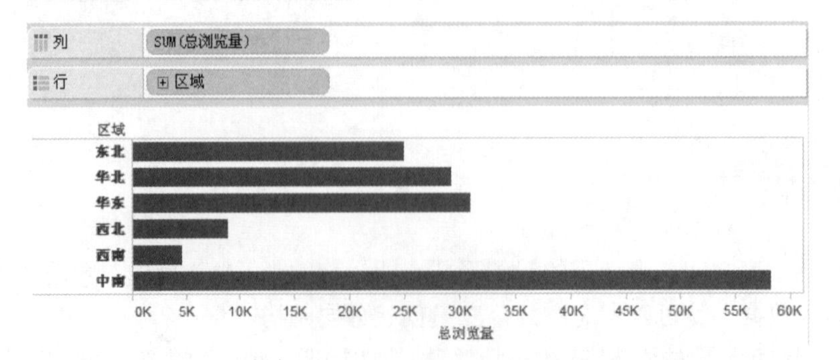

图 7-10 各区域的浏览量情况

（5）“区域”的左侧有一个“+”，即表示可以向下继续钻取，单击“+”号，出现如图 7-11 所示的各省级浏览量情况。

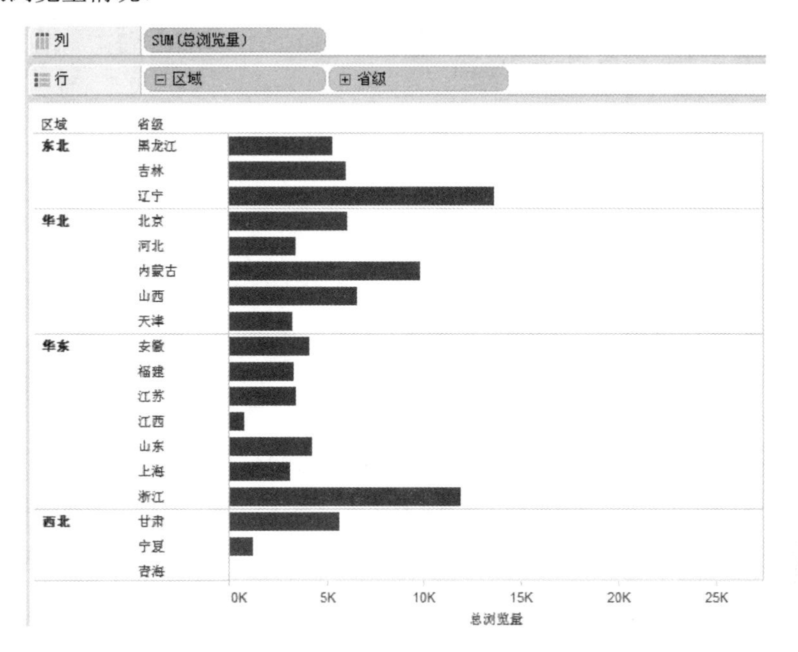

图 7-11 各省级浏览量情况

（6）“省级”的左侧有一个“+”，即表示可以向下继续钻取，单击“+”号，出现如图 7-12 所示的各市级浏览量情况。

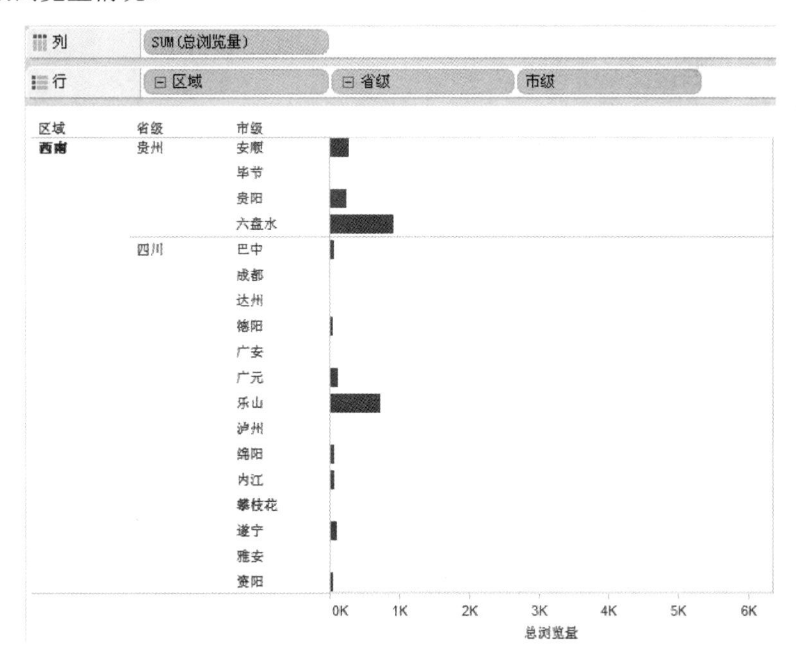

图 7-12 各市级浏览量情况

Tableau 的钻取功能并不局限于层级的钻取。在如图 7-13 所示的视图中，当把鼠标放置到“四川”上时，单击鼠标右键，选择“查看数据”，即可查看原始的详细数据，如图 7-14 所示。

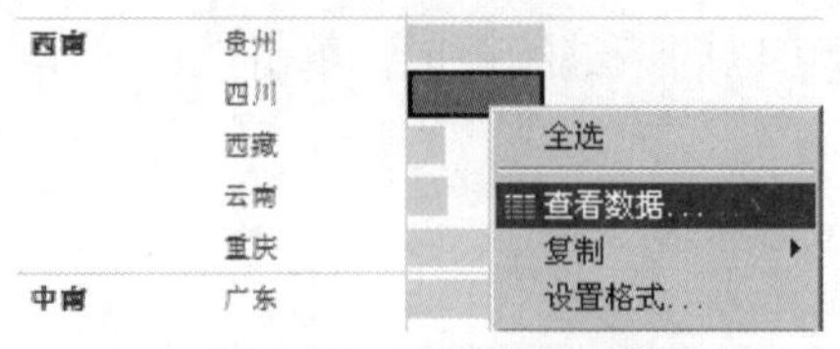

图 7-13　查看数据功能

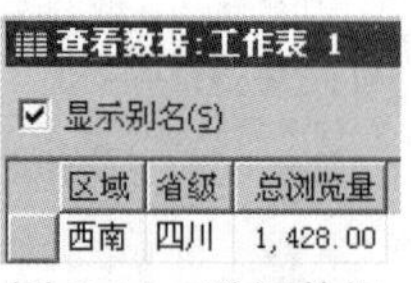

查看数据:工作表 1

显示别名(S)

区域	省级	总浏览量
西南	四川	1,428.00

图 7-14　详细数据

7.3　分组

组是构成更高级别类别的维度成员的组合。通过分组，可以实现对维度成员的重新组合。以某产品销售数据视图为例，具体操作步骤如下。

（1）图 7-15 所示为产品销售数据，且已经进行了分层操作。从图 7-15 中可以看出，“便利贴”和“胶水”的销售额较低，可以将其归为一组，以便更好地分析各产品销售额。

（2）按住 Ctrl 键，选中“便利贴”和“胶水”，单击鼠标右键，选中“组”，如图 7-16 所示。

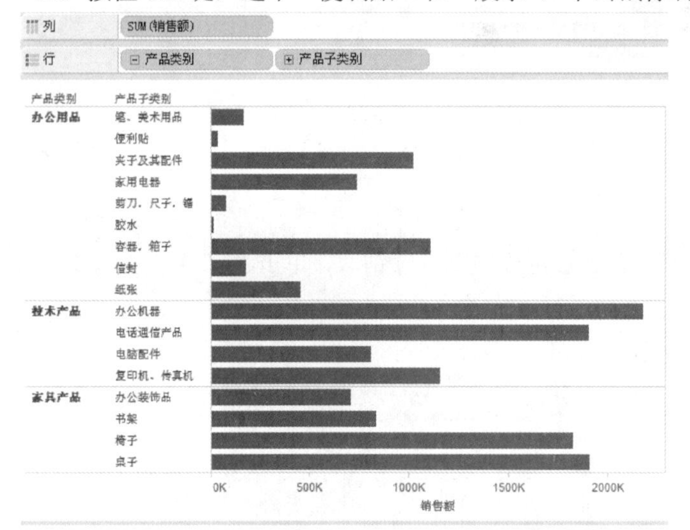

图 7-15　产品销售数据

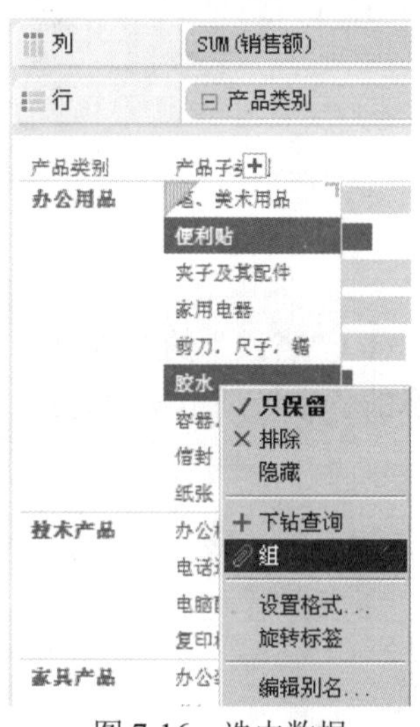

图 7-16　选中数据

（3）设置完成后，出现如图 7-17 所示的视图，同时在“行”中出现一个新的变量“产品子类别（组）”。

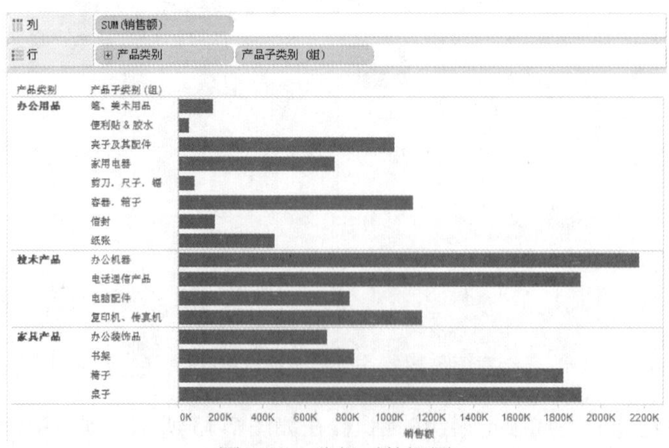

图 7-17　分组后的视图

7.4　参数设置

参数是可用于交互的动态值，是实现控制与交互的最常见、最方便的方法。为了帮助用户更好地进行数据分析，有时需要构造一个新的参数来帮助分析。这个参数既可以放到一个函数中，也可以用在筛选过滤上等，以创建出交互感更强的可视图。创建参数的步骤如下。

（1）连接好数据源以后，选中需要设置参数的度量值“订单数量”，单击鼠标右键，选择“创建参数”，如图 7-18 所示。

（2）弹出“创建参数”对话框，如图 7-19 所示，可以设置名称、属性、值范围等参数，也可以单击“注释”按钮，出现如图 7-20 所示的界面，进行相关注释的填写。

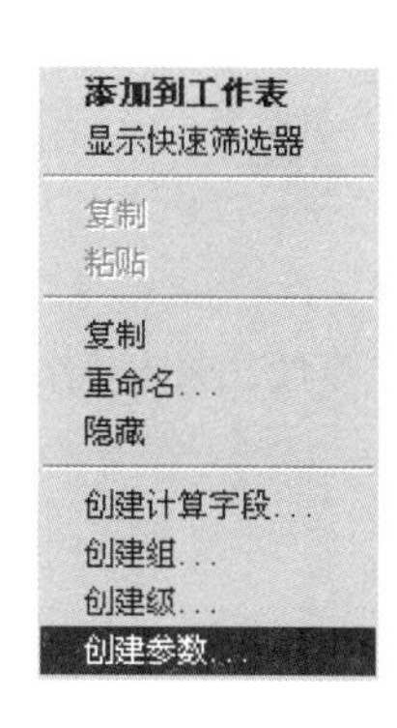

图 7-18　创建参数命令

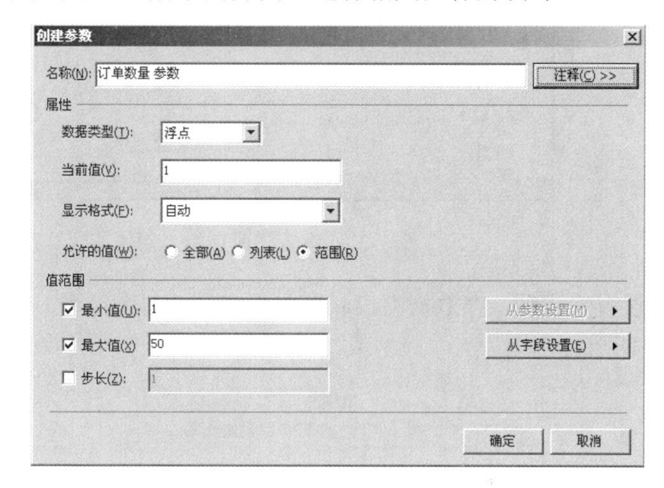

图 7-19　“创建参数”对话框

图 7-20　注释编辑界面

（3）开始设置参数，将名称修改为“订单数量增长率”，数据类型选择“整数”类型，当前值设置为“1”，显示格式为“自动”，最小值设置为“1”，最大值设置为“100”，步长设置为“5”，设置完成后单击“确定”按钮，如图 7-21 所示。

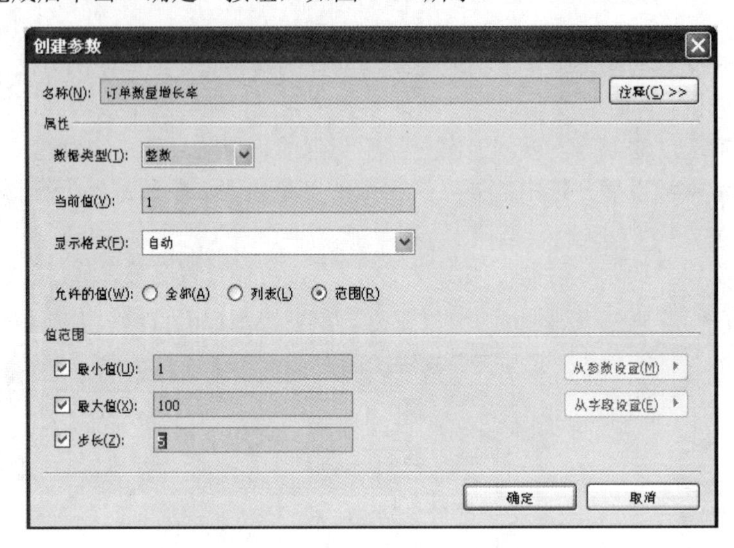

图 7-21　设置完成后的“创建参数”界面

（4）设置完成后，在数据窗口底部显示参数“订单数量增长率”，并使用图标#作为标签，如图 7-22 所示。

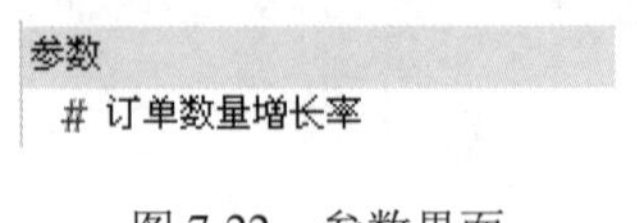

图 7-22　参数界面

7.5　可视化图表

Tableau 提供了丰富的交互式图例，制作简单快捷，导入 Excel 或数据库数据后，通过简单的拖放，然后选择合适的图例即可完成相应的数据可视化分析，并且能够支持将多张图表合并成一个或多个仪表盘，上传服务器进行发布和查看。下面将重点介绍 Tableau 所支持的多种图例的创建和使用分析。

7.5.1　条形图

条形图主要包括横向条形图和纵向条形图，用于对比和突显项目之间的差异。主要操作步骤如下。

（1）选择“开始”→“所有程序”→启动 SQL Server 服务管理器，启动 Tableau，选择“连接到数据”选项，打开“连接到数据”页面，如图 7-23 所示。

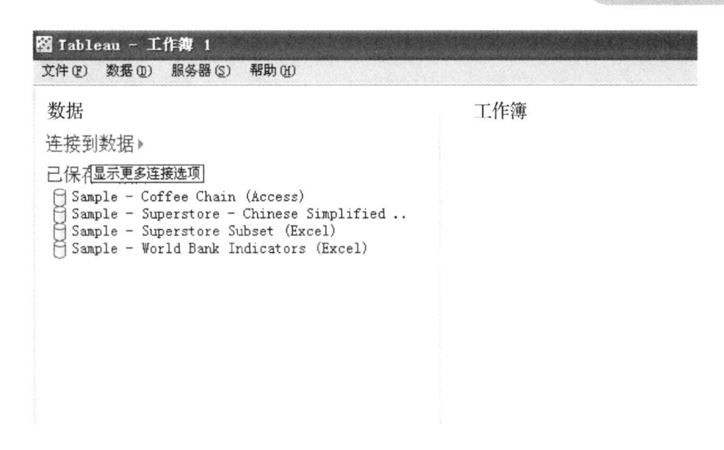

图 7-23 “连接到数据”页面

（2）选择在“服务器上”的“Microsoft SQL Server”，进入“Microsoft SQL Server 连接”界面，在“步骤 1：选择或输入服务器名称”处填写数据库服务器名字，具体填写内容根据数据库服务器名称而定。在“步骤 2：输入服务器登录信息”处可以选择使用 Windows 身份验证，也可以选择使用数据库用户名 sa 及密码 sa 进行登录。在“步骤 3：建立连接”处单击“连接”。连接成功，在“步骤 4：选择服务器上的数据库”处选择要使用的数据库 company；在“步骤 5：定义连接”处选择“多个表”，单击“添加表”按钮，选择添加 pay_info，即员工工资基本信息表进行分析。单击“确定”按钮，选择“实时连接”或“导入全部数据”。

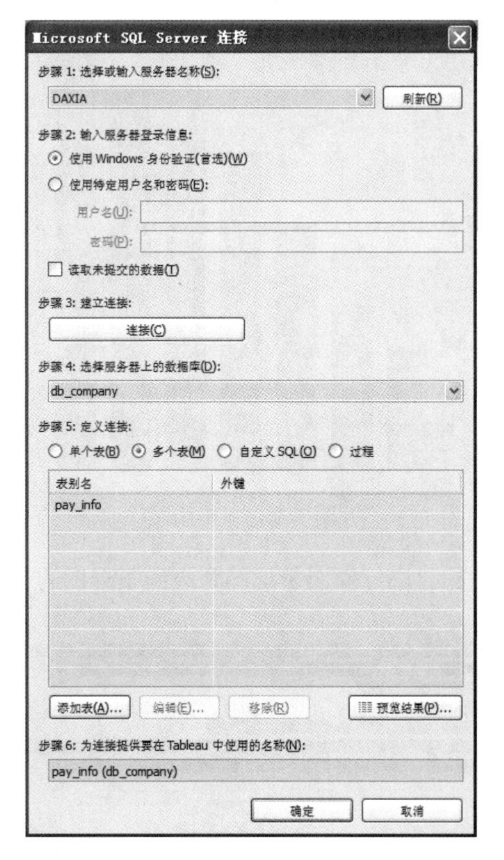

图 7-24 数据库连接

（3）选择维度 uid 拖放至“列”，选择度量 salary 拖放至“行”。选择 salary，默认为总计。单击鼠标右键选择“度量”→“平均值”，对员工的平均工资进行查看，如图 7-25 所示。

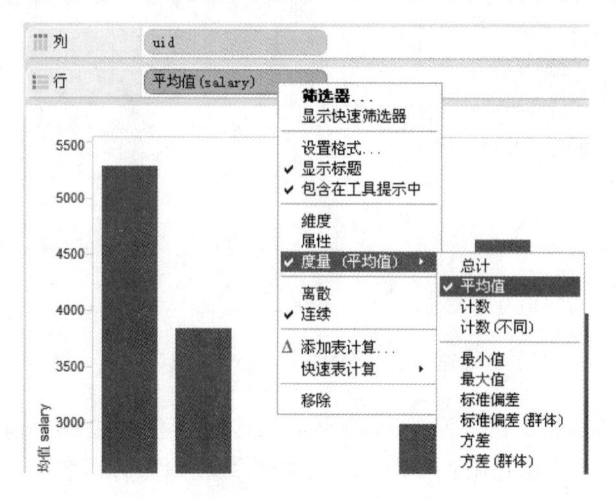

图 7-25　选择度量平均值

（4）生成如图 7-26 所示的员工平均工资对比图。

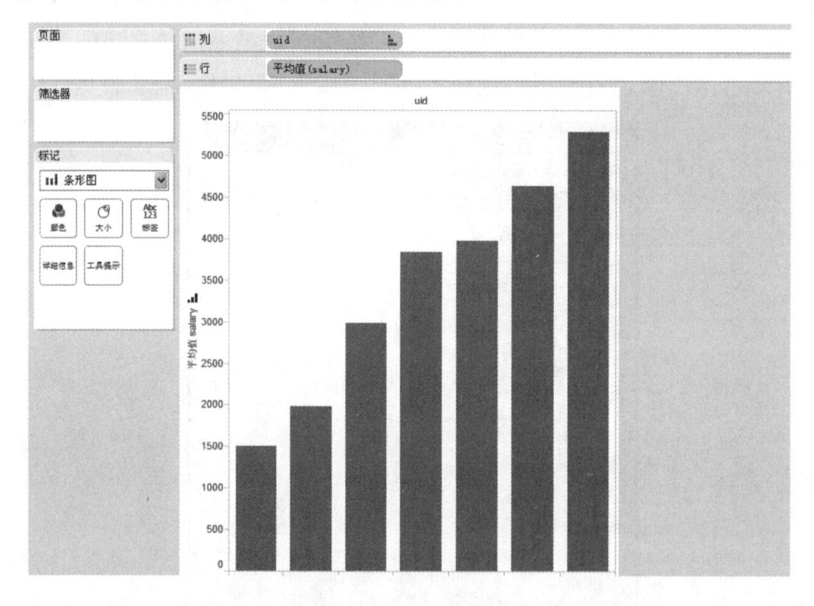

图 7-26　条形图

（5）可以选择“ ”图标，进行横向条形图和纵向条形图的切换，如图 7-27 所示。

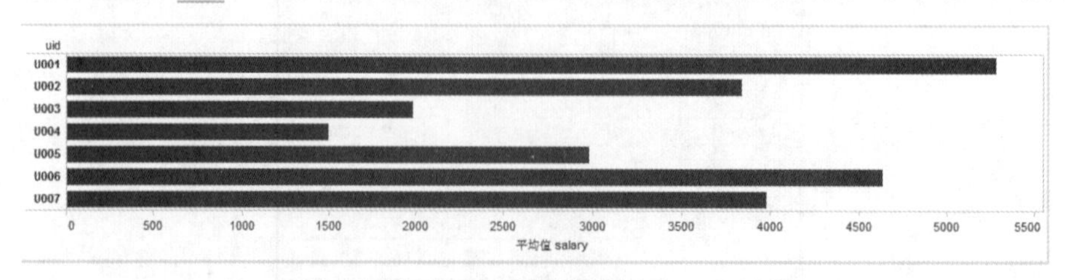

图 7-27　横向条形图

（6）可以选择“ ”图标，对结果进行排序对比分析，如图 7-28 所示。

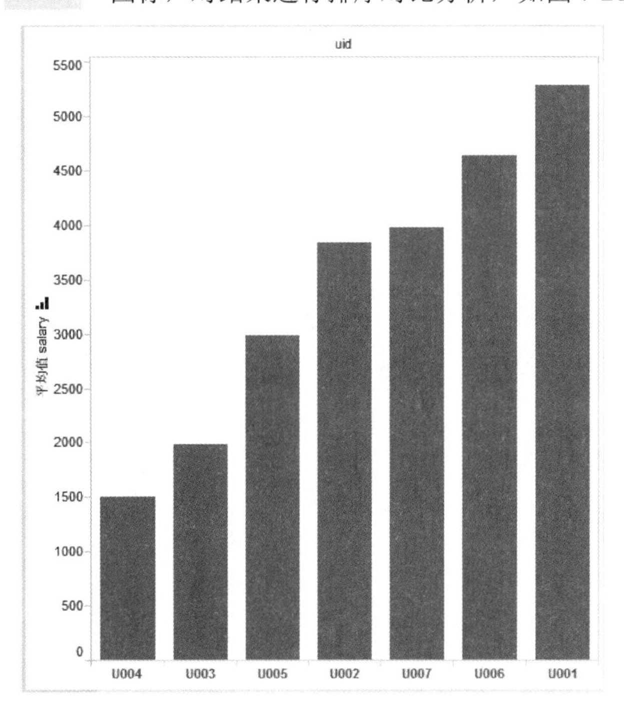

图 7-28　排序结果

（7）可以选择“ ”进行色彩的调节、大小的调节，以及增加标签，如图 7-29 所示。

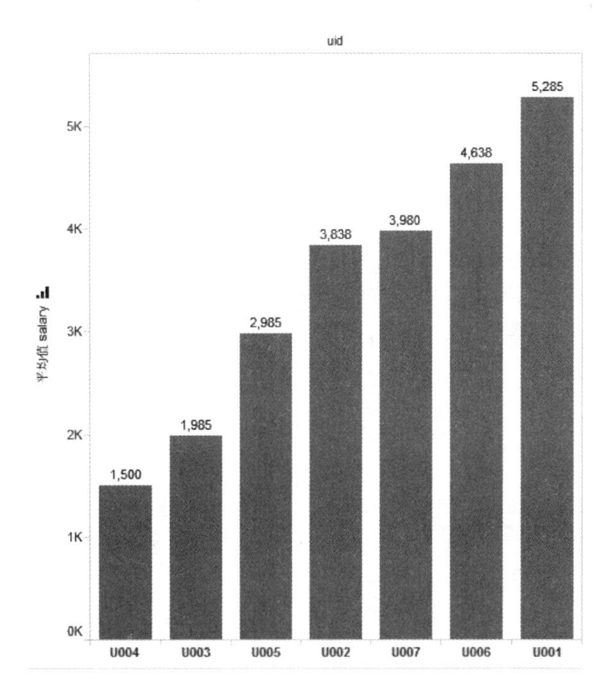

图 7-29　调节颜色和增加标签

条形图中还有堆叠条形图和并排条形图，需要一个或多个维度和度量。再添加 paydate，修改 salary 为总计，形成堆叠条形图，对每个员工 2013 年和 2014 年的收入总和进行堆叠分析，如图 7-30 所示。

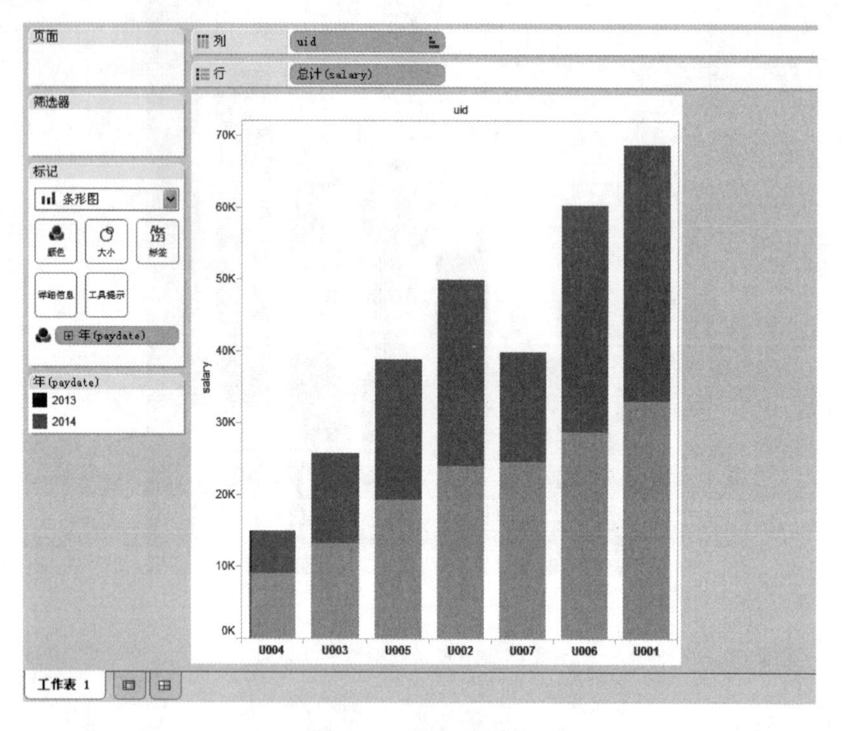

图 7-30　堆叠条形图

在 company 公司的数据中，对公司的员工职位信息进行分析，查看公司中员工的职位占有情况，具体操作如下。

（1）连接到数据源，选择服务器名称，建立连接，选择 company 数据库，选择添加 user_info 表，单击“确定”按钮，选择“实时连接”。

（2）选择“度量”，单击鼠标右键，选择“创建计算字段”，如图 7-31 所示，然后打开“创建计算字段”操作界面。

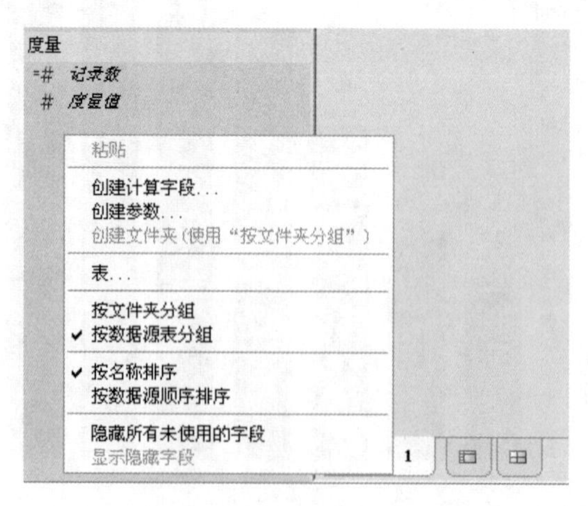

图 7-31　创建计算字段

（3）打开“计算字段”窗口，将名称修改为“职位数量”，然后选择函数“count”，双击添加需要计算的字段“job”，单击“确定”按钮，添加一个计算字段名称为职位数量，如图 7-32 所示。

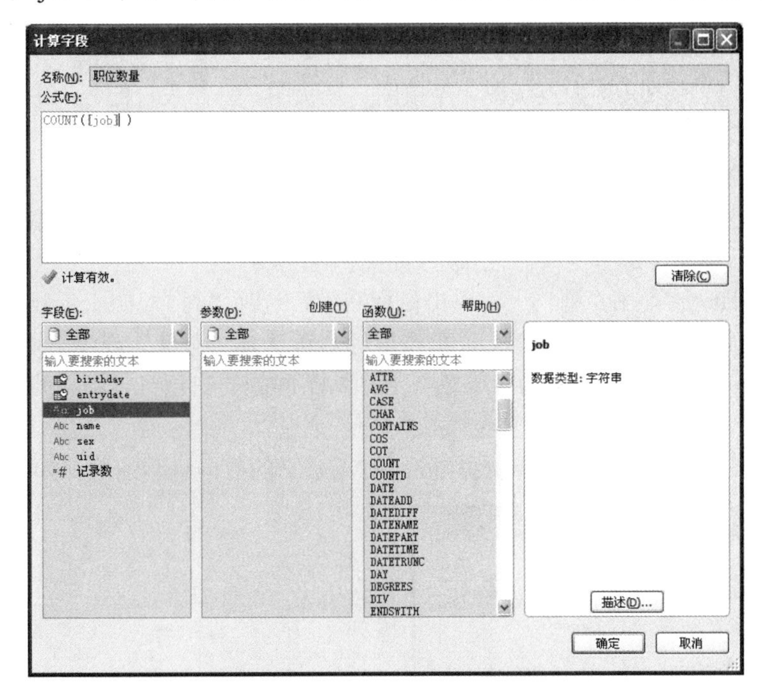

图 7-32 创建计算字段职位数量

（4）添加 job 到“列”，添加职位数量到“行”，形成条形图，如图 7-33 所示。

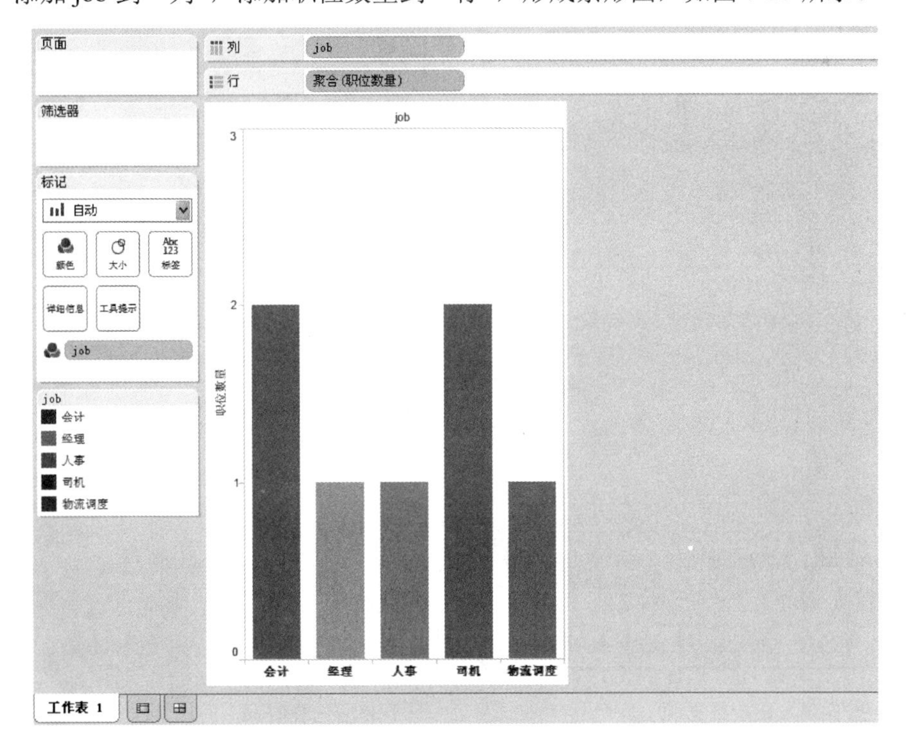

图 7-33 条形图

7.5.2 线形图

线形图是一种非常重要的统计图，一般由多个时间轴上的离散点连接形成，主要分析其数据趋势变换，因此线形图又称为点状图、停顿图、星状图。它在股价的分析中经常使用，如分析股价随时间的波动情况等。

下面对公司的各项支出变化趋势进行分析，操作步骤如下。

（1）连接到数据源，选择服务器名称，建立连接，选择 company 数据库，选择添加 asset_info 表，单击“确定”按钮，选择“实时连接”，如图 7-34 所示。

（2）将 assetdate 放置在“列”上，单击鼠标右键，选择“月”，如图 7-35 所示。

（3）将 payoutnum 拖放至“行”上，单击鼠标右键选择“总计”或“平均值”。

（4）将 payout 拖放至编辑区的“颜色”上，将不同的支出项目以不同的颜色进行显示区别。

（5）选择“无”，单击鼠标右键选择排除，对无意义的数据进行清除，如图 7-36 所示。

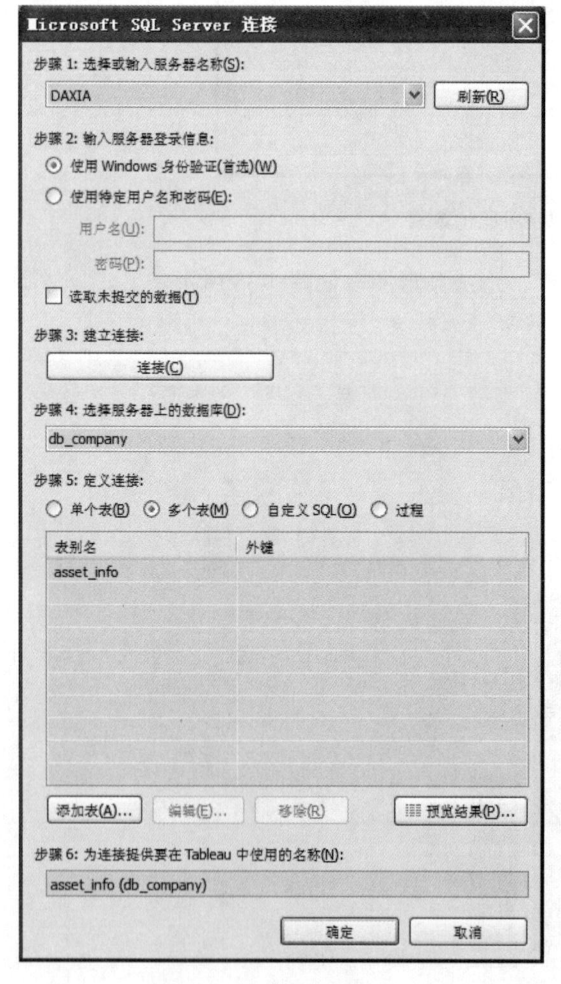

图 7-34　连接数据源

图 7-35　选择时间

图 7-36　清除无意义的数据

（6）形成的线形图如图 7-37 所示，可以按月对公司的支出情况趋势变化等进行分析。

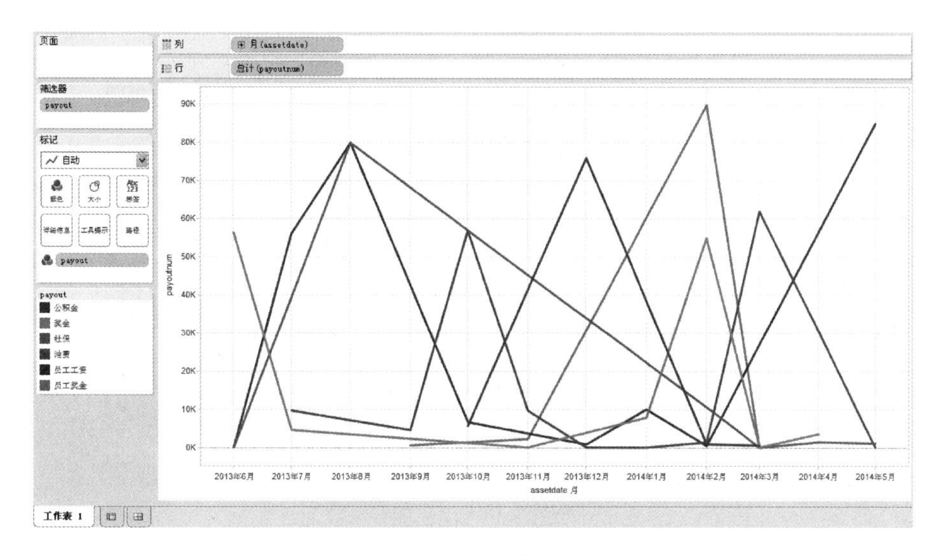

图 7-37 支出线形图

（7）将 incomenum 和 payoutnum 拖放至“行”，将 assetdate 拖放至“列”，选择“月”，选择“双线图”对公司每个月的收入和支出情况进行对比分析，如图 7-38 所示。

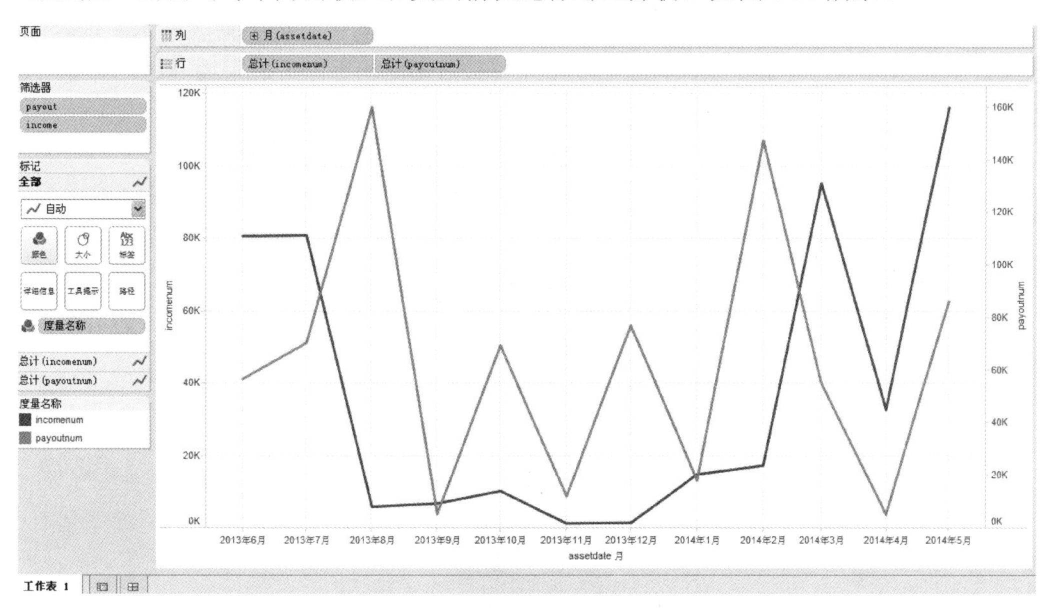

图 7-38 收入支出双线形图

（8）面积图也是线形图的一种。面积图又称区域图，强调数量随时间而变化的程度，也可用于引起人们对总值趋势的注意。堆积面积图还可以显示部分与整体的关系。面积图用于强调数量随时间而变化的程度，除了包含趋势信息外，也包含了随时间而变化的叠加信息。下面选择对 pay_info 表进行操作分析，对每个员工的平均工资、平均社保、平均公积金、平均税收进行分析。将 paydate 拖放至“列”，将 pub_funds、salary、security、tax 拖放至“行”，将 uid 拖放至区域的“颜色”上，然后选择面积图。将 paydate 选择为“月”，钻取月份对比图如图 7-39 所示。

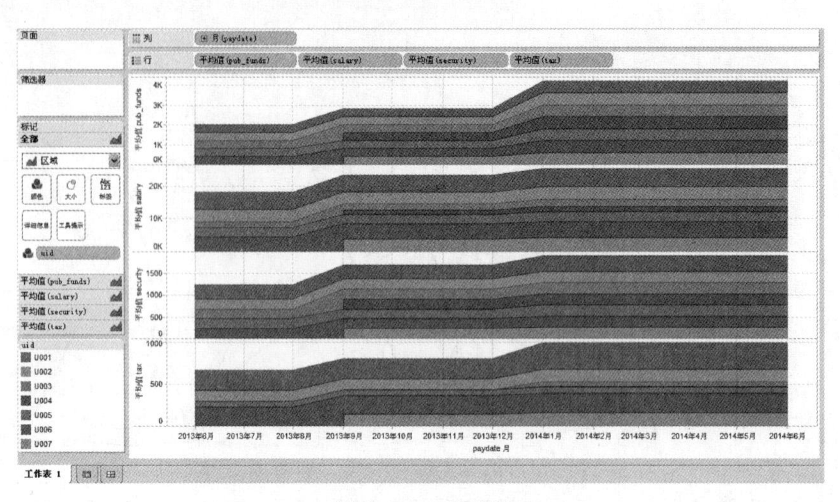

图 7-39　面积图

7.5.3　饼图

饼图也是一种非常重要的统计图，用于对需要分析的数据进行归一化，采用百分比或相对比例的方式进行展示。用扇形的大小来表示百分比。需要注意的是如果需要展示的内容太多，会导致饼图显示时排列效果不佳，因此当展示项目数过多时，可以考虑采用其他的如条形图来进行展示。

在 company 公司数据中，对员工的平均工资情况进行分析，具体操作如下。

（1）连接到数据源，选择服务器名称，建立连接，选择 company 数据库，选择添加 pay_info 表，单击“确定”按钮，选择“实时连接”。

（2）选择 uid 到“列”，选择 salary 到“列”，然后选择度量计算方式为“平均值”，最后选择“饼图”，选择颜色配置调整、大小调整，以及添加标签，得到如图 7-40 所示的员工平均工资对比饼图。

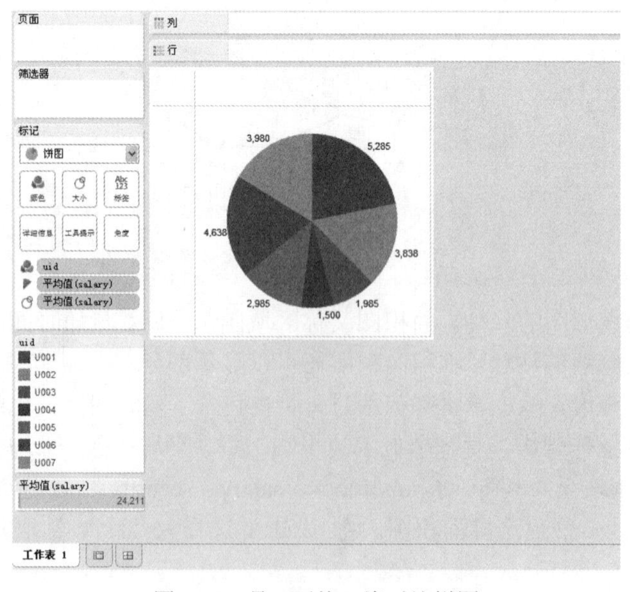

图 7-40　员工平均工资对比饼图

在 company 公司数据中，对公司的支出情况进行分析，具体操作如下。

（1）连接到数据源，选择服务器名称，建立连接，选择 company 数据库，选择添加 asset_info 表，单击“确定”按钮，选择“实时连接”。

（2）选择 payout 到“列”，选择 payoutnum 到“列”，然后选择度量计算方式为“总计”，最后选择“饼图”，选择颜色配置调整、大小调整，以及添加标签，得到如图 7-41 所示的公司支出总计对比饼图。

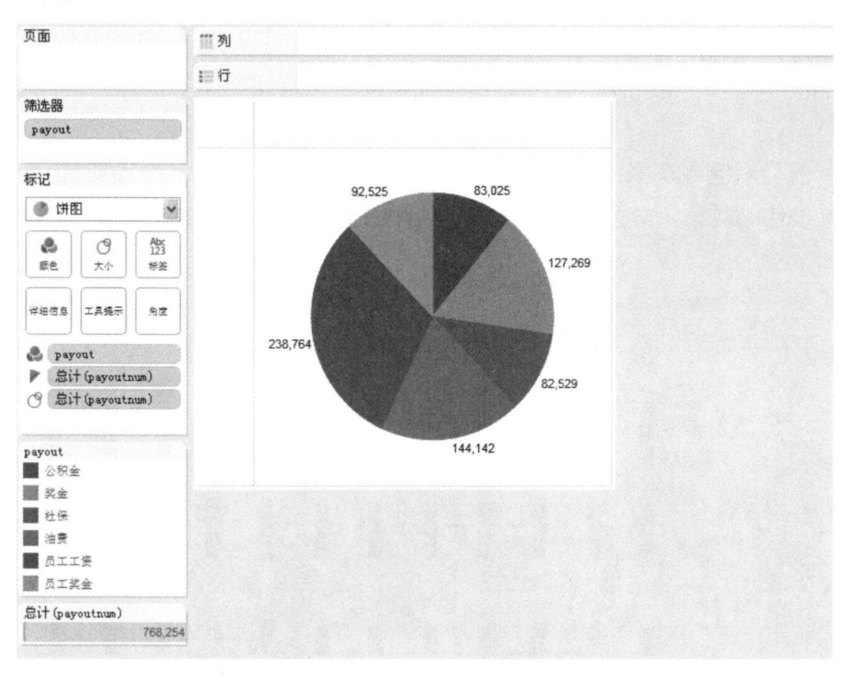

图 7-41　公司支出总计对比饼图

（3）再增加维度 paydate 到“列”，对 2013—2014 年两年的公司支出情况进行分析，如图 7-42 所示。

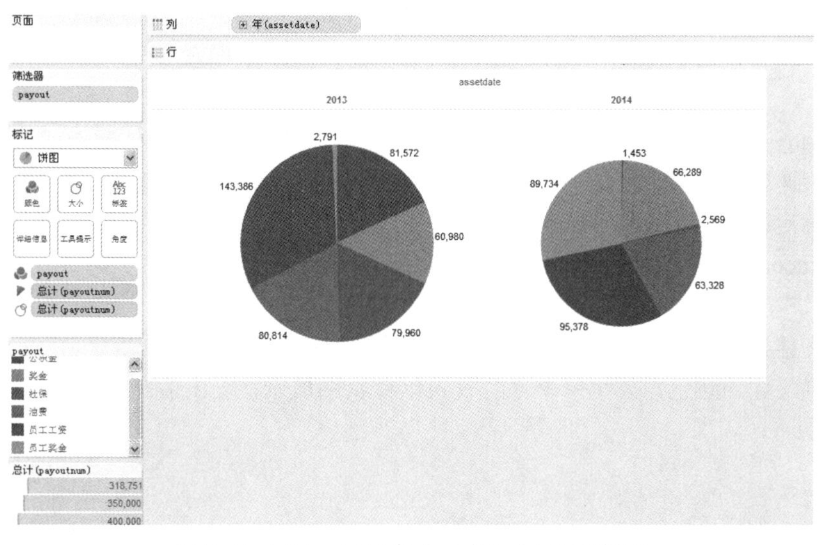

图 7-42　2013—2014 年公司支出总计对比饼图

7.5.4 复合图

复合图又称复式条形图，主要由柱状图和线形图组合而成，在一张视图中用多种不同图形来展示数据对比分析。

对 company 中员工每个月的工资和税收的情况进行对比分析，具体操作如下。

（1）连接到数据源，选择服务器名称，建立连接，选择 company 数据库，选择添加 pay_info 表，单击“确定”按钮，选择“实时连接”。

（2）将 uid、salary、tax 拖放至“行”，salary 选择“总计”，tax 选择“总计”，将 paydate 拖放至“列”。

（3）在智能显示区域选择“复合图”。

（4）设置最佳的颜色，每个人每个月的工资以柱状图展示，税收情况以线形图展示，结果如图 7-43 所示。

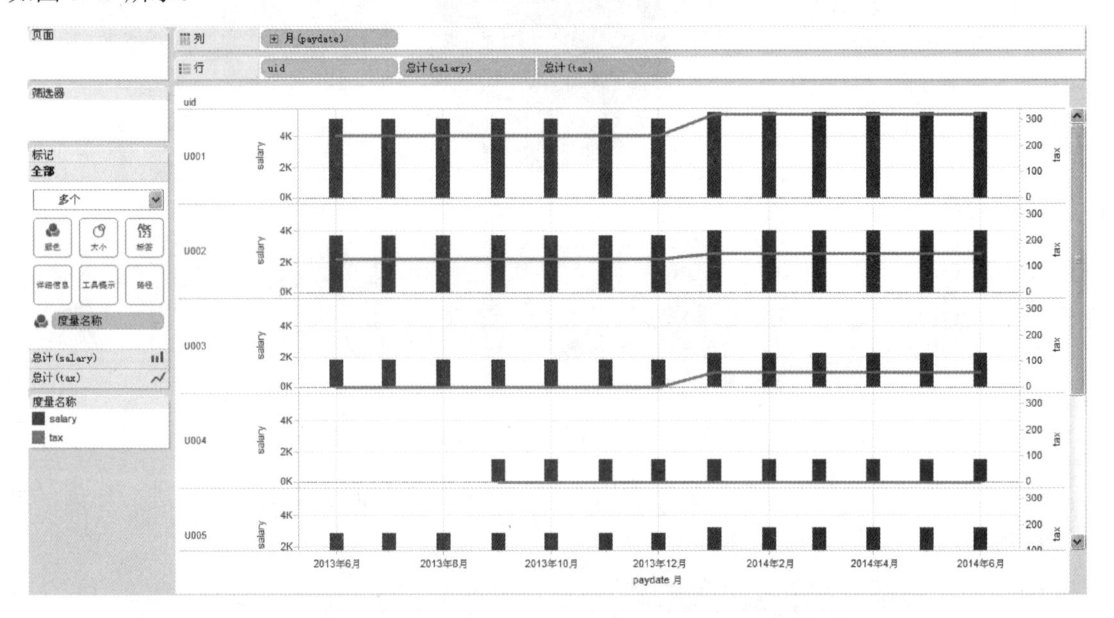

图 7-43　公司员工每个月工资和税收情况对比分析

对 company 中公司每个月的收入和支出的情况进行对比分析，具体操作如下。

（1）连接到数据源，选择服务器名称，建立连接，选择 company 数据库，选择添加 asset_info 表，单击“确定”按钮，选择“实时连接”。

（2）将 incomenum、payoutnum 拖放至“行”，incomenum 选择“平均值”，payoutnum 选择“平均值”，将 assetdate 拖放至“列”，选择“月”。

（3）在智能显示区域选择“复合图”。

（4）设置最佳的颜色，公司每个月的收入以柱状图展示，支出情况以线形图展示，结果如图 7-44 所示。

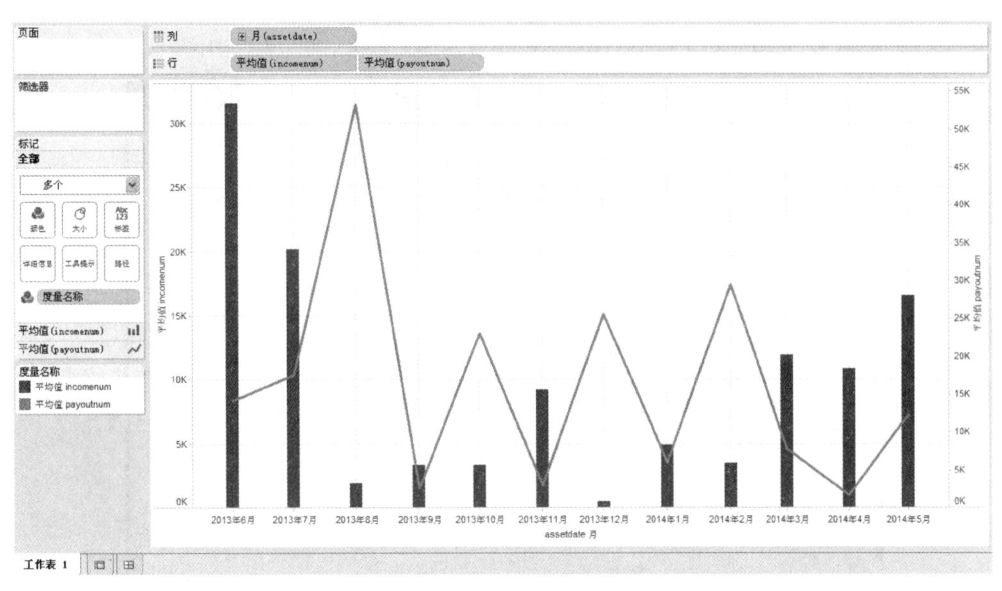

图 7-44 公司每个月收入和支出情况对比分析

7.5.5 嵌套条形图

嵌套条形图主要用在分析两个维度或两个度量衡量一个维度的情况下，如果不希望采用重叠的条形图，就可以使用嵌套条形图来表示。

从 company 中分析 2013 年和 2014 年的公司支出情况，具体操作如下。

（1）连接到数据源，选择服务器名称，建立连接，选择 company 数据库，选择添加 asset_info 表，单击“确定”按钮，选择“实时连接”。

（2）创建 2013 年支出字段：if year([assetdate])=2013 then [payoutnum]end，如图 7-45 所示。

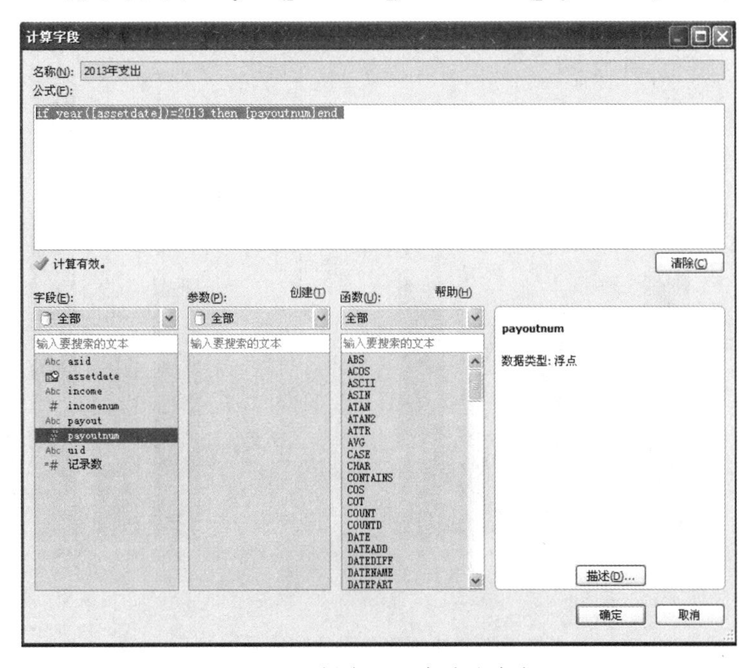

图 7-45 创建 2013 年支出字段

（3）创建 2014 年支出字段：if year([assetdate])=2014 then [payoutnum]end，如图 7-46 所示。

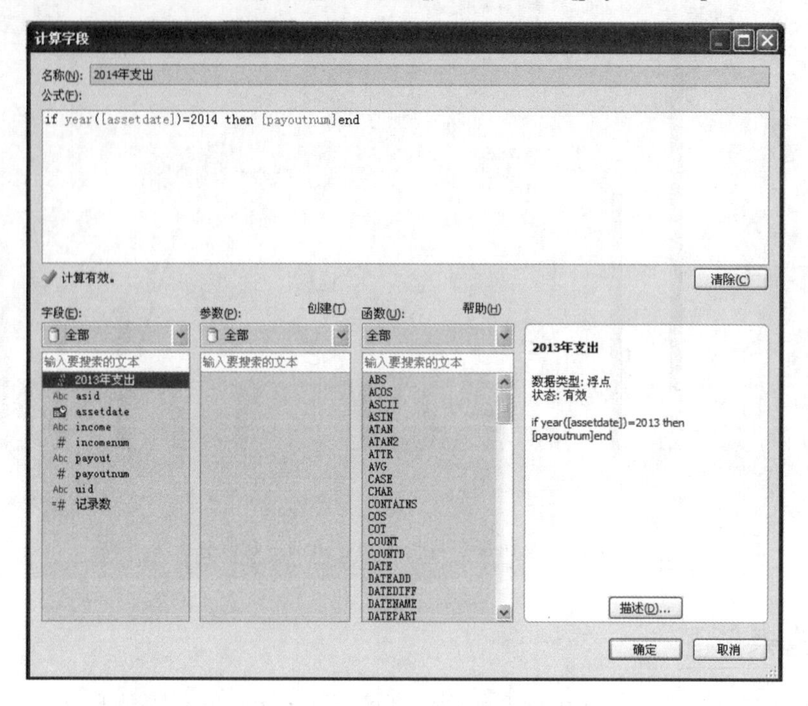

图 7-46　创建 2014 年支出字段

（4）将 2013 年支出拖至“行”，将 payout 拖至“列”。将 2014 年支出拖至 2013 年支出所在的纵轴上，这时会出现度量名称和度量值，如图 7-47 所示。

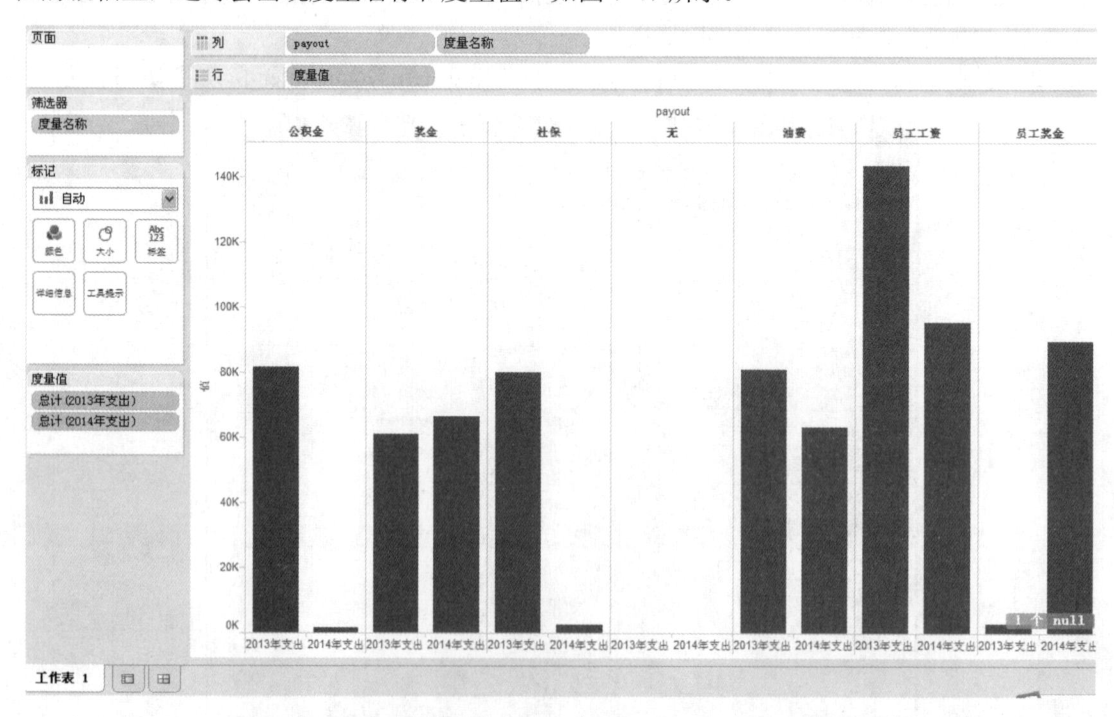

图 7-47　出现度量名称和度量值

（5）将列上的度量名称拖至“颜色”，出现堆叠图，如图 7-48 所示。

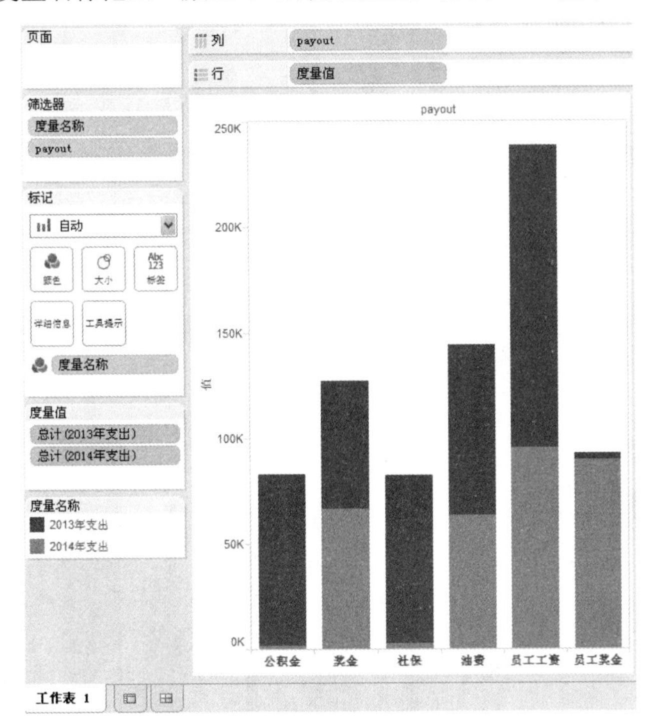

图 7-48 堆叠图

（6）不想让条形图重叠，就需要将 2013 年支出和 2014 年支出用不同的大小进行展示。按住 Ctrl 键选择度量名称，拖至“大小”，出现嵌套条形图，如图 7-49 所示。

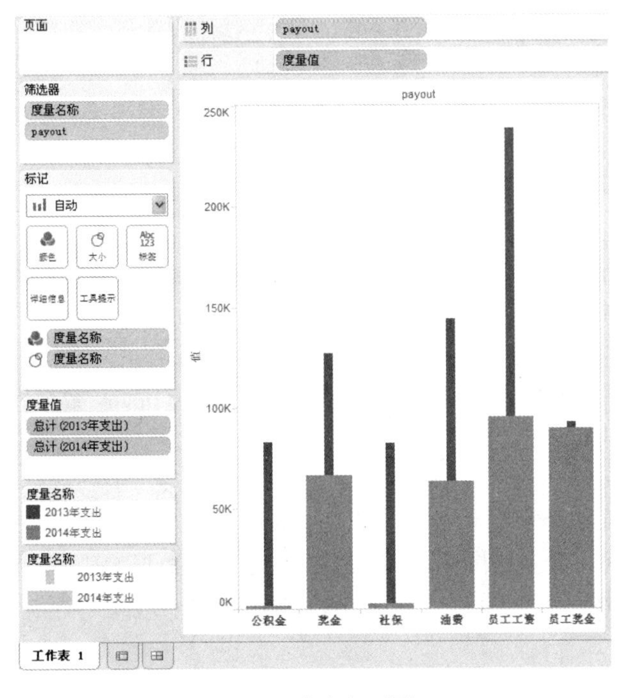

图 7-49 嵌套条形图 1

（7）在菜单中选择“分析”，然后在下拉菜单中将“堆叠标记”设置为“关”，出现透视状的嵌套条形图，如图 7-50 所示。

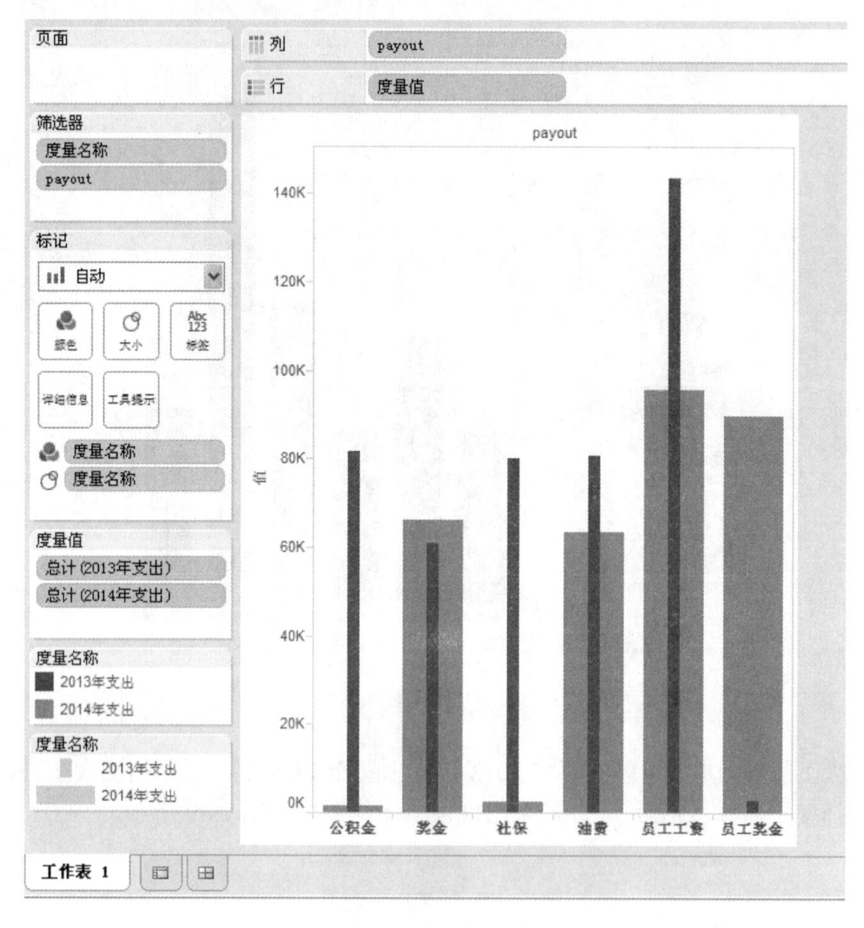

图 7-50　嵌套条形图 2

7.5.6　热图

当需要对多组数据进行对比分析时，可以使用热图。热图可以对枯燥的数据进行屏蔽，将其转换成更为合理的、直观的可视图。

对 company 中的收入情况进行分类分析，具体步骤如下。

（1）连接到数据源，选择服务器名称，建立连接，选择 company 数据库，选择添加 asset_info 表，单击“确定”按钮，选择“实时连接”。

（2）将 assetdate 拖至“列”，选择“月”，将 payout 拖至“行”。

（3）将 payoutnum 拖至标记区域，选择“平均值”。

（4）选择文本表可以看到如图 7-51 所示的显示，但是数据的孤单显示不利于分析和对比。

（5）选择“压力图”可以看到数据大小以图表的大小形式进行展示，更加直观，如图 7-52 所示。

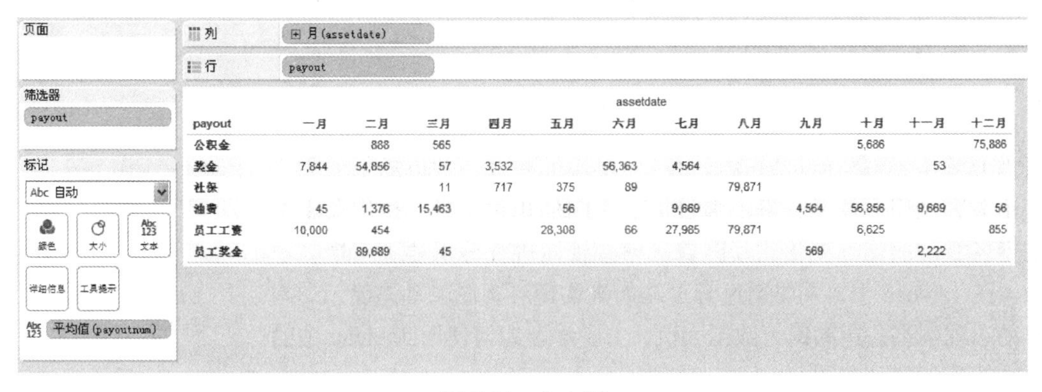

payout	一月	二月	三月	四月	五月	六月	七月	八月	九月	十月	十一月	十二月
公积金		888	565							5,686		75,886
奖金	7,844	54,856	57	3,532		56,363	4,564				53	
社保			11	717	375	89		79,871				
油费	45	1,376	15,463		56		9,669		4,564	56,856	9,669	56
员工工资	10,000	454			28,308	66	27,985	79,871		6,625		855
员工奖金		89,689	45						569		2,222	

图 7-51 文本图

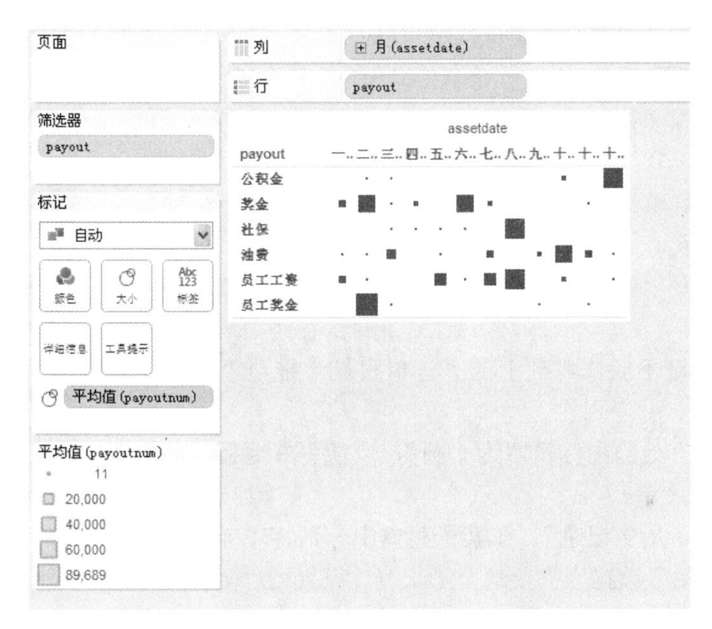

图 7-52 压力图

（6）将 payoutnum 拖至“颜色”，可以看见值的大小切换成不同颜色深度展示，如图 7-53 所示。

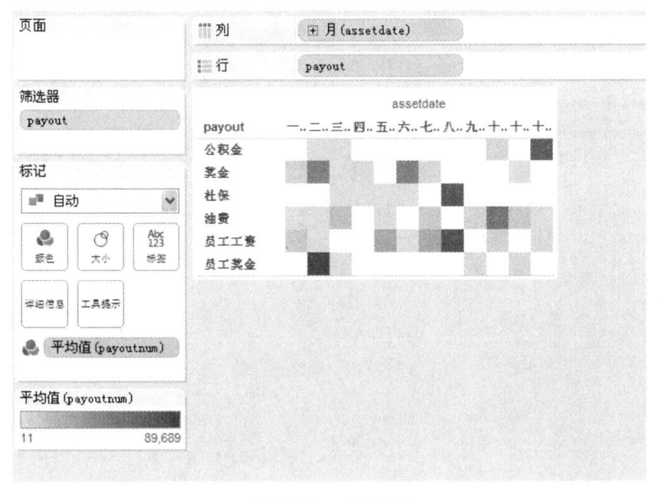

图 7-53 色差图

7.5.7 动态图

动态图也称动态交互图，即动态展现且用户能够交互的图表。用户只需要随手一点，就可以查看自己所关心的数据，并以动画的方式呈现出来。当用户需要分析很多数据点之间的相关性时，使用动态图来观察各视图的连续变化比紧盯着一整幅视图进行分析要更直观、更有效。在 Tableau 中，主要通过分页功能来实现各视图的动态显示。本节以动态观察某公司的销售数据为例，主要学习如何使用 Tableau 中的分页功能来创建动态图。

数据分析目的：动态观察某公司几年内销售量和利润的变化情况，并对比分析销售量和利润的变化趋势。

1. 主要操作步骤

（1）连接数据源（某公司销售数据.xls），选中“销售订单明细”表。

（2）将维度“订单日期”拖至“列”，并将日期格式设置为“年/月”，如图 7-54 所示。

（3）分别将度量“销售额”和“利润额”拖至“行”，且使“利润额”置于右侧。

（4）按住 Ctrl 键不放，将列上的“订单日期”拖至“页面”框中。

（5）将“标记”处的图标设置为“圆”，以便更好地显示历史变化轨迹，如图 7-55 所示。

（6）单击“显示历史记录”，在其子菜单中分别将“标记以显示以下内容的历史记录”设置为“全部”，“长度”设置为“全部”，“显示”设置为“轨迹”，如图 7-56 所示。

图 7-54　日期格式设置

（7）单击向前播放按钮，观察销售额和利润额的动态变化趋势，如图 7-57 所示。

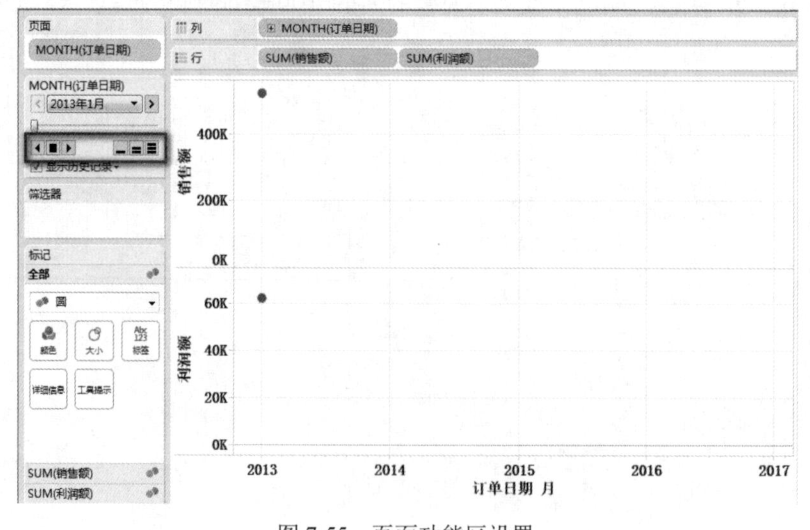

图 7-55　页面功能区设置

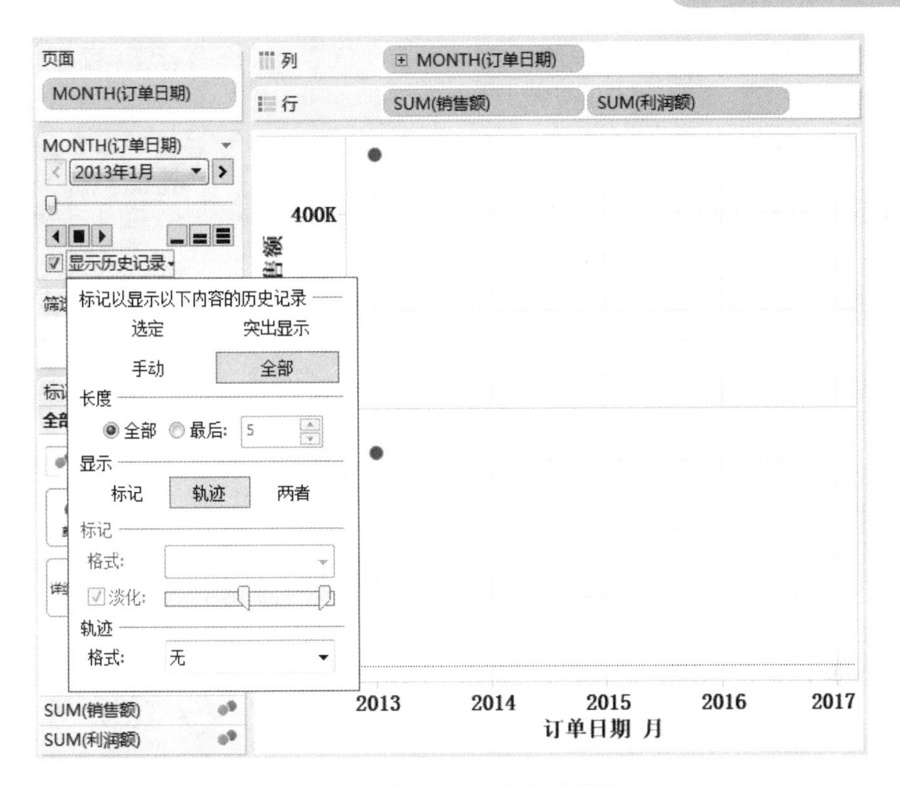

图 7-56 “显示历史记录”的设置

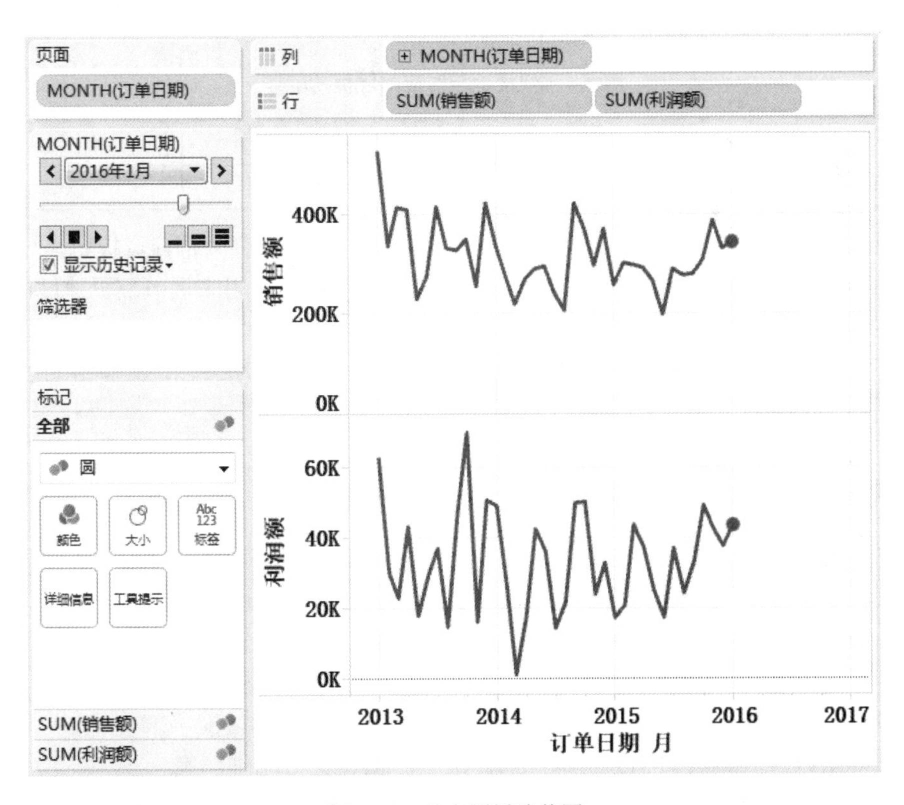

图 7-57 动态图播放截图

（8）把工作表命名为“某公司销售数据动态图”，并保存。

结论：从动态图中分析得出，销售额和利润额的变化趋势基本上是一致的。由此可见，在这几年，某公司的利润额和销售额是呈正相关的。

2. Tableau“页面”分页功能说明

在 Tableau 中，要使用动态播放功能，需要把视图基于某个变化的字段拖放到“页面”框中。当某个观察维度拖放到“页面”框后，相当于这个维度中的每个成员都新增加了一行；当某个度量拖放到“页面”框后，这个度量则自动变为一个离散型的度量。对于 Tableau 中分页功能的播放操作，主要有以下三种方式。

（1）直接跳到某个特定的“页”，可以通过下拉菜单按钮进行选择。如图 7-58 所示，单击下拉菜单按钮，可以直接选择某个时间，则视图立即跳转到对应日期的视图。

（2）调整播放进度。如图 7-58 所示，单击下拉菜单按钮两边的“前进”或“后退”按钮，相当于向前或向后翻页；也可以用日期下方的滚动条，手动将视图定位到某一页；还可以使用键盘上的快捷键来实现翻页，快捷键与对应的翻页功能如表 7-1 所示。

图 7-58　页面中的时间参数设置

表 7-1　快捷键与对应的翻页功能

F4	开始/停止向前翻页	Shift+F4	开始/停止向后翻页
Ctrl + .	向前翻一页	Ctrl + ,	向后翻一页

（3）翻页。在图 7-57 中可以看到播放工具组，其左边两侧有两个翻页按钮，分别为向前翻页和向后翻页，左边中间的是暂停按钮；右侧的三个按钮则是用来调节翻页速度的。

本节主要讲解了动态图的制作和播放操作，简单地观察了销售额和利润随时间变化的趋势，读者可以根据自己关心的数据和业务性质制作更具针对性的动态图，从而帮助发现这些数据中隐藏的信息。

7.5.8　突显图

突显图也称突显表，实际上是热图的延伸。突显图不仅可以区分和对比多组分类数据，从中发现其最大值和最小值，而且还在每个颜色上面添加数据以便提供更详细的信息。本节以某公司的销售数据为例，分析该公司三大产品类别中的哪类产品在全国哪个省的销售额或利润是最大的。

主要操作步骤如下。

（1）连接数据源（某公司销售数据.xls），选中“销售订单明细”表。

（2）分别将“产品类别”、“省份”和“销售额”拖放到“行”、“列”和“标记”中，或者分别双击“产品类别”、“省份”和“销售额”。

（3）单击“智能显示”，选择“突出显示表”，并将图形的行列转置，如图 7-59 所示。

转置

页面

筛选器

标记

方形

颜色 大小 标签

详细信息 工具提示

SUM(销售额)

SUM(销售额)

SUM(销售额)

2,059 1,106,759

列 产品类别

行 省份

省份	产品类别 办公用品	 技术产品	 家具产品
Jiangsu	43,036	72,617	103,288
安徽	114,610	240,291	156,808
北京	181,312	256,406	193,882
福建	64,670	50,092	40,621
甘肃	128,469	200,319	196,637
广东	593,736	1,106,759	761,842
广西	391,379	510,676	501,376
贵州	25,916	32,776	73,764
海南	205,065	241,688	277,978
河北	117,348	99,763	106,128
河南	163,244	197,699	234,289
黑龙江	141,515	162,101	185,899
湖北	69,585	137,895	173,441
湖南	53,423	70,145	67,485
吉林	96,033	245,917	176,326
江西	37,439	63,024	42,788
辽宁	287,520	462,686	367,958
内蒙古	212,015	419,612	269,610
宁夏	53,526	40,985	78,175
青海	2,059	20,008	5,177

智能显示

对于水平条，尝试

0 个或多个维度

1 个或多个度量

图 7-59 突出显示表设置

（4）为便于观察，可编辑“销售额”的颜色为“橙色-蓝色发散”，命名工作表为“销售突显图”并保存，结果如图 7-60 所示。

结论：从图 7-60 中可以直观地发现，在广东销售的技术产品的销售额是最高的，为 1,106,759 元；在青海销售的办公用品的销售额最低，为 2,059 元。

同理，若想观察各产品的“利润额”，可将此度量拖至“标记”框，使得突显图中显示的标签值为利润值。

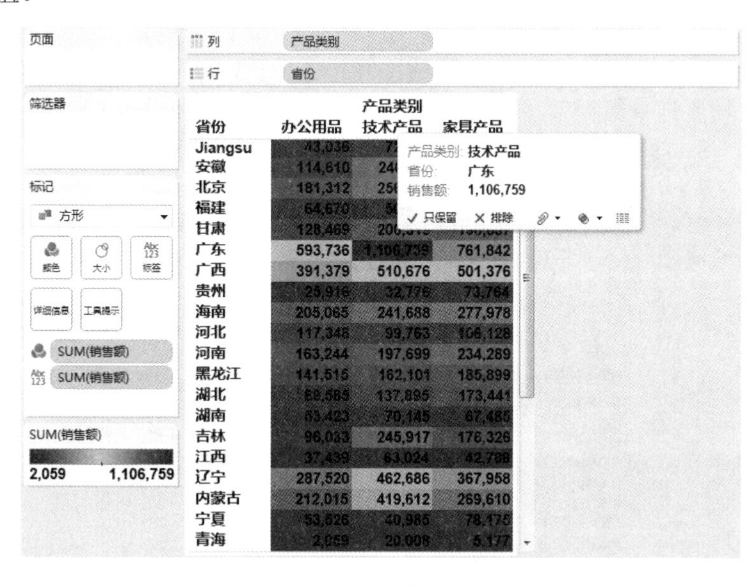

图 7-60 产品销售额突显图

7.5.9 散点图

散点图，顾名思义就是显示散布在笛卡儿平面中的许多点。通过散点图，可以帮助用户有效地发现数据的某种趋势、集中度及其中包含的异常值，进而帮助用户明确下一步应重点分析的数据。本节主要以分析某公司各类产品的销售额与运输费用之间是否存在某种关系为例，来学习散点图的制作。

主要操作步骤如下。

（1）连接数据源。本次分析需要用到销售数据和物流订单数据，因此在连接时需要连接多张表。

① 连接到数据源所需工作薄（某公司销售数据.xls），先选中“销售订单明细”表，再选择“多个表”选项，单击“添加表”按钮，如图 7-61 所示。

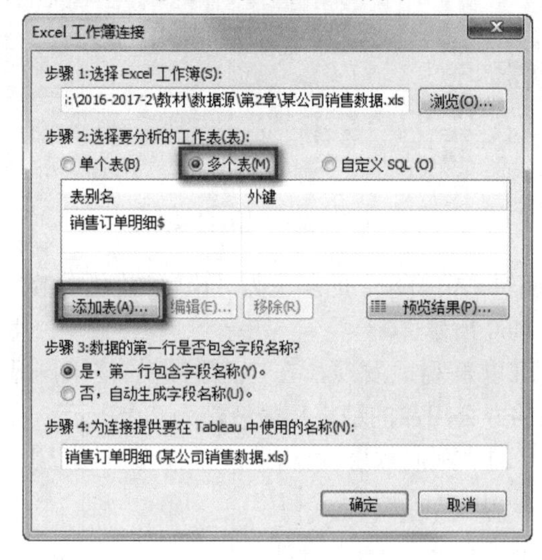

图 7-61 添加表

② 添加表“物流订单数据”，并设置两表之间的联接关系，结果如图 7-62 和图 7-63 所示。

图 7-62 编辑表联接条件

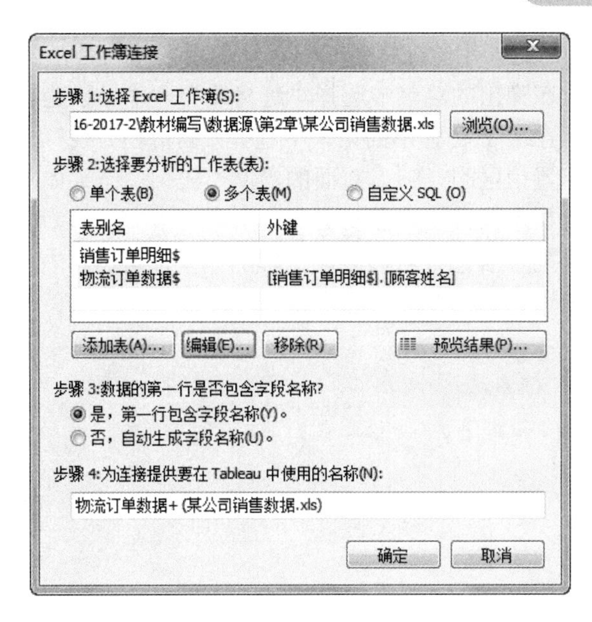

图 7-63 数据源最终设置图

（2）分别双击“销售订单明细”表中的“顾客姓名”和“销售额”，此时可以观察到每位顾客的购买金额。

（3）双击“物流订单数据”表中的“运输费用”，并在“智能显示”下拉菜单中选择“散点图”，结果如图 7-64 所示。从图中可以发现，销售额和运输费用之间有明显的线性关系，同时也可以观察到一些比较突出的点，如右上角的点。

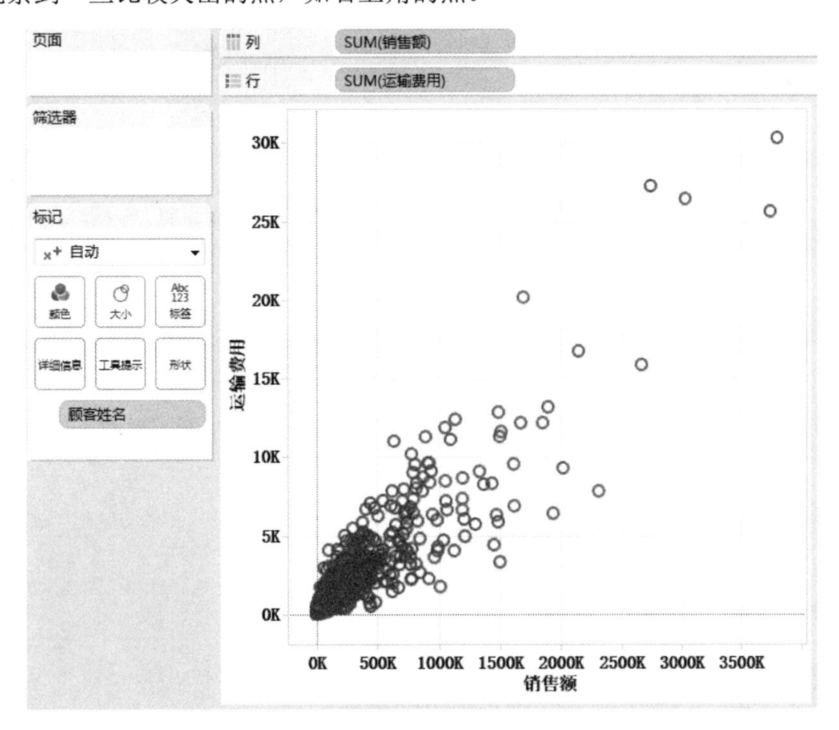

图 7-64 散点图

（4）添加趋势线。为了进一步验证销售额与运输费用之间是否存在线性关系，需要添加一条趋势线。右击视图区，在弹出的菜单中选择“趋势线”→“显示趋势线”，如图 7-65 所示。然后再右击视图区的“趋势线”，在弹出的菜单中选择“编辑趋势线”，在弹出的“趋势线选项”对话框中，将选项“显示置信区间（S）”前面的“√”去掉，结果如图 7-66 所示。当鼠标移动到趋势线时，就会自动显示其线性方程及 P 值，如图 7-67 所示，可以发现销售额与运输费用的线性关系确实是显著的。若想查看该线性方程的模型，可以再右击视图区的“趋势线”，在弹出的菜单中选择“描述趋势线”或“描述趋势线模型”。

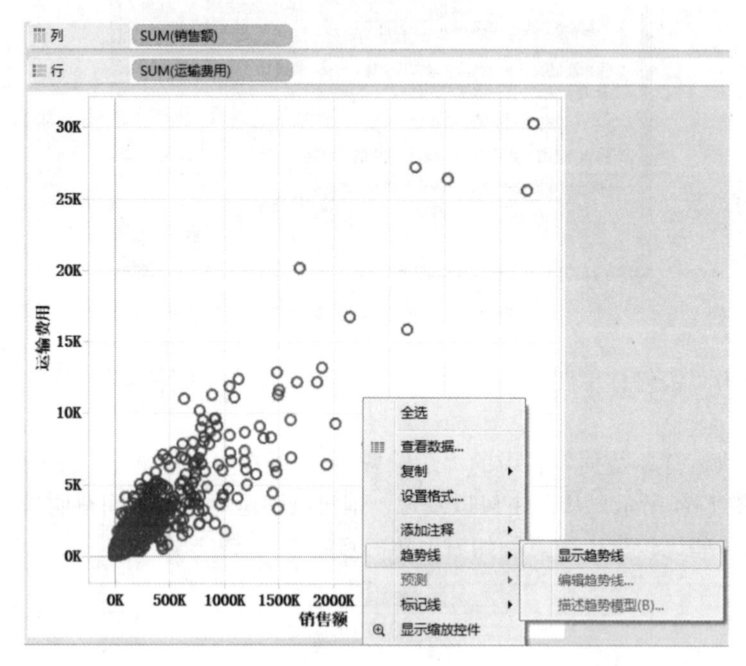

图 7-65　显示趋势线

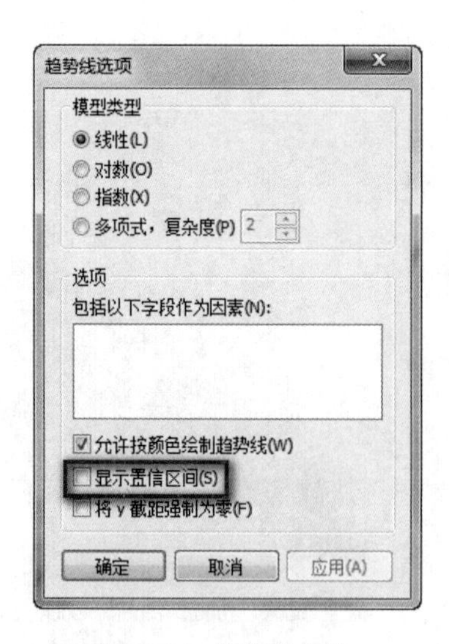

图 7-66　编辑趋势线

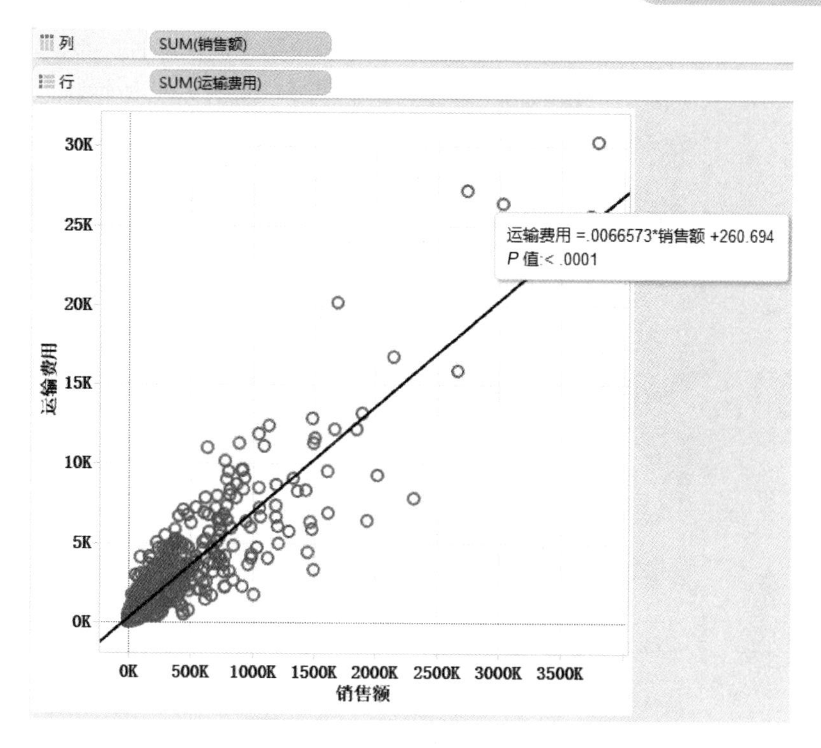

图 7-67 显示线性方程及 *P* 值

（5）添加注释。为了重点分析某些点，用户可以给这些点添加注释。选中某一点，右击视图区，在弹出的菜单中选择“添加注释”→“点”，然后在弹出的对话框中输入注释文字即可，如图 7-68 所示。用户可以查看该顾客的详细订单，钻取到底层的详细数据，可以发现该顾客的订单大多数为技术产品和办公用品，而最耗运费的家具产品订单却很少。

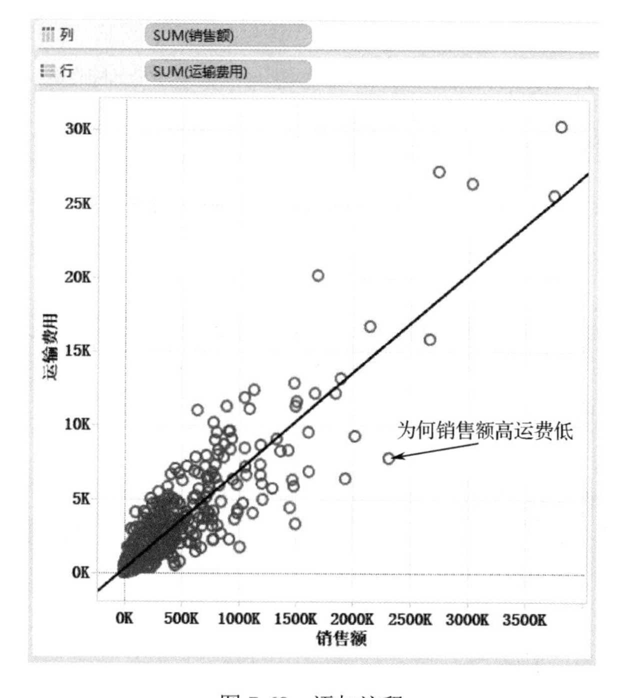

图 7-68 添加注释

若用户想进一步观察每种产品类别的销售额和运输费用之间的线性关系，只需要将“销售订单明细”表中的“产品类别”拖放到“颜色”框中即可，如图 7-69 所示。

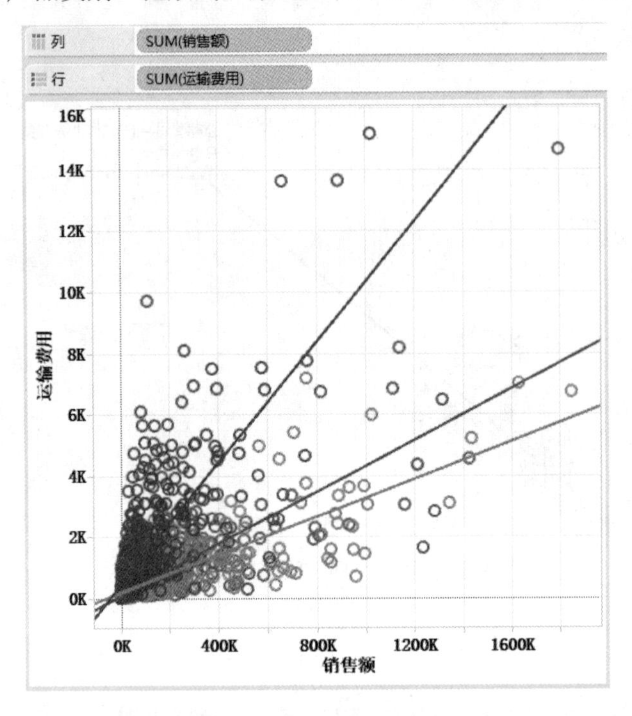

图 7-69 各类产品的趋势线

（6）修改工作表名称为“散点图”，并保存。

7.5.10 气泡图

气泡图本质上来讲并不是一种图形类别，确切地说，它是一种图标，多用于散点图或地图中来突显数字。实际上，在 7.5.9 节介绍的散点图中已经用到了气泡。本节主要学习填充气泡图，它除了用气泡大小来表示某个维度数值的大小外，每个气泡在填充后还加上了标签，且这些气泡并非依次排在一条直线上。下面仍然以某公司的销售数据为例来学习填充气泡图的制作。

主要操作步骤如下。

（1）连接数据源（某公司销售数据.xls），选中“销售订单明细”表。

（2）创建层级结构（产品类别—产品子类别—产品名称）。

（3）分别双击“产品类别”和“销售额”，单击“智能显示”，在下拉菜单中选择“填充气泡图”。

（4）单击“产品类别”左边的“+”号，向下钻取到“产品子类别”，这样填充气泡图就创建完成了，效果如图 7-70 所示。若用户还想进一步了解各类产品的利润情况，还可将“利润额”拖放到“颜色”框，效果如图 7-71 所示。

（5）修改工作表名称为“填充气泡图”，并保存。

从图 7-70 和图 7-71 可以看出，技术产品类中的办公机器产品的销售额是最高的；而家具产品中的桌子，其销售额虽然较高，但利润却很不理想。

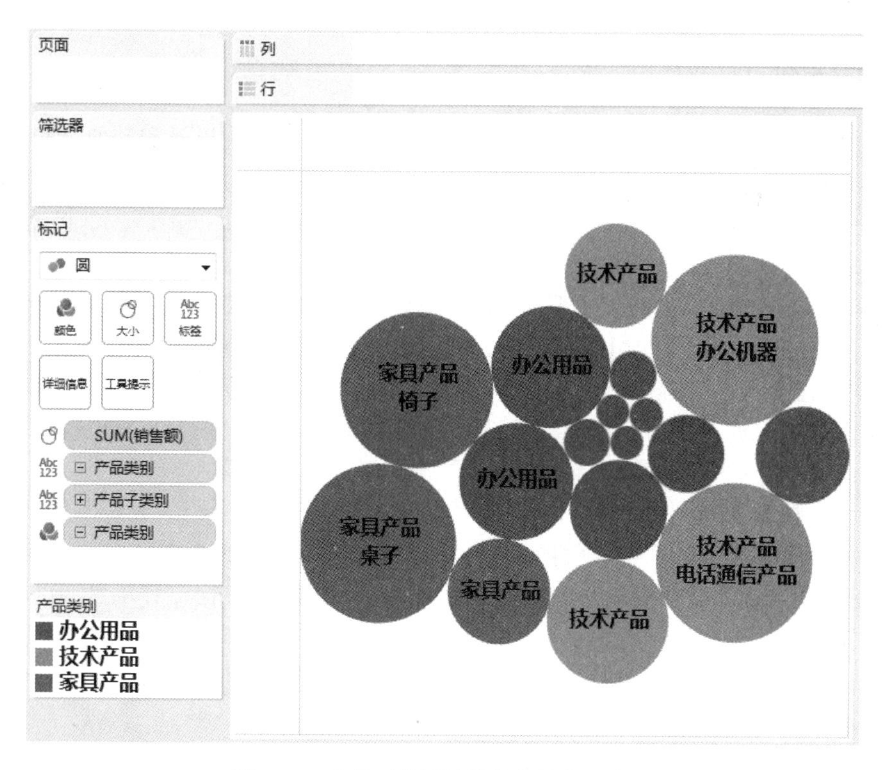

图 7-70 产品子类别的销售额填充气泡图

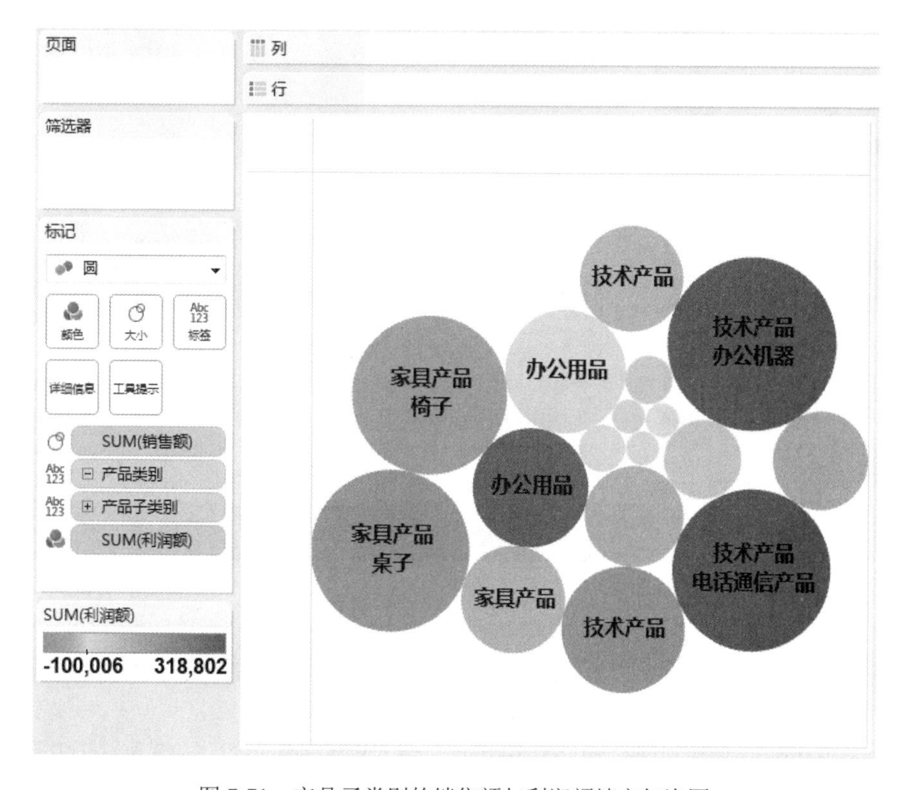

图 7-71 产品子类别的销售额与利润额填充气泡图

7.5.11 甘特图

甘特图又称横道图、条状图，主要通过它来显示项目、进度，以及和其他时间相关的系统进展的内在关系随着时间进展的情况。甘特图具有简单、醒目和便于编制等特点，广泛应用于企业管理工作中。甘特图按其反映的内容不同，可分为计划图表、负荷图表、机器闲置图表、人员闲置图表和进度表五种形式。当然，甘特图除了用于对项目日期的管理外，还可以用在其他方面。例如，为便于观察分析某个群体的人，研究公司的固定资产等随时间的变化等，也可以采用甘特图来分析。本节主要以分析某公司的销售数据为例，来学习甘特图的应用。

数据分析目的：分析顾客下单后，公司经过多长时间将订单货物发送出去。在此，将从下单到发货这段时间称为“订单反应时间”。通过绘制甘特图，用户很容易发现哪个订单的反应时间最长、该订单订购的是哪类产品。

主要操作步骤如下。

（1）连接数据源（某公司销售数据.xls），选中“销售订单明细”表。

（2）构建计算字段“订单反应时间”，计算公式为 DATEDIFF('day',[订单日期],[运送日期])。

（3）按住 Ctrl 键不放，分别选中“订单日期”、“顾客姓名”和“订单反应时间”，单击“智能显示”，在下拉菜单中选择“甘特图”，并把列上的时间日期设置为“精确日期”格式，在“分析”菜单中取消“聚合度量”，结果如图 7-72 所示。

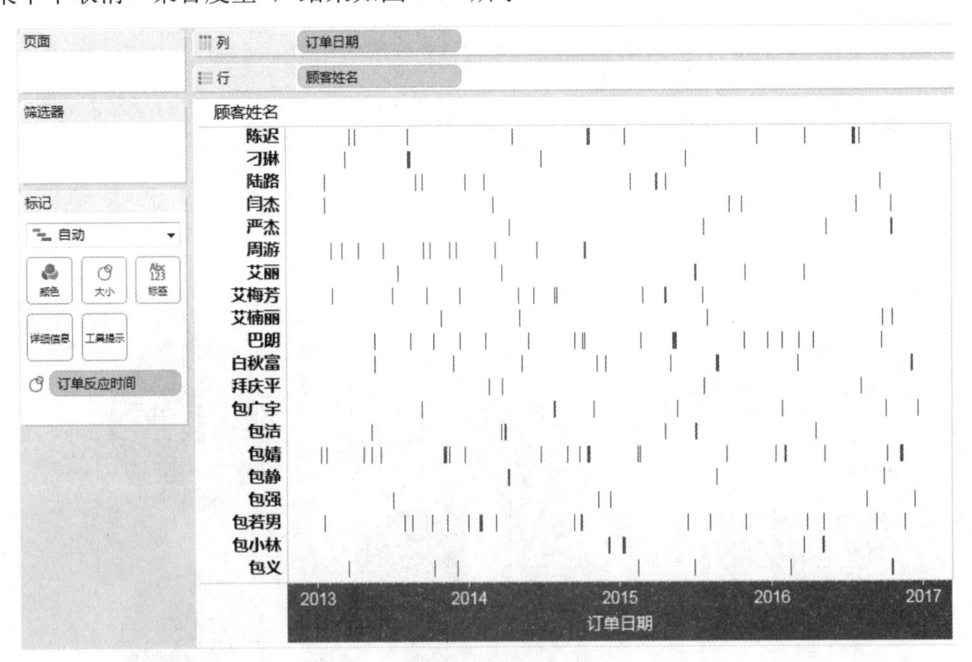

图 7-72　初始甘特图

（4）将“产品类别”拖放到“颜色”框中，然后单击工具栏中的降序图标，效果如图 7-73 所示，将工作表命名为“甘特图”，并保存。

从图 7-73 中可以看出，有三个办公用品的订单反应时间都超过了 25 天，其中一个超过 92 天，这对于一般订单来说很不正常。因此，对于唐俊、谢丹和李晗这三位客户的几个订单应该做进一步的分析，了解引起订单反应时间过长的原因。若不是客户方面的原因，则很可能影响客户的购物体验，导致客户的不满。

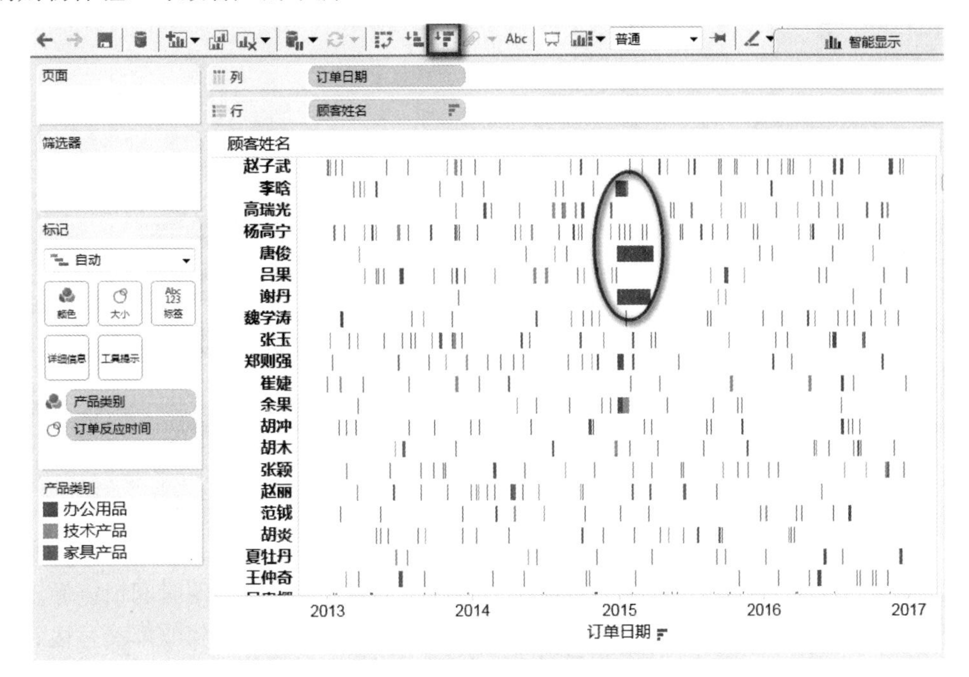

图 7-73 最终甘特图

7.5.12 靶标图

标靶图也称子弹图，顾名思义，是由于该类信息图的样子很像子弹射出后带出的轨道，其本质实际上是条形图的一种变形。起初，标靶图的发展是为了取代仪表盘上常见的那种里程表、时速表等基于圆形的信息表达方式。标靶图无修饰的线性表达方式使得用户能够在狭小的空间中表达丰富的数据信息。与通常所见的里程表或时速表类似，每一个单元的标靶图只能显示单一的数据信息源，并且通过添加合理的度量标尺可以显示更精确的阶段性数据信息。另外，标靶图通过优化设计还能够用于表达多项同类数据的对比，如今年实际消费与去年实际消费的对比关系；标靶图还可以表达一项数据与不同目标的校对结果，如非常好、令人满意、不好等。简言之，标靶图的目的主要是用来追踪任务的实际执行情况与预设目标的对比情况。

本节主要以某饮品公司销售数据为例，学习用标靶图来分析各类饮品的实际销售额是否达到了预定目标。主要操作步骤如下。

（1）连接数据源（某饮品公司销售数据.xls），选中“饮品销售订单”表。

（2）分别双击“产品类别”、“产品名称”和“销售额”，从“智能显示”下拉菜单中选择“条形图”。

（3）将“预计销售额”拖放到“详细信息”。

（4）右击“销售额”所在的横轴，单击“添加参考线”，在弹出的对话框中进行如图 7-74 所示的参数设置，效果图如图 7-75 所示。

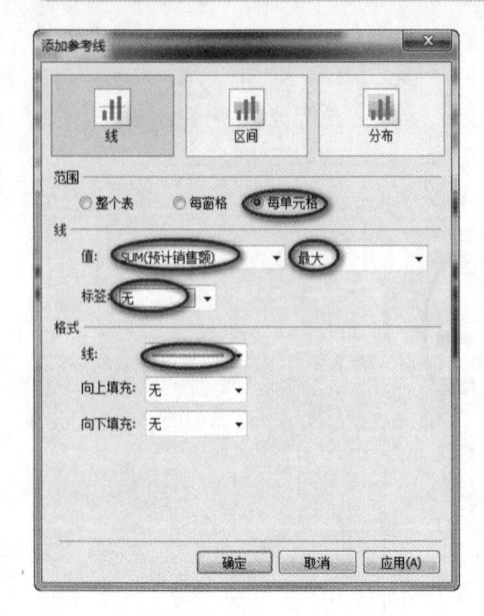

图 7-74　添加参考线

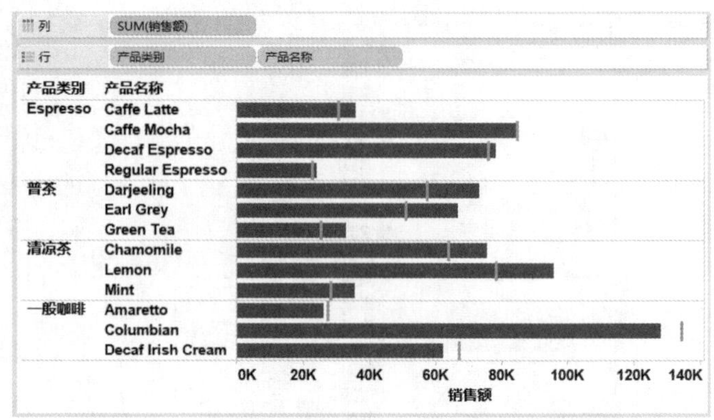

图 7-75　添加参考线后的视图

从图 7-75 中可以看出，深色条形图如果没有与灰色线相交，则说明时间销售额没有达到预计销售额的目标。从此图中还观察发现，一般咖啡中的三种产品的销售额都没有达到预定的销售目标。

（5）美化视图。再次右击“销售额”所在的横轴，单击“添加参考线”，在弹出的对话框中进行如图 7-76 所示的参数设置，效果图如图 7-77 所示。

（6）自动用颜色显示销售额未达目标的产品。右击维度或度量空白处，创建计算字段“销售完成与否”，在公式编辑器中输入公式 sum([销售额])>sum([预计销售额])；将“销售完成与否”拖放到“颜色”框中；适当滑动“大小”滑块，将条形图宽度调小一些，结果如图 7-78 所示。设置分布带后，对于没有达到预计销售额的产品，用户还可以看出其大概完成的预计额百分比。

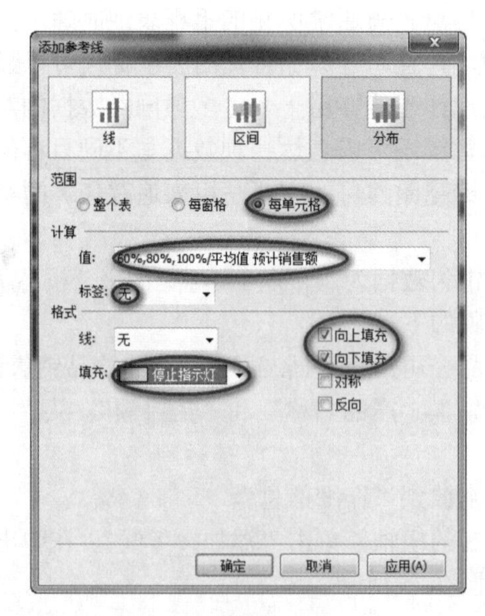

图 7-76　添加分布参考线

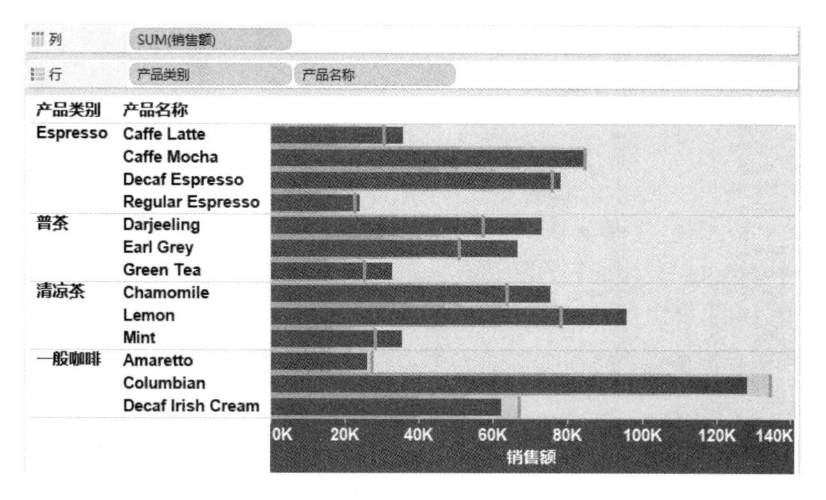

图 7-77 添加分布参考线后的视图

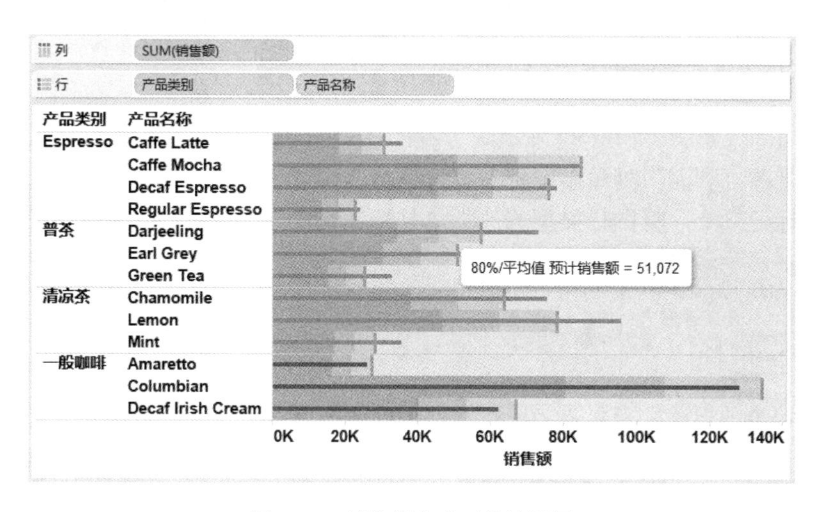

图 7-78 销售额完成百分比视图

7.5.13 瀑布图

瀑布图是数据可视化分析中常见的一种图形，一般用于分类使用，便于反映各部分之间的差异。瀑布图可以阐述多个数据元素的积累效果，描述一个初始值受到一系列正值或负值的影响后是如何变化的。在 Tableau 中，瀑布图是由甘特图生成的（甘特图请见 7.5.11 节），因此在创建瀑布图时，需要将“标记”类型选择为“甘特图”以表示某个维度变化的测量值。瀑布图中的每个长方形条都是一个度量值，该度量放在行上，而在列上放某个维度以反映维度值的一系列变化。

下面用瀑布图来展示某公司各个产品子类别的利润累积情况，步骤如下。

（1）连接数据源“零售数据”，如图 7-79 所示。

（2）将“利润”拖放到“行”上，将“产品子类别”拖放到“列”上。

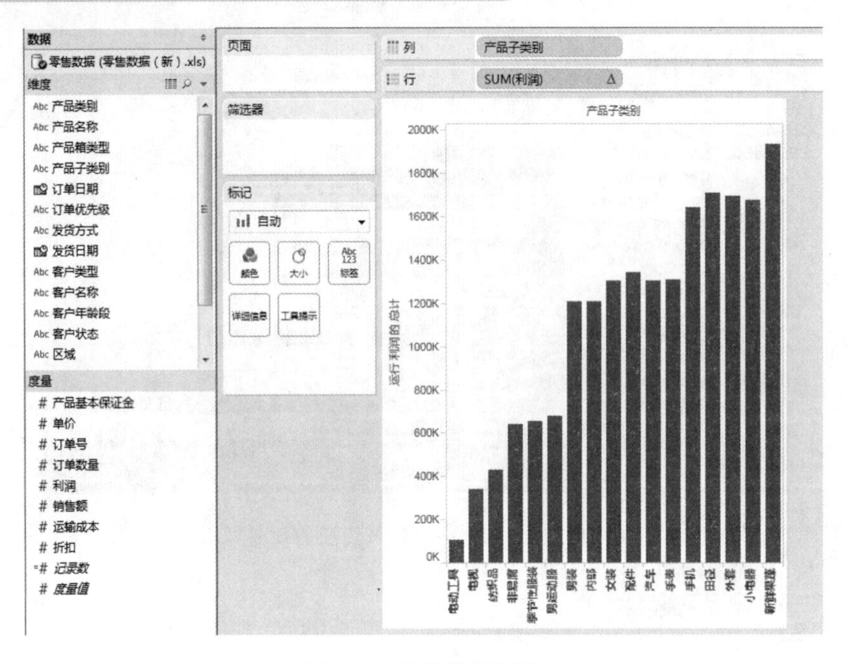

图 7-79　连接数据源图

（3）在行上的“利润”处单击鼠标右键，选择“快速表计算”，再选择“汇总”。

（4）在“标记”上，将图标类型修改为“甘特条形图”，如图 7-80 所示。

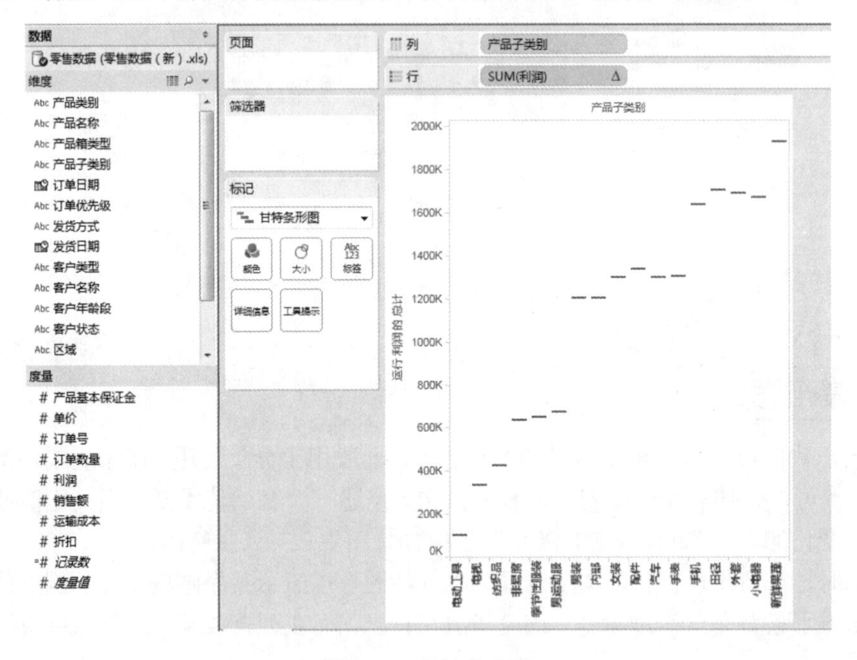

图 7-80　甘特条形图

（5）为了表示利润额的复制，构造一个新的字段：[负利润额]=–[利润]，并将“负利润额”拖放至“大小”框内，如图 7-81 所示。

（6）将“利润”拖放至“颜色”框内，在“标记”下方的“利润”处选择“编辑颜色”，将颜色设置为“红色–蓝色发散”，并勾选“使用完整颜色范围”，如图 7-82 所示。

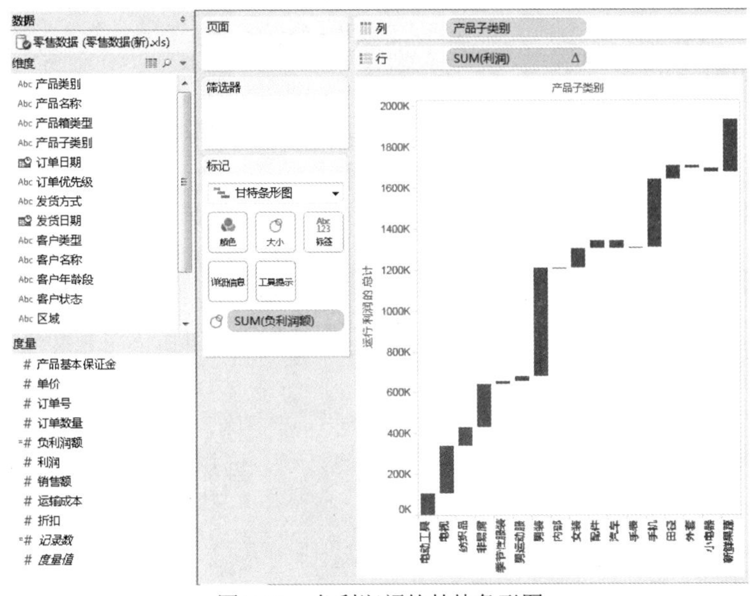

图 7-81　负利润额的甘特条形图

图 7-82　编辑颜色图

（7）单击菜单栏中的“分析”，选择“合计”下的“显示行总计”，结果如图 7-83 所示，从图中可以清楚地看到各个产品子类别的利润累积情况。

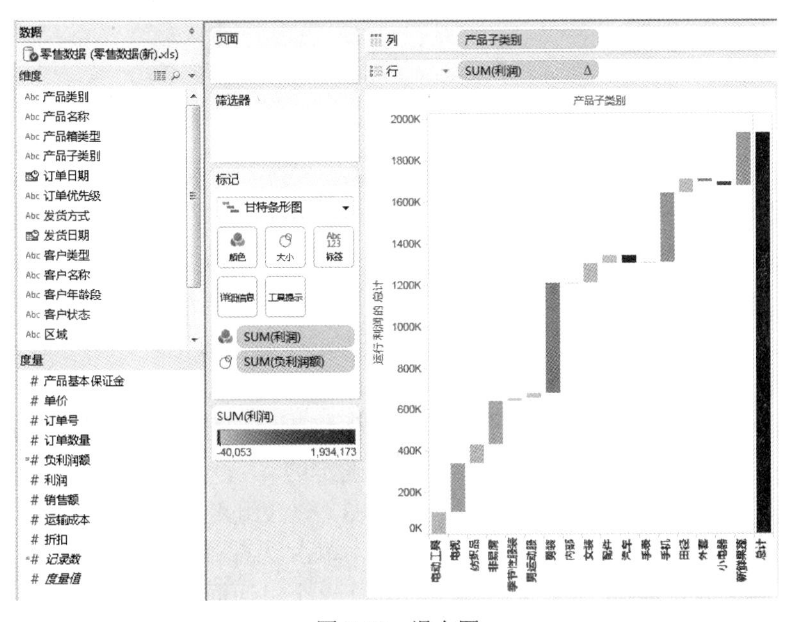

图 7-83　瀑布图

7.5.14 直方图

直方图又称质量分布图或柱状图，与 7.5.1 节的条形图类似，它采用一系列高度不等的纵向条形或线段表示数据分布的情况。

直方图虽然与条形图类似，但也有区别。条形图的横轴为单一类别，不考虑纵轴上的度量值，各类别数量的多少是用条形的长度来表示的；而直方图的横轴为对分析类别的分组，不同分组之间的宽度表示各组的组距，纵轴表示每级样本的数量。

例如，比较分析某公司零售数据中利润额的分布情况，可以考虑将利润分为不同的组，再对各组的数量进行统计，具体步骤如下。

（1）连接数据源“零售数据”。

（2）将“利润”拖放至“行”上，单击“智能显示”，选择最后一种图形“直方图”，结果如图 7-84 所示。

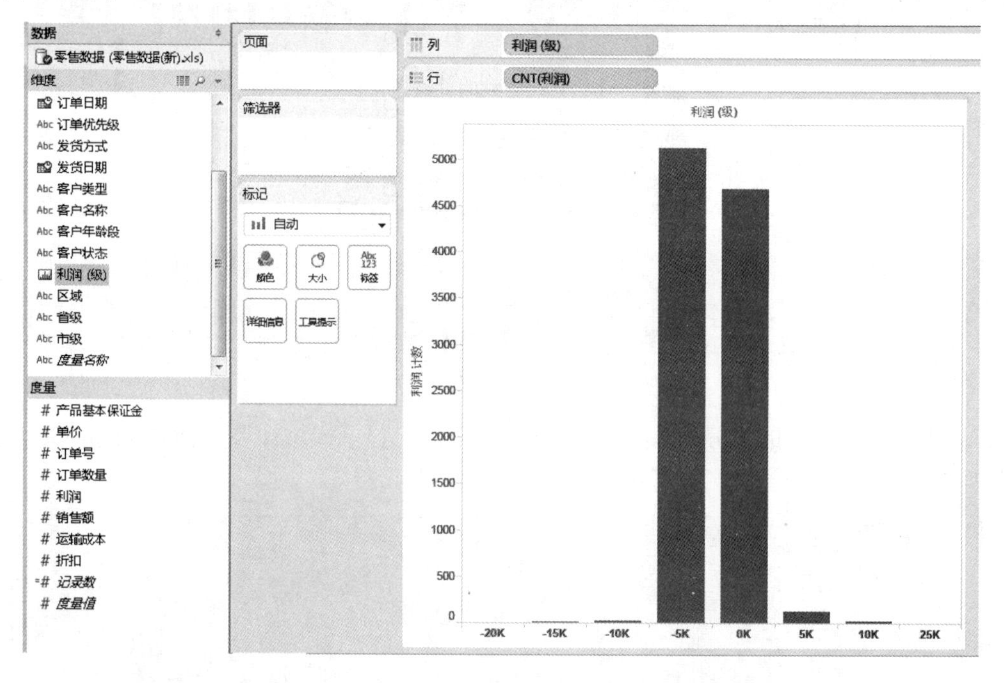

图 7-84　直方图

在左侧“维度”的选项里可以看出增加了一个“利润（级）”，这个是组距。从图 7-84 中可以看到横轴显示的组距为 5000。该图中只有两根比较明显的条形柱，为了让直方图中的图形分布更均匀，需要修改组距的大小，确定一个最佳组距，组距一般是根据极差与组数的比值来确定的。

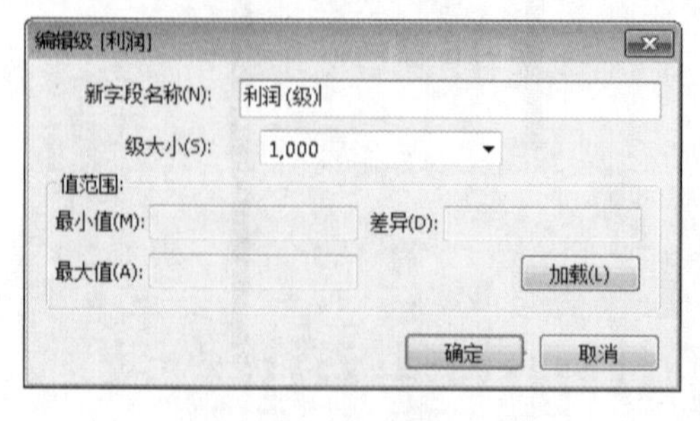

图 7-85　编辑级

（3）修改组距。在“利润（级）”上单击鼠标右键，单击“编辑”，弹出如图 7-85 所示的对话框，在这个对话框中可以对字段的名称和组距进行设置。

（4）根据产品利润的数据，将组距设置为 1000，单击“确定”按钮，修改组距后的直方图如图 7-86 所示。从图中可以看出，利润额的主要分布区间为[−3000,7000]，其中利润额在[−1000,0]之间的订单数量最多，可以分析其原因。

由于自动生成的级仅显示该级的下限，不方便识别，所以可以对每组的名称进行编辑。以修改“−1K”为例，单击鼠标右键选中“−1K”标签，选择“编辑别名”，将名称修改为“−1K～0”，如图 7-87 所示。

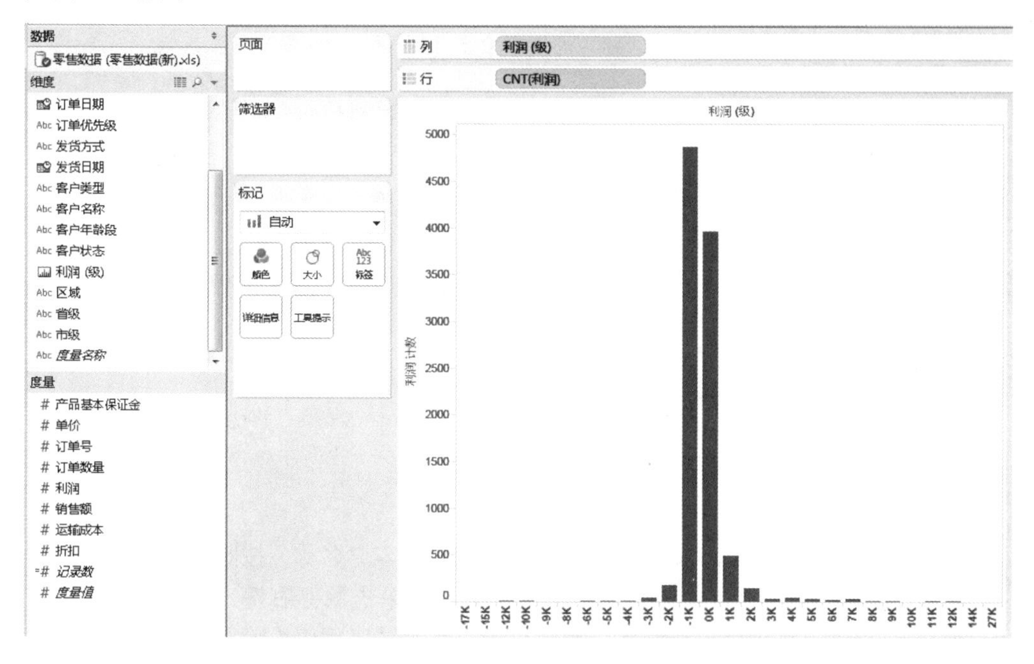

图 7-86 修改组距后的直方图

图 7-87 为级标签编辑别名

7.5.15 帕累托图

帕累托图（Pareto）是按照发生频率大小顺序绘制的直方图，表示有多少结果由已确认类型或范畴的原因造成，主要用于分析导致结果的主要因素。帕累托图是以意大利经济学家 V. Pareto 的名字而命名的，他提出了著名的帕累托法则（又称“二八原理”），即 80%的问题是由 20%的原因造成的。在项目管理中可以使用帕累托图来找出产生大多数问题的关键原因，用来解决大多数问题。

本节以某公司零售数据为例创建一个帕累托图，来分析总利润额与客户的比例是否符合帕累托法则，即是否 80%的利润额来自于 20%的客户，或者是别的情况。具体步骤如下。

（1）连接数据源“零售数据”。

（2）将“客户名称”拖放至“列”，将“利润”拖放至“行”，将视图改为“整个视图”，如图 7-88 所示。

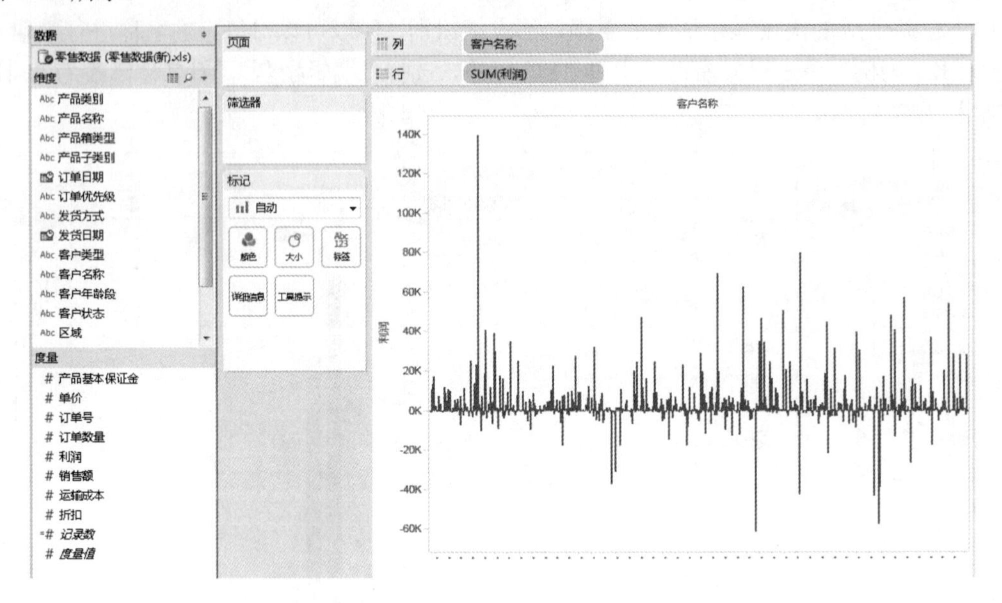

图 7-88　整个视图

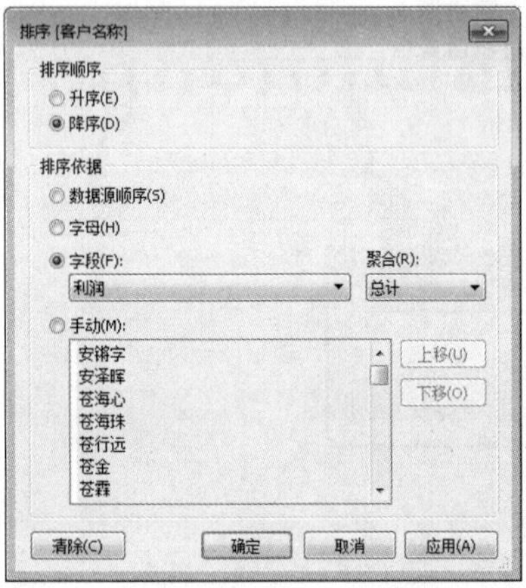

（3）接下来将“客户名称”按照利润的降序排序。在列的“客户名称”上单击鼠标右键，选择“排序”。在“排序”对话框中，将“排序顺序”设置为“降序”，“排序依据”处选择“字段”，并在下拉列表中选择“利润”，右边的“聚合”设置为“总计”，单击“确定”按钮，如图 7-89 所示。

图 7-89　排序

（4）在行上的“利润”上单击鼠标右键，选择“添加表计算”，并按照图 7-90 做好设置。“计算类型”设置为“汇总”，“计算因素”设置为“客户名称”。为了将纵轴上的利润变为百分比的方式，勾选“对结果执行从属计算”，并将“从属类型”设置为“总额百分比”，将“值汇总范围”设置为“客户名称”，单击“确定”按钮。这样设置的目的是表明统计的累计利润百分比是基于客户的。

设置完成后，客户累计利润百分比视图如图 7-90 所示。从图中可以看出，纵轴上的累计利润是用百分比表示的，当累计利润达到 100%时，对应的客户数量并不是最后一个。但由于横轴上显示的是客户姓名，而不是以百分比的形式显示的，所以图 7-91 还不是帕累托图。

（5）在视图中，我们需要将横轴上的客户名称变成客户数量，而步骤（4）中的累计利润是基于“客户名称”的，因此需要将“维度”中的“客户名称”拖放到“详细信息”中。

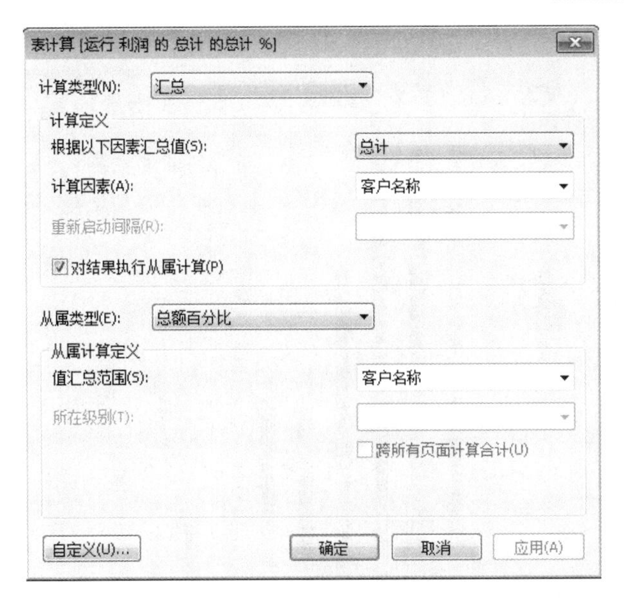

图 7-90　表计算设置

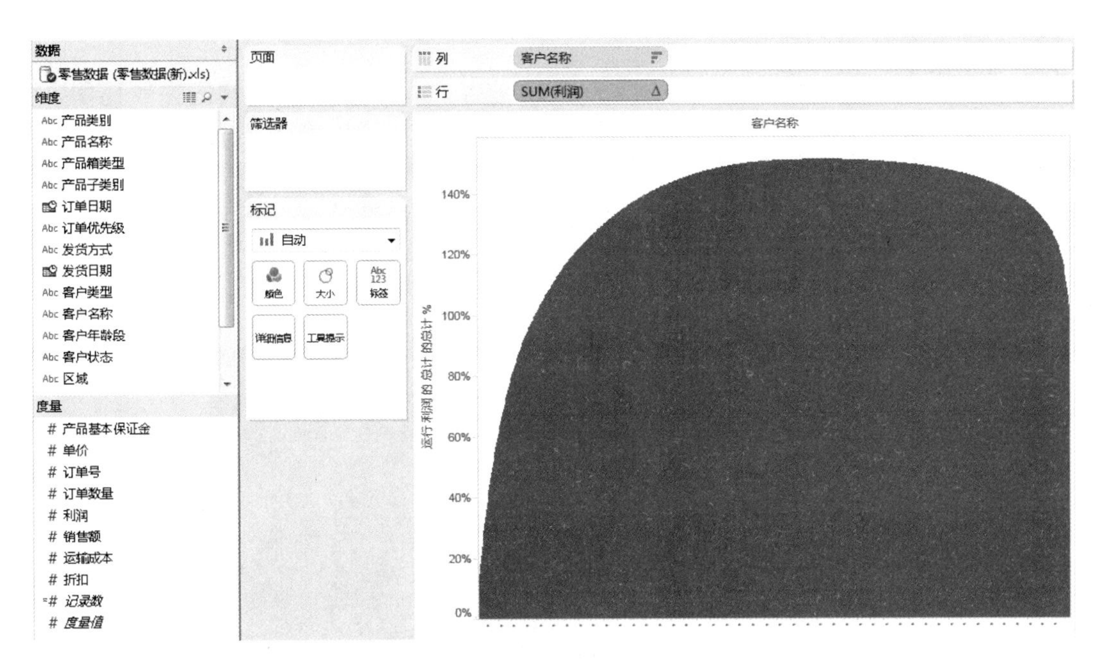

图 7-91　客户累计利润百分比视图

（6）单击列上的“客户名称”，单击鼠标右键选择“度量”，并设置为“计数”，在“标记”中选择“条形图”，如图 7-92 所示。

（7）为了将横轴设置为顾客的百分比数，右击列上的“CNT（客户名称）”，选择“添加表计算”，并做如下设置：“计算类型”设置为“汇总”，“计算因素”设置为“客户名称”，勾选“对结果执行从属计算”，并将“从属类型”设置为“总额百分比”，将“值汇总范围”设置为“客户名称”，单击“确定”按钮。

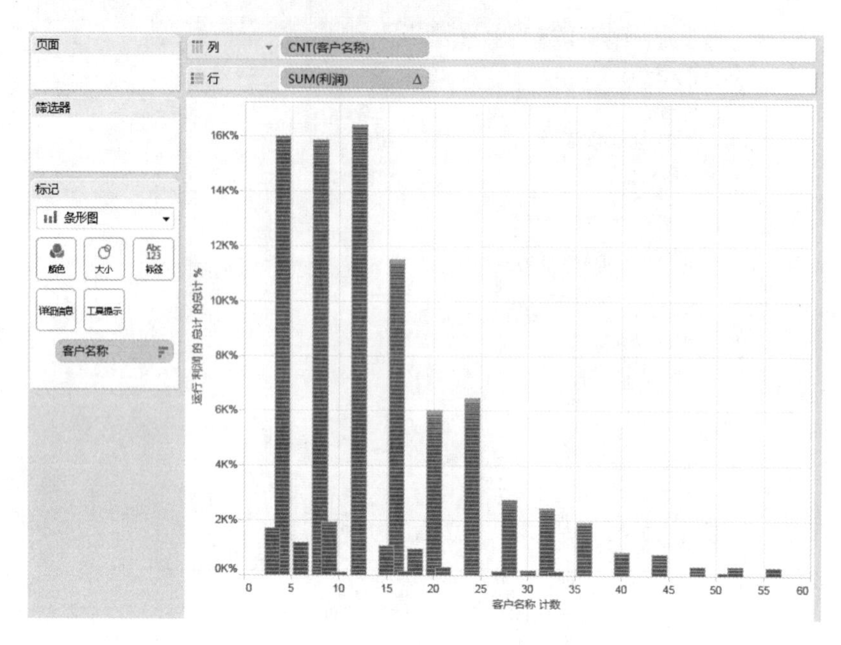

图 7-92 客户累计利润百分比视图

设置完成后纵轴是利润累计百分比，横轴是客户百分比数，这就是帕累托图，如图 7-93 所示。从图中可以看到，当累计利润达到 80%时，顾客数目在 15%左右，符合帕累托法则。

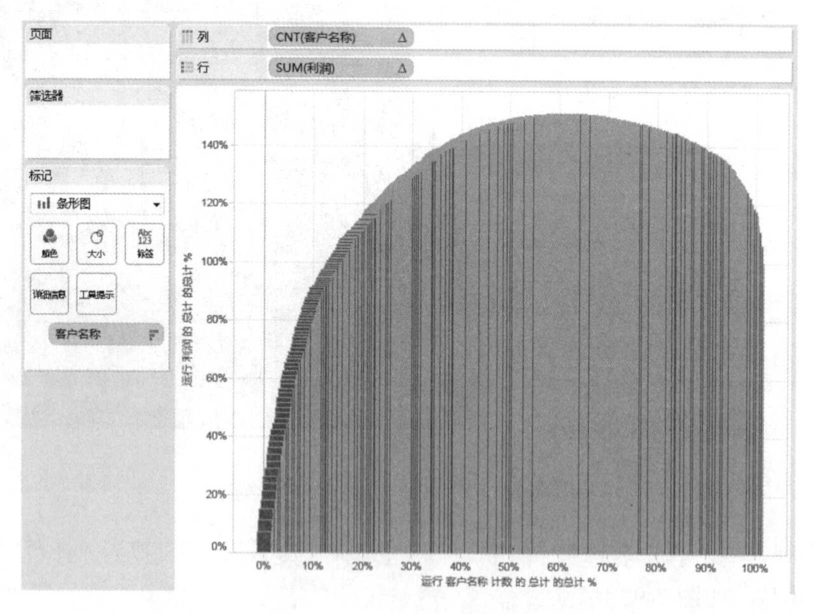

图 7-93 初步形成的帕累托图

对于图 7-93，可以加两条参考线，使帕累托图更加直观。

右击纵轴，选择“添加参考线”，设置常量的值为 0.8，如图 7-94 所示。再次右击纵轴，选择“编辑轴”，将纵轴标题改为“利润额百分比”。采用同样的步骤在横轴设置参考线，设置常量的值为 0.2，并将横轴标题改为“顾客数量百分比”。

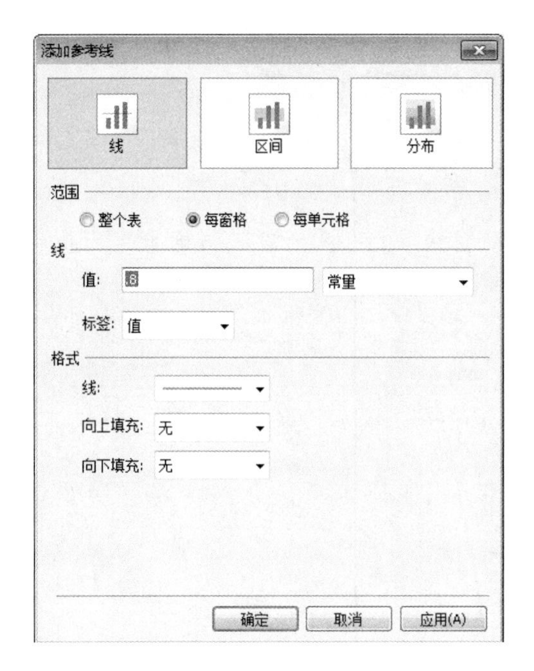

图 7-94　添加参考线

最后将“度量”里的“利润”拖放到“颜色”内，可以看到最终的帕累托图如图 7-95 所示。

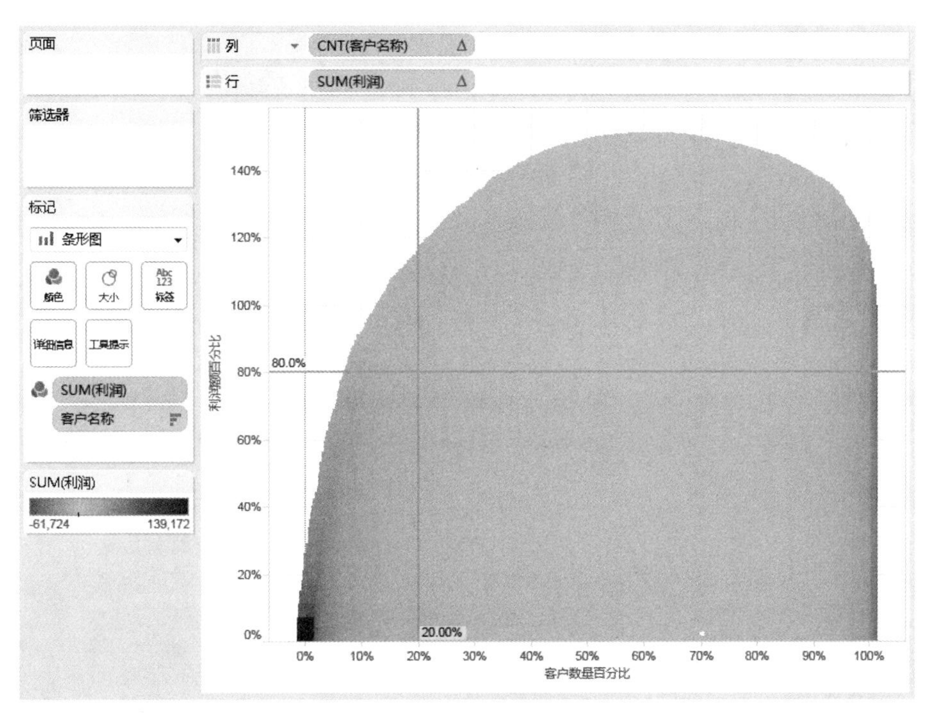

图 7-95　最终的帕累托图

对于帕累托图，还可以更改图标类别，在“标记”内选择“线”，则结果如图 7-96 所示。

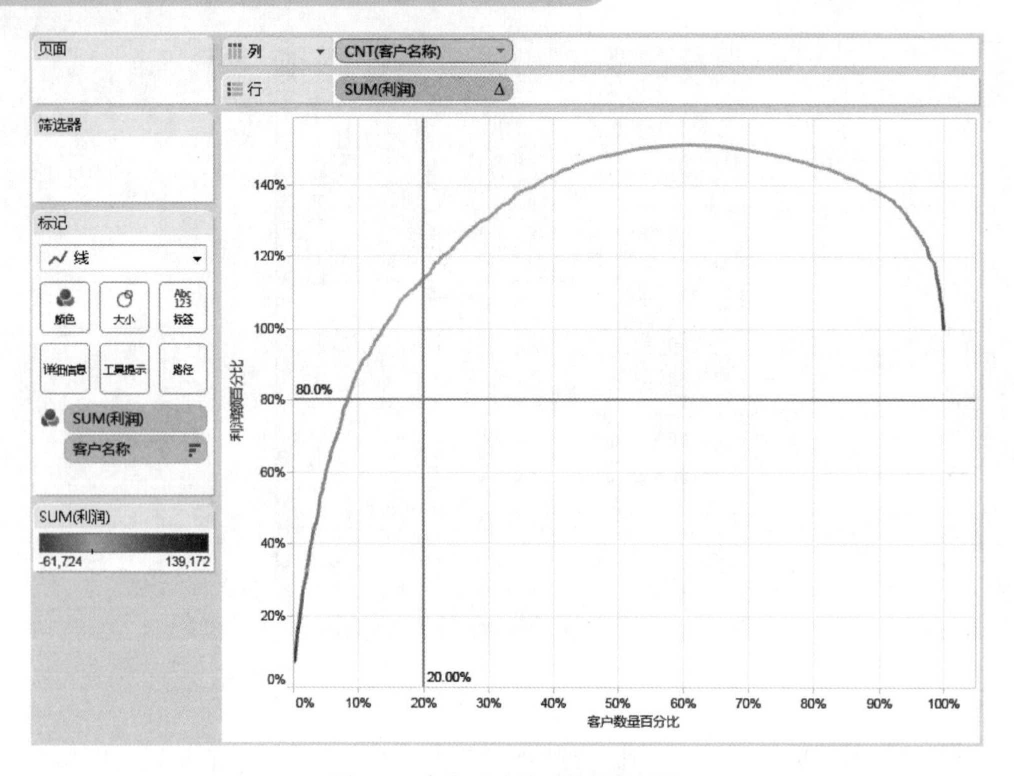

图 7-96　标记改为线后的帕累托图

第8章 绘制地图

8.1 地图简介

当数据中有邮编、区号、城市名称或其他地理区域划分等“地理位置信息”时，可以用 Tableau 中的地图来展示业务数据，从地图上，可以直观地分析每个地理位置上数据的情况。Tableau 的地图功能非常强大，不仅可以实现省、市的地图展示，还可以编辑经纬度信息，实现地理位置的定制化。

将 Tableau 连接到包含地理信息的数据源，设置好对应的“地理角色”后，Tableau 就可以通过简单的拖放和单击生成地图。Tableau 包含符号地图和填充地图两种，本章会详细介绍如何生成这两种地图，以及包含两者的混合地图。

8.2 创建地图

8.2.1 分配地理角色

首先在 Tableau 中分配地理角色，Tableau 能够自动识别的地理角色包括“国家/地区”、“省/市/自治区”、“城市”、“区号”、“CBSA/MSA”、“国会选区”、“县”和“邮政编码”，如图 8-1 所示，其中只有“国家/地区”、“省/市/自治区”和“城市”这三种对中国区域有效。

一般情况下，Tableau 可以给数据源中地理信息的字段自动分配地理角色，分配后每个地理位置就与经纬度关联起来了，这样在“度量”窗口就可以看到“纬度（生成）”和“经度（生成）”两个字段，创建地图时也就可以使用这两个字段了。

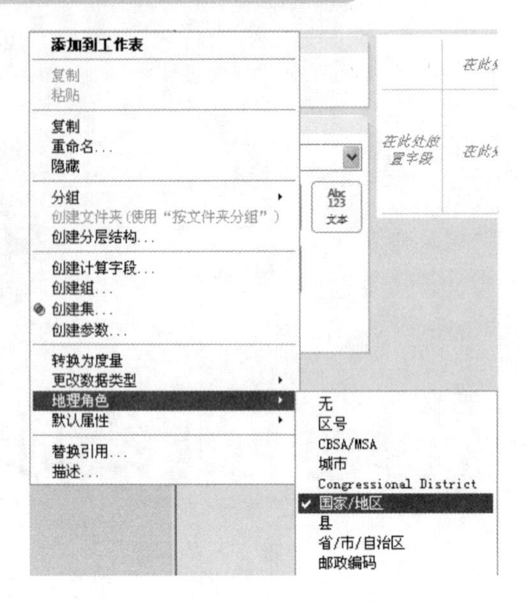

图 8-1 地理角色分配

如果数据源中的位置信息有些无法识别，就需要手动为其分配地理角色。地理信息无法识别的有两种情况：①不明确，该数据所代表的地理位置有两个或以上，Tableau 不知道应该分配哪个位置；②无法识别，说明该位置不在 Tableau 的地理库中。对于无法识别的数据，在“匹配位置”中选择一个“匹配项”即可。具体步骤为单击菜单栏中的“地图”，选择“编辑位置”，弹出如图 8-2 所示的对话框，单击“无法识别”右边的下拉菜单，选择正确的地名即可，如图 8-3 所示。

编辑位置
地理角色
Country: 国家　1 个问题
将值与位置匹配
Country　仅在下拉列表中显示未匹配的位置

您的数据	匹配位置
捷克	无法识别
丹麦	丹麦
乌克兰	乌克兰
保加利亚	保加利亚
克罗地亚	克罗地亚
冰岛	冰岛
匈牙利	匈牙利
塞尔维亚	塞尔维亚
奥地利	奥地利
希腊	希腊
德国	德国

重置匹配　确定　取消

图 8-2 “编辑位置”对话框

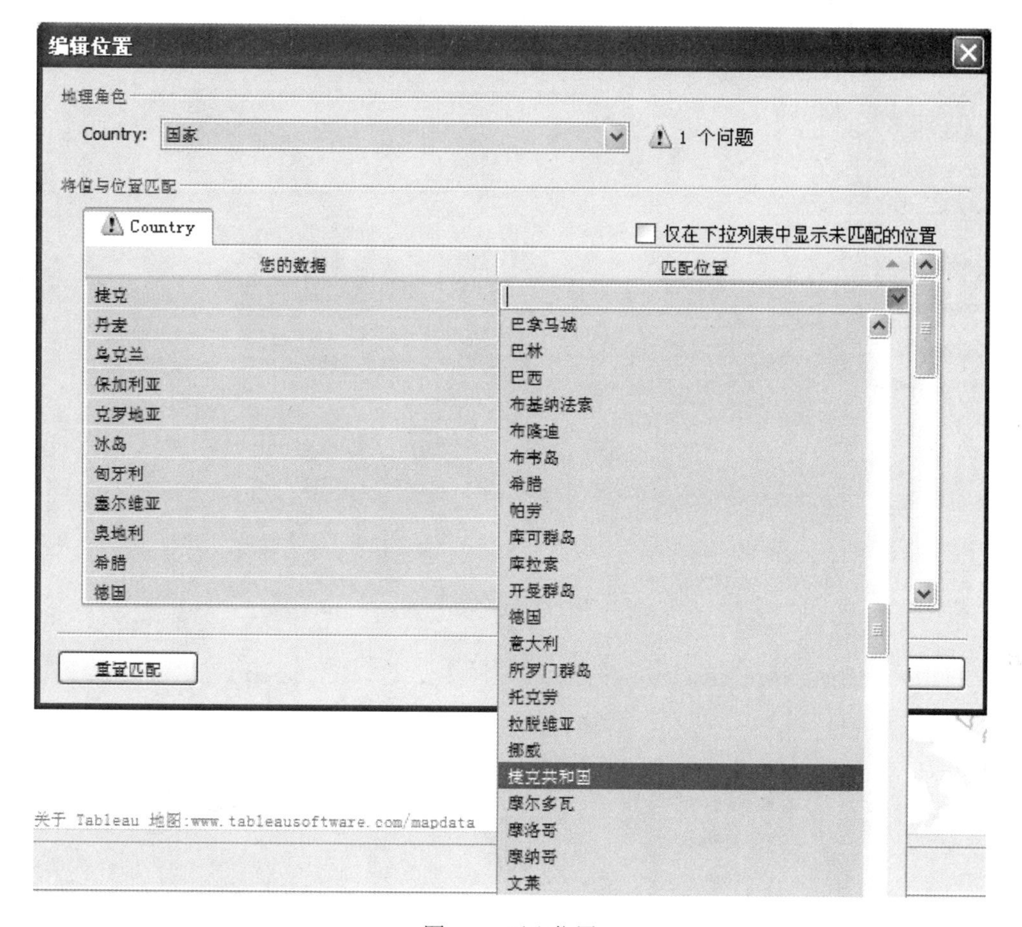

图 8-3　匹配位置

Tableau 可以创建符号地图、填充地图和混合地图，下面将分别介绍这 3 种地图的创建步骤及创建后的效果。

8.2.2　绘制符号地图

符号地图以地图为背景，在对应的地理位置上用多种形状展示信息。本节以各欧洲国家的销售额和利润额的情况为例，介绍符号地图创建方法。具体步骤如下。

（1）连接到数据源“国家销售额利润额”，将“国家/地区”的地理角色设置好后，双击“国家”，可以看到在视图区自动生成了一张显示各欧洲国家的地图，如图 8-4 所示，这就是 Tableau 智能显示图形的功能。

（2）如果要分析各国家的销售额分布情况，可以将“销售额”拖放到“标记”下的“大小”中，图中圆圈的基准大小可以设置。单击“大小”，会出现一个滑动条，只需要移动滑动条就可以调整圆圈的大小。再将“利润额”拖放到“颜色”中，并编辑颜色，将颜色设置为“橙色-蓝色发散”，勾选“使用完整颜色范围”，结果如图 8-5 所示。图中的圆圈越大说明销售额越高，颜色灰度越深说明利润越大。

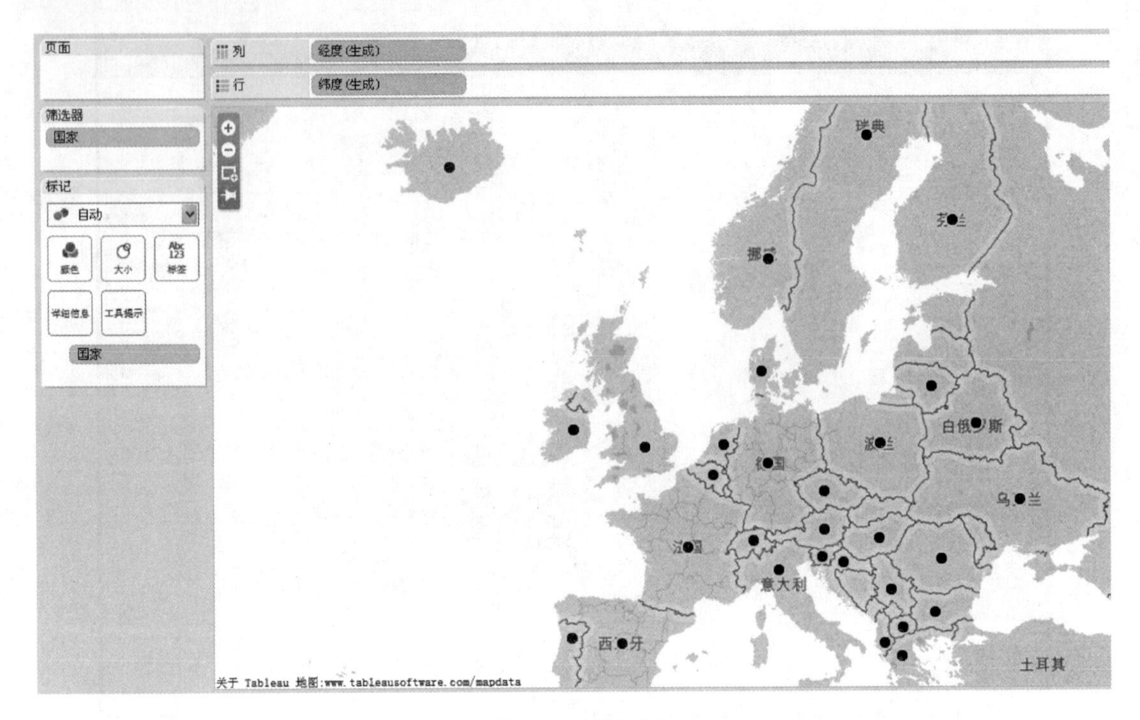

图 8-4　符号地图

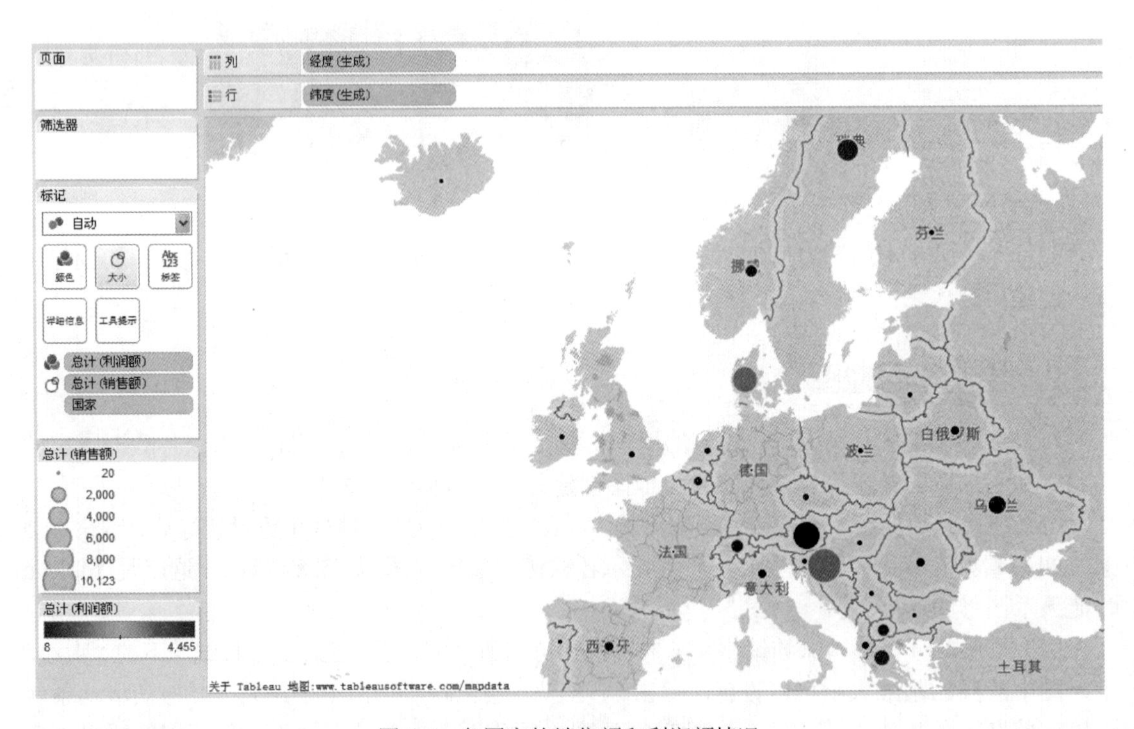

图 8-5　各国家的销售额和利润额情况

（3）如果想在图中显示某个字段的值，则需要把相应字段拖放到“标签”内，并单击“标签”，在弹出的对话框中勾选“显示标记标签”。把“国家”、“利润额”和“销售额”都拖放至“标签”中，就可以从图中直观地看到每个国家的销售额和利润额的情况，如图 8-6 所示。

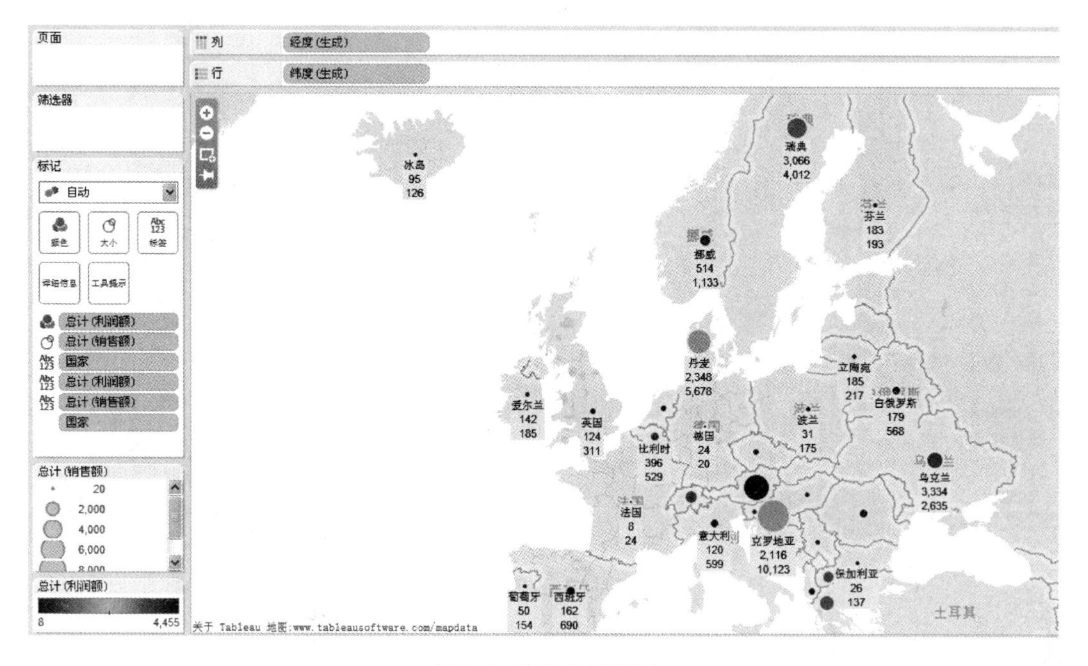

图 8-6　带标签的地图

8.2.3　绘制填充地图

填充地图是将地理信息作为面积进行填充，图 8-7 所示就是一种填充地图。创建填充地图时需要在“标记”的下拉列表里选择“已填充地图”。

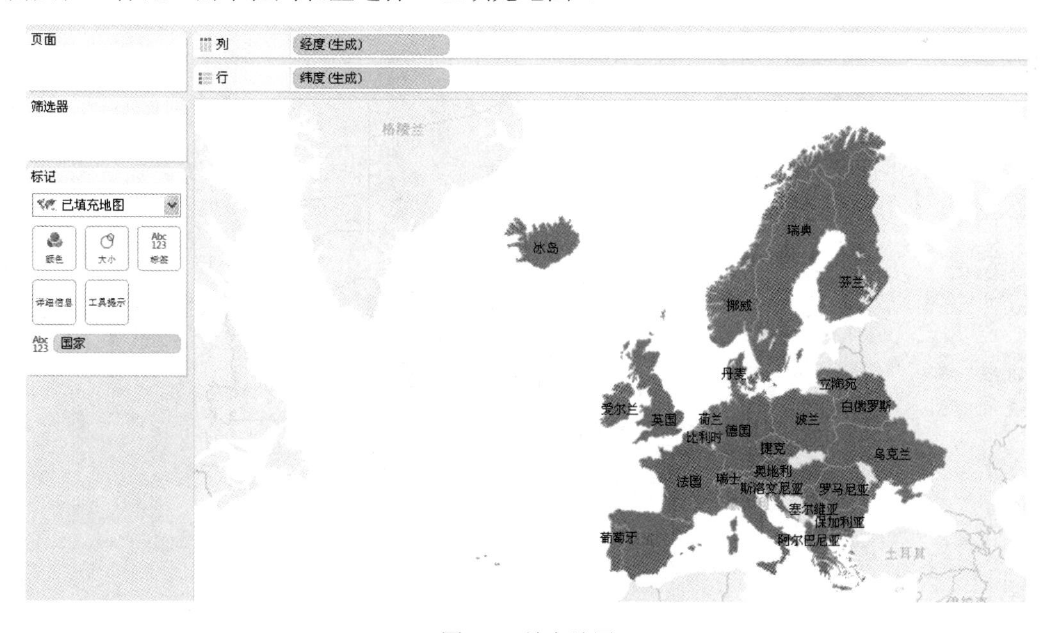

图 8-7　填充地图

按照 8.2.2 节的方法将“国家”、“销售额”和“利润额”拖放到相应的位置，则图 8-6 中的符号地图就会以填充地图的方式显示出来，如图 8-8 所示。

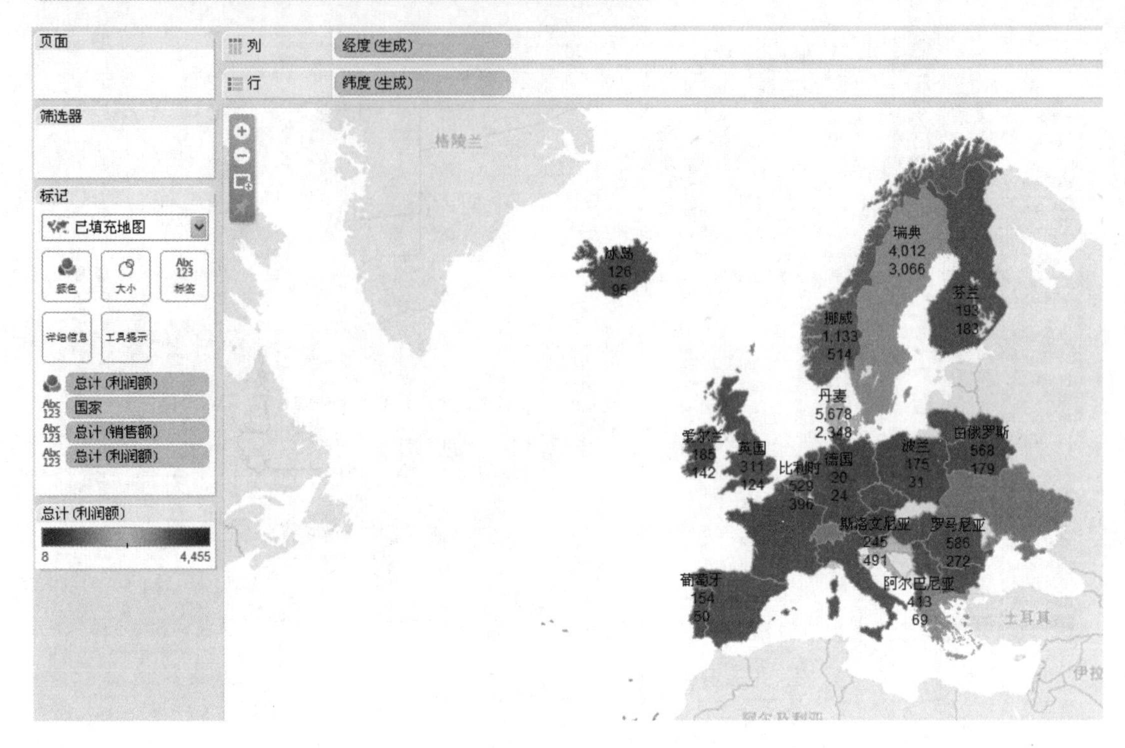

图 8-8　各国家销售额和利润额情况的填充地图

地图上还可以显示更多的信息，如将“区域”拖放到“详细信息”框内，单击其右上角的下拉菜单按钮，选择“显示快速筛选器”，最终的结果如图 8-9 所示。可以在筛选器中选择任何一个或多个区域进行分析，包括北欧、中欧、南欧、西欧、东欧。

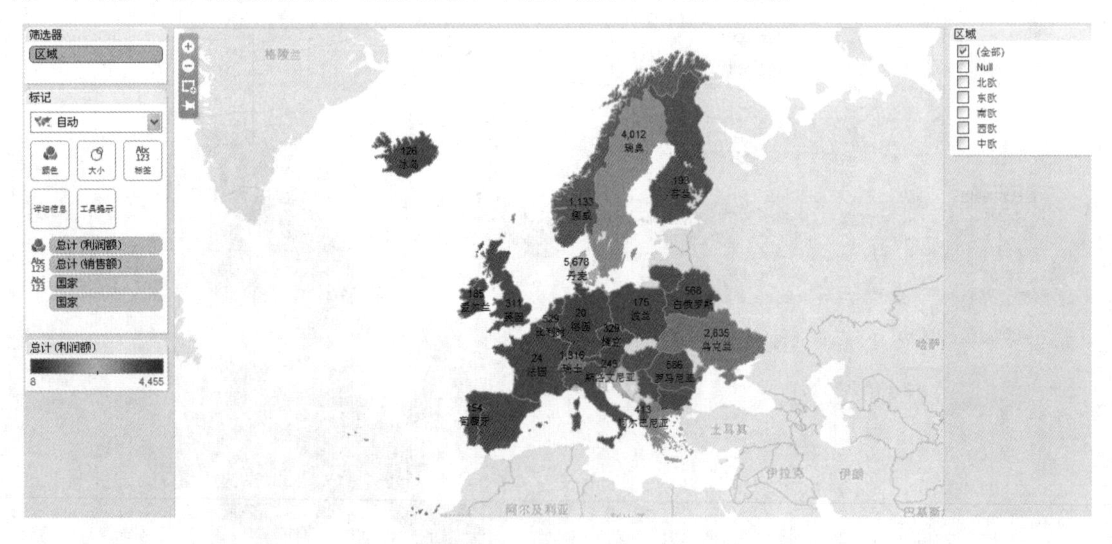

图 8-9　添加快速筛选器的填充地图

8.2.4　绘制混合地图

混合地图是把符号地图和填充地图叠加而成的一种地图形式。创建混合地图时，首先需要创建一个符号地图或填充地图。具体步骤如下。

（1）创建一个填充地图。双击“国家”，生成一个填充地图。

（2）将“度量”中的“纬度（生成）”拖放到“行”上，此时视图区域中会同时出现两个地图，如图 8-10 所示。

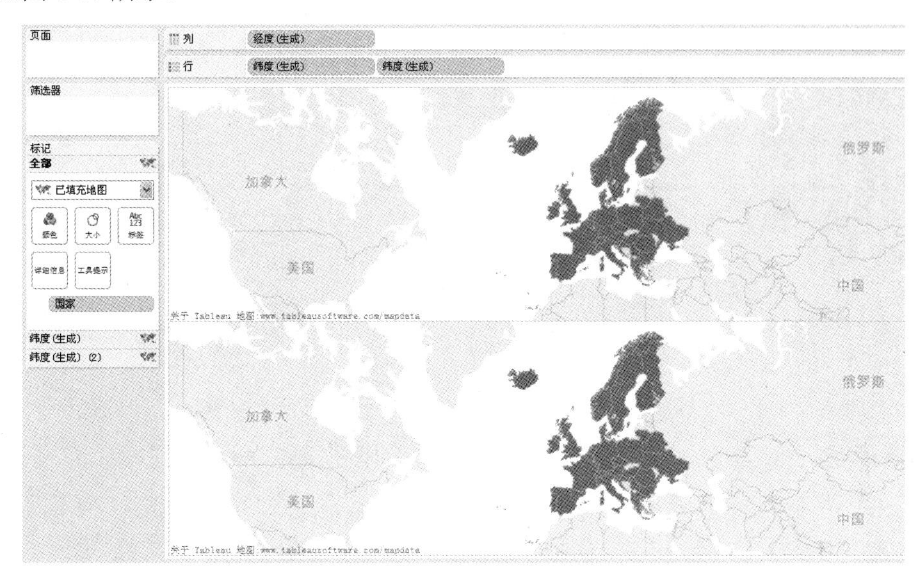

图 8-10　生成两个地图

（3）在“纬度（生成）”上单击鼠标右键，选择“双轴”，两个地图重叠为一个。同时可以看到在“标记”卡中有两个切换条“纬度（生成）”和“纬度（生成）(2)”，分别代表地图的两个图层，如图 8-11 所示。

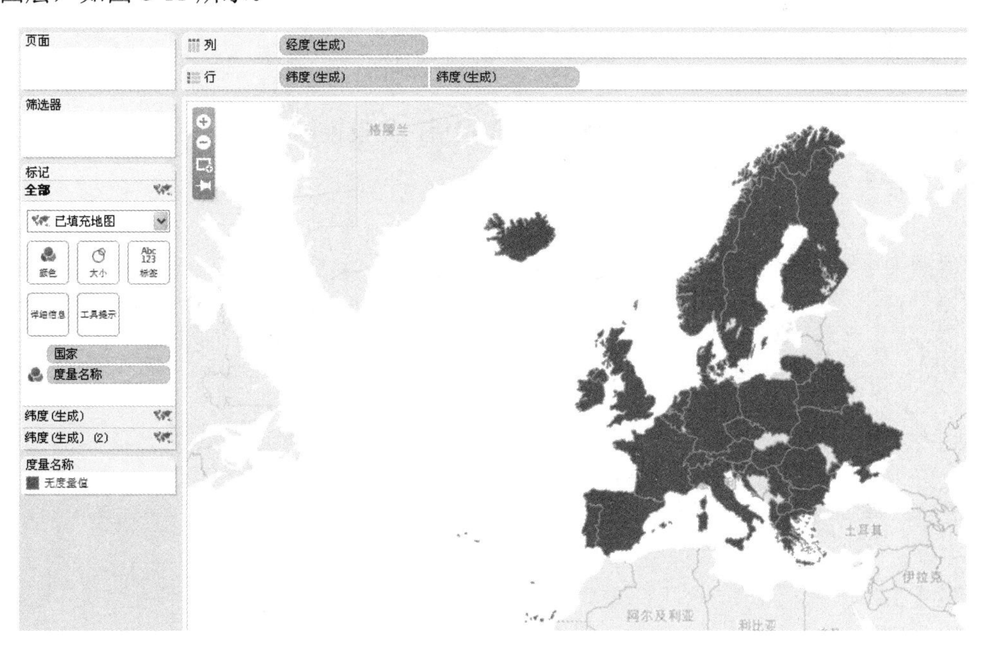

图 8-11　“双轴”设置后的地图

（4）选择“纬度（生成）2”，将其图形类型修改为“圆”，将“度量”的“销售额”拖放至“大小”，将“纬度”中的“国家”拖放至“标签”中。再选择“纬度（生成）”，将“度量”的“利润额”拖放至“颜色”中，如果需要修改颜色可以选择“编辑颜色”。最终生成如图 8-12 所示的效果图，实现了混合地图的展示。

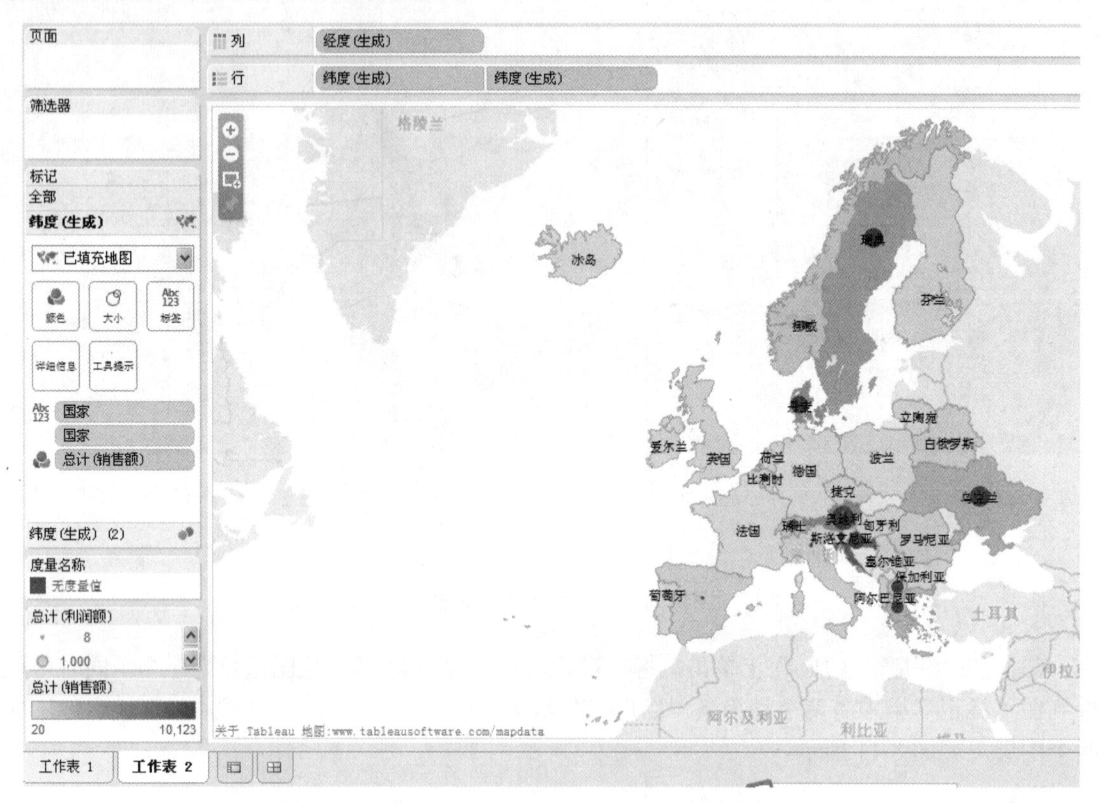

图 8-12　生成的混合地图

说明：创建混合地图时，在创建两个地图图层后，先设置每个地图图层展示的信息，再设置“双轴”显示，实现的效果是一样的。

第9章 动态仪表板

9.1 仪表板

前面已经介绍了各种可视化图表的制作，然而，有时单张的图表并不能满足分析所需，需要将几张图表放在一起进行分析，并且图表之间是可以交互的，这个时候就要用到仪表板了。

仪表板是指显示在一个面板的多个图表的集合，它可以同时比较和检测各种数据，并进行添加筛选器、突出显示、网页链接等操作，实现工作表之间的层层下钻，具有更强的交互性。

9.1.1 工作区

仪表板的工作区界面如图9-1所示。仪表板的工作区包含工作表窗口、容器与对象窗口、布局窗口、仪表板窗口和视图区。

（1）工作表窗口列出当前工作簿中的所有工作表，新建工作表后，仪表板窗口会自动刷新。因此，在添加至仪表板时，所有的工作表都是可用的。

（2）容器与对象窗口中，容器是组织添加到仪表板上的工作表和其他对象。新增容器会在仪表板中创建一个区域，在这个区域中，对象根据其他对象自动调整自己的位置和大小。对象列出了除工作表外可以辅助展示的其他要素，如图片、文本、网页和空白等。

（3）布局窗口里有平铺和浮动两个选项，用于调整工作表或对象的布局方式，在下方通过树形的结构展示了仪表板中各个工作表和对象的层级结构。

（4）仪表板窗口用于调整视图中各个工作表或对象的大小和位置，也包括仪表板整体的大小。

（5）视图区是创建和调整仪表板的主要区域，可以向视图区中添加工作表和其他对象。

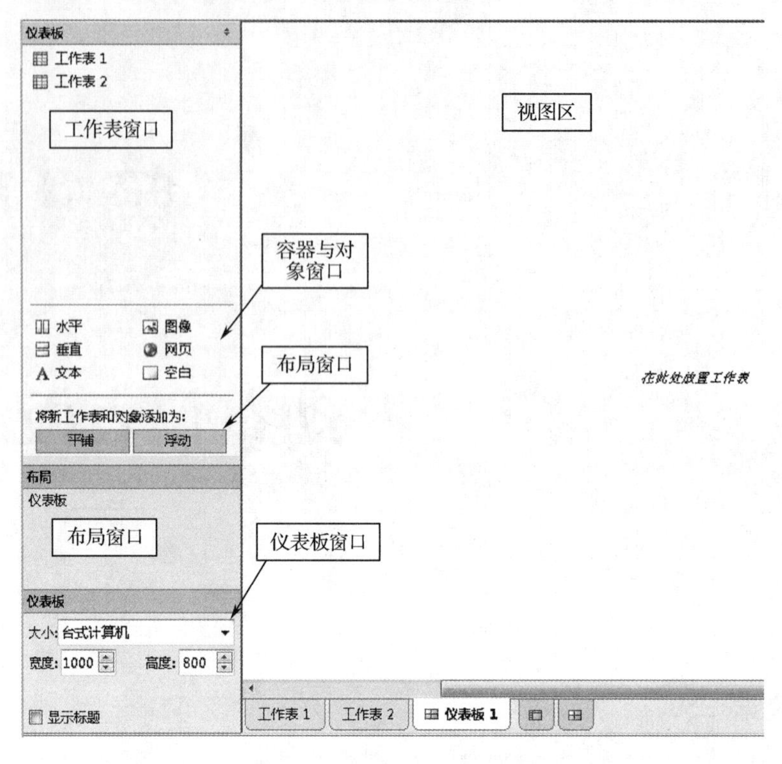

图 9-1　仪表板的工作区界面

9.1.2　对象

在 Tableau 中，文本、网页、图像等都可以被当作对象添加至仪表板中，以丰富展示内容，优化展示效果。

1. 文本

如果需要在仪表板中添加标题或说明等，就需要用到文本对象。文本对象会自动调整大小，以最佳方式显示在仪表板中；用户也可以拖动文本对象的边缘，手动调整其大小。在默认情况下，文本对象是透明的，可以右击设置文本格式。

2. 图像

通过图像对象，可以向仪表板中添加静态图像，如公司的 logo 或其他图片等。在添加图像时，系统会弹出从计算机选择图像的对话框，选择好图像后，还可以对图像的显示方式（如大小、对齐方式）进行修改并为图像添加超链接。

3. 网页

通过增加网页对象，可以将网页嵌入仪表板中，以便将 Tableau 中的图表与网页中的信息进行组合。添加网页后，网页在仪表板中会自动打开，而不需要打开浏览器窗口。

4. 空白

空白对象在仪表板中是用来优化布局的，可以通过拖动空白区域的边缘来调整空白的大小。

9.1.3　布局

1. 布局容器

布局容器是指仪表板布局的框架，分为水平和垂直两种。布局容器用来放置工作表、图像、文本、快速筛选器及网页等。

水平容器：水平容器为横向左右布局，用户可以将工作表或对象拖放到容器中，添加完成后容器的宽度会自动调整，如图 9-2 所示。

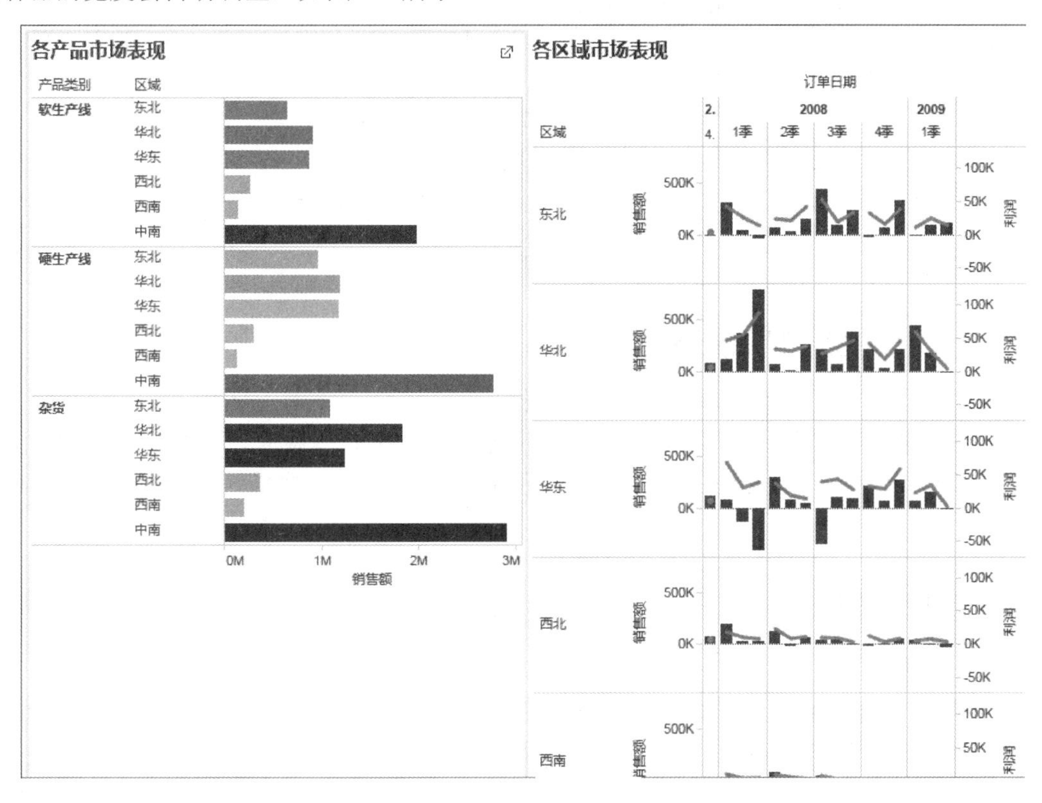

图 9-2　水平容器

垂直容器：垂直容器为纵向上下布局，用户将工作表或对象拖放到容器中，添加完成后容器的高度会自动调整，如图 9-3 所示。

2. 布局方式

布局方式是仪表板中各容器、工作表等其他对象的放置方式，分为平铺和浮动两种。

平铺布局：Tableau 默认采用的布局方式，仪表板中的工作表或对象平行分布而不相互覆盖。Tableau 会根据整个仪表板的大小和其中的工作表及对象来自动分布宽度和高度，用户也可以通过拖动区域的边缘进行手工调整。

浮动布局：浮动布局指所选的工作表或对象浮动并覆盖在背景视图上，用户可以选中各对象调整其大小和位置。例如，在地图显示中有较大的空白区域，这时就可以通过采用浮动布局来显示其他的工作表、图像等信息，以达到更好的展示效果。

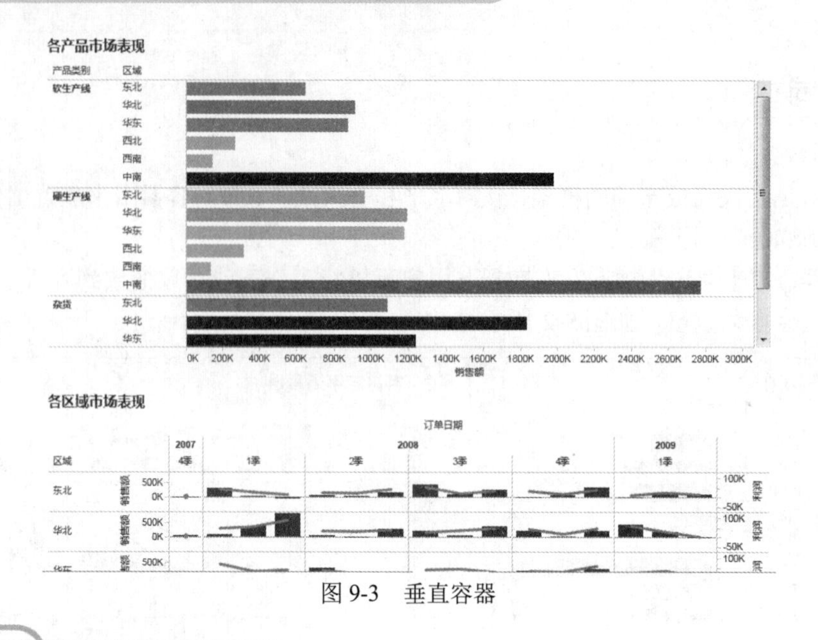

图 9-3　垂直容器

9.2　创建新的仪表板

首先根据第 8 章的基本工作表的制作方法创建几张工作表：一张展示全国销售概况表的地图，一张展示各产品市场表现的条形图，一张展示各区域市场表现的复合图和一张展示物流费用情况的散点图。

9.2.1　新建仪表板

新建一个仪表板，依次双击“全国销售概况”、“各产品市场表现”、“各区域市场表现”和“物流费用情况”这四张图表，会发现这四张图表已经自动添加到视图区的仪表板中了，并自动调整了布局，如图 9-4 所示。

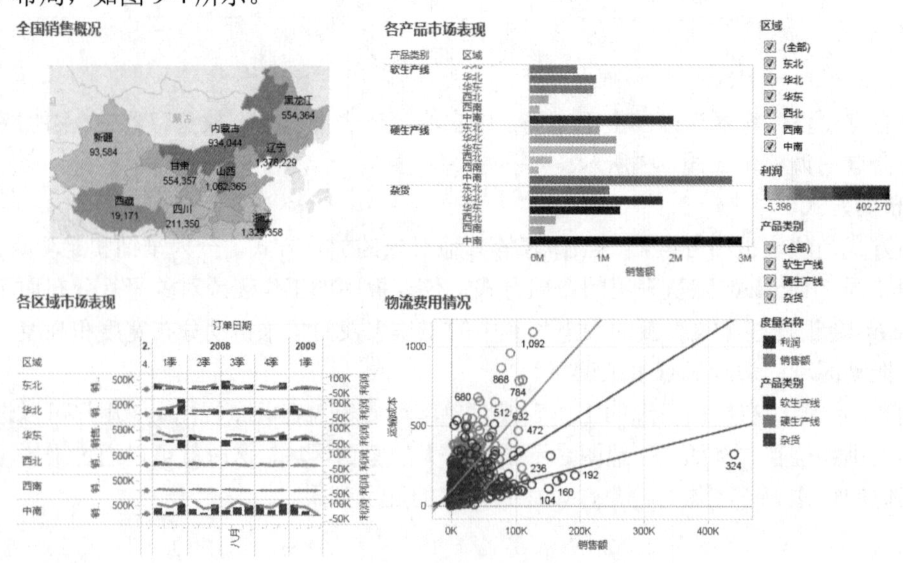

图 9-4　仪表板视图

简单的仪表板已经创建完成了，在仪表板中有4张图表，仪表板的右侧是原工作表的筛选器和一些图例说明。在一个仪表板中可以放很多张工作表，但建议最多4张，因为工作表太多，仪表板就会显得很拥挤。接下来对仪表板做些调整，让仪表板的可读性变得更强。

9.2.2　调整格式并添加内容

1. 移动筛选框和图例

（1）可以将原有图表中的筛选框移到原有的工作表的上方，并调整格式，让用户一看便知筛选框针对的图表和作用。例如，将“区域”筛选器移到“全国销售概况”的上方，调整大小，在筛选器上单击鼠标右键，将筛选器设置为“单值（下拉列表）”形式。同理，将“产品类别”筛选框移到“各产品市场表现”的上方，并将筛选器设置为“单值（下拉列表）”形式。

（2）将图例“度量名称”和“产品类别”分别移到“各区域市场表现”和“物流费用情况”的上方，这样在看图表时就知道对应的颜色代表哪个类别了。

移动完成后的仪表板如图9-5所示。与图9-4比起来，调整后的仪表板更加紧凑，可读性也更强一些。但是这些调整的步骤可以不做，保持图9-4所示的仪表板也是可以的。

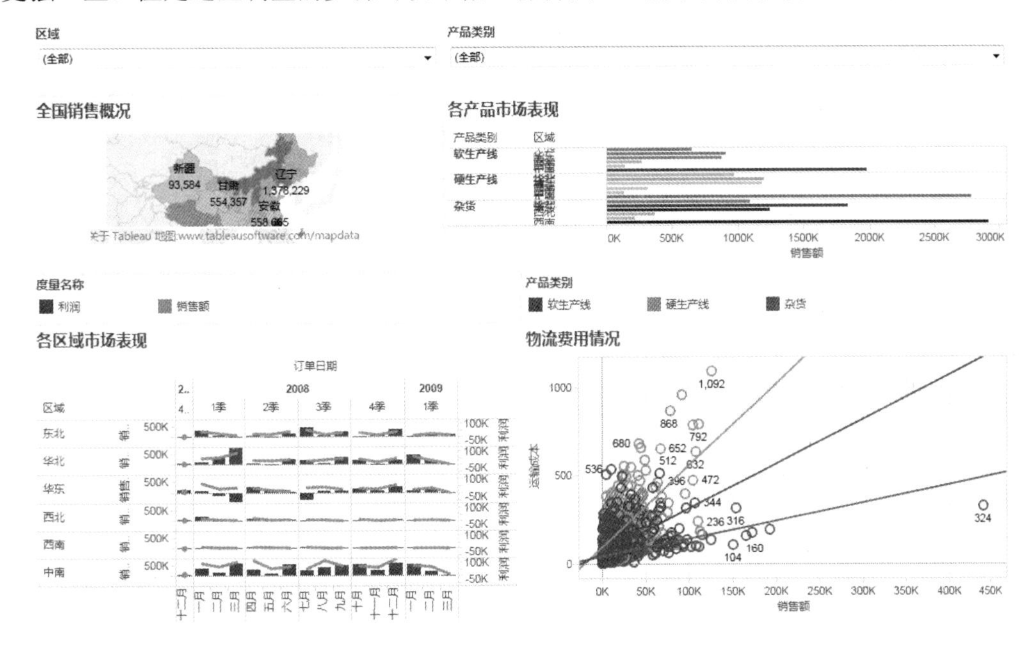

图9-5　调整后的仪表板

2. 其他操作

除了以上这些操作外，还可以对仪表板添加标题、文字说明、图片及网页等，下面简单做一些介绍。

（1）添加标题。勾选左侧最下方的“显示标题”或选择菜单栏的“仪表板”，选择“显示标题”，就可以为仪表板增加标题。双击该标题框，可以重命名这个仪表板。

（2）添加文字说明。若要对仪表板或某张图表添加文字说明，只需要将左侧“容器与对象窗口”里的“文本”拖到指定位置即可。

（3）添加图片。若要在仪表板上添加图片，只需要将左侧“容器与对象窗口”里的“图像”

拖到指定位置，然后在弹出的对话框中导入需要显示的图片即可。

（4）添加网页。双击左侧“容器与对象窗口”里的“网页”，会弹出如图 9-6 所示的对话框，在里面输入一个 URL 链接，就可以在仪表板内显示某个网页。

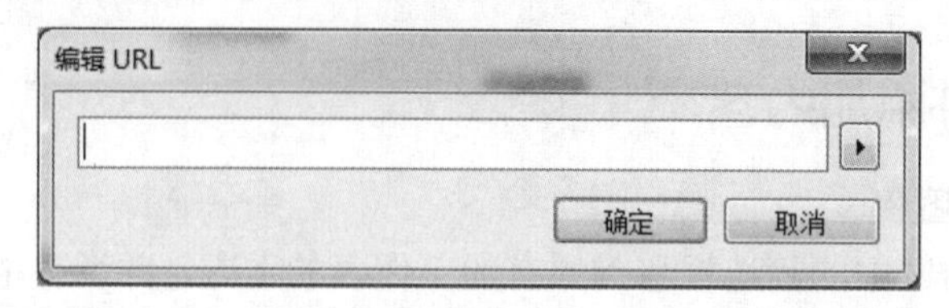

图 9-6　添加网页 URL 链接

9.2.3　添加交互操作

9.2.2 节已经将仪表板的页面布局设置好，本节介绍如何在仪表板上创建一些交互操作，让仪表板上的各个工作表可以互动起来。

在一个仪表板内，可以通过观察分析多张工作表，从不同的角度去分析公司的经营情况，但在图 9-5 所示的仪表板中，当选择“区域”筛选器上的任意一个选项时，只有“全国销售概况”这张表对选择做出响应，如果希望在选择区域时，“各产品市场表现”和“各区域市场表现”也能同时显示相应区域的数据，就需要在仪表板上添加交互操作。

Tableau 中的操作主要有三种：筛选器、突出显示和 URL，如图 9-7 所示。三者的功能分别如下。

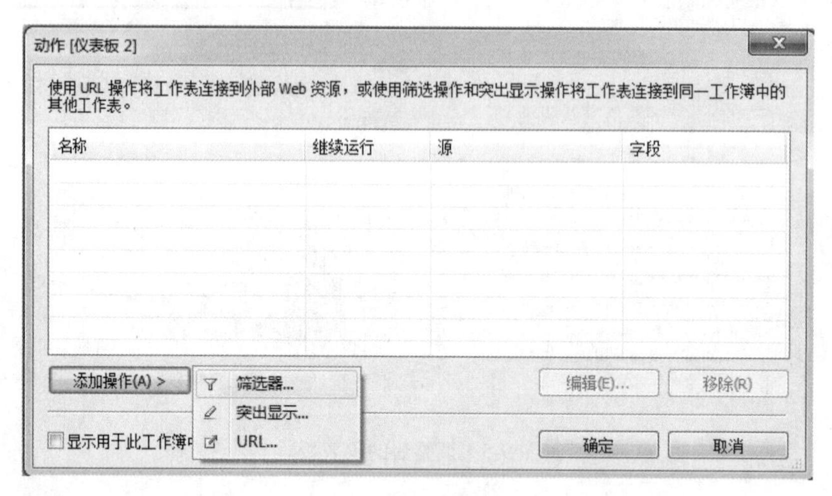

图 9-7　添加操作

（1）筛选器：当选择某张工作表上的一个点或多个点时，相关联的工作表也只显示所选择的那个点或多个点的数据。

（2）突出显示：当选择某张工作表上的一个点或多个点时，相关联的工作表将该点所属的数据突显出来。

（3）URL：当选择某个 URL 时，可以立即跳转到该 URL 所链接的页面。

下面具体操作选择“全国销售概况”上区域筛选器的某个区域，“各产品市场表现”和“各区域市场表现”也将显示相应区域的数据。

单击菜单栏中的“仪表板”，选择“操作”，单击“添加操作”并选择“筛选器”，弹出如图 9-8 所示的对话框。

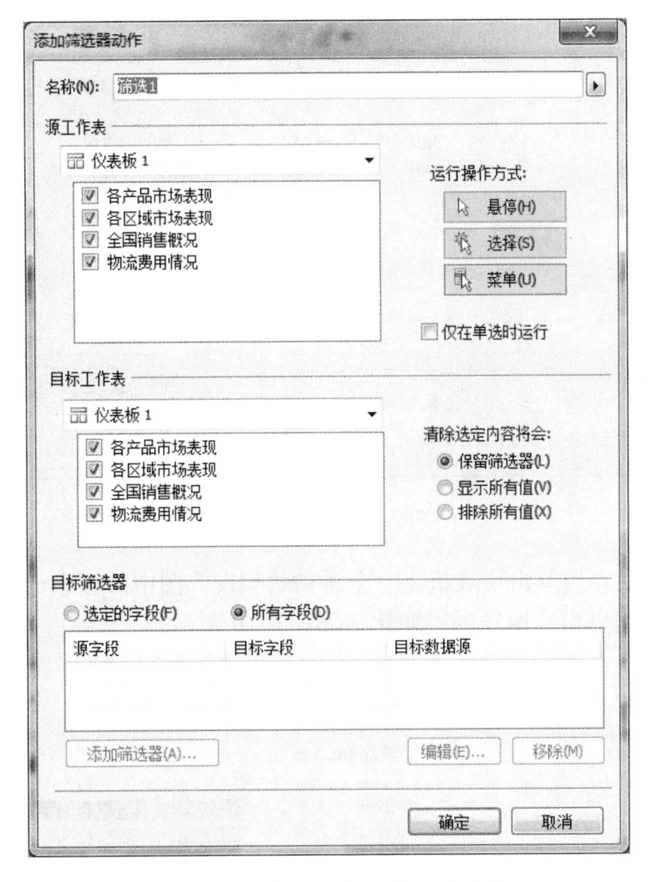

图 9-8 “添加筛选器动作”对话框

在图 9-8 所示的对话框中进行如下修改。

① 将筛选的名称重命名为“区域过滤”。

② 在“源工作表”中列出了仪表板里所有的工作表，在此处只勾选“全国销售概况”，用这张表作为过滤源。

③ 在运行操作方式处有三个选项：悬停、选择和菜单。“悬停”是指当鼠标悬浮于源工作表中的某个点时，就实现对关联表的过滤；“选择”是指当用鼠标选中源工作表中的某个点时，实现对关联表的过滤；“菜单”是指将“动作”添加到“工具提示”中，单击工具提示中的动作名称，只有这样才能实现对关联表的过滤。

④ 在“目标工作表”中勾选需要关联的工作表“各产品市场表现”和“各区域市场表现”，这两张表作为被过滤的表。

⑤ 在“清除选定内容将会”处有三个选项：保留筛选器、显示所有值和排除所有值。这三个选项是指当取消选择源工作表的某个点时，相关联的工作表中的数据如何显示。“保留筛选器”指仅仅离开过滤器，相关联的工作表中的数据在过滤后不发生变化；“显示所有值”指取消选择时，相关联的工作表显示原始所有数据；“排除所有值”指取消选择时，相关联的工作表不显示任何数据。在这里选择“显示所有值”。

以上设置完成后，单击“确定”按钮，在“动作”对话框中可以看到我们刚创建的“操作”，如图 9-9 所示，再单击“确定”按钮。

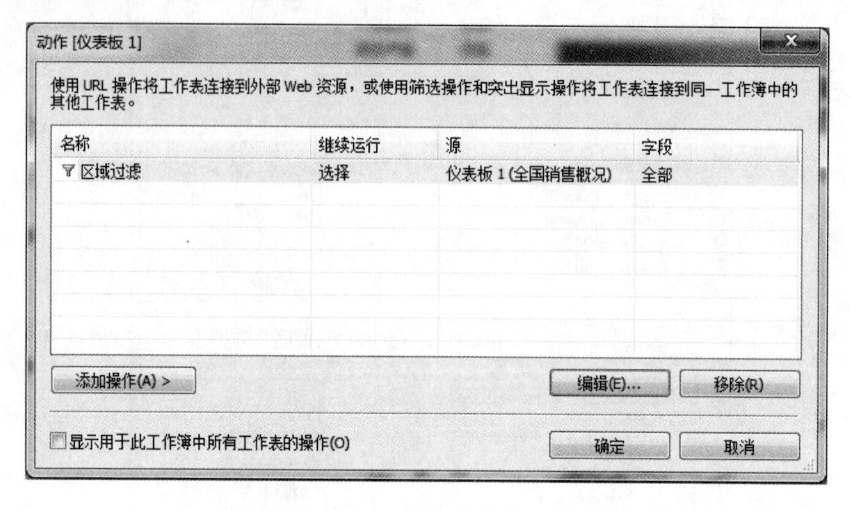

图 9-9　添加筛选器

上面的设置完成后，当单击仪表板上“全国销售概况”图中的任意一个点时，可以看到相关联的两张表中的数据也相应地发生了变化，如图 9-10 所示。

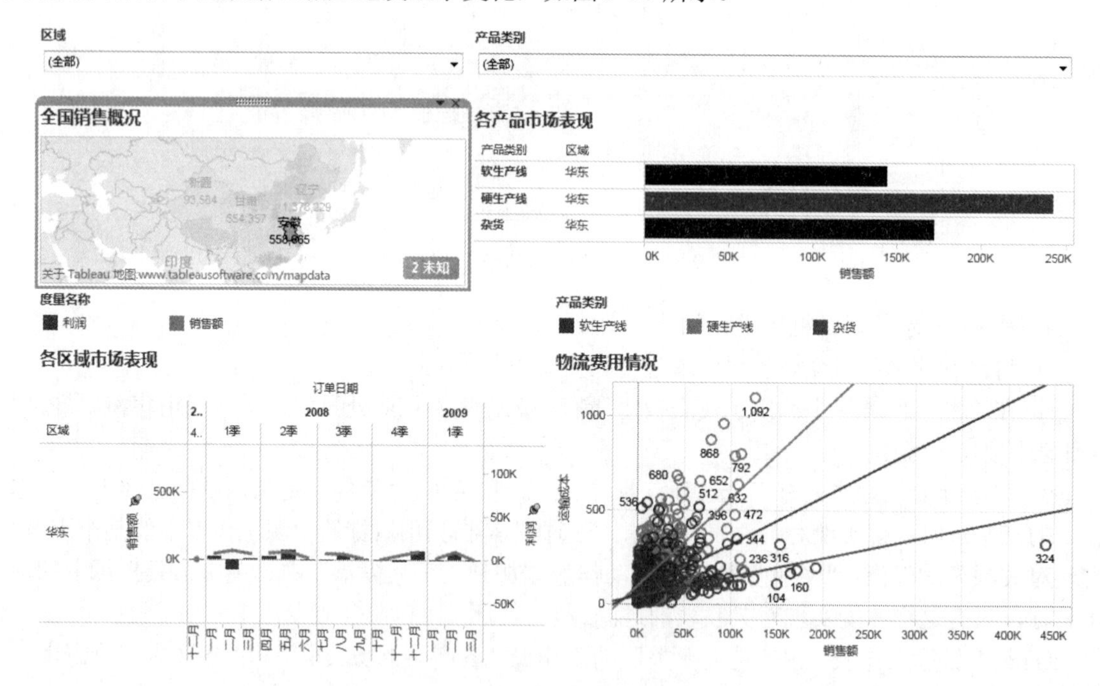

图 9-10　筛选操作

上述操作是在一张工作表上操作时，与其他工作表的关联，还可以将某个工作表附带的筛选器也设置为一种“操作”。以“全国销售概况”的“区域筛选器”为例，右击筛选器右上角的下拉菜单，如图 9-11 所示，在“应用于工作表”处选择“使用此数据源的所有项”，则此筛选器就可以筛选整个工作薄内所有的工作表。

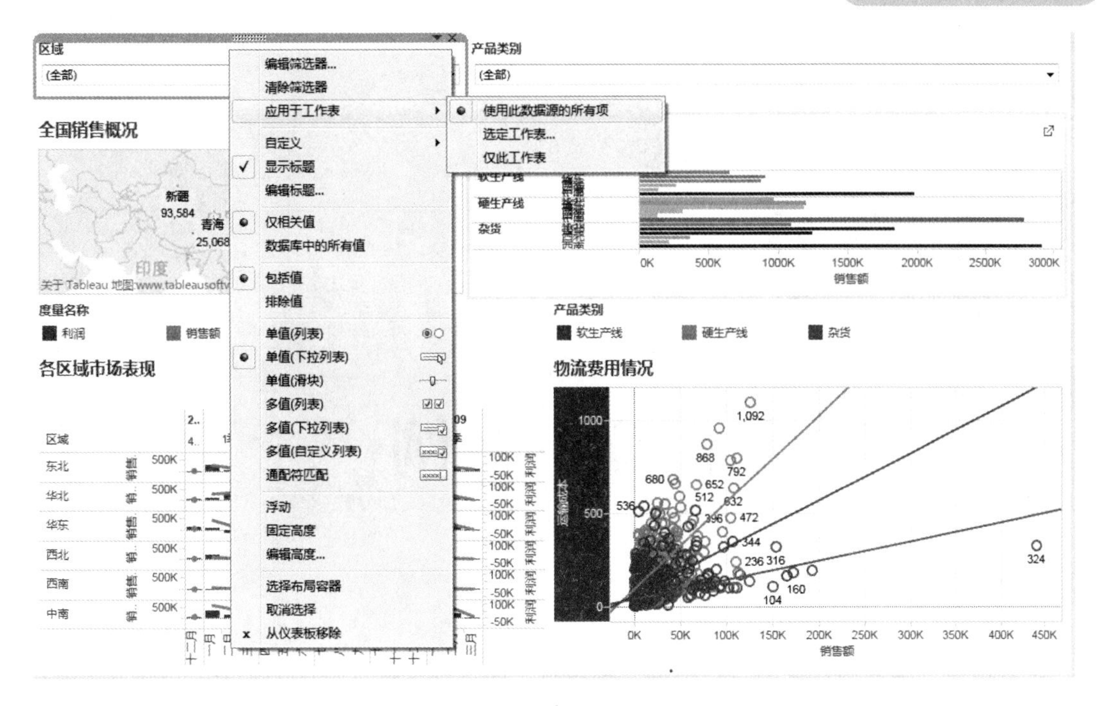

图 9-11 筛选器应用于所有工作表

制作仪表板时，可以根据用户的喜好设置仪表板的布局，根据分析的角度创建各种交互操作，让仪表板更具交互性，让查看工作表的人员可以更迅速地发现更多有用的信息。关于仪表板的高级设置，在这里不再深讲，本书后文中仍有涉及仪表板的案例，读者可以继续学习。

第10章 客户数据分析案例

随着市场竞争激烈程度的与日俱增，企业自己的客户群体已经成为企业赖以生存的基础。因此，在客户至上的今天，对客户数据的分析显得尤为重要。通过客户数据分析，及时跟踪客户的变化、了解客户喜好和特征、提前研究出客户的发展态势等信息，就能准确把握好向已有客户销售的时机，定位好自己的客户群体，留住老客户，发掘潜在客户，帮助企业制定出新策略，以增强企业的环境适应性，为企业赢得更多利益。

本章重点以常见的零售业、互联网行业客户数据分析为例，来学习 Tableau 对海量数据的可视化分析。

10.1 零售业客户细分

几乎所有的零售商都认为客户是他们的重要资产，与顾客之间的生意就是一种投资。在对顾客进行投资之前，如果不对顾客做细致、准确的识别和分析，就很难取得较高的投资回报率。不难发现，盲目的促销常常只能得到极低的投资回报率，甚至可能血本无归。因此，零售商能否快速地从海量数据中挖掘出有价值的信息，直接关系到其决策的准确性和时效性。在本节中，主要展示 Tableau 在零售业客户细分中的应用。

10.1.1 销售情况时间序列分析

目的：了解各个年龄段客户的消费情况，为企业策划促销活动提供一定的参考。

功能：展示某商店在一定时期内每天的销售情况，并通过客户的年龄段进行筛选。

分析维度和度量：订单日期、客户年龄段；销售额。

呈现方式：散点图。

主要操作步骤如下。

（1）连接数据源（某商店零售数据.xls），将工作表命名为“销售情况分析”。

（2）将“订单号”从“度量”拖至“维度”中，并分别把“订单日期”和“销售额”拖放到“列”和“行”中，设置“订单日期”的格式为 “连续”的“天”，如图 10-1 所示。

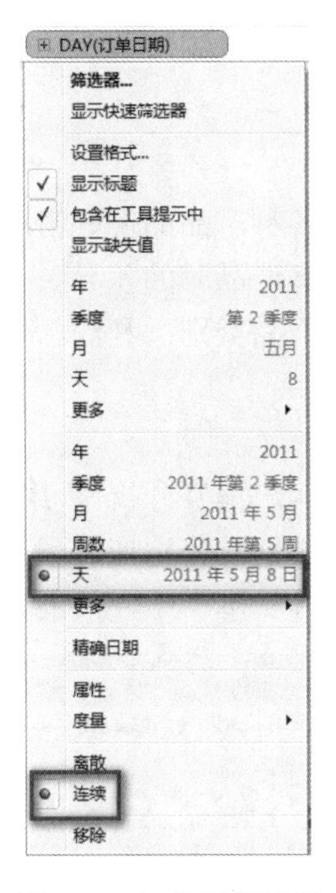

图 10-1　订单日期设置

（3）将标记类型设置为“圆”，把“客户年龄段”拖放到“颜色”框中，效果如图 10-2 所示。

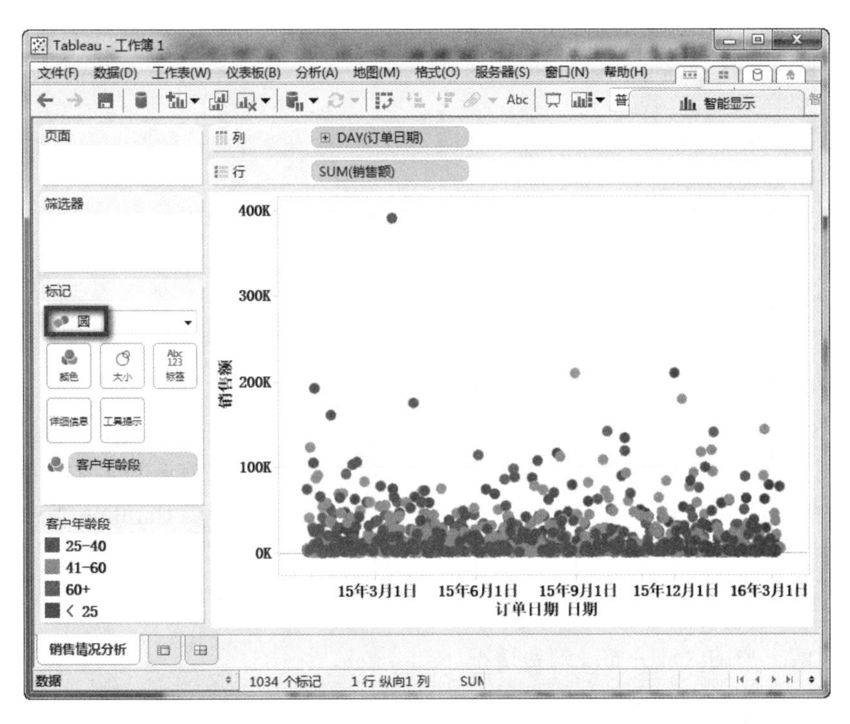

图 10-2　销售情况分析视图

从图 10-2 中可以看出每天不同客户年龄段的消费情况，企业可以据此制定或调整促销策略，在不同的时期针对不同年龄段客户的购买情况加大产品的促销力度，合理安排好不同产品促销的时间。

10.1.2　客户偏好分析

目的：了解不同年龄段的客户对各种产品的偏好情况。

功能：展示各个年龄段客户在选择产品时的差异。

分析维度和度量：客户年龄段、产品类别；利润。

呈现方式：交叉图。

主要操作步骤如下。

（1）新建一张工作表，命名为“客户偏好分析”，用于进行客户偏好分析。

（2）将“客户年龄段”和“产品类别”分别拖放到“列”和“行”中。

（3）将“利润”拖放到标记卡的“文本”中，效果如图 10-3 所示。

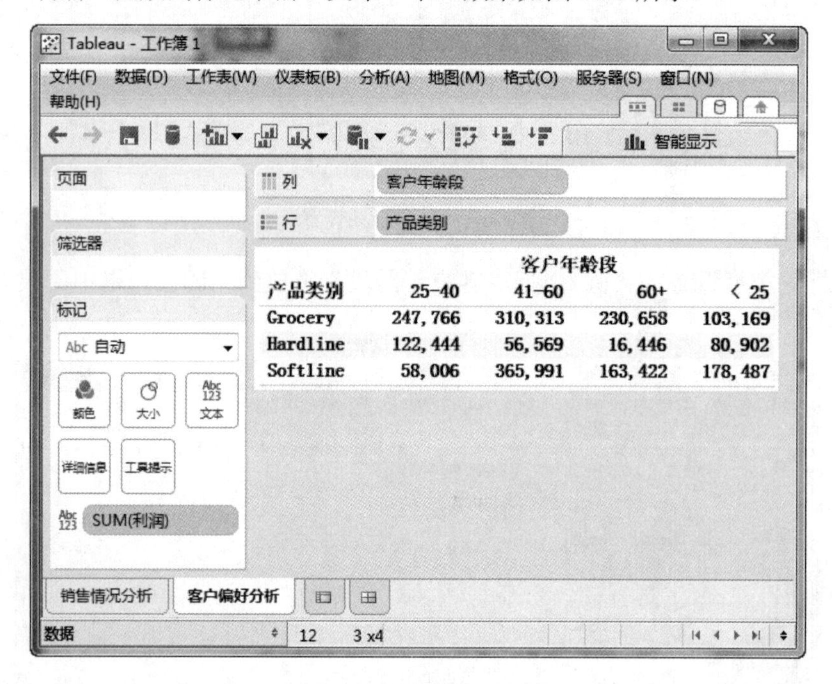

图 10-3　客户偏好分析视图

从图 10-3 中可以发现，Grocery 类产品在每个年龄段的利润都比较均衡，特别受中老年客户的喜欢；同样，Softline 类产品也比较受中老年客户的喜爱；而 Hardline 类产品的购买群体主要集中在中青年。相比三类产品来说，年龄低于 25 岁的客户购买 Hardline 类产品最少。

10.1.3　区域消费分析

目的：了解客户的区域分布及消费情况。

功能：通过地图对不同类型的客户进行划分。

分析维度和度量：市级、省级、客户类型；利润。

呈现方式：地图。

主要操作步骤如下。

（1）新建一张工作表，命名为“区域消费分析”，用于展示客户区域分布及消费情况。

（2）右击“市级”，在弹出的菜单中选择“地理角色”→“城市”。

（3）双击“市级”，添加中国地图，将“省级”拖放到“详细信息”中。

（4）将标记类型设置为“形状”，将“客户类型”拖放到“形状”和“颜色”框中，将利润拖放到“大小”框中。

（5）单击形状框，选择一种合适的形状类型，最终效果如图 10-4 所示。

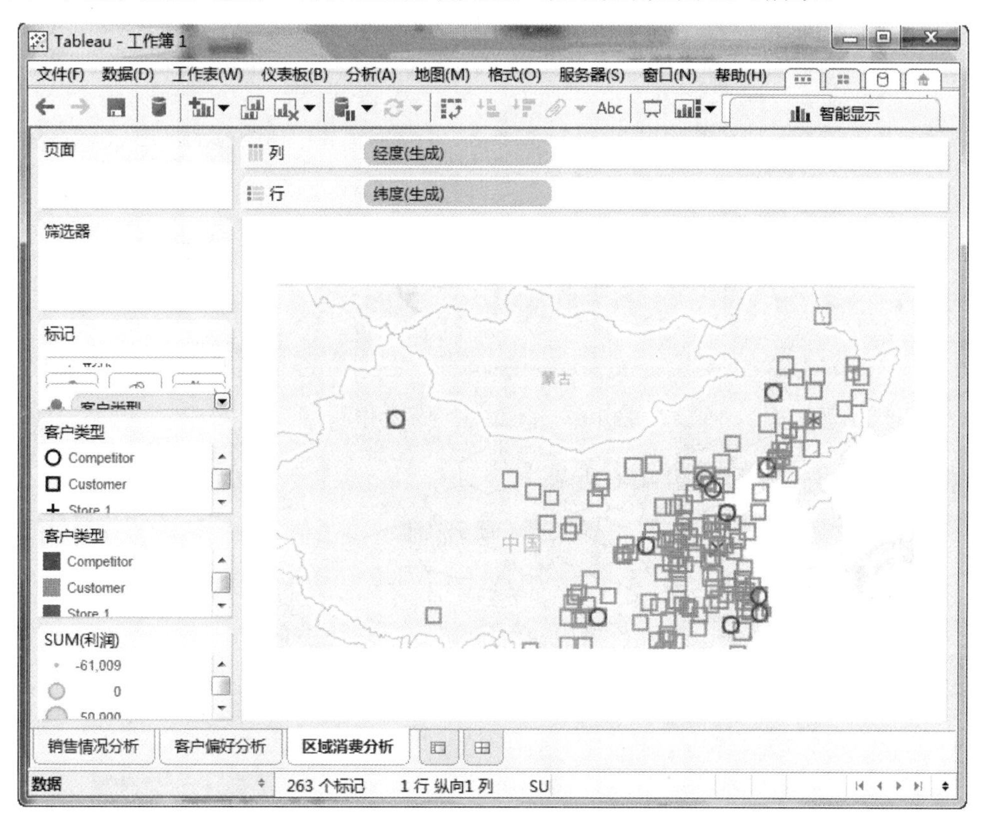

图 10-4　区域消费分析视图

从图 10-4 中可以看出，某公司的客户类型主要是 Customer，其次是 Competitor，并且主要分布在沿海及周边区域，这可能与其地方经济发展相关。

10.1.4　零售业客户细分仪表板

为动态分析客户信息，需要将前面三个视图添加到一个动态仪表板中，并在各个工作表之间创建动作，从而使得分析更加具有交互性。主要操作步骤如下。

（1）新建仪表板，命名为“零售业客户细分仪表板”。

（2）把前面三个工作表拖放到仪表板中，调整各视图的大小及位置。

（3）将“区域分析”设置为筛选器，单击“区域分析”视图右上角的下拉菜单按钮，选择“用作筛选器”。

（4）单击菜单“仪表板”，选择“操作”→“添加操作”，添加一个“突出显示”动作，具体参数设置如图 10-5 所示。

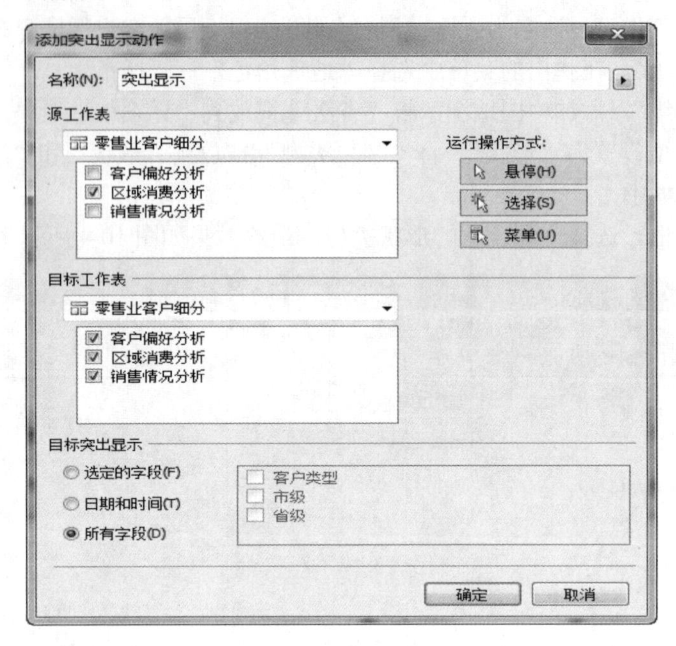

图 10-5 添加突出显示动作

零售业客户细分仪表板如图 10-6 所示。

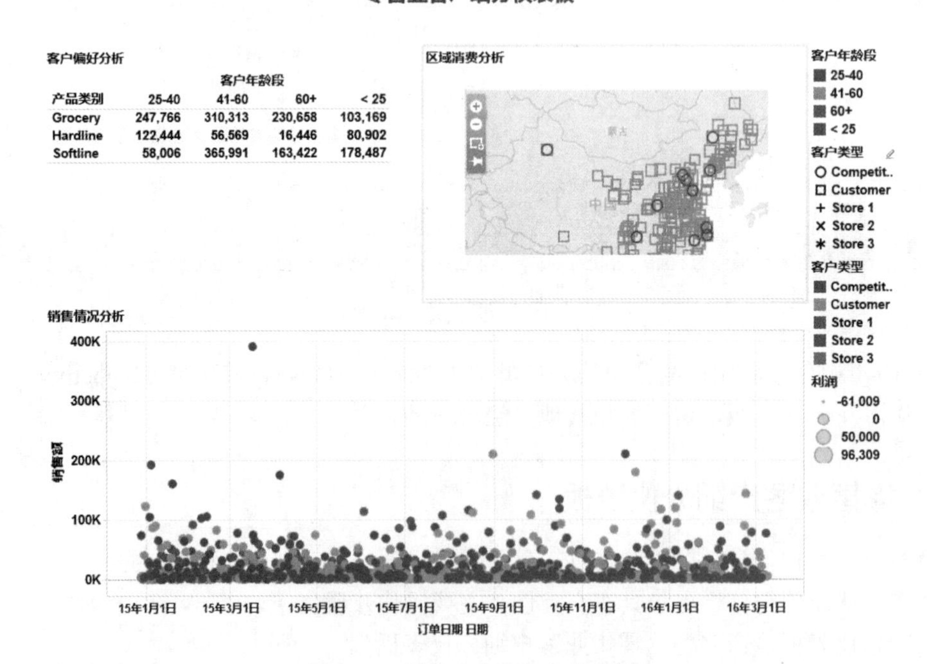

图 10-6 零售业客户细分仪表板

通过动态仪表板，用户可以根据客户年龄段或客户类型来观察各数据，并通过筛选进一步分析自己关心的数据。

10.2 网站客户细分

众所周知，网站好比一个企业的门面，也是其生命线。随着互联网时代的到来，企业网站成为用户了解企业的一个重要渠道，它不仅帮助企业建立自己的品牌，还能将访问者变成自己的客户。通过分析访问者对企业网站的访问量、平均浏览时长（浏览量）、跳出率、转化率（注册、订单、支付）、流量来源（搜索、直接、地区、推广）、网页打开时间等重要数据，有助于企业优化网站内容、挖掘潜在客户，从而提升企业形象和收益。本节主要以某网站的模拟数据为例，用 Tableau 对其访问者进行客户细分分析。

10.2.1 访问量区域分析

目的：了解某网站在各省的访问情况。

功能：通过地图上各省颜色深浅展示访问量情况。

分析维度和度量：省级；访问量。

呈现方式：地图。

主要操作步骤如下。

（1）连接数据源（某网站客户数据.xls），将“类型编号”从“度量”拖至“维度”中。

（2）右击“省级”，在弹出的菜单中选择“地理角色”→“省/市/自治区”。

（3）双击“省级”或直接将其拖放到视图区，生成一张地图。

（4）将标记图形设置为“已填充地图”，并把“访问量”拖放到“颜色”框中，效果如图 10-7 所示。从此图可以看出，某网站在广东的访问量最高，而在青海的访问量相对较低。

图 10-7 访问量区域分布视图

10.2.2 访问时间序列分析

目的：了解某网站被访问的时间及各类媒介。

功能：通过面积图并结合颜色筛选来展示访问量的时间序列趋势及各类媒介的访问情况。

分析维度和度量：日期、媒介；访问量。

呈现方式：面积图。

主要操作步骤如下。

（1）新建一张工作表，并命名为“访问时间序列分析”。

（2）分别将“日期”和“访问量”拖放到“列”和“行”，并把日期的格式设置为连续。

（3）把标记类型设置为“区域”，并将“媒介”拖放到“颜色”框，效果如图10-8所示。

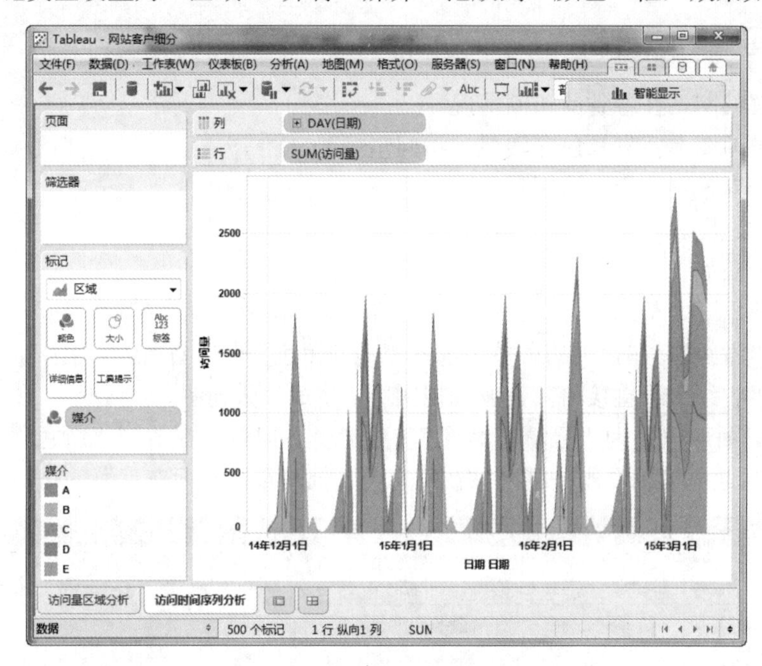

图10-8　访问时间序列分析视图

通过分析客户访问网站的时间及媒介情况，企业可以找出其访问规律，特别是在访问量高峰时段，及时维护好网站运行，以便各访问者提供更好的体验。

10.2.3 访问目标完成情况分析

目的：了解某网站被访问的目标完成情况。

功能：通过散点图展示“访问量”与“目标完成”的相关关系，并通过趋势线绘制出二者的拟合曲线。

分析维度和度量：来源、媒介、类型、区域；访问量、目标完成、上网时长。

呈现方式：散点图。

主要操作步骤如下。

（1）新建一张工作表，并命名为“访问目标完成情况分析”。

（2）创建一个计算字段“转化率”，计算公式为 SUM([目标完成])/SUM([访问量])。

（3）分别将“访问量”和“目标完成”拖放到“列”和“行”。

（4）把标记类型设置为“圆”。

（5）将“媒介”拖放到“颜色”框，并把“来源”、“类型”和“转化率”都拖放到“详细信息”中。

（6）将“区域”、“上网时长”和“目标完成”分别拖放到“筛选器”中，并右击选择“显示快速筛选器”。

（7）添加趋势线。在视图区任意位置单击鼠标右键，在弹出的菜单中选择“趋势线”→“显示趋势线”，接着再选中“趋势线”，右击，在弹出的菜单中选择“编辑趋势线”，各参数设置如图 10-9 所示。设置完成后，最终效果图如图 10-10 所示。

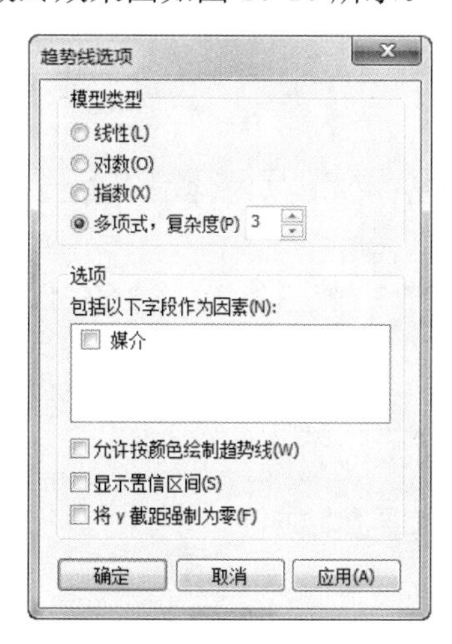

图 10-9　趋势线参数设置

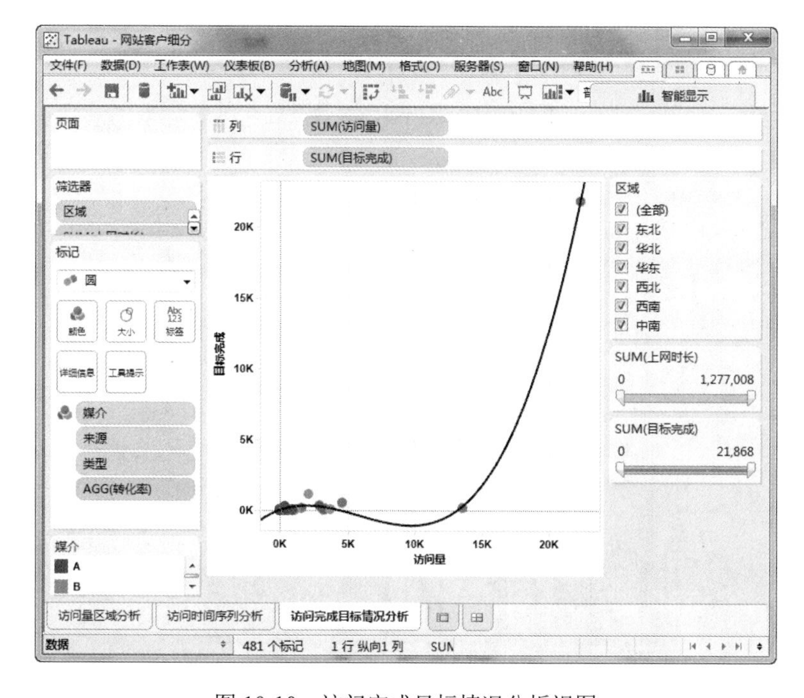

图 10-10　访问完成目标情况分析视图

从图 10-10 中可以发现，全省通过 Google 来了解的客户转化率最高，说明访问者绝大多数对 Google 这样比较专业权威的搜索引擎提供的网站服务信息是比较信任的；而通过一些不知名的 IP 或域名来访问网站的访问量很少，转化率几乎为零。

10.2.4　网站客户细分仪表板

为便于动态观察，需要将前面三个视图整合到一个动态仪表板中，并在各个工作表之间创建动作，从而使得分析更加具有交互性。主要操作步骤如下。

（1）新建仪表板，命名为“网站客户细分仪表板”。

（2）把前面三个工作表分别拖放到仪表板中，调整各视图的大小及位置。

（3）将“地图”视图设置为筛选器：单击其右上角的下拉菜单按钮，选择“用在筛选器”。

（4）单击菜单“仪表板”，选择“操作”→“添加操作”→“突出显示”，设置如图 10-11 所示，最终效果图如图 10-12 所示。

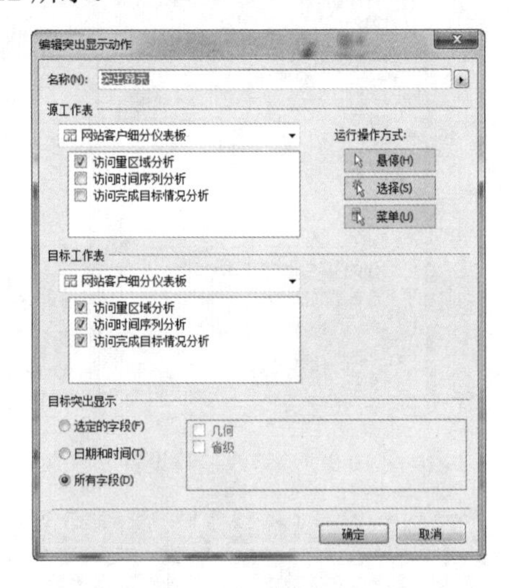

图 10-11　突出显示参数设置

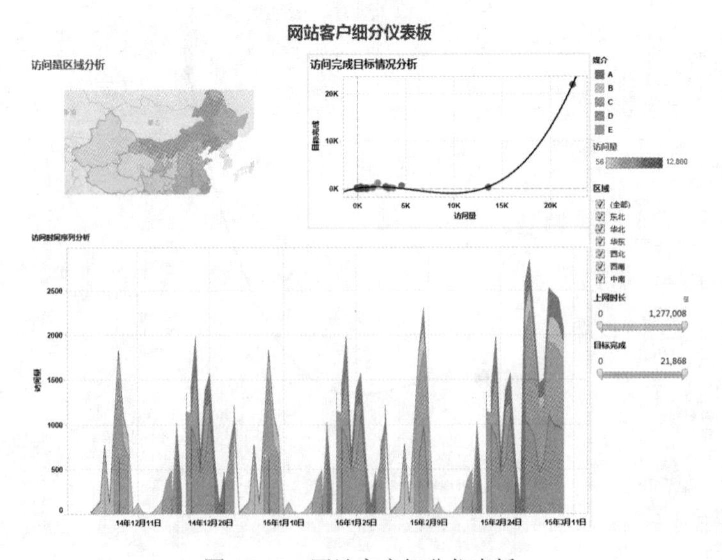

图 10-12　网站客户细分仪表板

10.3 游戏客户细分

随着互联网技术的发展，游戏行业的竞争也越来越激烈，其中客户群的定位成为新游戏开发时首要思考的问题。当然，在游戏正式运营期间，游戏客户数据的分析也显得尤为重要。企业通过对所存储的游戏运营数据的分析可以发现给企业带来收益的主要客户群，有助于更好地了解自己的客户，以便采取更有效的措施进行已有品牌的推广和新游戏的开发。本节主要以某游戏运营模拟数据来学习 Tableau 在游戏客户细分中的应用，分析游戏客户的主要特征和行为，包括客户性别、年龄段、游戏相关产品购买情况、游戏时间等。

10.3.1 客户属性分析

目的：了解游戏客户性别、年龄段等特征，帮助企业确定客户群。

功能：使用颜色和图形来展示客户的性别、年龄段。

分析维度和度量：用户代码、性别；年龄。

呈现方式：条形图。

主要操作步骤如下。

（1）连接数据源（游戏运营模拟数据.xls），选择表“游戏运营数据”，并把“编号”和“用户代码”拖放到“维度”中。

（2）将“年龄”离散化。右击度量中的“年龄”，在弹出的菜单中选择“创建级”，并按图 10-13 所示设置参数。

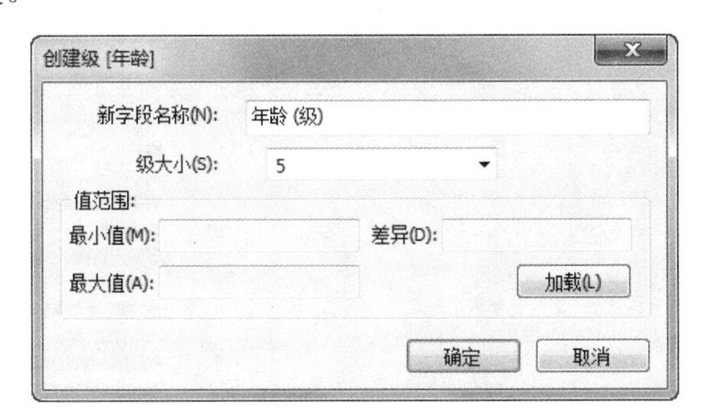

图 10-13　创建“年龄（级）”

（3）把“用户代码”拖放到“列”，单击鼠标右键选择“度量”→“计数（不同）”（若此时提示需要数据提取，此项不可选，需要在菜单“数据”中对“游戏运营数据”按用户代码进行数据提取，并使用数据提取），按住 Ctrl 键不放，用鼠标选中“用户代码”向右拖动，复制一列相同的“用户代码”字段。

（4）分别把“年龄（级）”和“性别”拖放到“行”。

（5）设置标记图形。先设置左边的“用户代码”，将标记类型设置为“形状”，再把“性别”分别拖到“形状”和“颜色”框中，编辑性别的形状为“人”的图标，如图 10-14 所示；单击“用户代码（2）”标记卡，将标记类型设置为“条形图”，并把“性别”拖放到“颜色”框中，如图 10-15 所示。

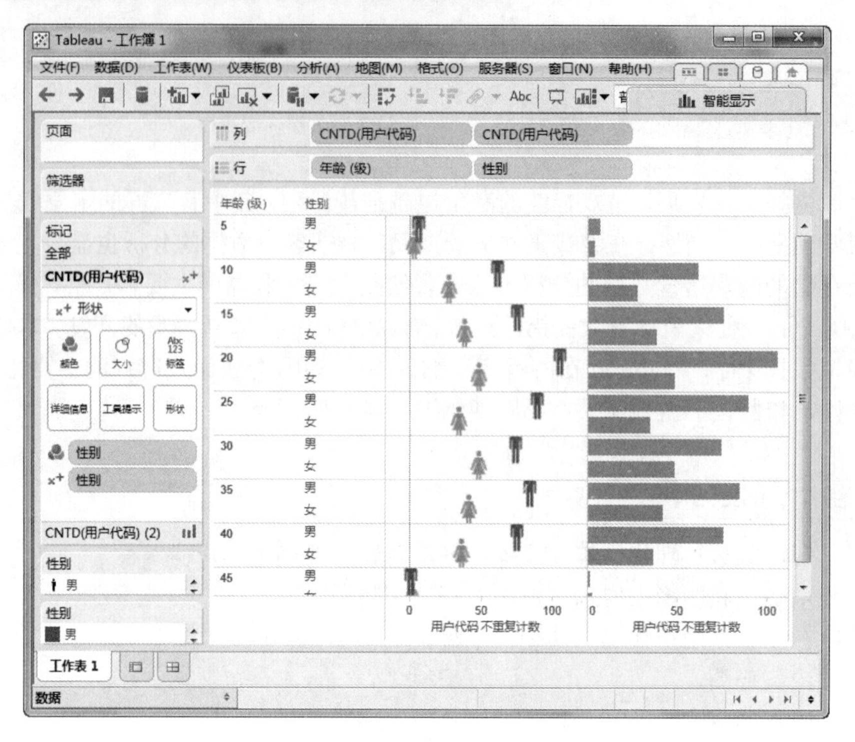

图 10-14　设置“年龄”视图

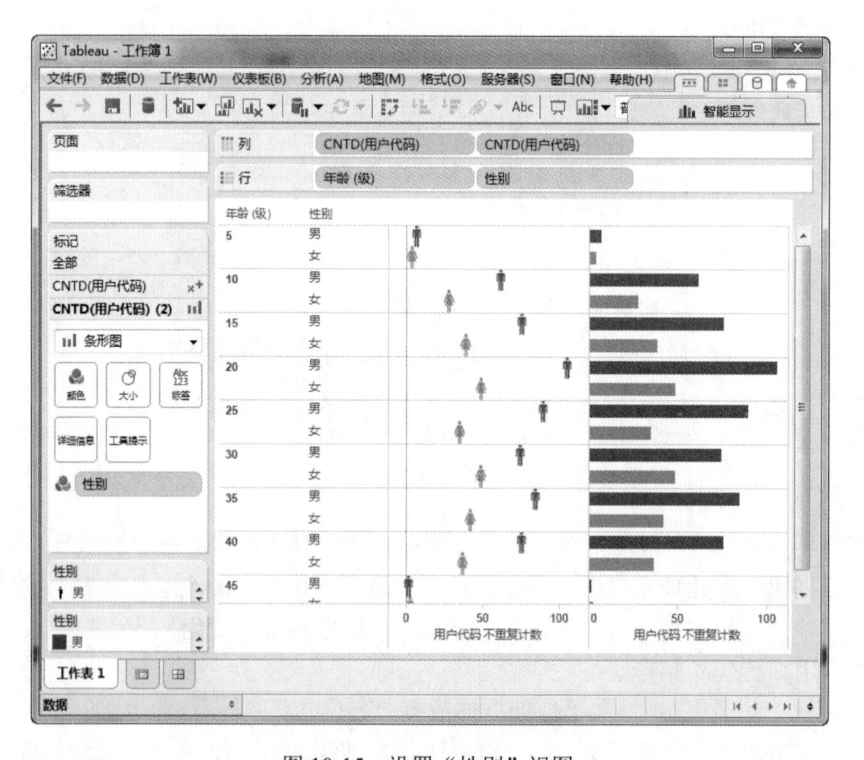

图 10-15　设置“性别”视图

（6）合并视图。选择列中右边的“用户代码”，右击选择“双轴”，适当调整一下“大小”，最终结果如图 10-16 所示。

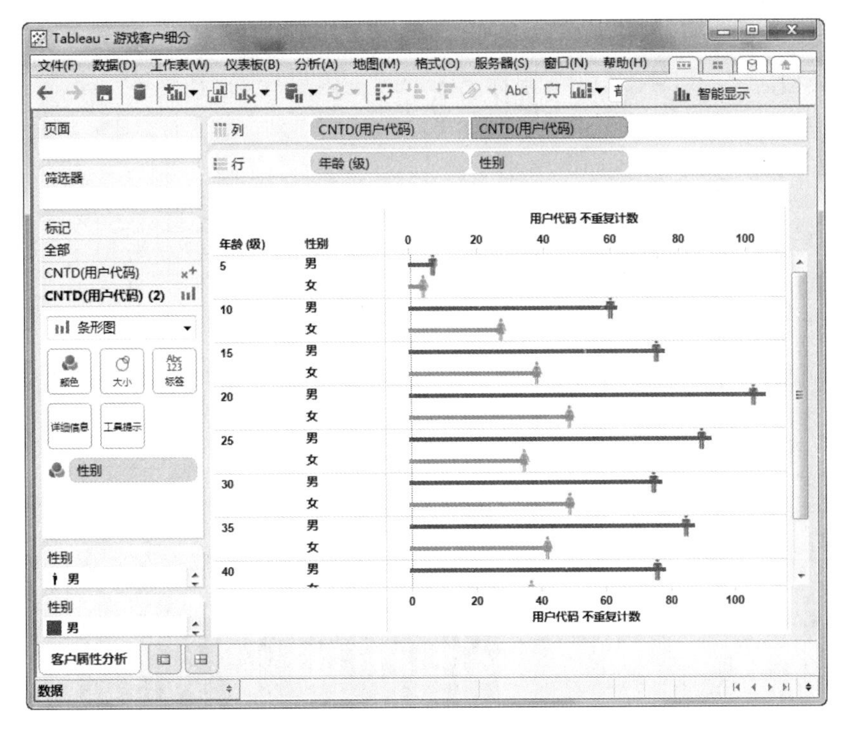

图 10-16　客户属性分析视图

从图 10-16 中可以很直观地看出游戏客户的年龄和性别分布，发现在游戏玩家中，男性多于女性，年龄主要集中在 20～25 这个年龄段。

10.3.2　游戏类型细分

目的：了解游戏客户的游戏类型和持续时间，进而分析游戏玩家的游戏行为。

功能：使用条形图和颜色筛选的方式来展示各个分段持续时间的记录数分布情况。

分析维度和度量：类型、界限标记；持续时间（秒）、记录数。

呈现方式：条形图。

主要操作步骤如下。

（1）新建一张工作表，命名为“游戏类型细分”。

（2）把“持续时间（秒）”离散化。右击“持续时间（秒）”，在弹出的菜单中选择“创建级”，参数设置如图 10-17 所示。

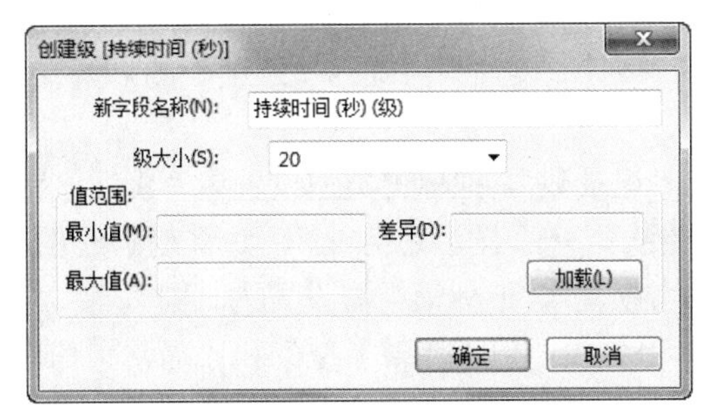

图 10-17　“创建级”对话框

（3）创建计算字段“界限类型”。右击字段“类型”，在弹出的菜单中选择“创建计算字段”，计算公式为[类型]+" "+ if ISNULL([界限标记]) then "在内界" else "在外界" end。

（4）分别将“持续时间（秒）”和“记录数”拖放到“列”和“行”中，并把“界限类型”拖放到“颜色”框中，效果如图 10-18 所示。

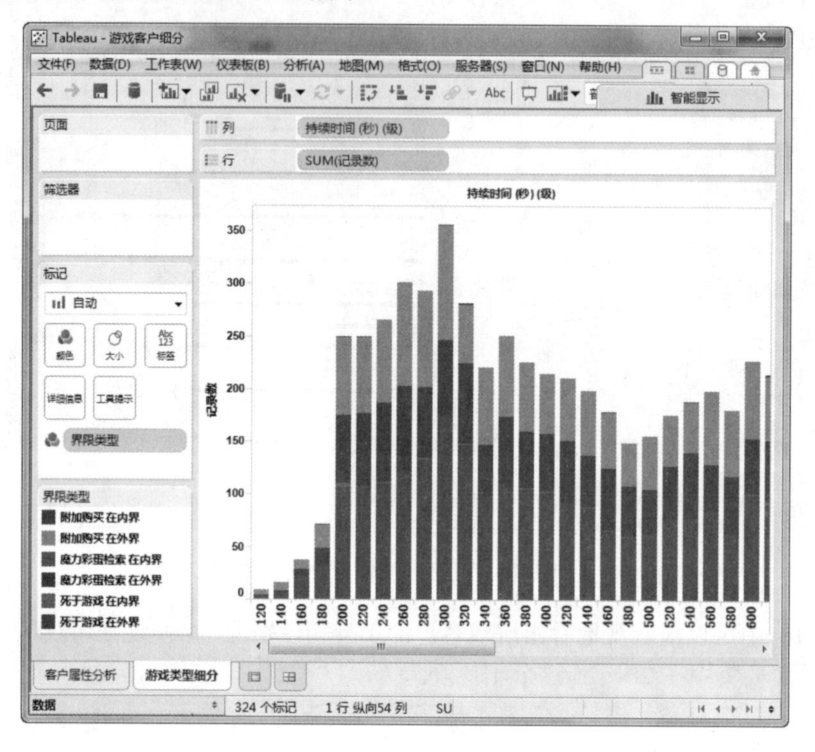

图 10-18　游戏类型细分

10.3.3　游戏进程分析

目的：了解游戏客户在游戏中的生命损耗情况，进而分析游戏设计的难易度。

功能：使用折线图和散点图来展示游戏生命的损耗。

分析维度和度量：日期；生命损耗、记录数。

呈现方式：折线图、散点图。

主要操作步骤如下。

（1）新建一张工作表，命名为“游戏进程分析”。

（2）将“日期”拖放到“列”，设置其格式为“连续”的“天”；把“记录数”和“生命损耗”拖放到“行”。

（3）设置标记。选中行“记录数”，把标记类型设置为“线”，然后右击视图区的任意位置，在弹出的菜单中选择“趋势线”→“显示趋势线”，并将趋势线的格式设置为虚线，效果如图 10-19 所示；选中行“生命损耗”，把标记类型设置为“圆”，将“界限类型”拖放到“颜色”框中，并添加趋势线，编辑趋势线，把“界限类型”和“显示置信区间”前面的“√”去掉，最终结果如图 10-20 所示。

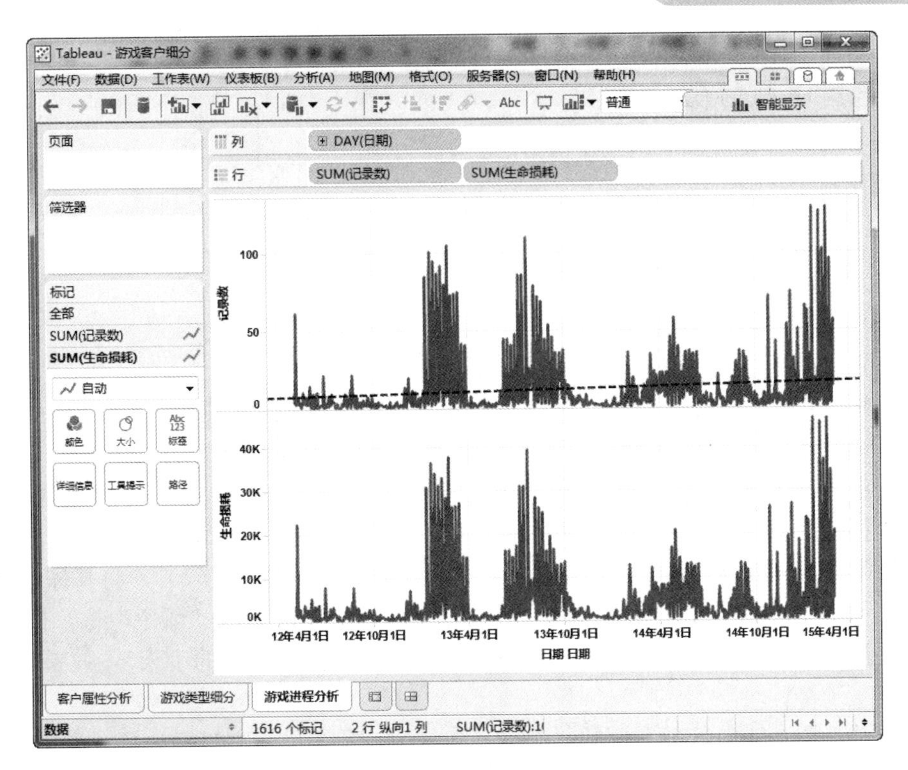

图 10-19 设置“记录数”标记

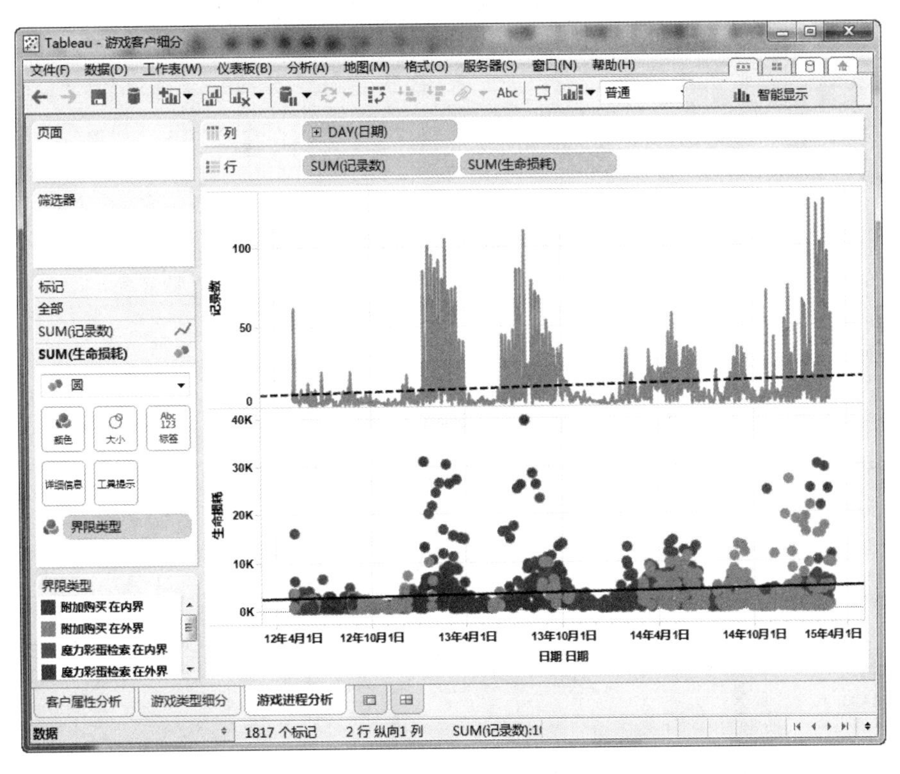

图 10-20 设置“生命耗损”标记

10.3.4 客户区域分布

目的：了解游戏客户全国的分布情况，有助于游戏市场的开发。

功能：使用地图来展示各类客户的分布情况。

分析维度和度量：省级、界限标记、界限类型、日期、市级。

呈现方式：地图。

主要操作步骤如下。

（1）新建一张工作表，命名为“客户区域分布”。

（2）选择纬度中的字段“省级”，单击鼠标右键，在弹出的菜单中选择“地理角色”→“省/市/自治区”。

（3）双击“省级”，生成一张地图，再将“纬度（生成）”拖放到“行”的右侧。

（4）设置标记类型。选中“纬度（生成）”，将“省级”拖放到“颜色”框，把其标记类型设置为“已填充地图”，结果如图 10-21 所示；选中“纬度（生成）(2)”，将其标记类型设置为“形状”，把“界限标记”和“界限类型”分别拖放到“形状”和“颜色”框，把 “日期”和“市级”拖放到“详细信息”中，并设置日期的格式为“连续”的“天”，效果如图 10-22 所示。

（5）合并地图。选中行中右侧的“纬度（生成）”，单击鼠标右键，选择“双轴”，效果如图 10-23 所示。

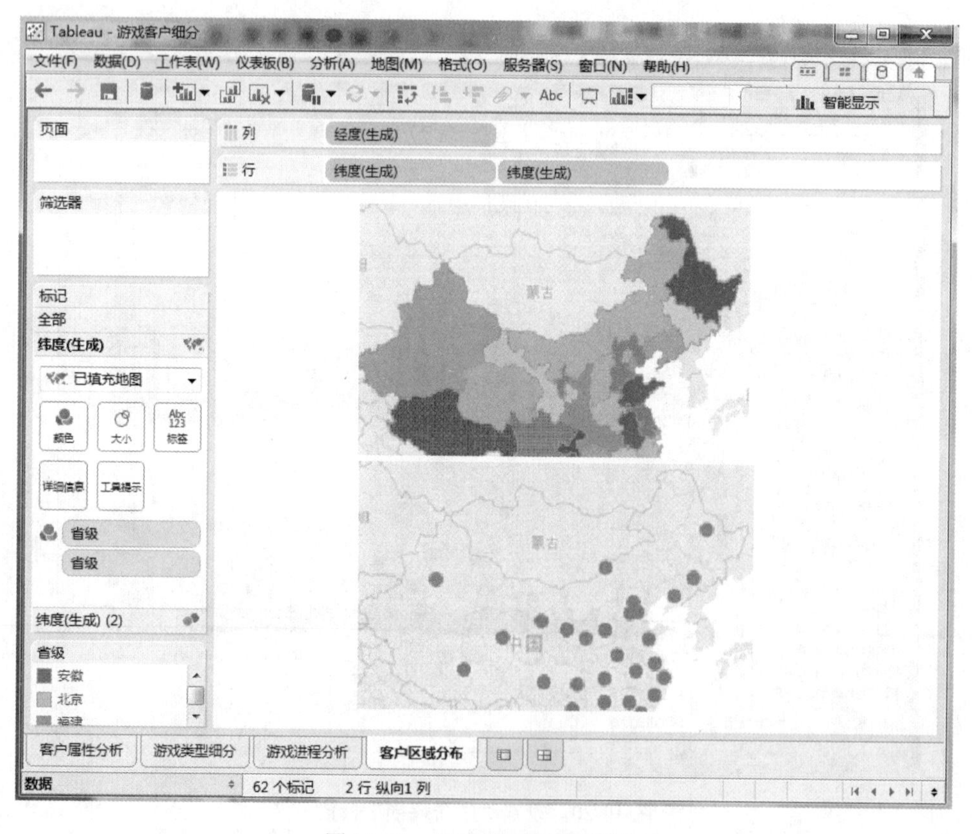

图 10-21 设置“已填充地图”

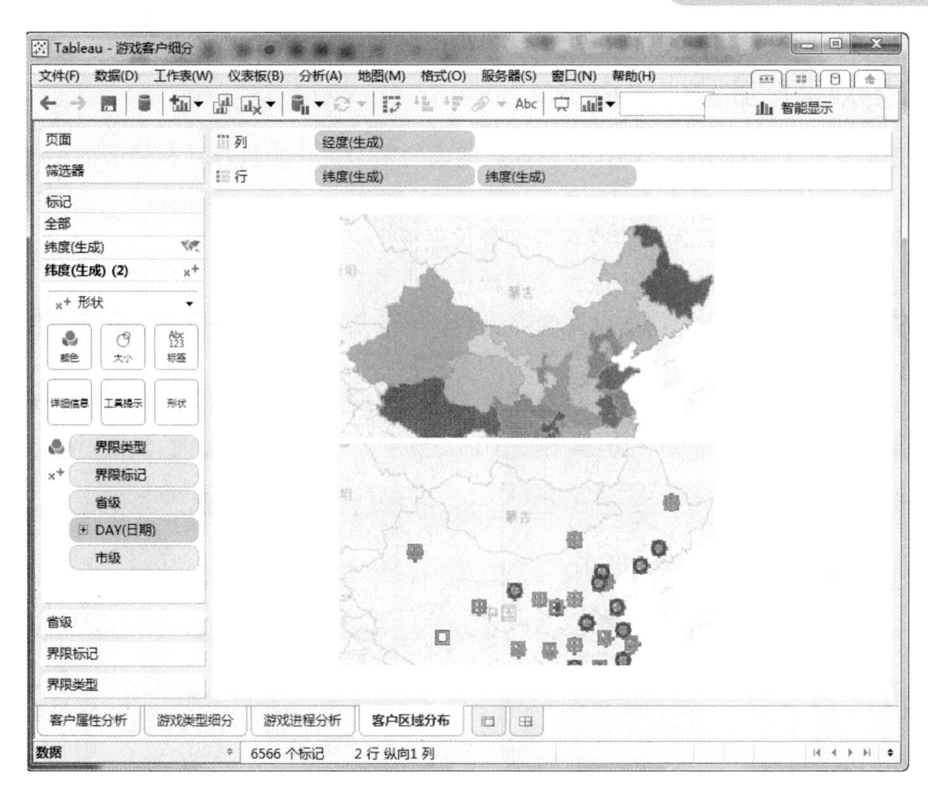

图 10-22 设置“形状地图”

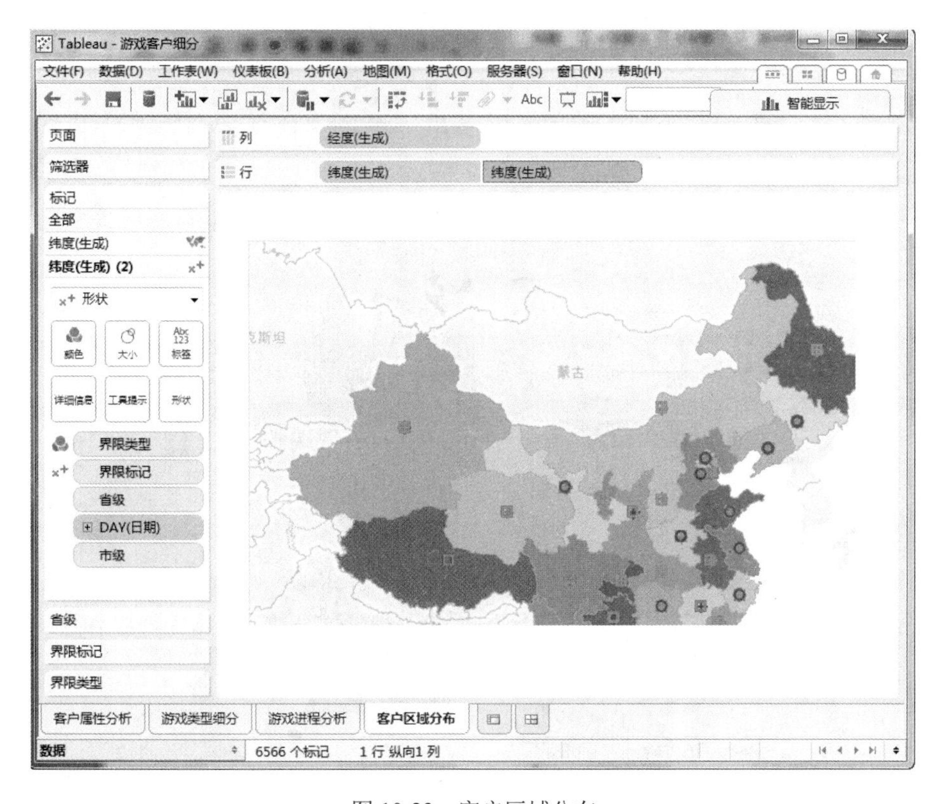

图 10-23 客户区域分布

10.3.5 游戏客户细分仪表板

为增强信息的可视化效果，制作仪表板对前面的四个工作表进行动态展示。主要操作步骤如下。

（1）新建仪表板，命名为“游戏客户细分仪表板”。

（2）把前面四个工作表分别拖放到仪表板中，调整各视图的大小及位置。

（3）将“客户区域分析”视图设置为筛选器：单击其右上角的下拉菜单按钮，选择“用在筛选器”。

（4）单击菜单“仪表板”，选择“操作”→“添加操作”→“突出显示”，添加两个“突出显示”动作，具体参数设置如图 10-24 和图 10-25 所示，最终效果图如图 10-26 所示。

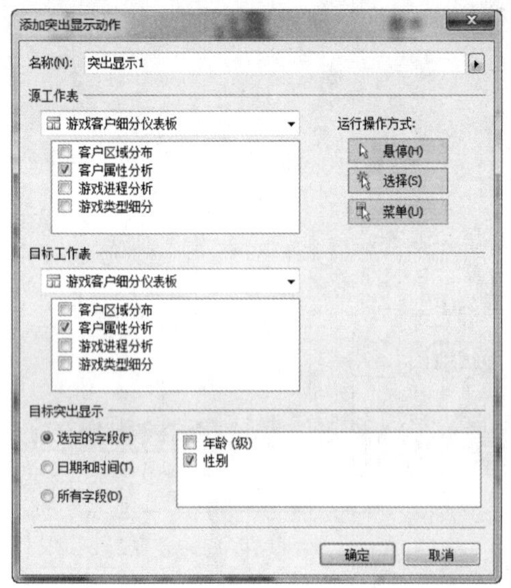
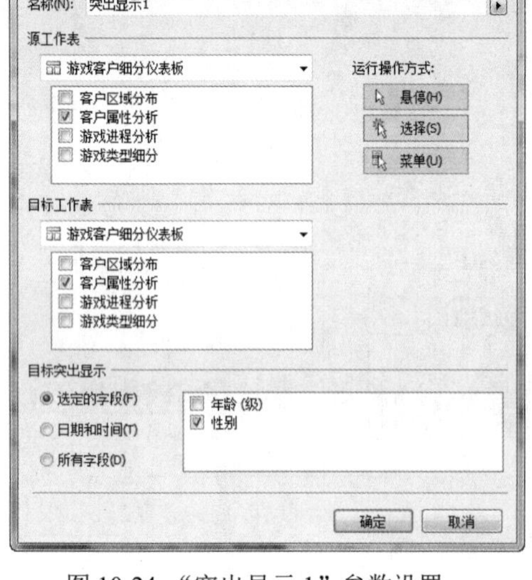

图 10-24 “突出显示 1”参数设置

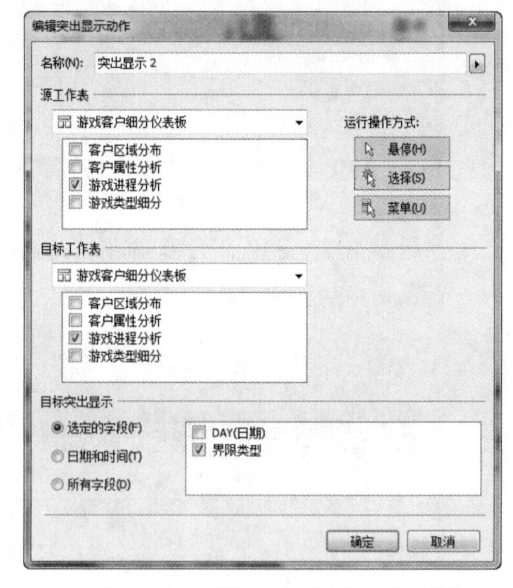

图 10-25 “突出显示 2”参数设置

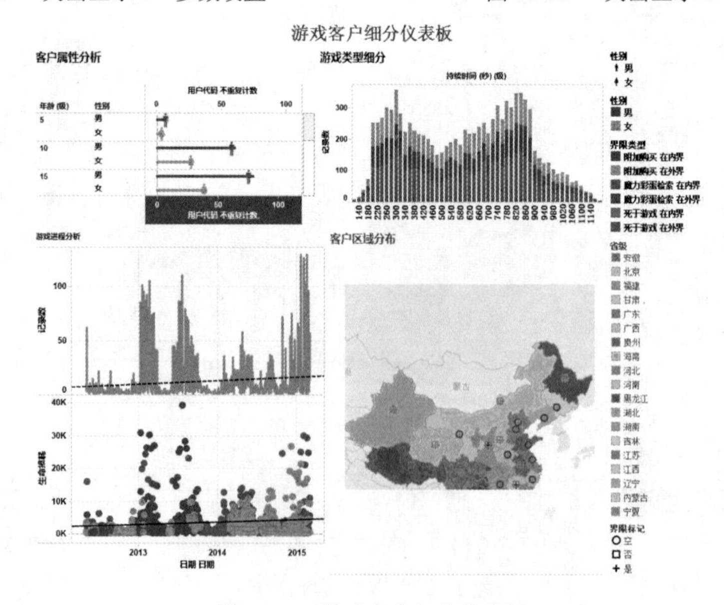

图 10-26 游戏客户细分仪表板

第11章 教育发展分析案例

11.1 教育发展分析指标

教育目的的确立不仅是一个国家人才利益的意志体现，更为重要的是它可以规范教育活动的全过程，使教育活动更加合乎教育的规律性和社会的需要性。百年大计，教育为本。教育是立国之本，民族兴旺的标记。

教育发展指的是教育事业，包括教育理论、教育水平、教育机构、教育资源、师资队伍等教育进步和拓展的程度。

11.2 教育水平评估

11.2.1 学校教育水平评估

在教育行业中，有时需要评估某个学校或某个城市的教育水平如何，也有可能对某类学校或某个区域的教育水平情况进行对比分析。

在本案例中，将通过不同城市的不同学校、学生的考试成绩和学生职业规划等多个维度制作仪表板，通过分析，可发现不同城市在不同时间段的教育水平状况。

1. 制作“均分列表”视图

通过一个线图，以时间为衡量标准，分析在不同时间段内各科成绩的分布。具体操作过程如下。

（1）单击菜单“文件”→“新建”工作簿，然后单击菜单“文件”→“打开”已知路径下的数据源“教育水平分析.xlsx”，选择数据所在的“Sheet1”表，并将其在 Tableau 中的名称命名为“均分列表”，如图 11-1 所示。

（2）在数据连接页面中，为提高数据连接的时效，选择“导入所有数据”。在数据量不是很大的情况下，往往选择“实时连接”更好，如图 11-2 所示。

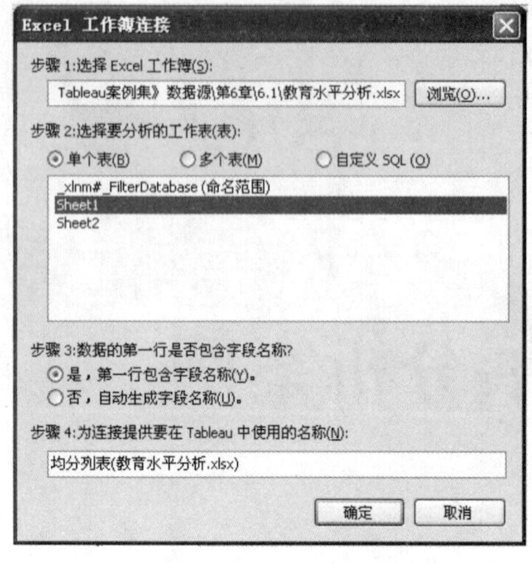

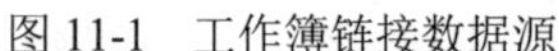
图 11-1　工作簿链接数据源

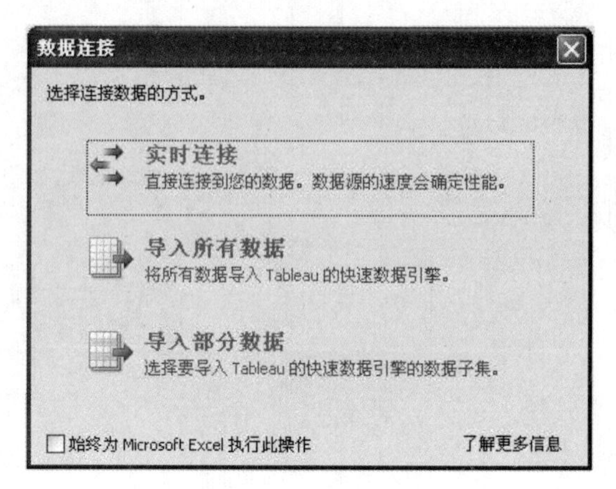

图 11-2　数据连接方式

（3）在左侧的“维度”列表框和“度量”列表框中可以看到所有指标，如图 11-3 所示。数据源中字段的数据类型为数值型，连接数据源后，该字段自动放入“度量”列表框中，否则放入“维度”列表框中。如果数据源中某个字段的数据看似为数值，如“学生编号”、“教师编号”字段，在被放入“度量”列表框后，由于这些数据不会用于相关的计算，即使进行了计算也没有实际意义，因此需要调整，可在该字段上单击鼠标右键，选择“转换为维度”，也可直接将该字段拖到“维度”列表框中。

（4）制作“线图”，将“日期”、“分数”分别拖到“列”和“行”中，右击“列”中的“日期”，将格式设置为连续的“月”，如图 11-4 所示，这样更方便观察到某年某月的具体数据；然后，右击“行”中的“分数”，将“分数”的计算方式改为平均值，如图 11-5 所示。

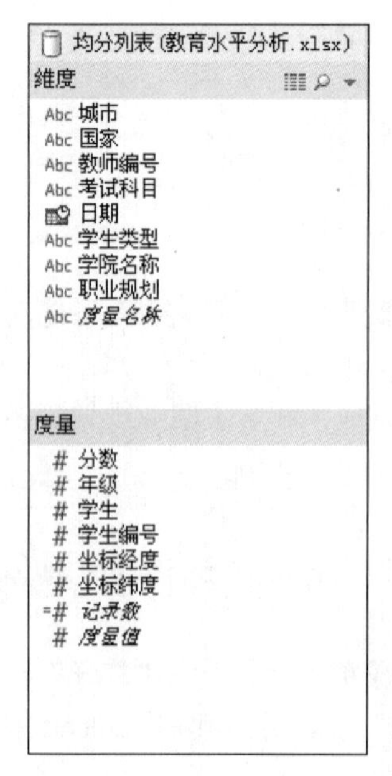

图 11-3 “维度”和“度量”列表框中的指标

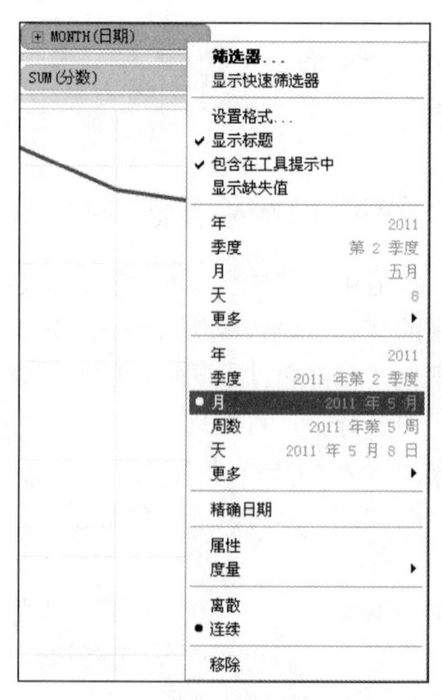

图 11-4　设置“日期”格式

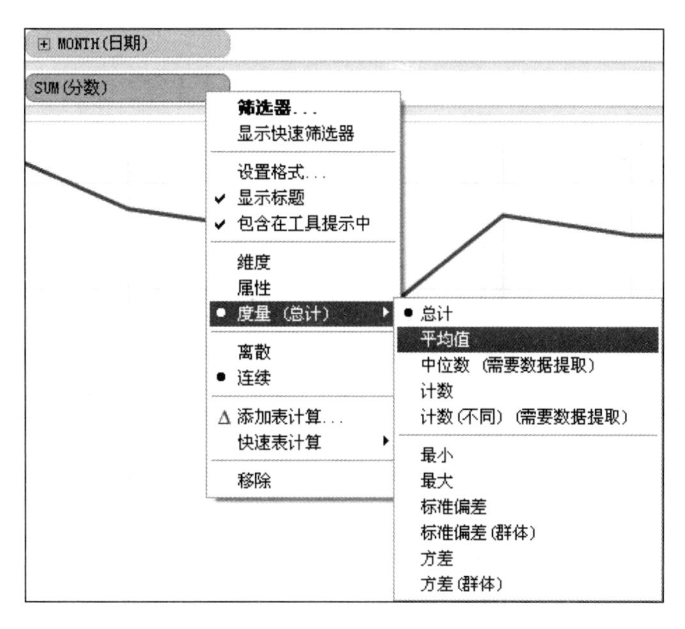

图 11-5　设置“分数”格式

（5）将“考试科目”拖到“标记”菜单栏下的“颜色”中，用不同颜色来区分不同的科目，如图 11-6 所示。若某个颜色需要改变，右击该颜色选择“编辑颜色”即可，如图 11-7 所示。

图 11-6　颜色区分考试科目

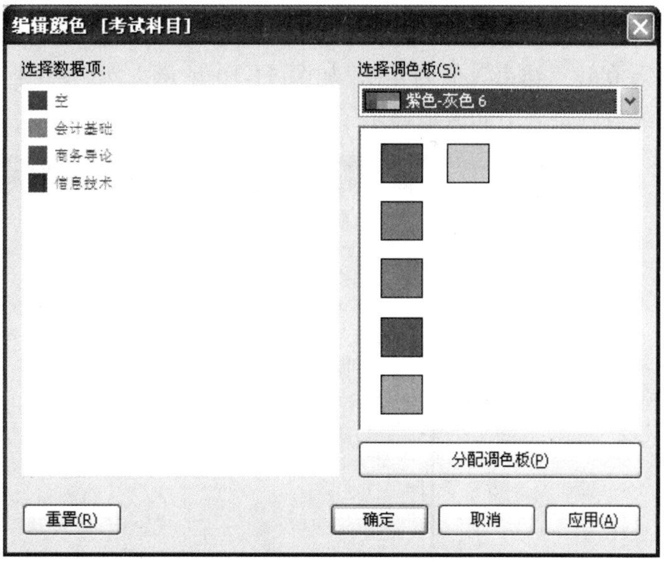

图 11-7　编辑颜色

（6）在“智能显示”中选择“线（连续）”，如图 11-8 所示。

（7）在初步完成的线图中，可以看出不同科目的线都显示在区域的上方，显示效果不理想，因此需要将线移到区域中间显示。经过观察，实际上对左方的“平均值分数”的数据间隔轴进行调整，使得此轴往下方移动即可达到目的，因此需要右击选择“编辑轴”，如图 11-9 所示。

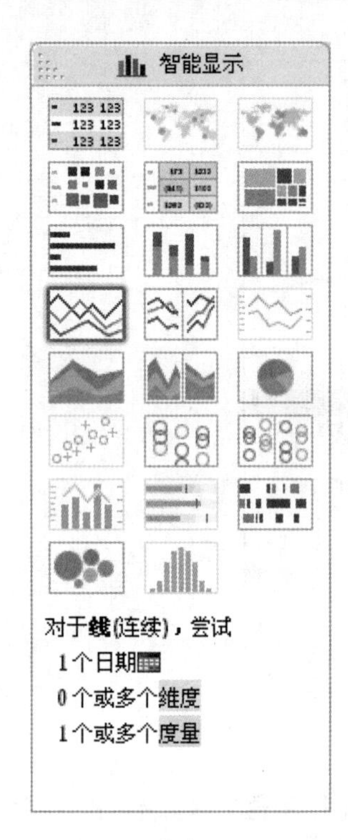

图 11-8　线图在智能显示中的位置

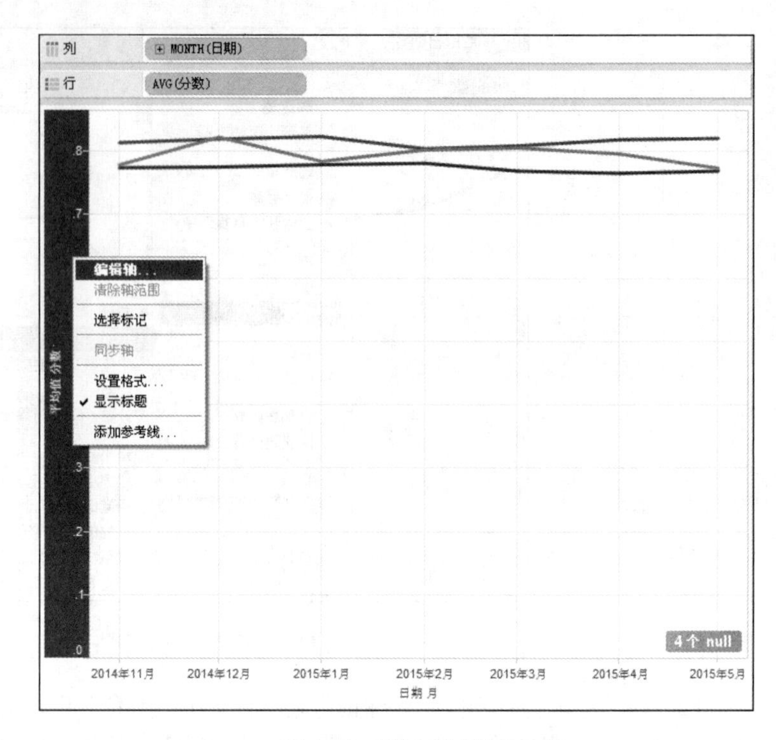

图 11-9　不同考试科目线图

（8）在“编辑轴”的“常规”菜单下的“范围”中，选择“固定”项，并分别设置“开始”值为 0.6，“结束”值为 1.0，如图 11-10 所示。然后单击“确定”按钮，可以看到不同考试科目线被调整到中间区域显示了，如图 11-11 所示。

图 11-10　编辑轴

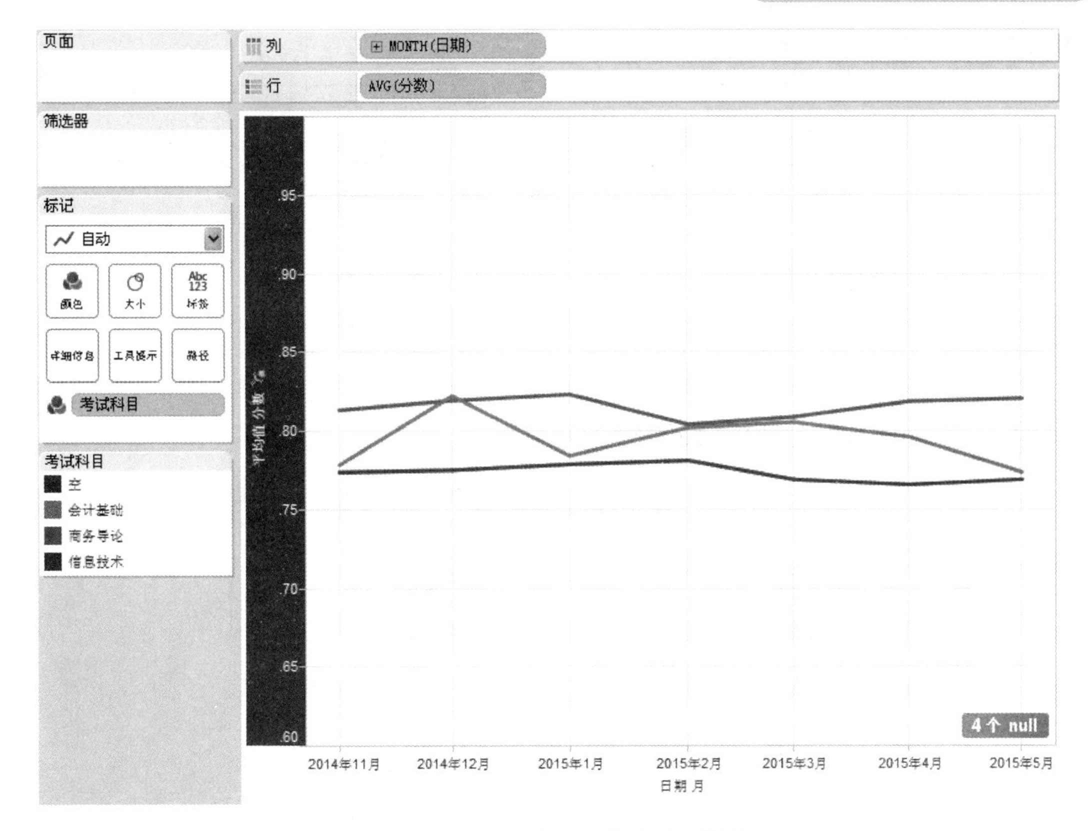

图 11-11 调整后的不同考试科目线图

（9）从调整后的线图中，可以看出表现效果较之前更为直接呈现。图中右下角显示“4 个 null”，表明原始数据中有 4 个空值，如果需要不显示空值的情况，选中该显示右击“隐藏指示器”即可。

视图呈现说明：任何视图的呈现都要有目的性。从视图中能看出不同科目平均分的分布区域及某段时间区间内平均分的变化情况，因此能大致判断出该科目教学动态的平稳性。与此同时，能看出“商务导论”在时间区间内较其他两个科目的平均分都更高，这与授课教师的教学水平、试题难易度等都有关系。因此，在进行任何数据分析前，一定要有准确的目标，否则可能出现南辕北辙的情况。

2. 制作“考试成绩”视图

此视图主要用于查看不同教师各自学生各科成绩的情况，并使用了不同颜色区分显示。操作步骤如下。

（1）在上一视图的工作簿中新建工作表，为加以区别，命名为“考试成绩”。

（2）为方便进一步查看数据，要进行数据钻取（参见备注 11.1）。按住“Ctrl”键，分别选中“维度”列表框中的“城市”、“学院名称”、“教师编号”、“学生编号”四个 4 段，右击“创建分层结构”，如图 11-12 所示。对建好的分层结构进行重新编辑，可采用直接拖拉的形式完成。分层结构名称命名为“不同等级”，完成后的“维度”列表框如图 11-13 所示。

（3）将“教师编号”字段拖至“行”，单击该字段前面的“+”下钻至“学生编号”字段，完成后如图 11-14 所示。在分层结构中字段从上到下的顺序会影响到下钻字段的选择，因此，如果出现无法下钻至“学生编号”字段的情况，应通过拖拉的形式调整顺序，保证“学生编号”

字段出现在“教师编号”字段下面。

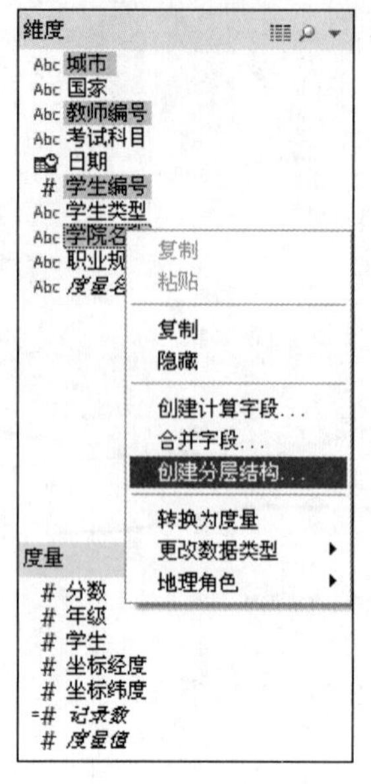

图 11-12　创建分层结构

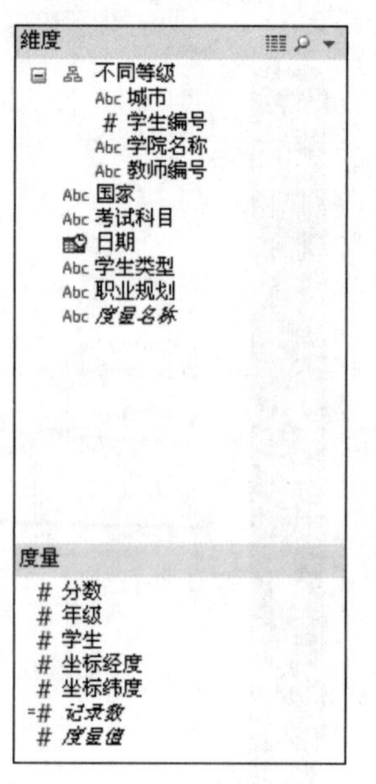

图 11-13　完成分层结构

图 11-14　实现下钻至“学生编号”字段

（4）把“度量”列表框中的“分数”字段拖至“标记”菜单栏下的“文本”中，并且右击选择其计算方式为“平均值”，如图 11-15 所示。

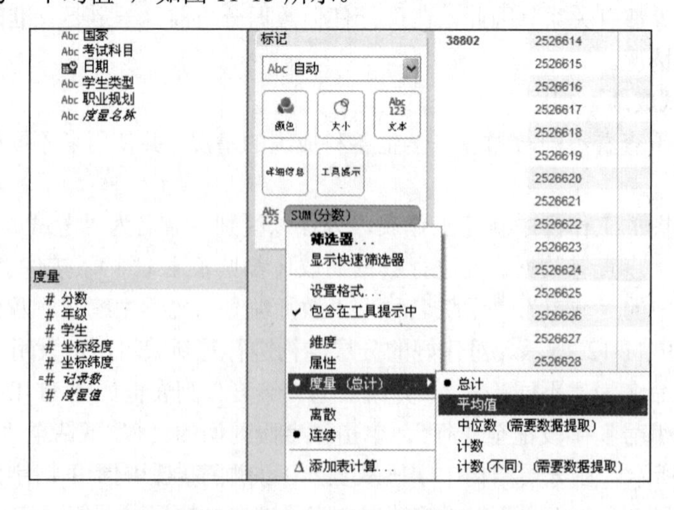

图 11-15　“分数”字段标记

（5）在“智能显示”中选择“突出显示表”，如图 11-16 所示。

（6）分别查看某位老师的某位学生的成绩，“教师编号”和“学生编号”字段之前已被拖至“行”，因此需要将“考试科目”字段拖至“列”，如图 11-17 所示。如果“行”和“列”上的字段不正确，可直接拖曳该字段到正确位置。为了呈现效果的需要，若要去掉原始数据中对“空”值的显示，可右击“空”，选择“排除”。

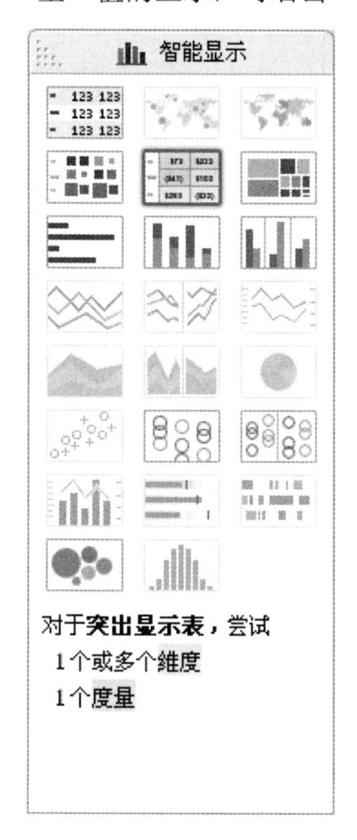

图 11-16　突出显示表

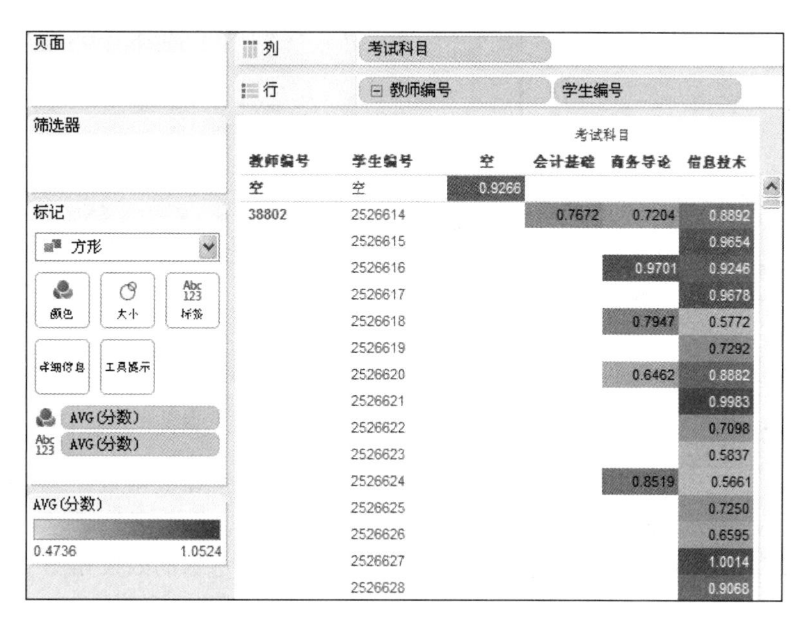

图 11-17　“行”和“列”上的数据显示

（7）据实际呈现效果的需要，可改变图形颜色：右击颜色带，选择“编辑颜色”，如图 11-18 所示，在弹出的“编辑颜色”对话框中，可调整色板、分阶颜色、数值开始/结束颜色、排序等，如图 11-19 所示。

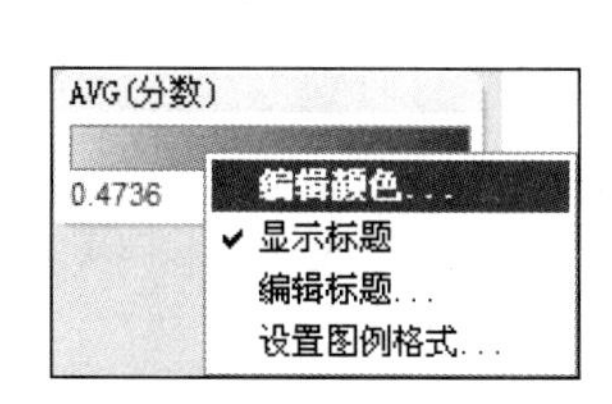

图 11-18　编辑颜色

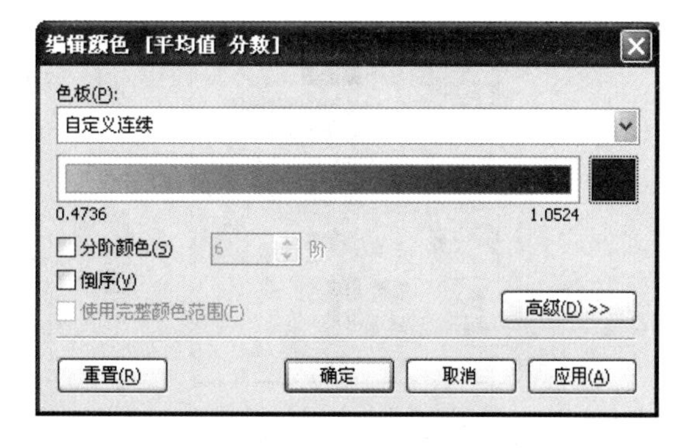

图 11-19　设置颜色值

（8）分城市查看各个学校的情况，需要使用筛选器进行区域的筛选。选择“城市”作为筛选的维度，可查看到不同城市的具体数据。将“城市”字段拖至“筛选器”中，如图 11-20 所示，根据呈现的实际需要选择列表中的城市。当然，也可以自定义列表中的值。以同样的方法，将“学院名称”、“教师编号”等需要作为筛选条件的字段依次拖至“筛选器”中。

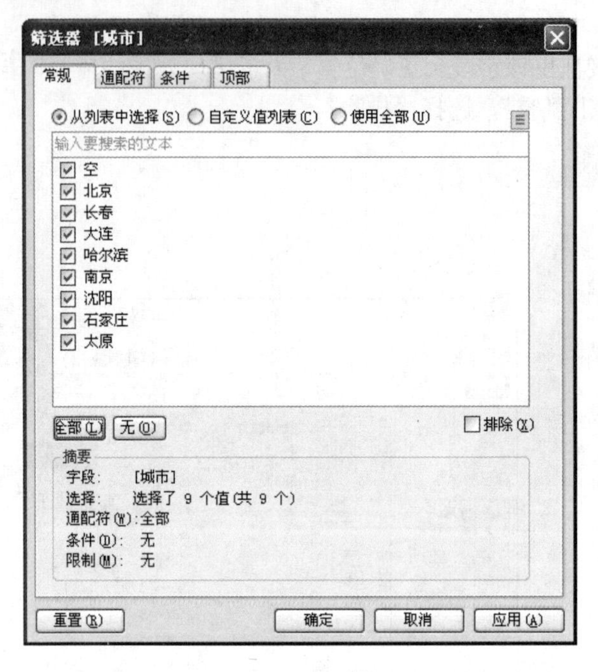

图 11-20 筛选器设置

（9）为了更快选择要查看的城市、区域等，可在数据呈现区旁边添加筛选器。右击筛选字段，选择“显示快速筛选器”，如图 11-21 所示，在数据呈现区右侧出现了筛选器，根据呈现需求选择即可，如图 11-22 所示。添加完快速筛选器的效果如图 11-23 所示。

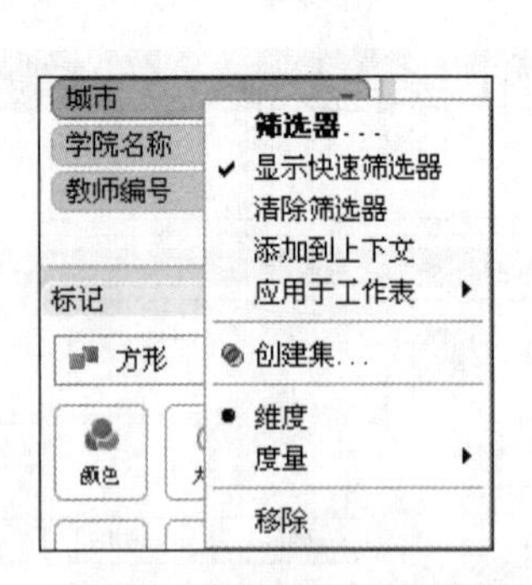

图 11-21 添加快速筛选器

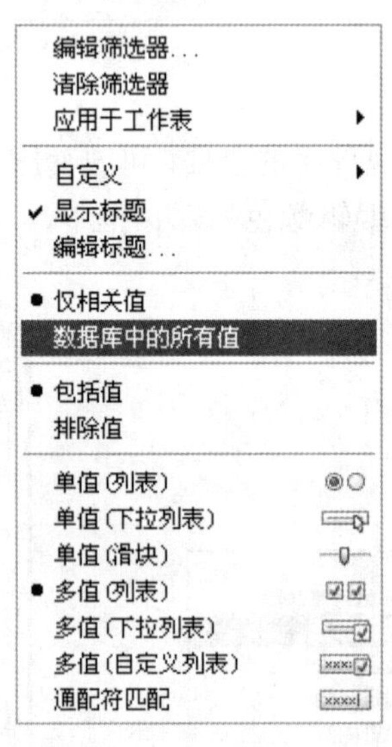

图 11-22 设置筛选器格式

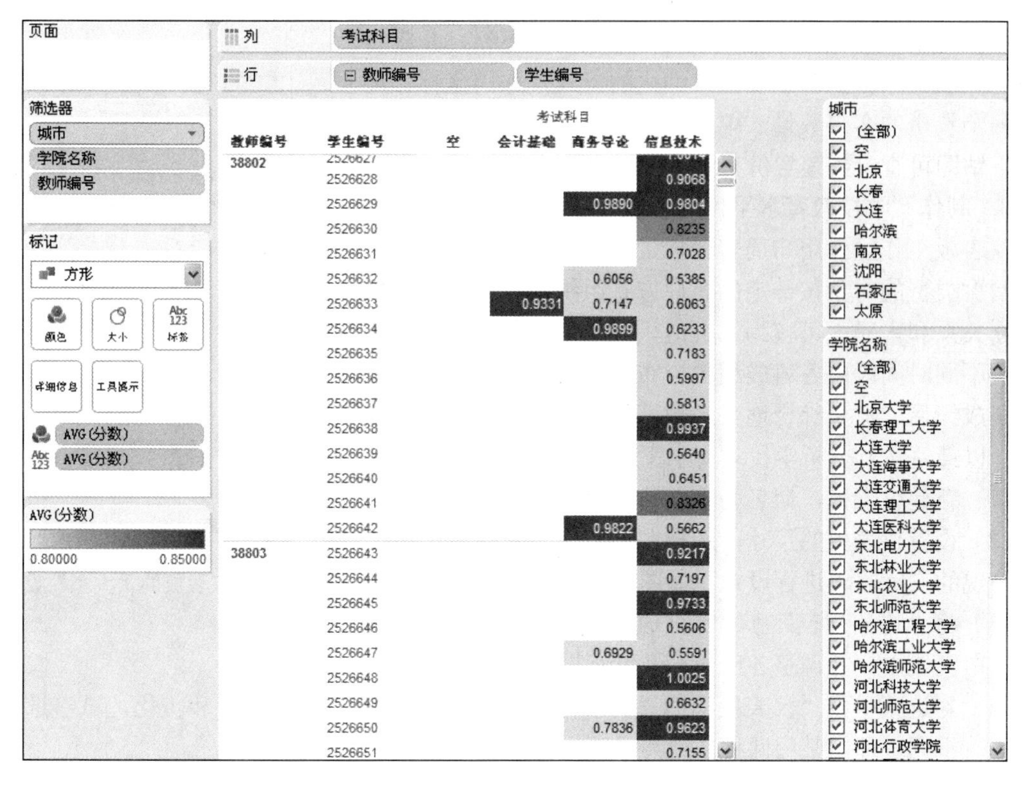

图 11-23 添加完快速筛选器的效果

（10）根据呈现的实际需求，可设置筛选器的格式。右击快速筛选器，选择需要更换的形式，如图 11-22 所示。为节省呈现的空间，选择“多值（下拉列表）”格式。

至此，“考试成绩”视图基本制作完成，如图 11-24 所示。在此视图中，根据呈现的需求，选择不同城市、不同学院、不同教师、不同科目，即可查看到具体的数据。

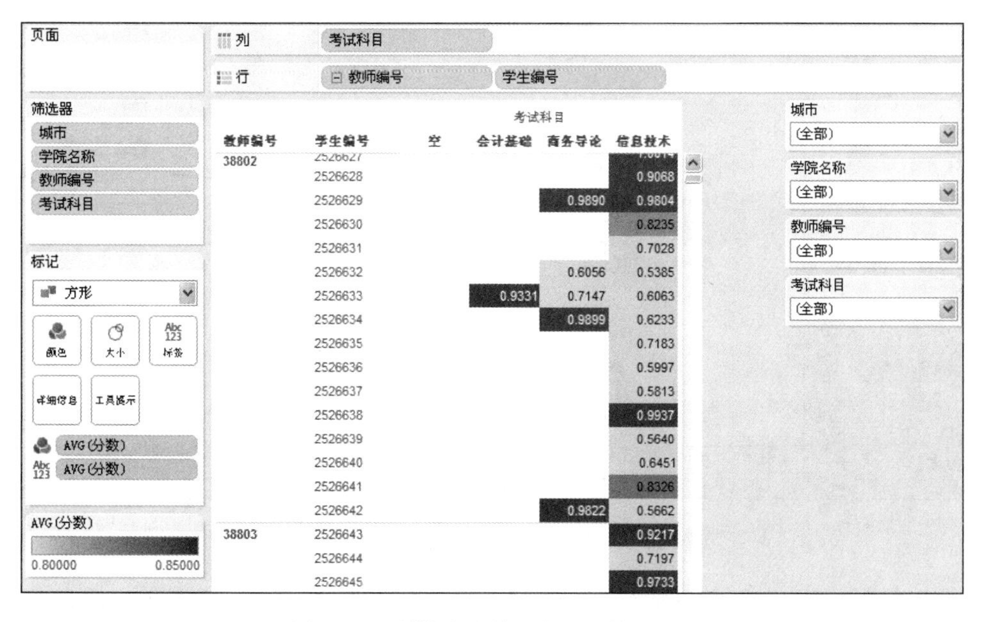

图 11-24 制作完成的“考试成绩”视图

备注 11.1：数据钻取通常指向下钻取，即下钻，是指将某特定分组数据按第二维度继续细化的方式，如用坐标轴展示了各个省份的客户数量，单击具体某个省份的数据按各个城市下钻即可查看到该省份下的各个城市的客户数量。

3. 制作“学校教育水平评估”仪表板

仪表板工作区使用布局容器把工作表和一些像图片、文本、网页类型的对象按一定的布局方式组织在一起，以便揭示数据关系和内涵，可较为综合地呈现多方面的分析结果。分析了不同时间段内各科成绩的分布情况和不同教师的学生的各科成绩后，需要综合地考虑数据影响，因此需要制作仪表板，以最终达到分析学校教育水平的目的。

（1）新建仪表板，命名为“学校教育水平评估”。

（2）设置仪表板的尺寸，选择左下方仪表板的“大小”，根据呈现的实际需求进行设定，如图 11-25 所示。

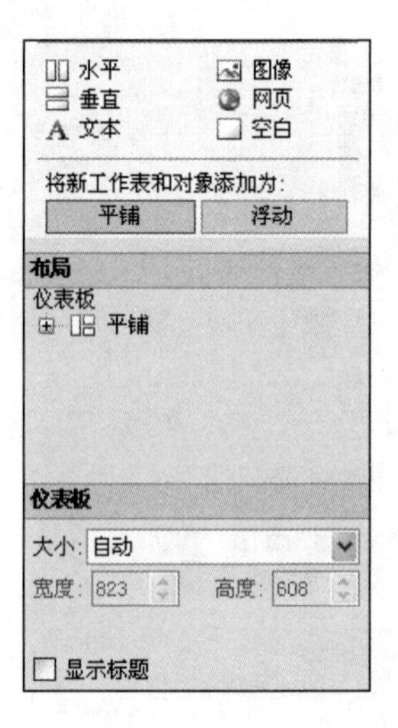

图 11-25　仪表板的“大小”设置

（3）将“均分列表”和“考试成绩”两张工作表拖至仪表板空白区域中，并调整各工作表及标记框的位置。

（4）勾选菜单栏“仪表板”的“显示标题”，对仪表板进行格式设置和美化，试着选择不同城市、不同教师、某门课程，最终呈现如图 11-26 所示。

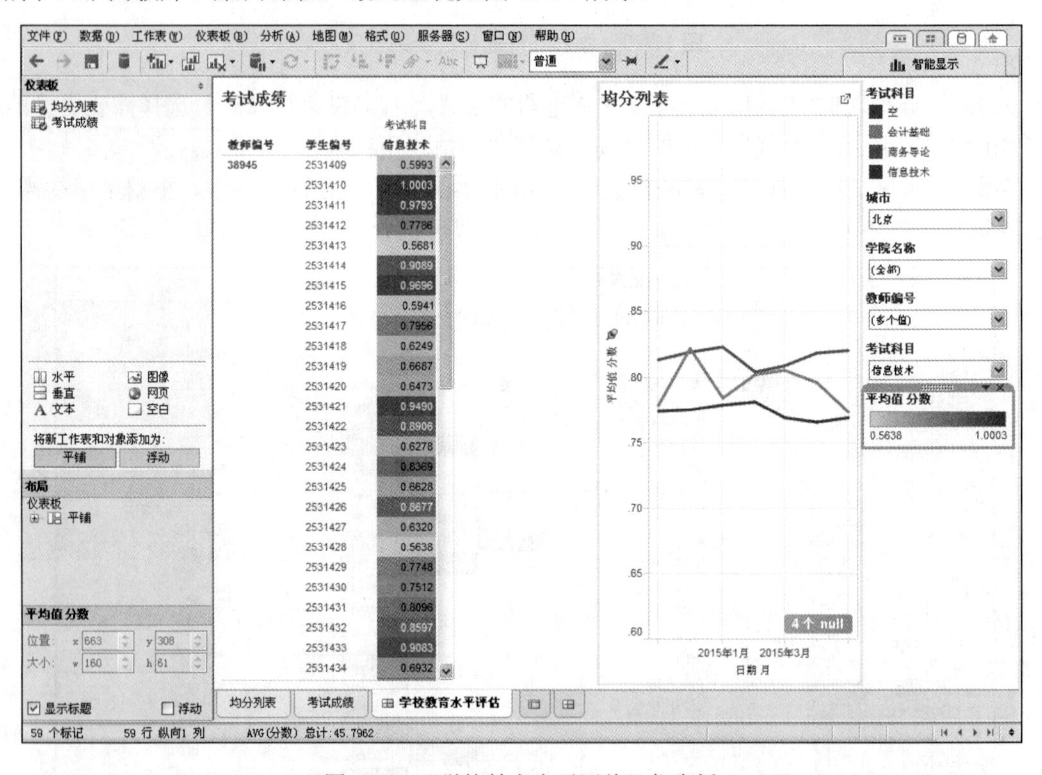

图 11-26　“学校教育水平评估”仪表板

（5）最后将工作簿文件保存成打包工作簿（参见备注 11.2），并命名为“学校教育水平评估”。

备注 11.2：打包工作簿是一个压缩文件，保存所有工作表、连接信息及任何本地资源（如本地文件数据源、背景图片、自定义地理编码等）。这种格式最适合对工作进行打包以便与不能访问该数据的其他人共享。

11.2.2　区域教育水平评估

在学校教育水平评估分析中，通过使用筛选器，可以有针对性地查看到不同学院、不同教师的学生的各科成绩。在本案例中，需要分区域对教育水平进行评估分析，因此，若能在有地域表达的基础上看到某区域上的数据比较，将是更为理想的数据呈现效果。在 Tableau 中，可以使用地图，通过单击该地图上的某个城市、省份来进行筛选，这样就会更直观地看到数据筛选结果。

1. 制作“各维度比较”视图

在“学校教育水平评估”工作簿中，所链接的数据源中没有“省份”字段，考虑到需要进行区域教育水平评估，因此在进行“区域教育水平评估”时需要新增“省份”字段。在菜单“数据”中使用“Tableau 数据提取”，将新增“省份”字段后再链接的数据源加入新建的工作表中。然后，通过制作“各维度比较”视图来查看不同年级、完成不同职业规划的学生，在不同时间段的科目成绩。具体操作步骤如下。

（1）新建的工作表命名为“各维度比较”。

（2）将“日期”、“分数”分别拖到“列”和“行”中，右击“列”中的“日期”，将格式设置为连续的“月”，这样更方便观察到某年某月的具体数据；然后，右击“行”中的“分数”，将“分数”的计算方式改为平均值，如图 11-27 所示。

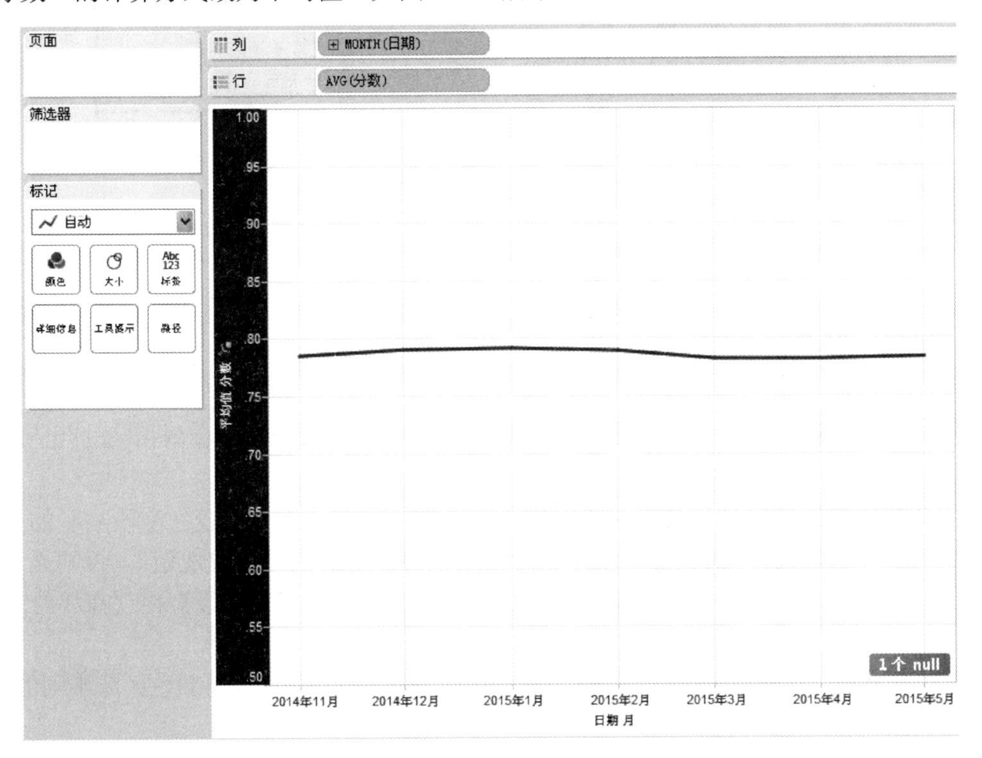

图 11-27　设置日期格式和度量方式

（3）实现多层筛选，创建参数（详见备注 11.3）。在“维度”或“度量”列表框的空白处右击，在弹出的选择项中选择“创建参数”，将参数命名为“比较选择”，“允许的值”选择“列表”，如图 11-28 所示。其中，给年级赋值 1，给职业规划赋值 2，给考试科目赋值 3，在“维度”和“度量”列表框下方会新增名为“参数”的选项集，新建的“比较选择”参数会出现在“参数”中，以供选择。

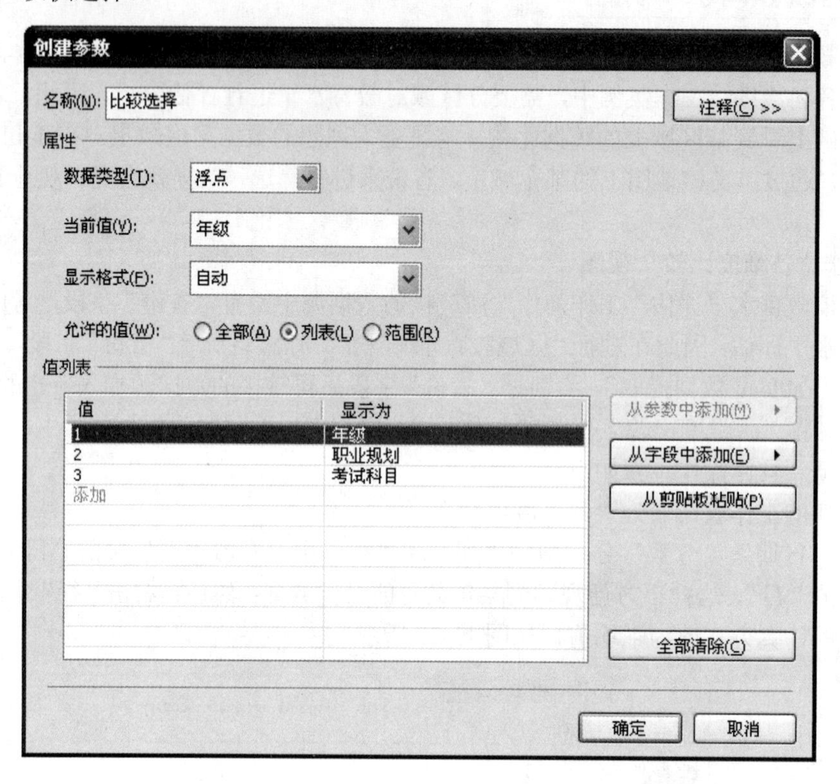

图 11-28　创建参数“比较选择”

（4）新建字段（详见备注 11.4）。在“维度”列表框的空白处右击，在弹出的选项中选择“创建计算字段”，界面如图 11-29 所示，命名为“比较”，在“公式”中输入如下等式：

```
If[比较选择]=1 Then STR（[年级]）（STR 详见备注 11.5）
Elseif[比较选择] =2 Then[职业规划]
Else [考试科目] end
```

说明：IF 语句应该按照语法规则正确书写，引用正确的字段或参数会用相应的颜色加以区分显示。

（5）新建字段的目的是：当参数“比较选择”的值为 1 时，“比较”字段显示的是“年级”；当参数“比较选择”的值为 2 时，“比较”字段显示的是“职业规划”；否则显示的是“考试科目”，这样可以有条件地多使用字段进行数据分析。建好的字段会出现在“维度”列表框中。

（6）将新建的“比较”字段拖至“标记”菜单栏下的“颜色”中，用颜色区分不同的维度，如图 11-30 所示。

图 11-29　创建新的计算字段“比较”

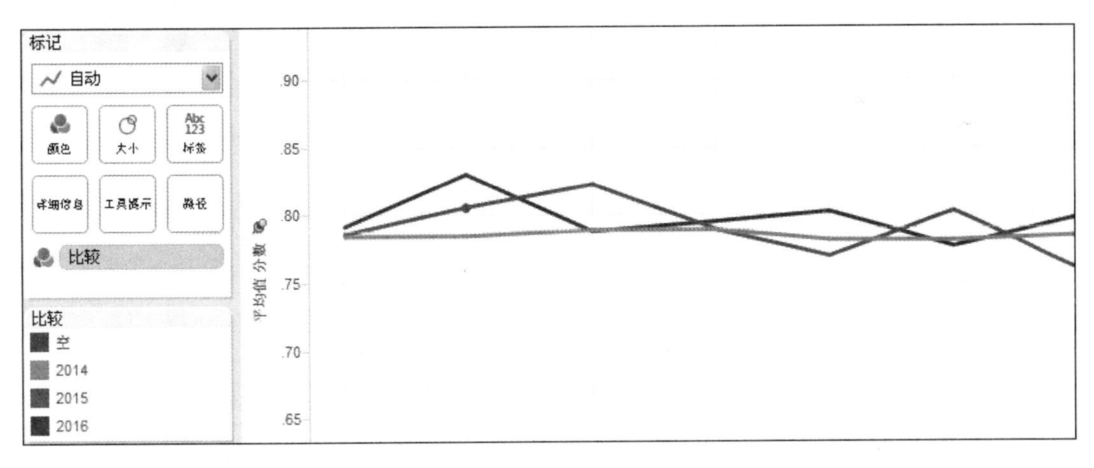

图 11-30　“比较”字段颜色区分显示

（7）将“比较”作为筛选器使用，并显示出来。同时，也将参数“比较选择”显示出来。操作为：右击参数列表框下的“比较选择”，在选项中选择“显示参数控件”，完成后如图 11-31 所示。

（8）在参数“比较选择”中，任意选择一个维度，筛选器“比较”都会显示相应维度的选项。例如，选择“考试科目”，则“比较”筛选器的显示是“会计基础”、“商务导论”、“信息技术”，如图 11-32 所示；若选择“年级”，则“比较”筛选器的显示是“2014”、“2015”、“2016”，如图 11-33 所示。

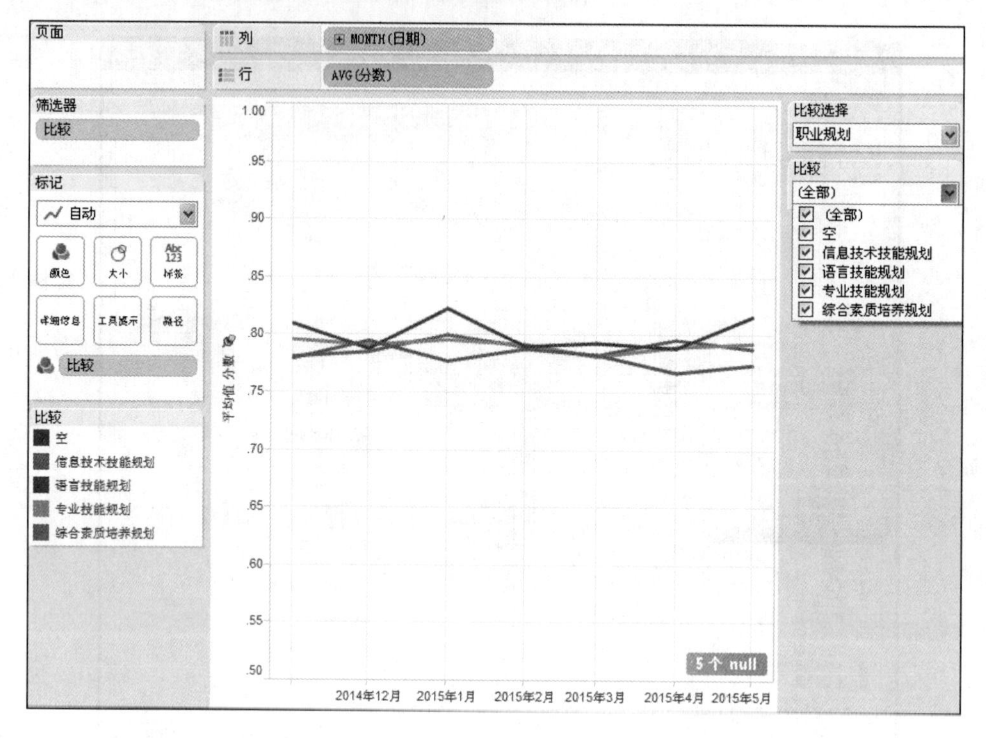

图 11-31 “各维度比较”视图

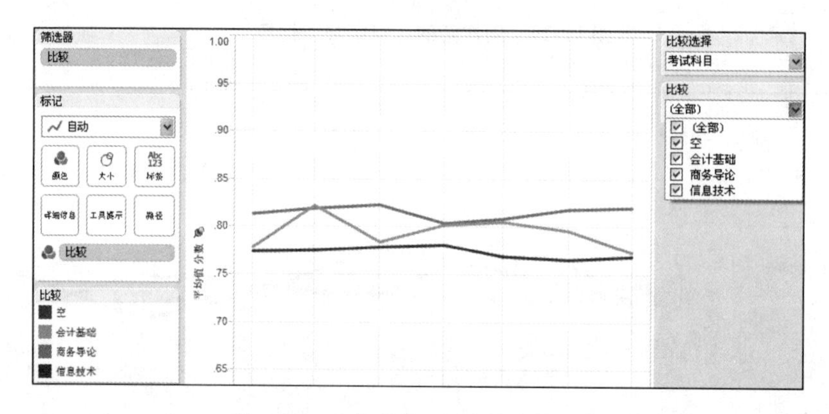

图 11-32 “考试科目”比较选择显示

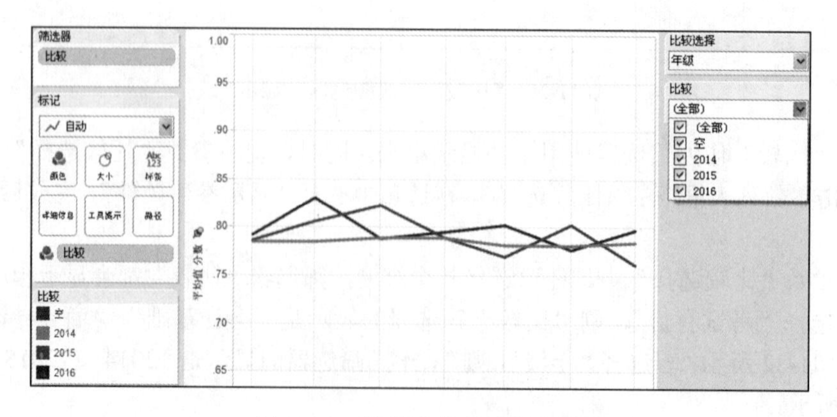

图 11-33 “年级”比较选择显示

备注 11.3：在制作视图的过程中，有时需要构造一个新的参数来帮助分析。这个参数可以放到一个函数中，也可以用在筛选过滤上等，以创建更具有交互感的可视图。

在“创建参数”对话框中可以对参数进行命名。单击“注释”可以对该参数名添加文字解释。

在“属性”选项中，可以为参数设定数据类型、当前值及数据的显示格式。然后可以设定参数的取值范围。参数的范围设定有三种方式：

（1）当前变量的所有值，即“全部”选项；

（2）给出固定的取值列表，即“列表”选项；

（3）给出一定的取值范围，即“范围”选项。

在取值范围下方，可以设定参数的最小值和最大值，还可以指定数值的变化幅度，即步长。

（1）从参数设置：表示从别的参数中导入数值。

（2）从字段设置：表示从度量和维度中的变量导入数值。

备注 11.4：Tableau 具有许多功能来处理 Tableau 数据窗格中显示的字段。可以重命名字段或组合两个字段来创建一个字段。 这样的操作有助于更好地组织维度和度量，以及容纳具有相同名称的两个或更多个字段以用于更好的数据分析。

备注 11.5：STR 函数用于将字段的数据类型转换成字符。

“各维度比较”视图完成后，数据呈现如图 11-31 所示。该图通过多层筛选，实现了更加快捷、方便地查看在时间维度上不同年级、不同职业规划及不同科目学生的考试成绩，进而可以分析影响教育水平的因素哪些影响力大，哪些影响力小。

2. 制作“区域地图”视图

通过以下视图的制作，实现在地图上快速查找到各维度数据。具体操作步骤如下。

（1）新建一个工作表，命名为“区域地图”。

（2）在“数据窗口”选择“城市”字段，右击选择“地理角色”→“城市”，该字段的数据即被识别为代表地理位置城市的值。

（3）分别右击“坐标纬度”和“坐标经度”字段，分别选择“地理角色”→“纬度”和“地理角色”→“经度”，该字段的数据即被识别为代表地理位置经度和纬度的值。

（4）将“坐标纬度”和“坐标经度”字段分别放到“行”和“列”中，工作区中会自动生成一张包含“坐标经度”和“坐标纬度”所在位置的地图，然后将“城市”或“分层结构”拖到“详细信息”中，此时各城市坐标将会出现在地图中；将“学生”拖到“标记”栏下的“大小”中，此时各城市的坐标大小将会根据学生人数的多少发生变化；同时，单击“显示标记标签”，能看到某个坐标点具体的学生数据，如图 11-34 所示。

（5）将“分数”拖到“标记”栏下的“颜色”中，以平均值展现，设置颜色以有更好的区分度，如图 11-35 所示。

3. 制作“区域教育水平评估”仪表板

完成了相关视图的制作后，需要一个综合呈现的形式，因此需要制作仪表板，具体的步骤如下。

（1）新建仪表板，命名为“区域教育水平评估”。

（2）通过拖拉的形式，将“各维度比较”和“区域地图”放入仪表板中，进行相应的布局和格式调整，再根据呈现实际需求添加相应的内容，最终效果如图 11-36 所示。

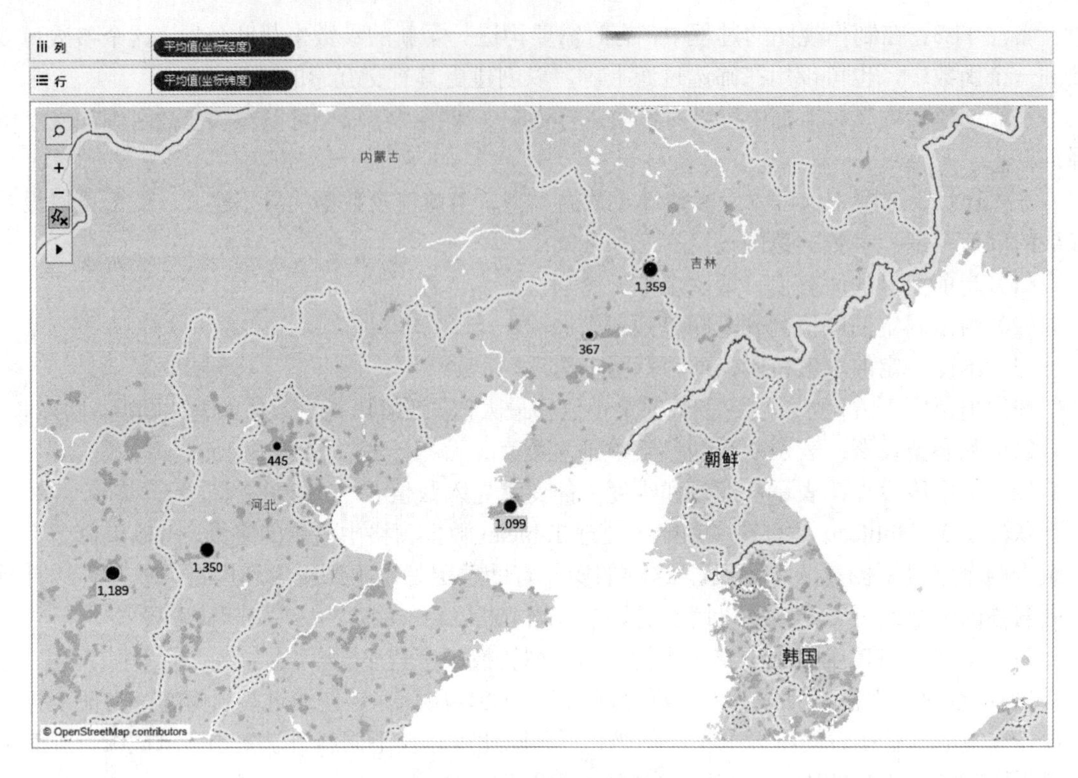

图 11-34　地图的显示

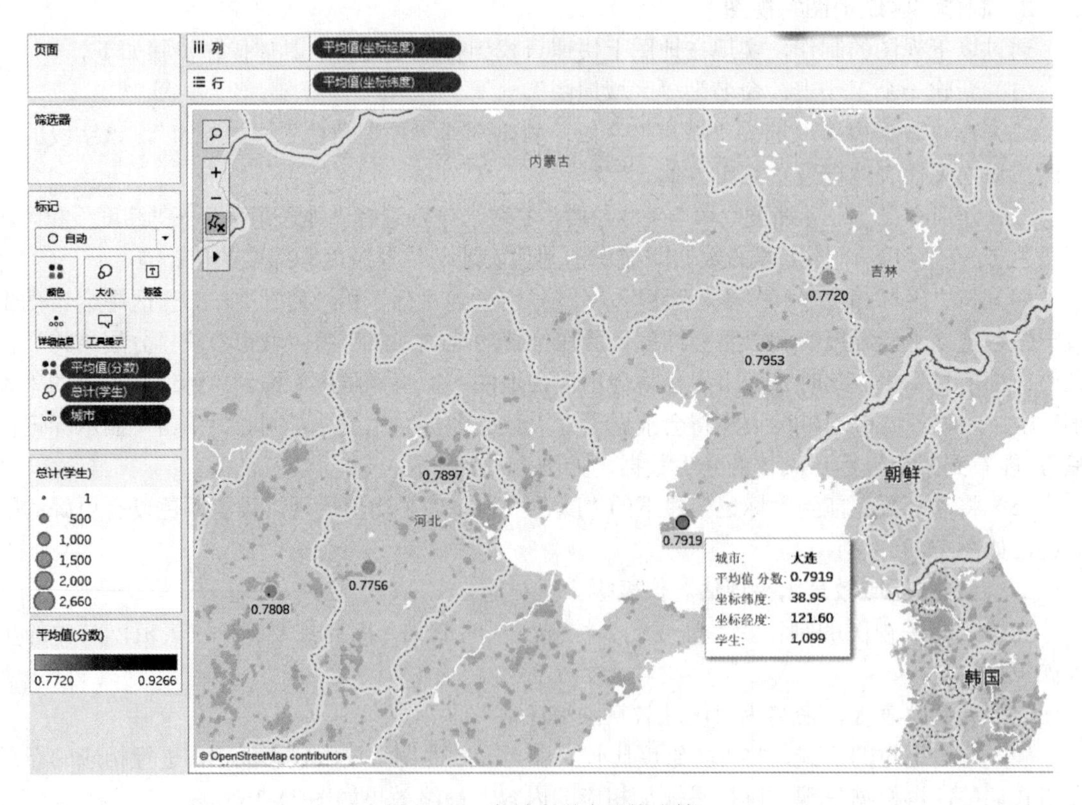

图 11-35　各城市学生平均成绩

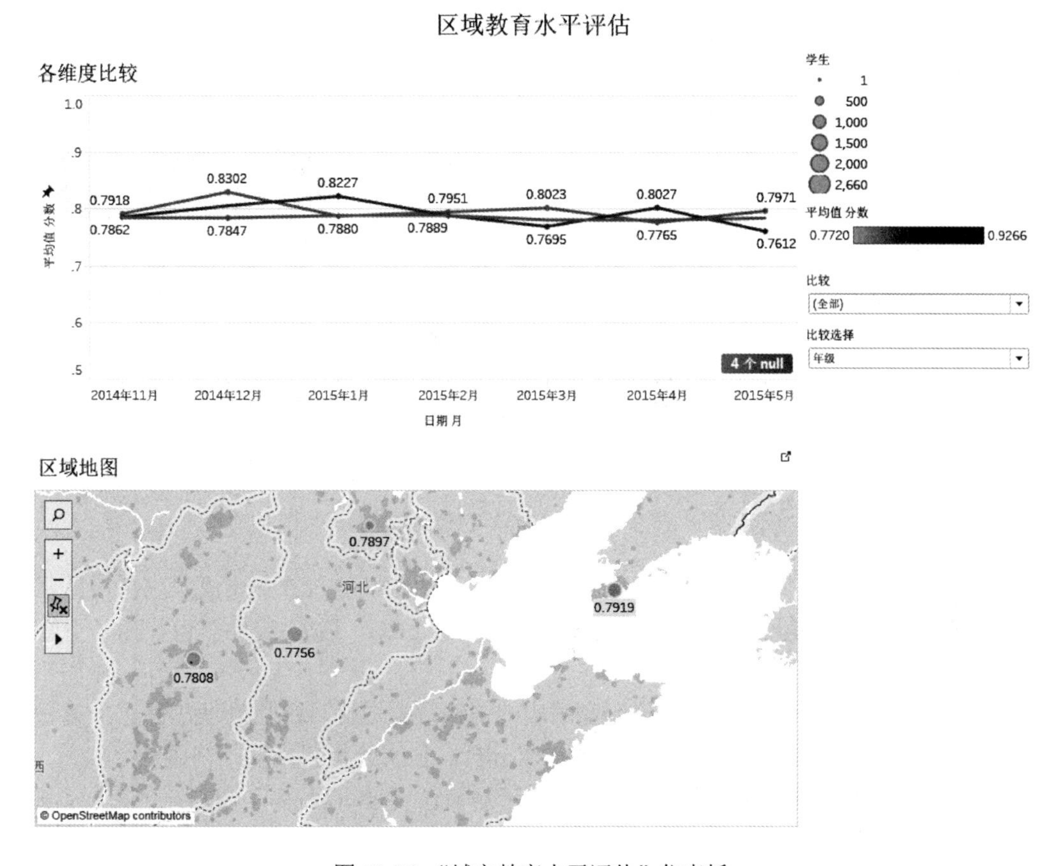

图 11-36 “城市教育水平评估”仪表板

在此仪表板中，若要将地图用作筛选器，可选中仪表板中的工作表“区域地图”，单击右上角的下拉三角，然后单击“用作筛选器”即可。当单击某个城市时，对应的数据会在各维度比较视图中自动显示出来。

第12章 销售数据分析案例

随着经济和科技的发展，淘宝网已成为中国最大的 O2O、C2C 交易平台，为了更好地经营，对淘宝网的销售分析是很重要的。

可以利用专业的工具 Tableau，对淘宝网店的销售数据进行可视化处理，创建出美观、交互、恰当的视图或仪表盘，实现淘宝销售的需求分析。需求分析包括如下内容。

第一，产品要有一个好的定位：要卖什么样的产品，产品的名称、类别、子类别有哪些，以及以一个怎样的价格出售。

第二，对消费人群的分析。如今网购已经成为一种趋势，消费区域不断扩大，因此要分析货物到达的目的城市、省份，以及确认发货的城市、发货的日期、顾客姓名，大致了解产品的消费市场和消费者的购物习惯，对消费者有一个明确的定位。

第三，对订单的分析。网购是通过消费者下订单的形式进行交易的，商家必须了解产品的交易情况，通过对订单数量、订单日期、订单号、订单额进行分析，帮助厂家合理、合时地生产，避免库存商品积压，降低生产成本，提高利润。

第四，选择合适的快递公司。快递公司的选择与商家的盈利和销售有着必然的联系，快递公司的服务质量和态度也会影响消费者的消费心理和消费选择，需要综合考虑快递公司的发货速度，从另一个方面说就是顾客收到货物的签收日期。除此之外，还包括快递单号，有助于帮助了解顾客对快递公司的选择偏好。另外还要考虑运输的成本。

第五，综合以上确定销售利润。

12.1 分析说明

（1）用帕累托图研究分析顾客和利润额之间的关系。

（2）以饼状图的形式具体分析不同区域、不同产品的利润率。

（3）以条形图的形式直观分析不同快递公司到达相同目的城市的物流时间与运输成本。

（4）研究比较各类产品的销售情况。

（5）分析区域利润额和销售额的变化。
（6）以柱形图的形式进行不同省份利润与运输成本的对比。
（7）分析不同产品类别的平均物流时间。
（8）以地图的形式呈现不同区域的利润额。
（9）以填充气泡图的形式对各省市购买不同种类的物品及其数量进行可视化分析。

12.2 帕累托图

主要分析步骤如下。

（1）导入数据，然后创建计算字段“序列”，将其数字格式改为百分比。

（2）将“顾客姓名”拖至“标记”功能区，将“利润额”拖至“行”，“序列”拖至“列”。

（3）选择标记功能区的“顾客姓名”，设置排序顺序为“降序”，设置字段“利润额”的度量为总计，右击列功能区的“序列”，设置计算依据为“顾客姓名”。

（4）选择行功能区的“利润额”，编辑表计算，计算类型为总计，计算因素为“顾客姓名”，从属类型为“总额百分比”，值汇总范围为“顾客姓名”。

（5）在标记功能区选择条形图，设置报表为“整个视图”。

（6）创建计算字段“是否正利润”，将字段拖至“颜色”，调整后可得帕累托图，如图12-1所示。

（7）可以分别编辑横轴、纵轴来添加参考线，也可以调整参数来添加参考线。

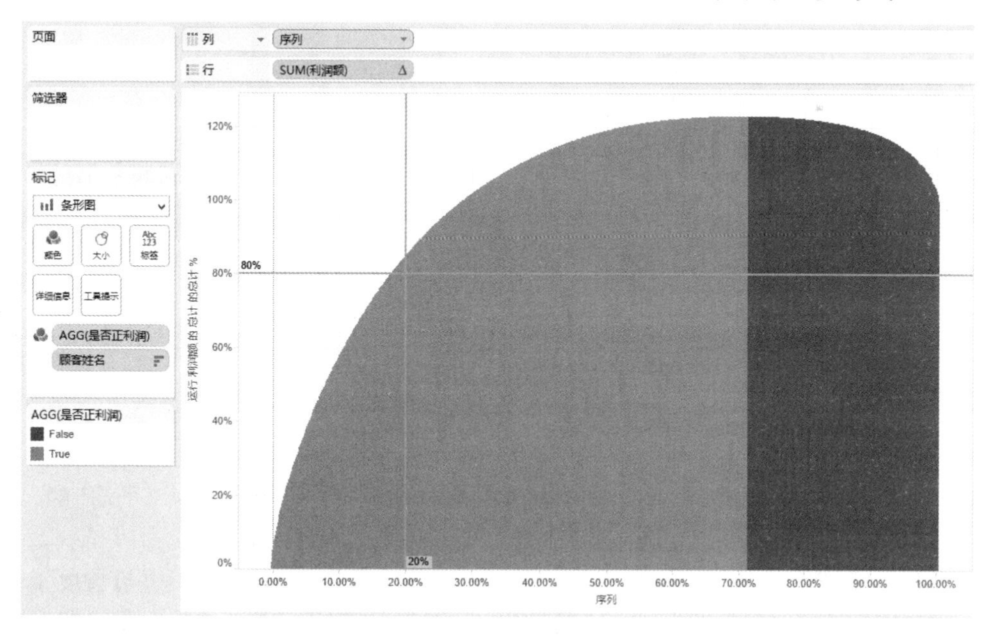

图12-1 帕累托图

数据分析结论：由帕累托图可以看出，该淘宝商家80%的利润来自于20%的顾客。如果该淘宝商家努力让创造80%利润的20%顾客都乐意扩展与它的合作，不但比把注意力平均分散给所有的顾客更容易，而且更节约成本。

12.3 区域产品利润率分析

主要分析步骤如下。

（1）创建计算字段“销售额”，然后利用“利润额”和“销售额”创建计算字段“利润率”。

（2）将“区域”拖至“列”，将“产品类别”拖至“颜色”，将“利润率”分别拖至“大小”和“文本”标签，将“区域”设置为筛选器，可以筛选出不同的地区以进行更直观的分析。区域产品利润率饼状图如图 12-2 所示。

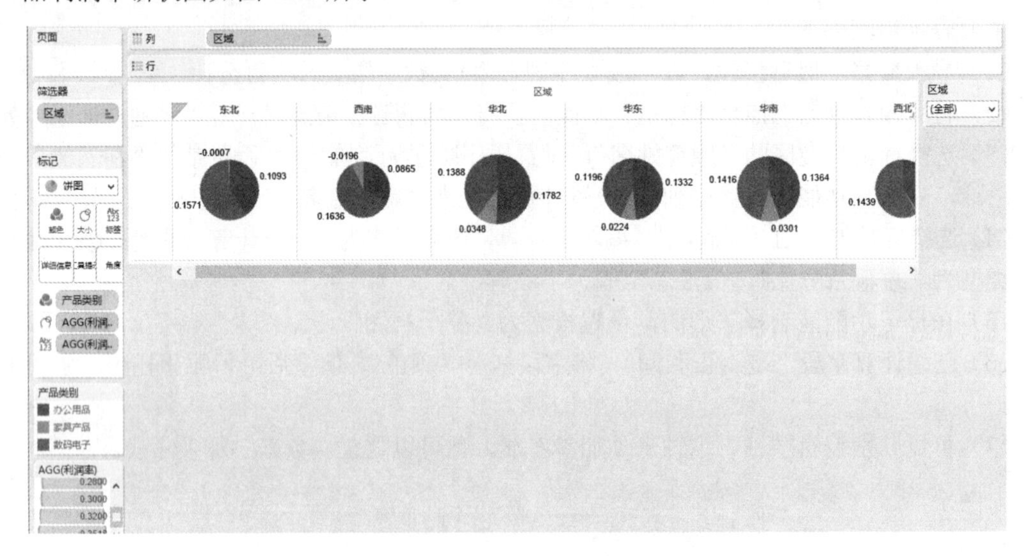

图 12-2 区域产品利润率饼状图

数据分析结论：由饼状图可以明显地看出家具产品无论在哪个区域的利润率都是最低的，尤其是东北和西南地区的家具产品利润率甚至呈现负值。这也说明家具产品的市场占有份额比较小，侧面说明该淘宝商家的利润主要来源于销售办公产品及数码电子。

12.4 物流时间与运输成本分析

主要分析步骤如下。

（1）创建计算字段“物流时间”，将其拖至“列”功能区，设置度量为“平均值”。

（2）将“快递公司”、“产品类别”、“目的城市”拖至“行”。

（3）将“快递公司”拖至“颜色”，将“运输成本”拖至“文本”标签，并设置度量为“总计”，标记功能区选择“条形图”。为“产品类别”、“目的城市”设置筛选器。得出的运输成本分析条形图如图 12-3 所示。

数据分析结论：通过筛选器筛选出产品类别为办公产品，目的城市为北京。以此为例，可以看出不同快递公司运送相同的货物到相同的目的城市所花费的物流时间不同，运输成本也不同。从条形图中可以看出，韵达公司的平均物流时间最长，而且它的平均运输成本也是最高的。而 EMS 的平均物流时间是最短的，平均运输成本也是相对较低的。因此针对办公用品，且目的城市为北京，则商家选择 EMS 作为运输公司是比较明智的，因为 EMS 的平均物流时间短充分满足了顾客急切的心理，且运输成本相比较来说是可以接受的。商家还可以通过筛选器选择出其他想要观测分析的值。

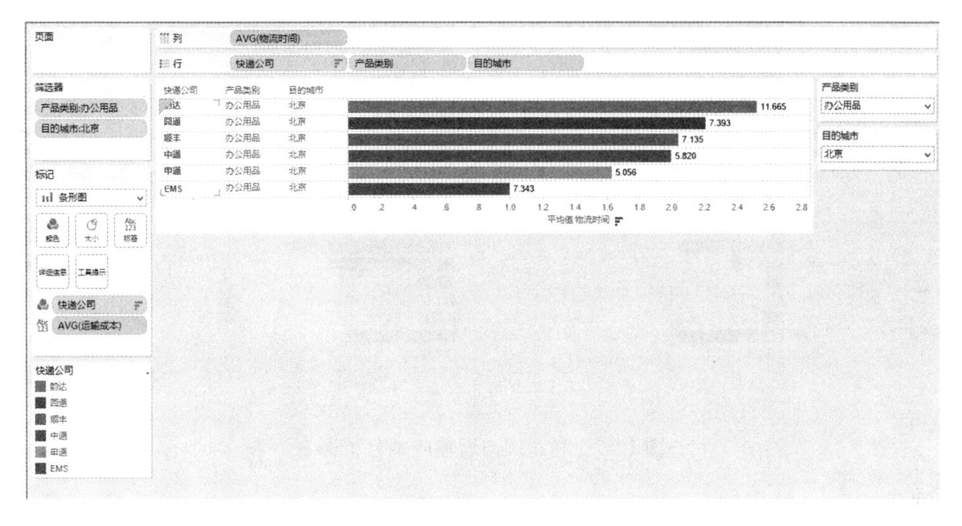

图 12-3 运输成本分析条形图

12.5 利润额与运输成本对比

主要分析步骤如下。

（1）将“利润额”、“运输成本”拖入“列”，将“目的省份”拖入“行”。

（2）将局域放入“筛选器”，右键选择“显示快速筛选器”。得出的利润额与运输成本分析如图 12-4 和图 12-5 所示。

图 12-4 利润额与运输成本分析图 1

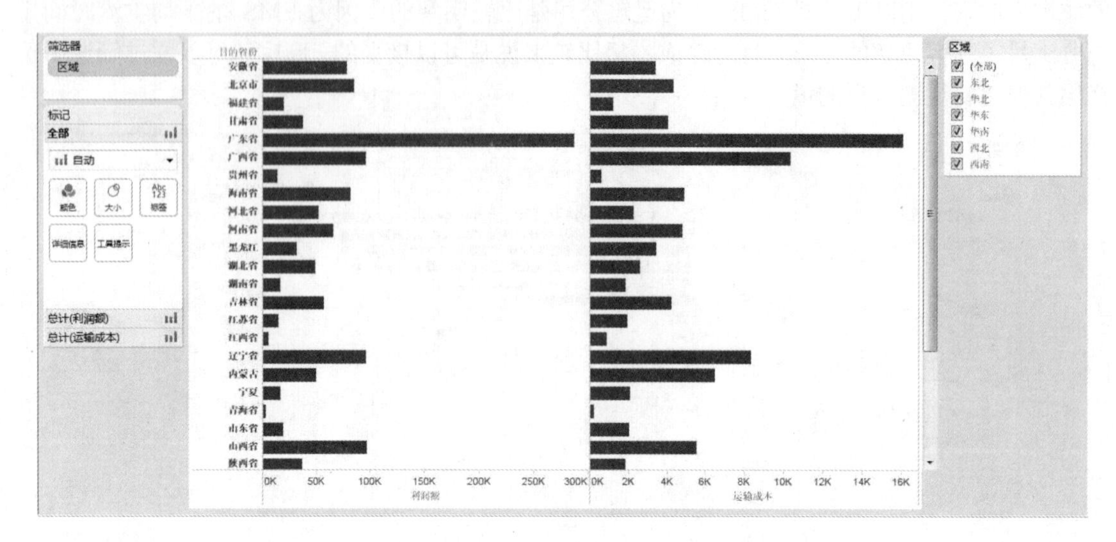

图 12-5　利润额与运输成本分析图 2

（3）对利润额和运输成本的颜色进行设置，排序后的分析图如图 12-6 所示，最终效果图如图 12-7 所示。

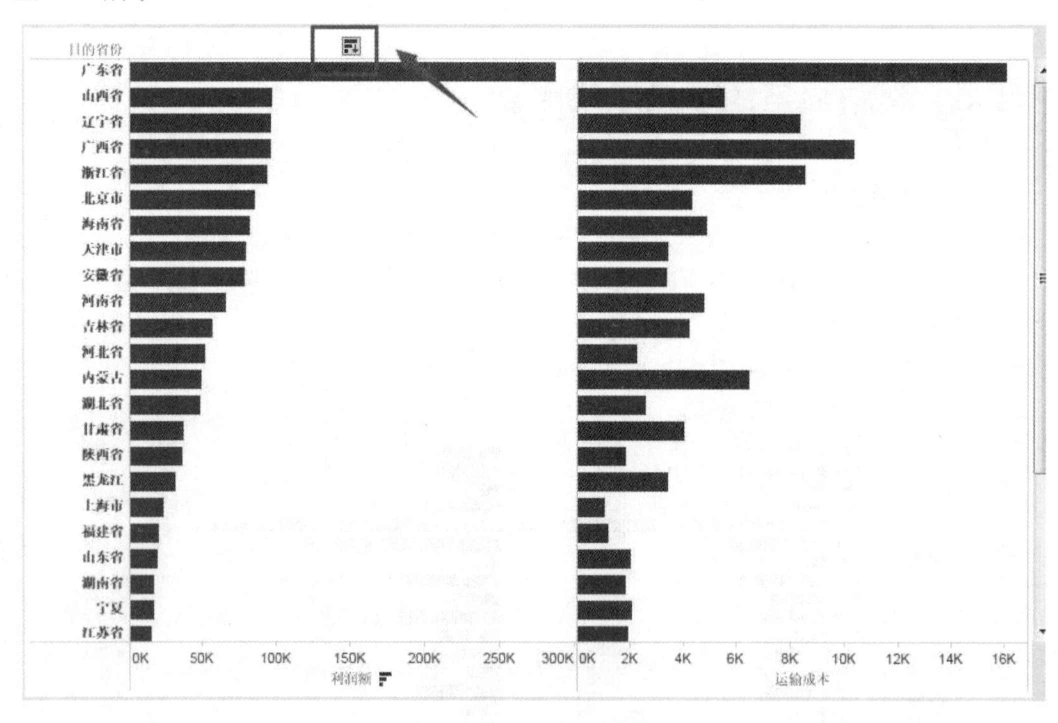

图 12-6　排序后的分析图

数据分析结论：由图 12-4 和图 12-5 可知，利润与运输成本在大多数省份下所占的比例基本处于平衡状态，而广西、内蒙古、黑龙江、宁夏等较偏远地区运输成本所占的比例相对偏高，这也可以解释一般淘宝店铺中所显示的偏远地区不包邮的原因。此外，广东省的利润额排名第一。此次使用的数据来源是一家位于广州的淘宝网店，由此可知，淘宝买家更偏向于选择发货地址离自己较近的网店。

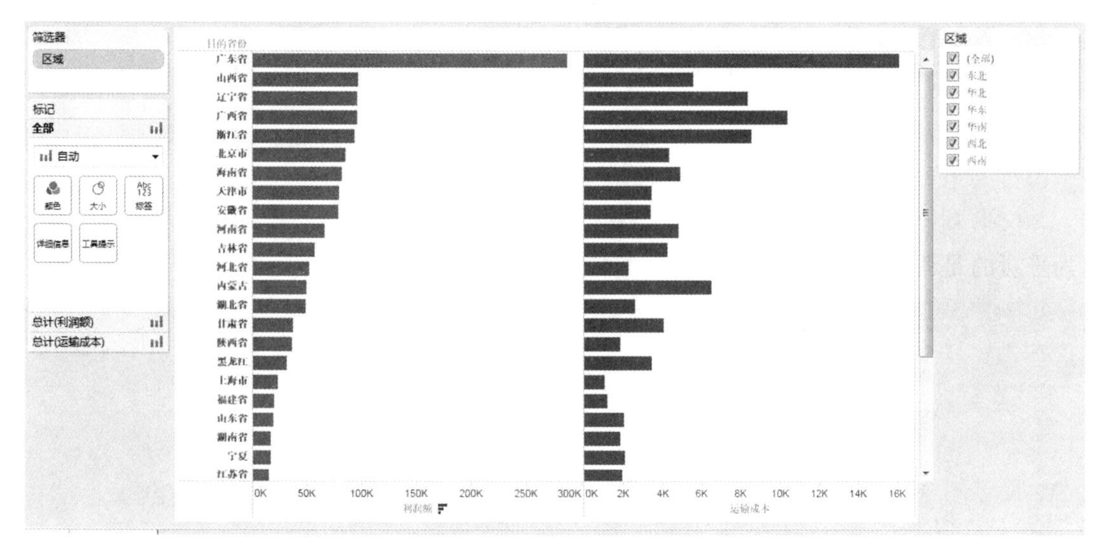

图 12-7　最终效果图

12.6　产品类别销量比较

图 12-8 所示为产品类别销量比较图，目的是为了比较各类产品的销售情况。由图可知：各类产品的子类别销售情况参差不齐，就平均值来说，依次排序（由高到低）为办公用品、数码电子、家具用品。

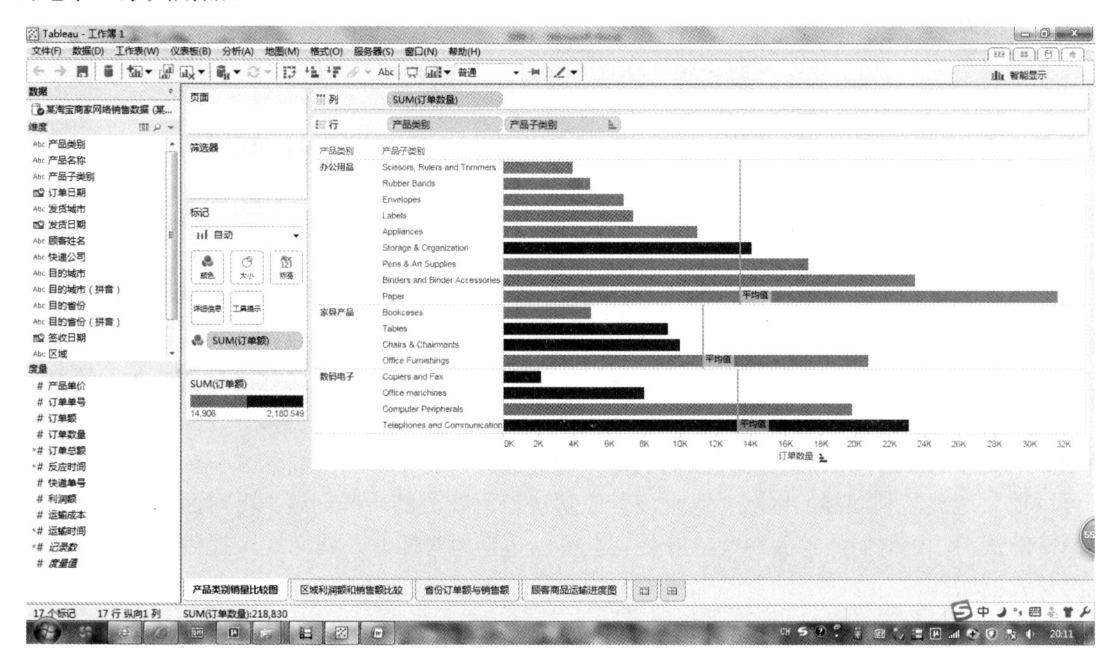

图 12-8　产品类别销量比较图

12.7 区域利润额与销售额分析

图 12-9 所示为区域利润额与销售额分析图，展现了各个区域利润额和销售额的变化。从图中可看出，各区域订单额由高到低依次为：华南、华北、华东、东北、西北、西南地区。各区域利润额普遍呈现出一种波动状态，华南地区最为明显，其次是华北地区，相对最为平缓的是西南地区。

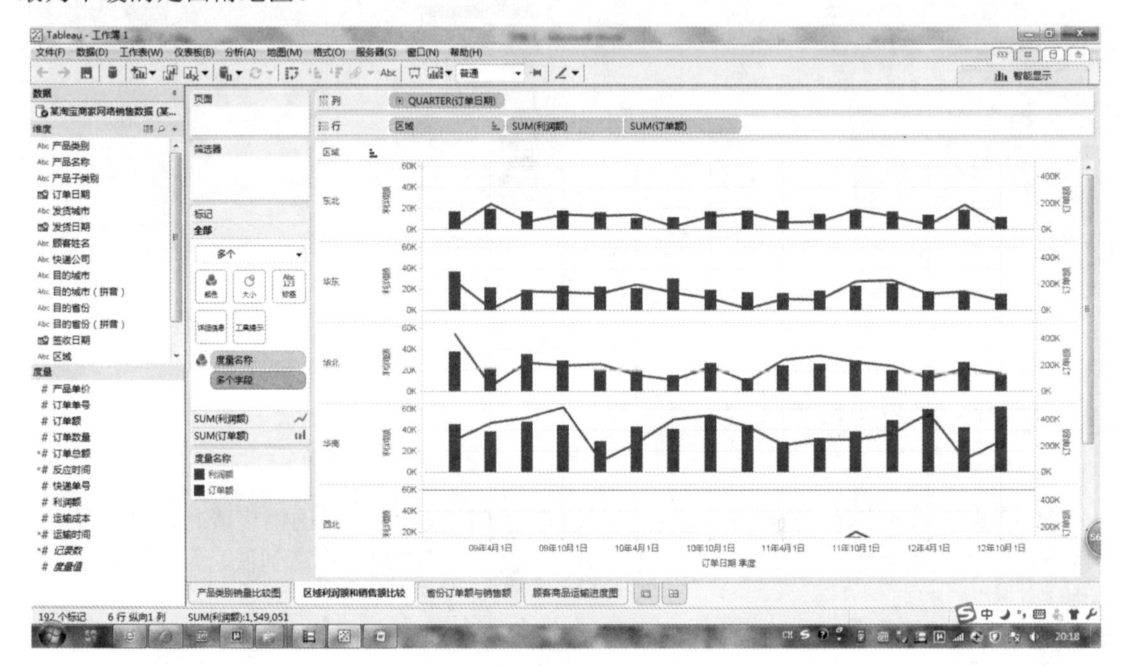

图 12-9 区域利润额与销售额分析图

12.8 区域利润额分析

从图 12-10 中可以看出利润总额普遍分布在沿海地带和华东地区，西北和西南地区较少。而北京市和天津市的利润总额最大。这是因为这两个地区的经济发展较好，网络普及度及居民的网购意识也较高。而西北及西南地区的经济与沿海地区及华东地区比起来较为落后；还有一个原因可能是大部分淘宝商家都会在他们的商店主页面上注释新疆、西藏、青海、宁夏等地区不包邮，这样也可能降低西北地区人们的购买欲。因此，对于该淘宝商家来说，西北地区是一个可以较大地提高利润额的区域，他应该首先解决自己物流的一些问题，再对西北地区客户宣传网购的优势，让他们体验到网购的好处，也可以适当地对西北及西南地区提供一些优惠政策来鼓舞人们网购。

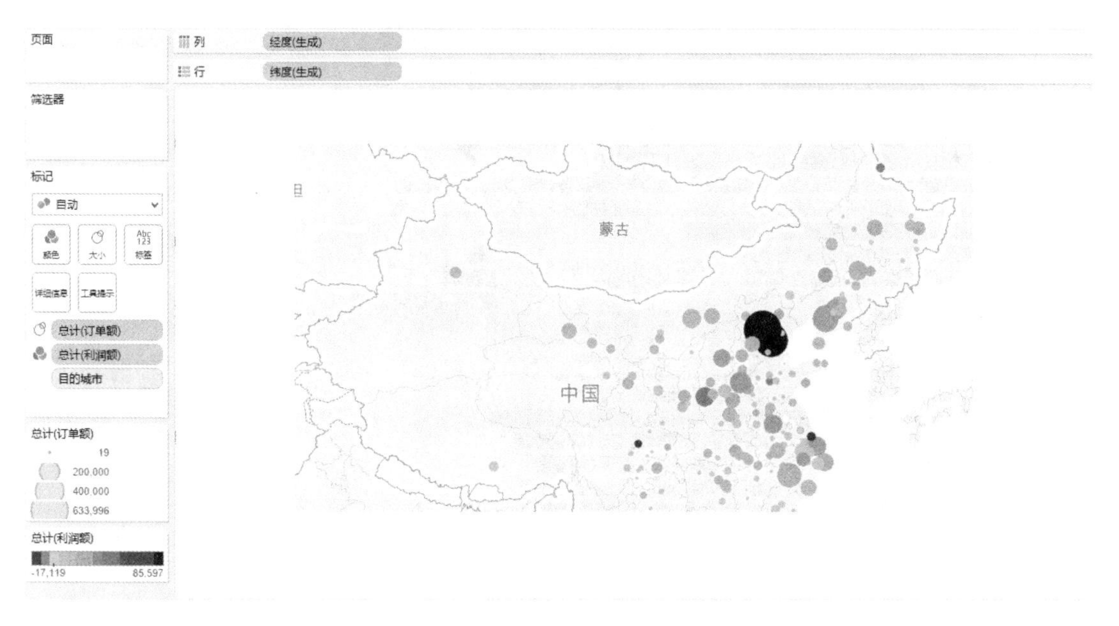

图 12-10　区域利润额分析图

12.9　平均物流时间分析

可以将区域作为筛选器，通过筛选不同区域来查看每个区域的平均物流时间。条形图中的不同颜色代表了不同的产品类别，通过观察不同颜色所占的长度可以得出不同产品类别的平均物流时间。因此，淘宝商家可以通过筛选在不同的区域发货选择平均物流时间最短的快递公司。以东北地区举例，从图 12-11 中可以看出往东北地区发货时，平均物流时间最短的是中通，因此该淘宝商家在往东北地区发货时可以选择中通快递。同样，在往特定区域发某一产品时，也可以通过此图来选择最好的快递公司。以华东地区举例，如果要往华东地区发一批家具产品，通过途中各颜色比较，代表家居产品的橙色所占比例最小的是 EMS，说明 EMS 在往华东地区运送时间是最短的，因此在往华东地区发家具用品时可以选择 EMS。通过以上的分析，该淘宝商家可以与不同的快递公司合作来大大缩短物流时间。

当我们单击“销售利润”视图中的某城市时，Google 地图中就会显示出该城市的地图，也就达到了用“销售利润”来控制 Google 地图的目的，如图 12-12 所示，这样我们也就可以了解自己要选择的城市的一些基本情况，如交通路线。知道交通路线后就能确定物流的走向，以达到用最短的物流时间把产品送到客户手里的目的，同时能促进客户与卖家的及时沟通，也提高双方的办事效率。

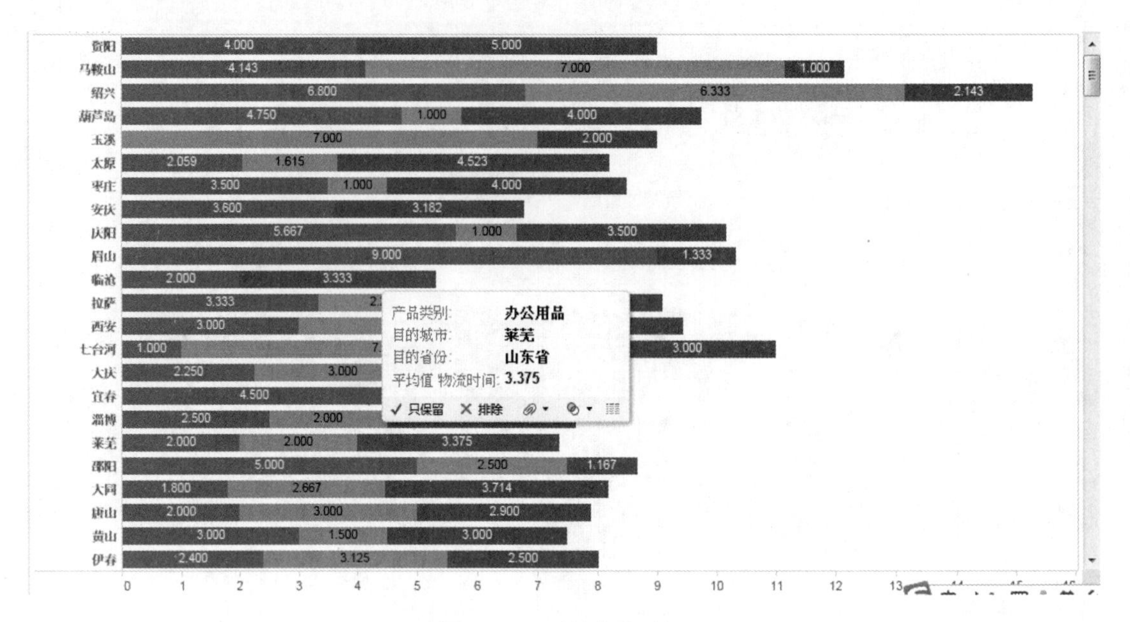

图 12-11 平均物流时间

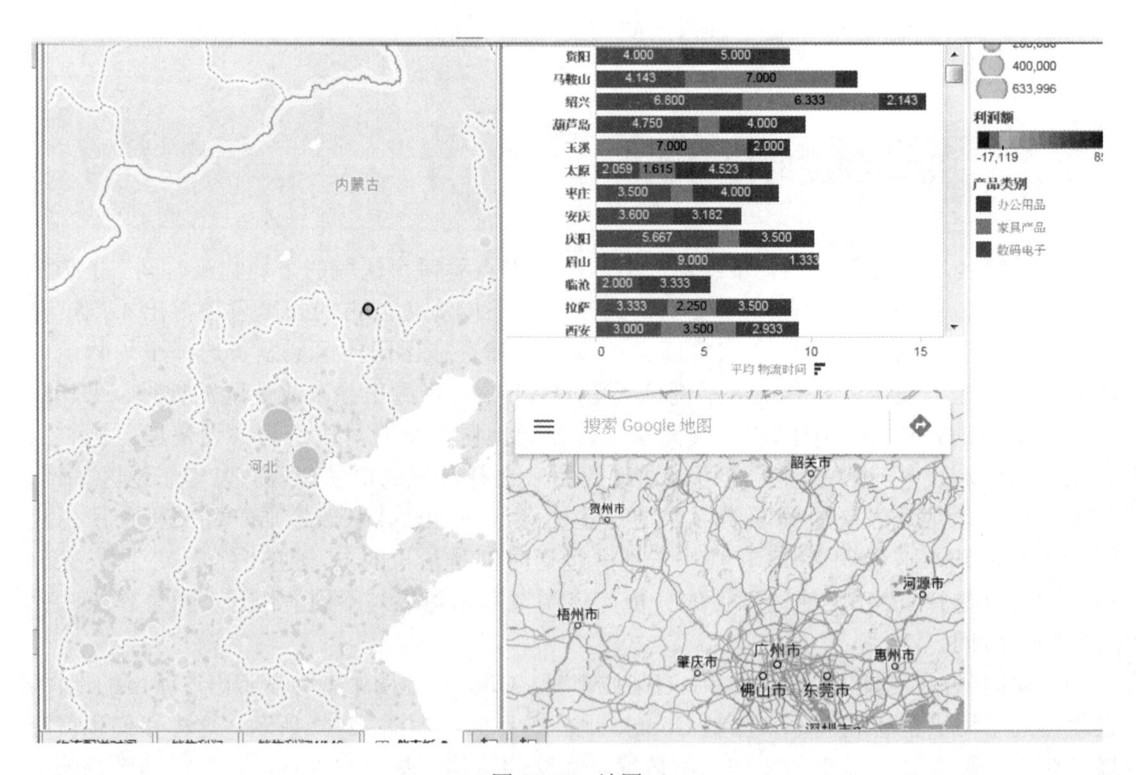

图 12-12 地图

12.10 各省订单种类及数量分析

主要分析步骤如下。

（1）将“目的省份”拖入“列”，将“产品类别”、“订单数量”拖入“行”，如图 12-13 所示。

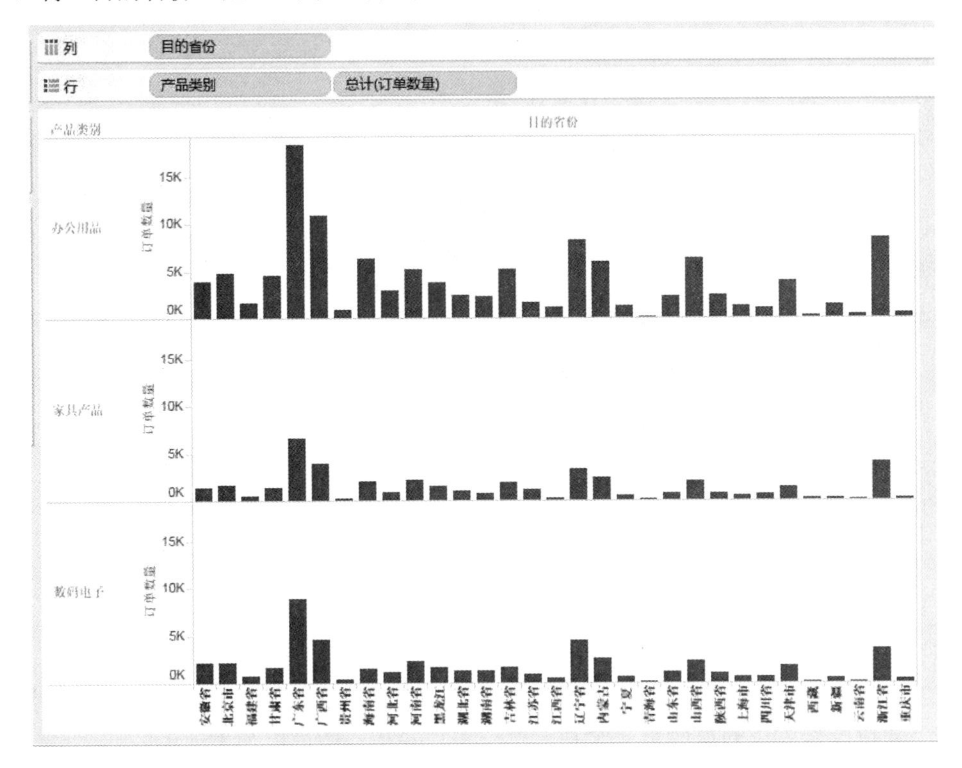

图 12-13　柱状图

（2）在智能显示中选择“填充气泡图”，改变图形的表现形式。将“产品类别”拖入“颜色”中，使不同产品类别显示不同颜色，如图 12-14 所示。

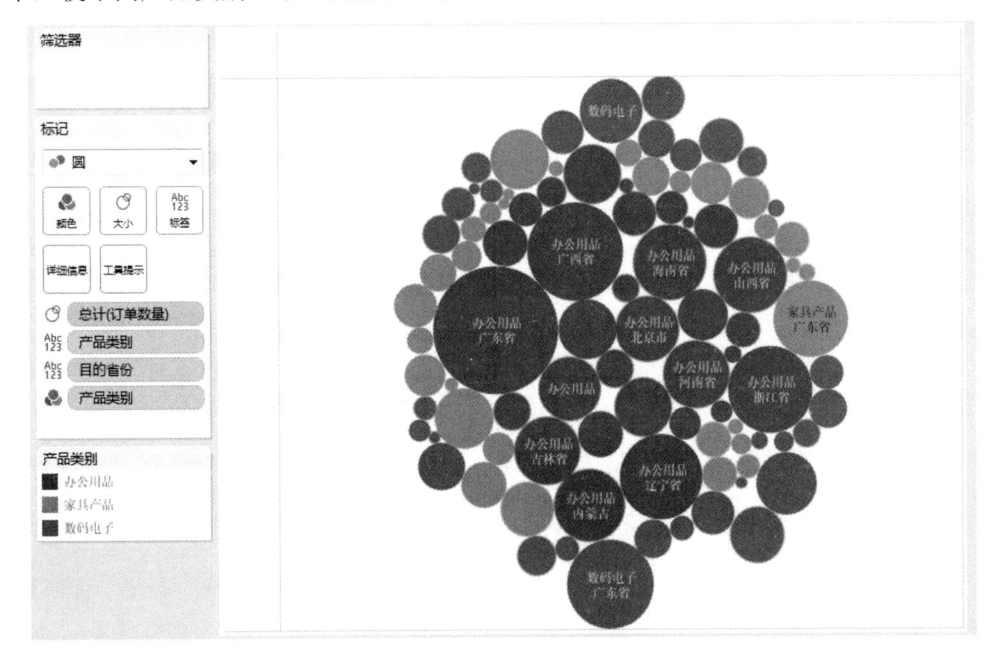

图 12-14　填充气泡图

（3）将“目的省份”拖入“筛选器”。最终效果图如图 12-15 所示。

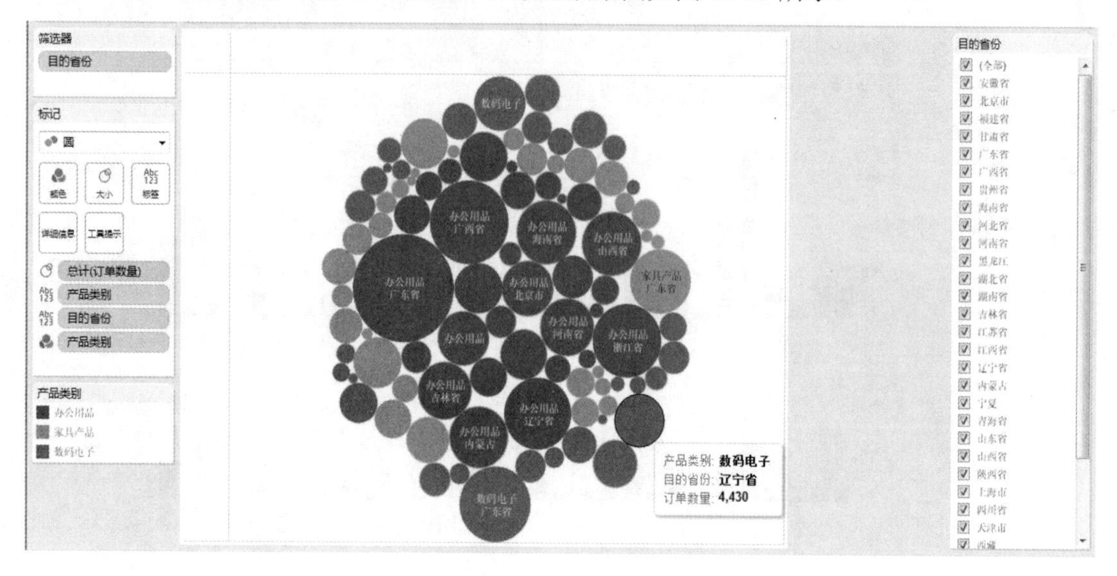

图 12-15　最终效果图

数据分析结论：由“各省订单种类及数量”工作表可知，该店销售量最多的是办公产品，且购买者最多的是广东省，销量排后的是家具产品和数码产品，这两者的购买数量最多的还是广州市，由此可以看出该网店的最大客户群体位于广东省。通过广州本地人的购买量最多可知顾客希望购买的东西能以最快的速度到达自己手里，因此建议该店选择与运输速度较快的快递公司合作，以吸引更多其他省市的顾客。

12.11　结论说明

通过分析该淘宝商家的销售数据后，给出以下几点建设意见：

（1）给创造利润最多的那 20%的顾客提供更优越的服务，如 VIP 服务。让他们体会到自己与其他顾客的不同，促使他们与商家的后续合作。

（2）该店的顾客大多位于广州本地，商家可以在实体店开展相关活动，吸引广州本地更多的顾客。也可以在淘宝店首页设置相关优惠活动，以吸引顾客的眼球。

（3）加大对各个地区家具产品的宣传力度，拓展家具产品的市场份额。

（4）针对不同地区的不同产品合理选择不同的物流公司。首先选择物流时间短的，以满足顾客心理，留住更多的顾客；其次，既要考虑成本，也要在商家能够接受的成本范围内。

第13章 篮球运动员数据分析案例

13.1 篮球运动员价值分析指标

体育产业作为国民经济的一个部门，具有与其他产业相同的共性，即注重市场效益、讲求经济效益。其产品的重要功能在于提高居民身体素质、发展社会生产、振奋民族精神、实现个人的全面发展和社会文明的全面进步。

篮球是全民参与度较高的一项体育活动。美国男子职业篮球联赛（National Basketball Association，NBA）采取商业化的运作模式，从多个维度评估运动员价值，以促进赛事活动良性发展。得分、篮板、助攻、盖帽、抢断、犯规、技术犯规、失误等是其常见的技术统计参数。目前，NBA 官方和专业人士采取 PER 效率指数分析球员的方法，通过对统计参数的相关计算，最终来综合评价球员的技术价值。

利用 PER 值，可以将球员的所有表现记录下来，然后加权集成、综合，进而可以对不同位置、不同年代的球员进行评估和比较。计算这个效率准则的公式为：[(得分数+助攻数+总篮板数+抢断数+盖帽数)-(投篮出手数-投篮命中数)-(罚球出手数-罚球命中数)-失误数]/球员的比赛场次。

13.2 篮球运动员技术价值评估

在本案例中，使用 NBA 2011—2012 季后赛球员统计的数据进行篮球运动员技术价值分析。

13.2.1 球员技术价值评估

球队在赛场上最直接的目的是让球员投篮得分，这不仅需要球员过硬的技术，还需要团队的有效配合。在此，先对球员的技术进行分析。首先建立球员得分视图，直观地给出每位球员上场次数、得分情况等，然后分析失误、进攻等方面的情况，进而综合评判运动员的技术价值。

1. 制作“球员加分项”视图

通过以下视图的制作实现球员得分数、助攻数、篮板数、抢断数和盖帽数的分析。具体操作步骤如下。

（1）单击菜单“文件”→“新建”工作簿，然后单击菜单“文件”→“打开”已知路径下的数据源“NBA 2011—2012 季后赛球员数据统计.xlsx”，选择数据所在的“NBA2011—2012 季后赛球员数据统计”表，并将其在 Tableau 中的名称命名为“球员增加分”。

（2）在数据连接页面中，为提高数据连接的时效，选择“导入所有数据”。如果数据量不是很大或在系统资源足够的情况下，可选择“实时连接”。

（3）在左侧的“维度”列表框和“度量”列表框中可以看到所有指标，如图 7-1 所示。数据源中字段的数据类型为数值型，连接数据源后，该字段自动放入“度量”列表框中，否则放入“维度”列表框中。由于不会涉及相关的数值计算，所以将“球员编号”字段拖进“维度”列表框中。

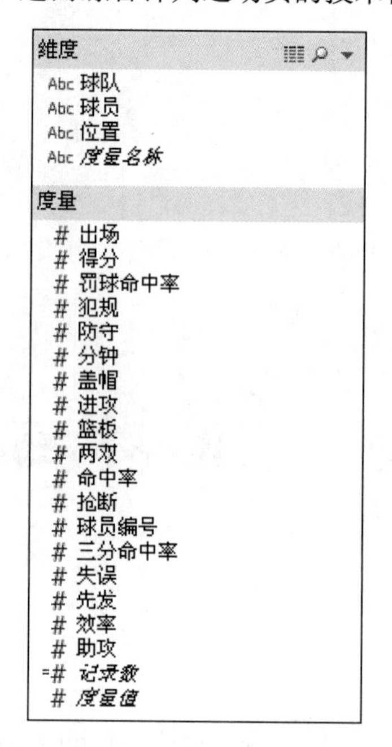

图 13-1 “维度”和“度量”列表框中的指标

（4）考虑到想要有更形象的呈现效果，可在视图背景中添加图片。单击“地图”→“背景图像”，再单击连接好的数据源，如图 13-2 所示。

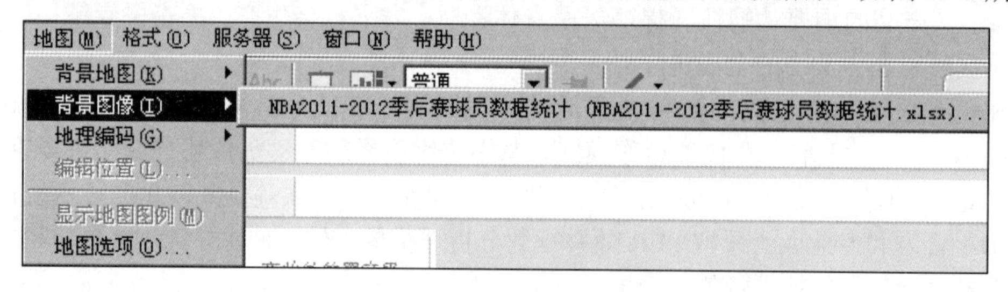

图 13-2 背景图片连接数据源

（5）在弹出的“背景图片”对话框中单击“添加图像”按钮，弹出“添加背景图片”对话框，如图 13-3 所示。单击“浏览”按钮，选择存放背景图片的路径及背景图片（背景图片应该选择与 NBA 或篮球相关的图片，且其颜色不易太鲜亮，否则容易把视图中要呈现的内容掩盖）。

（6）设置 X 字段和 Y 字段：通过下拉列表框列出的字段，选择在 X 轴和 Y 轴上需要显示哪个字段的数据。然后根据选择字段中数据的大小，确定对应 X 字段从左到右的值和 Y 字段从下到上的值。为保证数据和图片匹配显示完整，X 字段从左到右的值和 Y 字段从下到上的值应该比选择字段中的数据范围稍大。这里要显示出场及相应得分的情况，因此分别将 X 字段设置为“出场”字段，Y 字段设置为“得分”字段，原始数据中，“出场”字段的数据范围为 0～23，设置其从左到右的值为 0～25；“得分”字段的数据范围为 3.3～30.3，设置其从下到上的值为 0～35。调整冲蚀度，将背景图片的亮度冲淡一些，减少对最后呈现效果的影响。设置如图 13-4 所示。

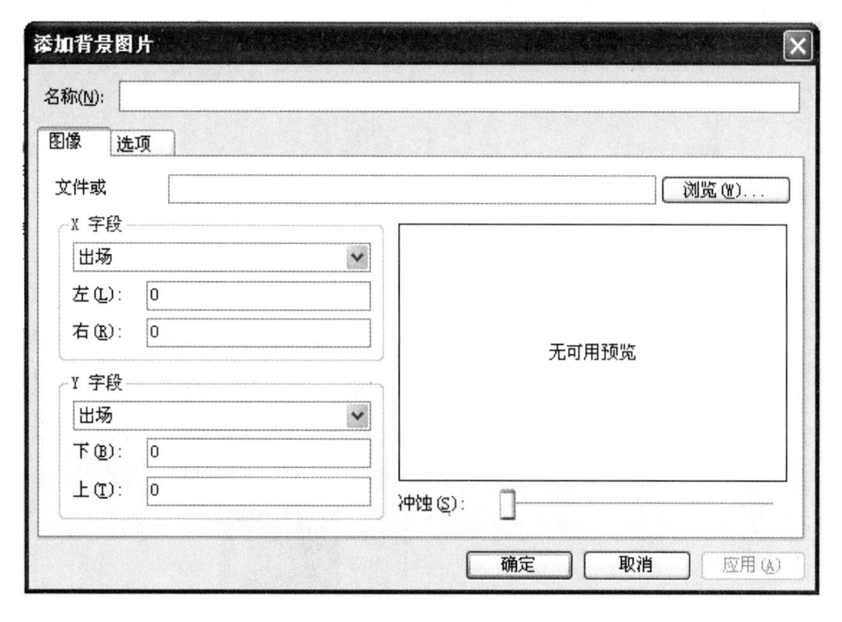

图 13-3 添加背景图片

图 13-4 X 字段和 Y 字段的设置

（7）将工作表名命名为“球员加分项”。

（8）将“出场”字段拖放到“列”，将“得分”字段拖放到“行”。在视图中，背景图片很小，仔细观察发现是由于之前设置的 X 字段和 Y 字段对应值与 X 轴和 Y 轴刻度值相差太大，以至于背景图只能占很小一个区域，进而显小了。通过调整“得分”字段的度量方式从“总计”到“平均值”，图的显示得以改变，也可以验证以上分析，如图 13-5 所示。

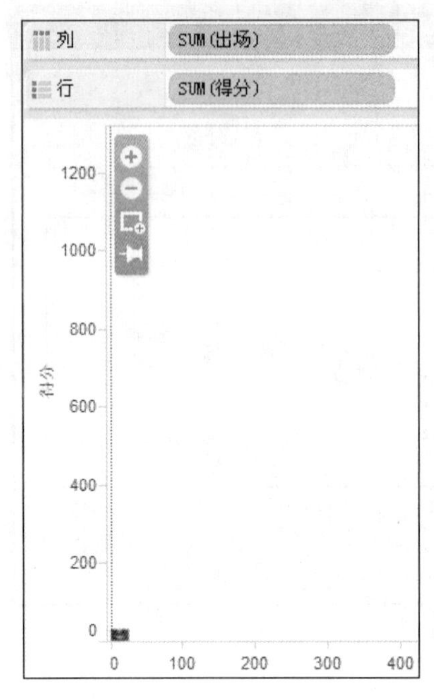

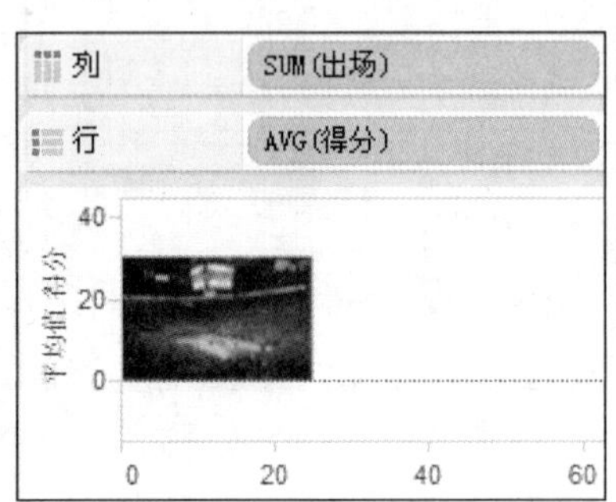

图 13-5　背景图的显示效果

（9）为了更加具体地显示某位球员的“出场”和“得分”值，将“球员”字段拖到视图区，“得分”的数值就会分散到每位球员，而不会累计出更大的数据，以至于 X 轴的刻度很大，背景图显示很小；将“标记”中的图形设置为“圆”，如图 13-6 所示。

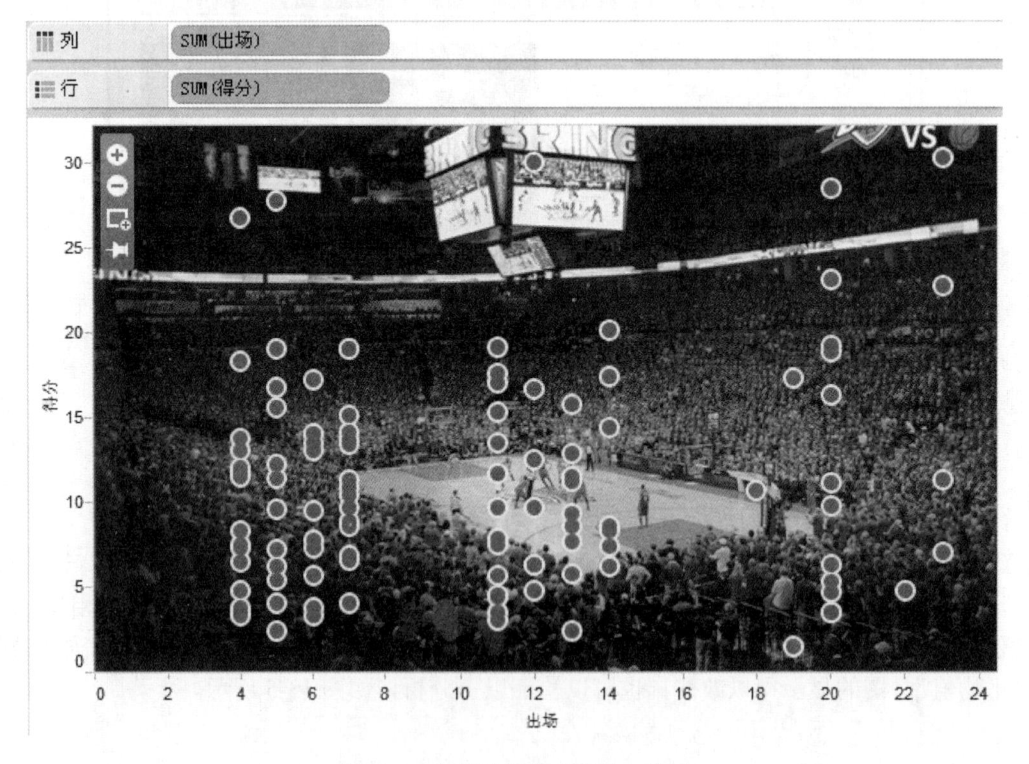

图 13-6　每位球员的“得分”显示

（10）从当前呈现的效果看，已比较形象了。最右上角的这位球员在出场次数和得分分值上表现最佳。但是在 PER 值的计算公式中，衡量球员的加分项不止“得分”字段，因此还需要将所有的加分分量通过公式计算出来。在原始数据中，统计出来的值均是场均数，因此在建立字段时，不必再添加分母去除以“出场”次数。字段建立如图 13-7 所示。

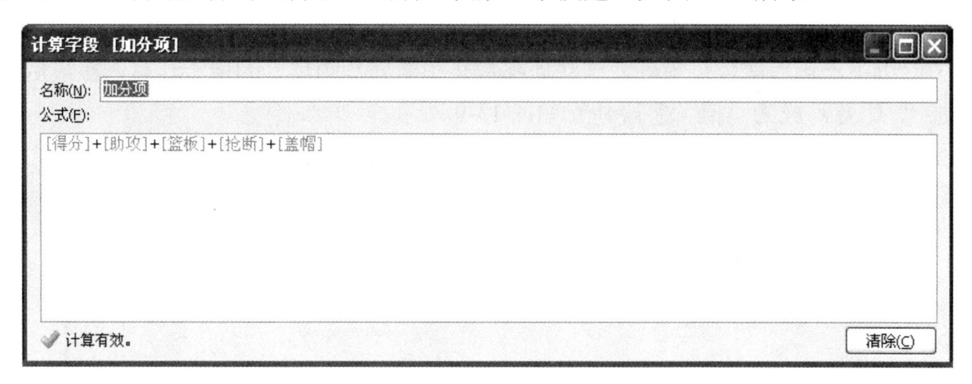

图 13-7　建立“加分项”字段

（11）将“行”的“得分”字段改成新建好的“加分项”字段。然后分别将“加分项”字段拖到“标记”→“颜色”中，并设置为“分阶颜色”，可从颜色带所示的从左至右的颜色分布上区分出分值的高低；将“加分项”字段拖到“标记”→“大小”中，并设置为“圆”，可从圆的大小上区分出分值的高低，圆大则分值高，反之则小；将“球员”字段拖到“标记”→“标签”中，视图中即可显示出球员的名字；若不需要显示，通过单击菜单栏中的“显示标记标签”即可关闭。

最后呈现的效果如图 13-8 所示。从图中能一目了然看到球员“勒布朗-詹姆斯”为“加分项”分值最高的球员。

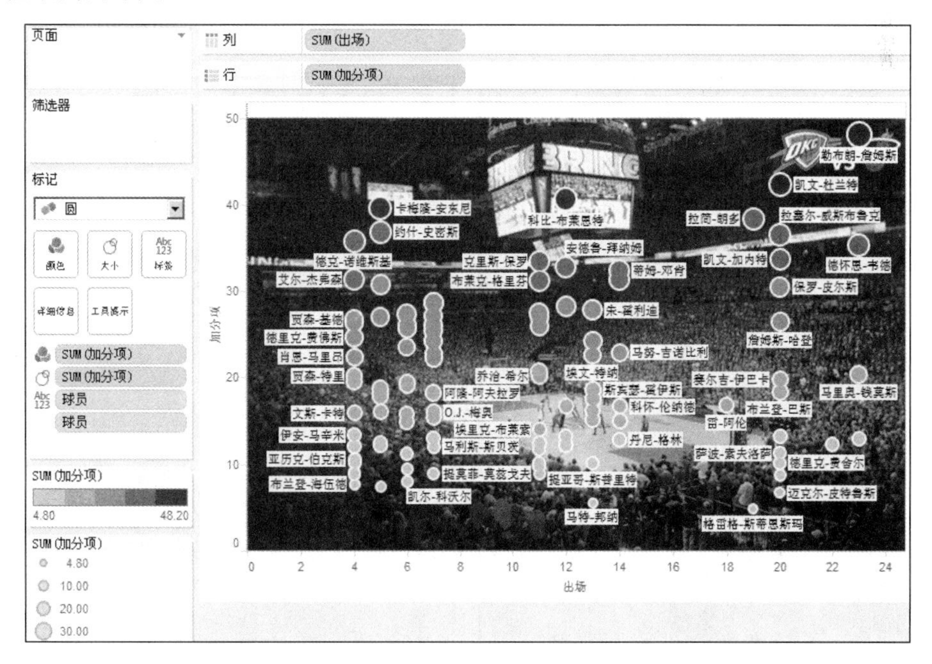

图 13-8　完成的“球员加分项”视图

2. 制作"球员扣减项"视图

通过以下视图的制作实现球员投篮、罚球、失误数的分析。具体操作步骤如下。

（1）新建工作表，并命名为"球员扣减项"。

（2）PER 值计算公式中，衡量球员的扣减项有投篮出手数、投篮命中数、罚球出手数、罚球命中数、失误数。在数据源中，统计出来的数据均是场均数，因此在建立字段时，不必再添加分母去除以"出场"次数；另外，这些项都是要扣减分数的项，为便于计算，在最后计算结果前添加"-"号，成为负值。字段建立如图 13-9 所示。

图 13-9 建立"扣减项"字段

（3）将建好的"扣减项"字段拖到"行"，为和"加分项"视图统一基础对比条件，将"出场"字段拖到"列"。将"球员"字段拖到视图区。将"扣减项"字段分别拖到"标记"→"颜色"、"标记"→"大小"中，"标记"→"形状"设为空心圆。适当调整"出场"坐标轴的显示范围，与"加分项"视图中的"出场"坐标轴一致。由于"扣减项"中有小数，且相差范围不大，不便于区分，于是调整"扣减项"刻度的最小刻度为 0.25，并添加"中位数"和"最大"参考线，如图 13-10 所示，这样大致能看出中位值所处的位置及最高值所处的位置。完成的"扣减项"视图如图 13-11 所示。

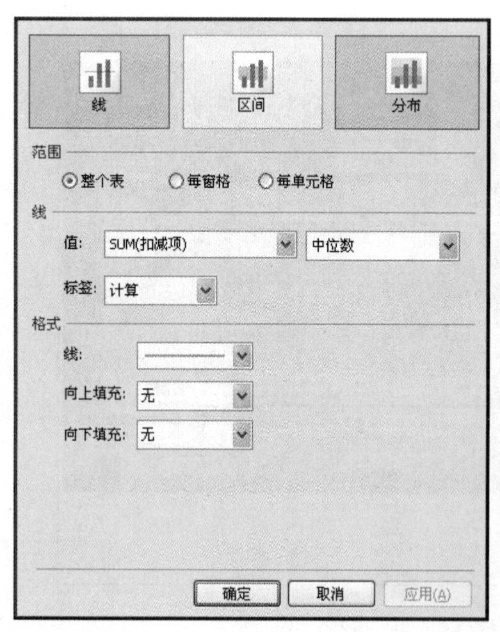

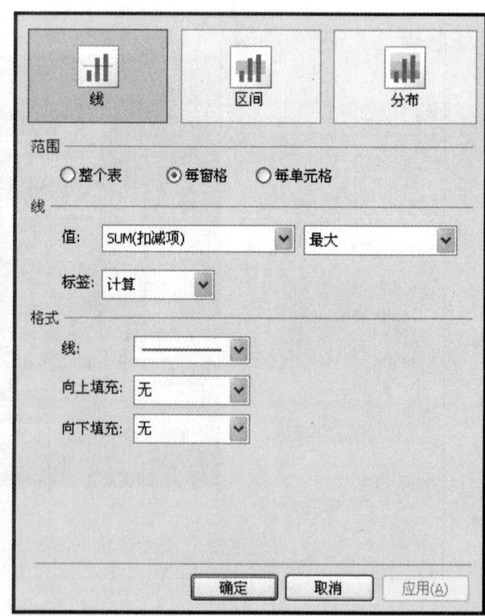

图 13-10 设置参考线

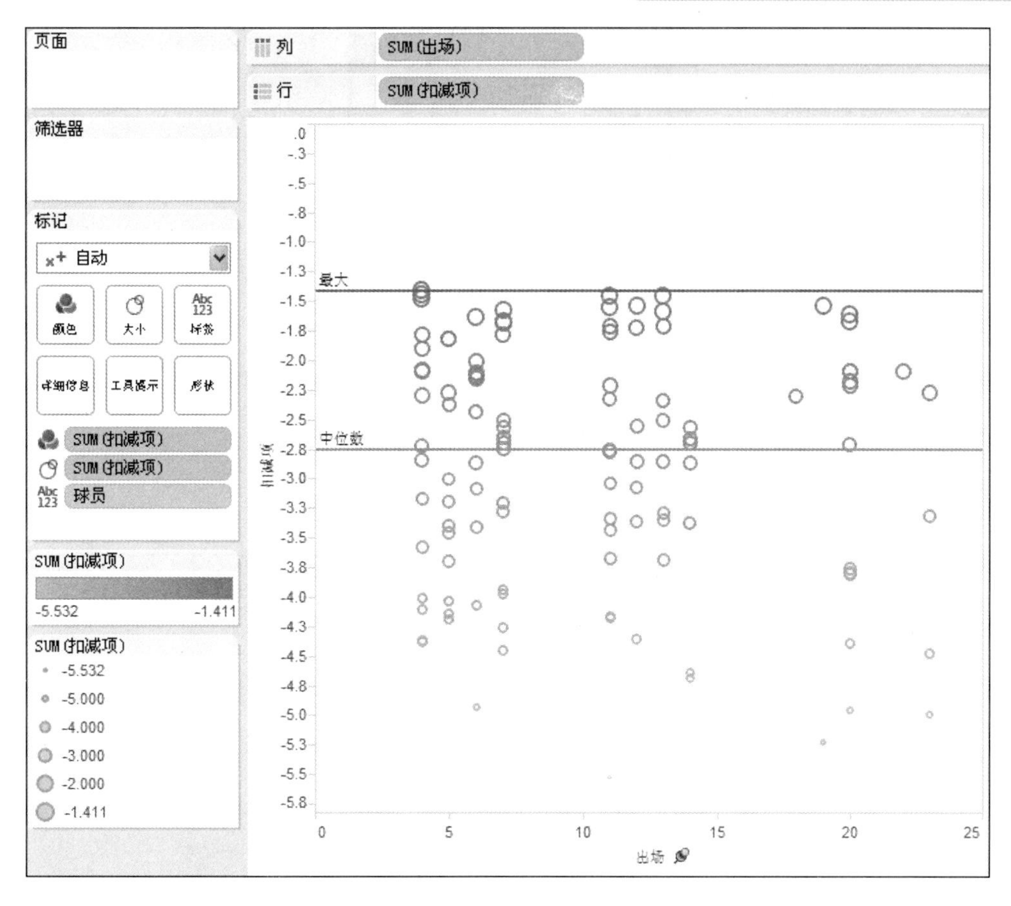

图 13-11 完成的“扣减项”视图

（4）从图 13-11 中能看到有空心圆部分重叠的情况，说明其数值相差不大。当鼠标放置在最大值那个空心圆上时，显示出球员名字及其他信息，说明该运动员在“扣减项”的分析上表现最佳，如图 13-12 所示。

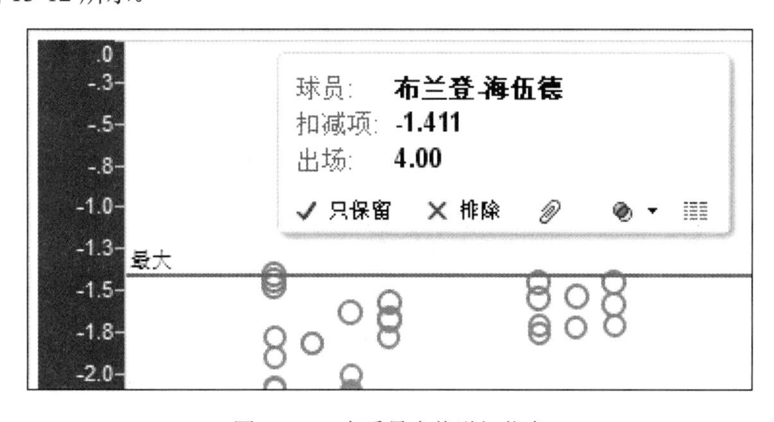

图 13-12 查看最大值详细信息

3. 制作“球员技术价值”仪表板

要进行综合性的对比，采用仪表板来呈现的方式效果更好。具体操作步骤如下。

（1）新建“综合评比”字段，计算“加分项”和“扣减项”的分数，如图 13-13 所示。

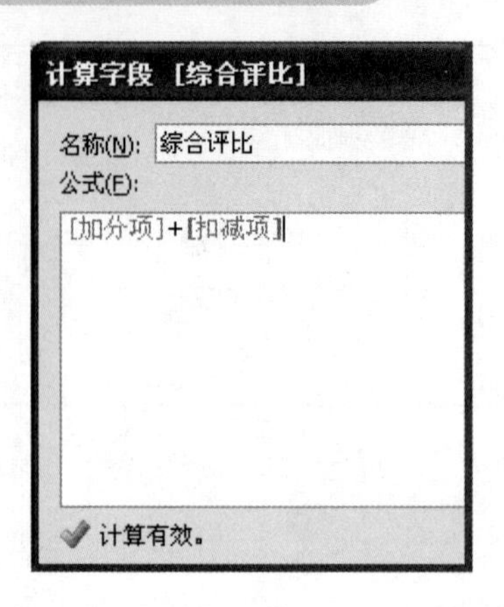

图 13-13　建立“综合评比”字段

（2）建立“综合评比”视图，如图 13-14 所示。

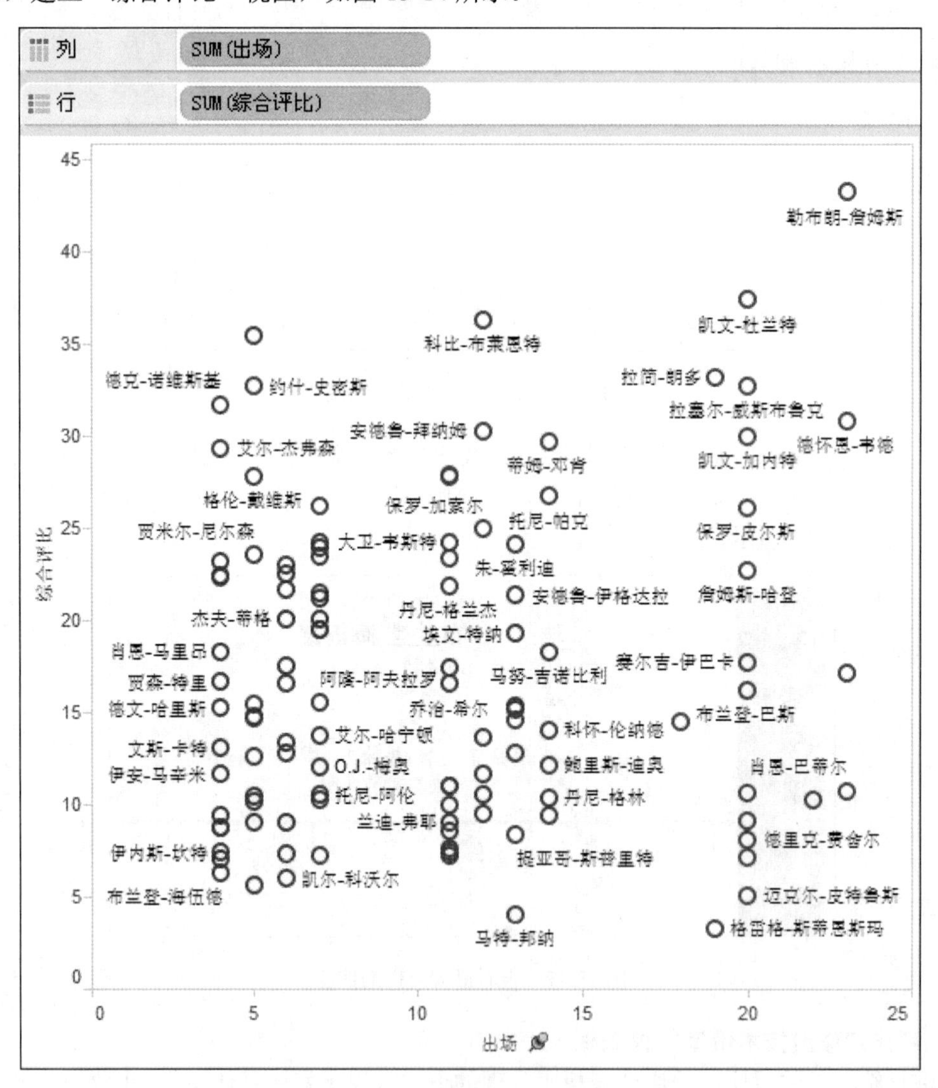

图 13-14　“综合评比”视图

（3）新建仪表板，并将之前建好的“球员加分项”和“综合评比”视图拖到仪表板中。为方便进行具体的对比，可添加缩放控件及参考线，如图 13-15 所示。

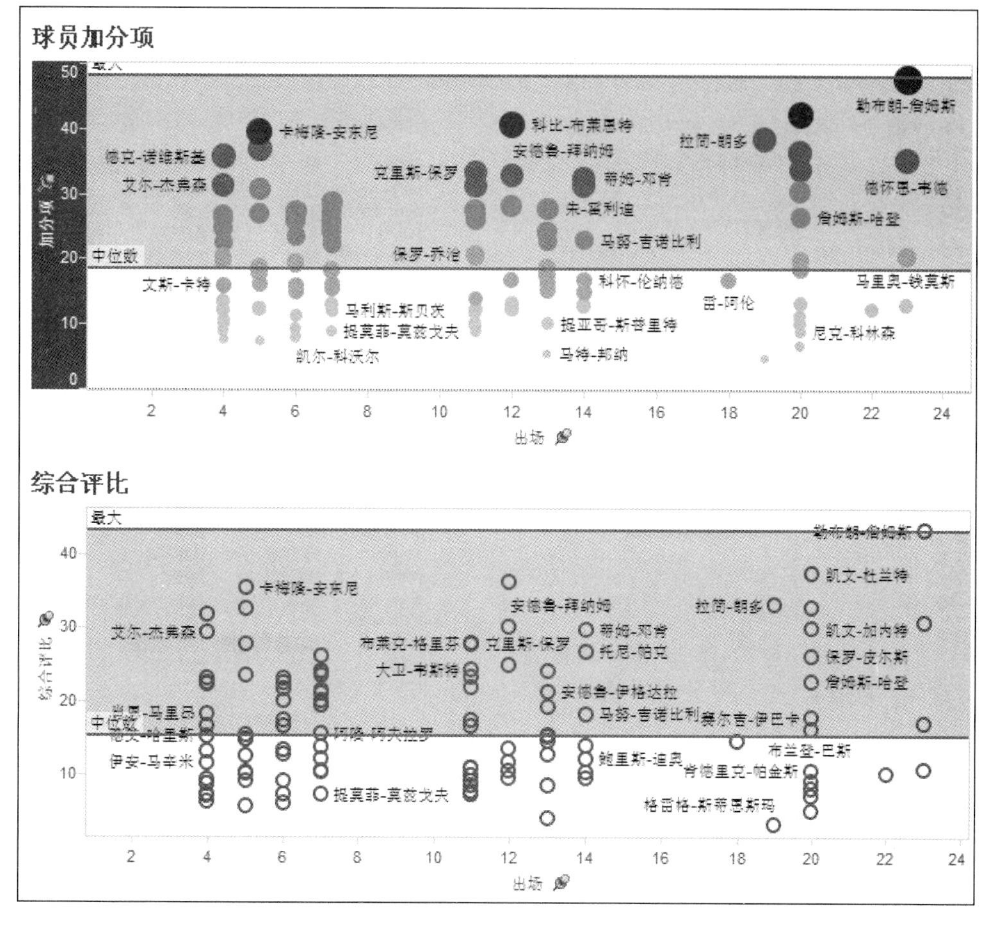

图 13-15　建立“综合评比”仪表板

从图 13-15 中能看出球员“勒布朗-詹姆斯”是球员技术综合性最好的一位。通过灰色背景区域内的对比数据显示，若两个区域中都有该球员，说明该球员的综合性较好，其“综合评比”的分数受“扣减项”分数的影响不大，整体技术比较全面。

13.2.2　球场位置球员技术价值评估

球员技术价值是衡量球员个人的指标。球队离不开球场上每一位球员的共同协作。在 NBA 中，场上位置分为：中锋、大前锋、小前锋、得分后卫、控球后卫。在本案例中，首先以前锋、中锋和后卫的球场位置分析助攻、防守等数据，接着分析各球队中不同位置上球员的技术情况，进而衡量球队的整体水平。

在球场上，不同球场位置的球员能力和作用不一样。前锋需要力量、能突破，而中锋需要高度，是球队场上的战术核心，后卫则需要手感和球感，保证绝大部分时间控球在手，又要承担起外线防守。

分析球员在球场位置协作的情况，可从其助攻、防守两方面来衡量，如建立“球场位置协作”的分层结构、添加不同球场位置的筛选器等，完成的方法可参照前面相关的讲解，完成后的视图如图 13-16 所示。通过筛选器，可以分别查看到不同球场位置上球员助攻和防守的球员情况。

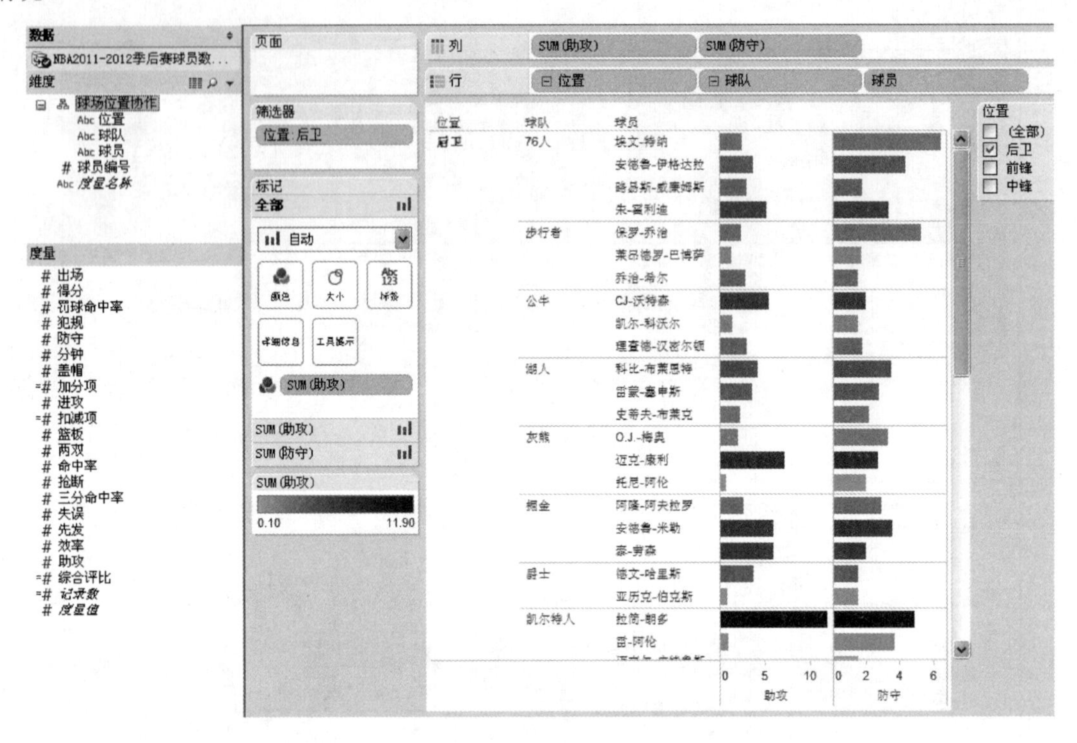

图 13-16 “球场位置协作”视图

在本案例中，数据的维度较多，为有更全面的技术分析数据，可适当建立不同的字段、参数，使用其中的函数等来完成更多的数据分析，以得到更多样的呈现效果。这些内容应在本案例的后续工作中扩展和实现。

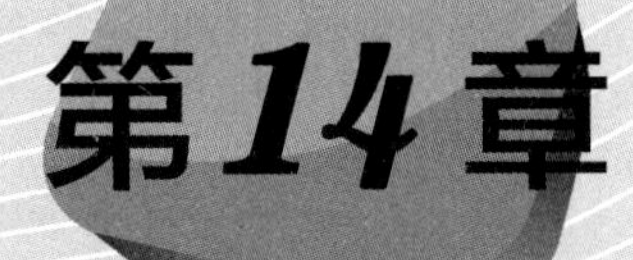

第14章 上机实验指导

14.1 实验指导一——SQL Server 2012 安装

【实验要求目的】

安装 SQL Server 2012 版本。

【实验内容】

从光盘或网络获取 SQL Server 2012 的安装资源，然后就可以进行数据库的安装了。

（1）双击安装文件中的“setup.exe”文件，SQL Server 2012 会自动检测计算机环境，并安装相应的组件或软件。如果用户之前已经安装过相应的组件或软件，则进入“SQL Server 安装中心”界面，如图 14-1 所示。单击左侧的“安装”选项。

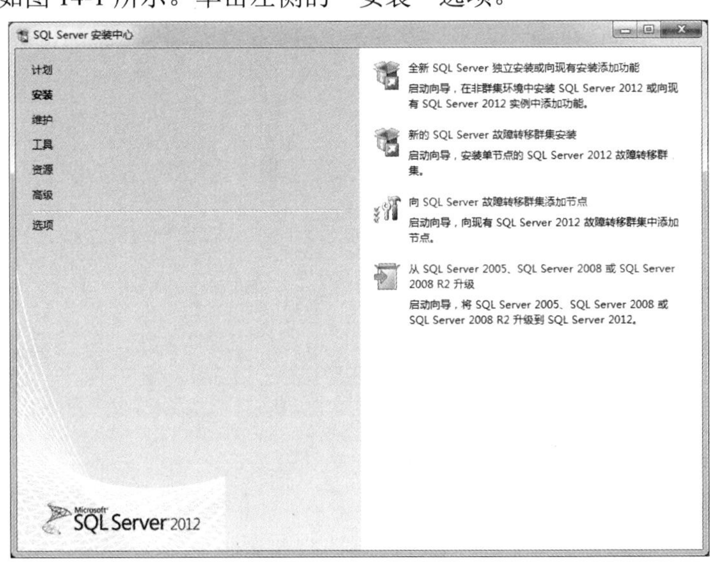

图 14-1　安装步骤一

（2）系统进入“安装程序支持规则”窗口，如图 14-2 所示，单击“确定”按钮。

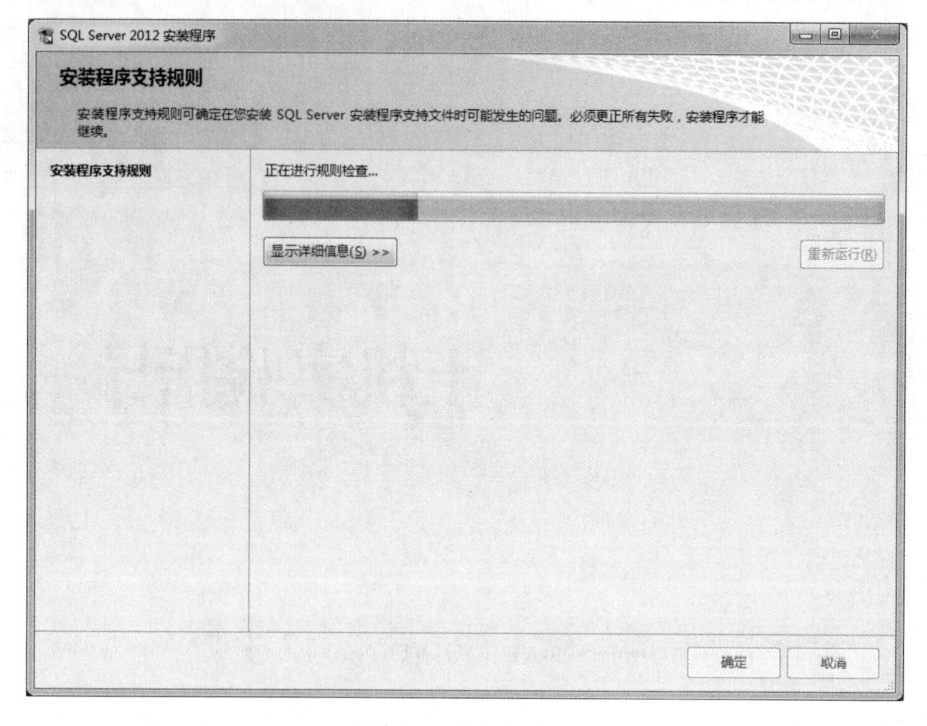

图 14-2　安装步骤二

（3）系统进入“产品密钥”窗口，选择单选按钮“指定可用版本”，在下拉框中选择“Evaluation”，如图 14-3 所示，单击“下一步”按钮。

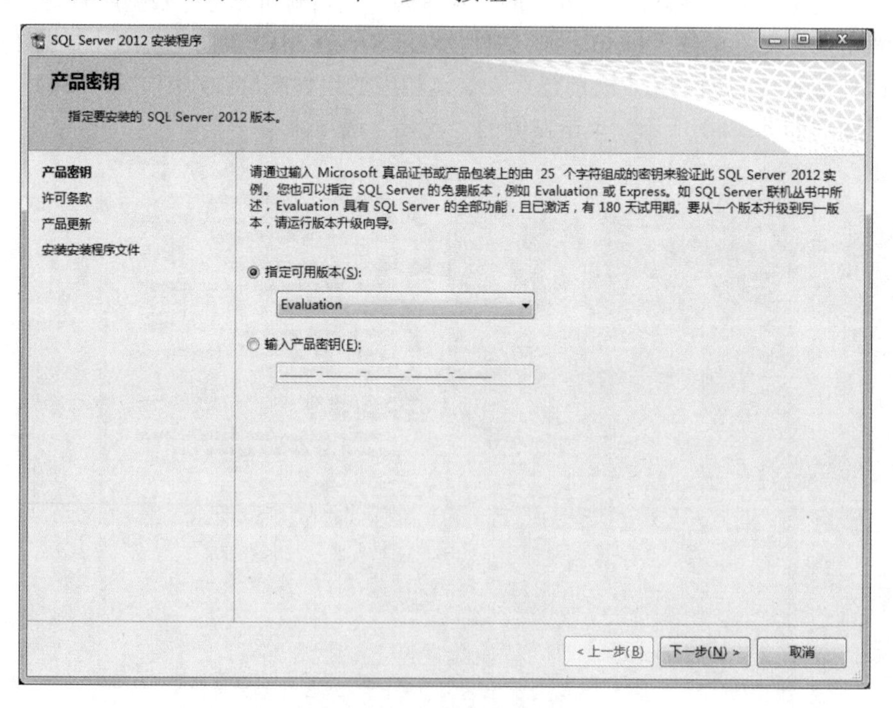

图 14-3　安装步骤三

（4）系统进入“许可条款”窗口，勾选“我接受许可条款”，如图 14-4 所示，单击“下一步”按钮。

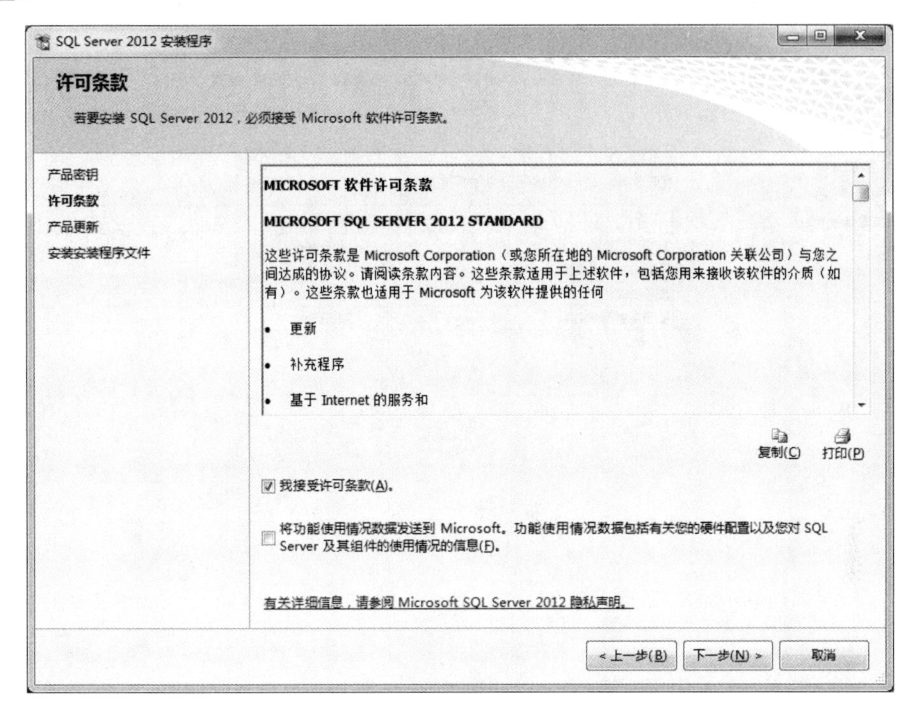

图 14-4　安装步骤四

（5）系统进入“产品更新”窗口，如图 14-5 所示，此步骤可以选择“跳过扫描”，单击“下一步”按钮。

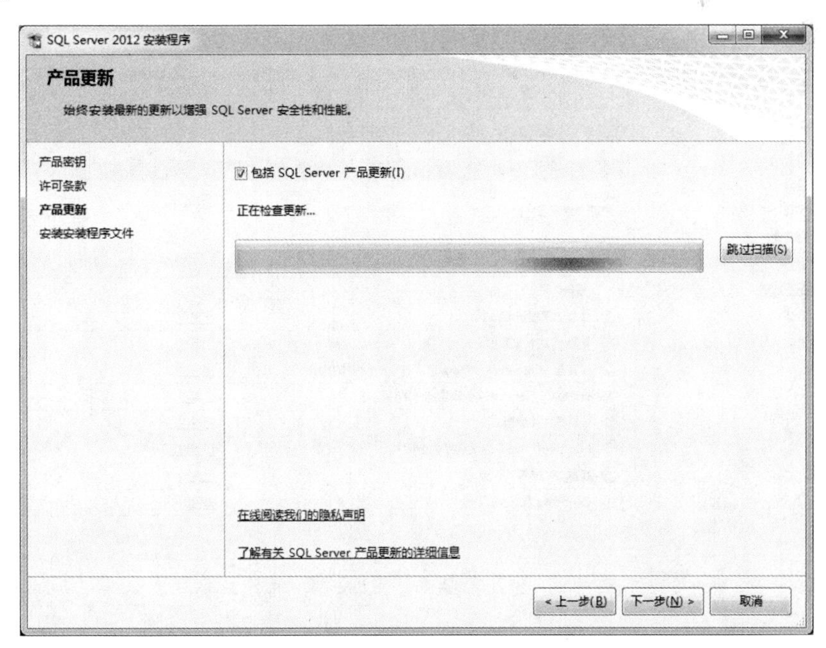

图 14-5　安装步骤五

（6）系统进入“安装安装程序文件”窗口，如图 14-6 所示，单击“安装”按钮。

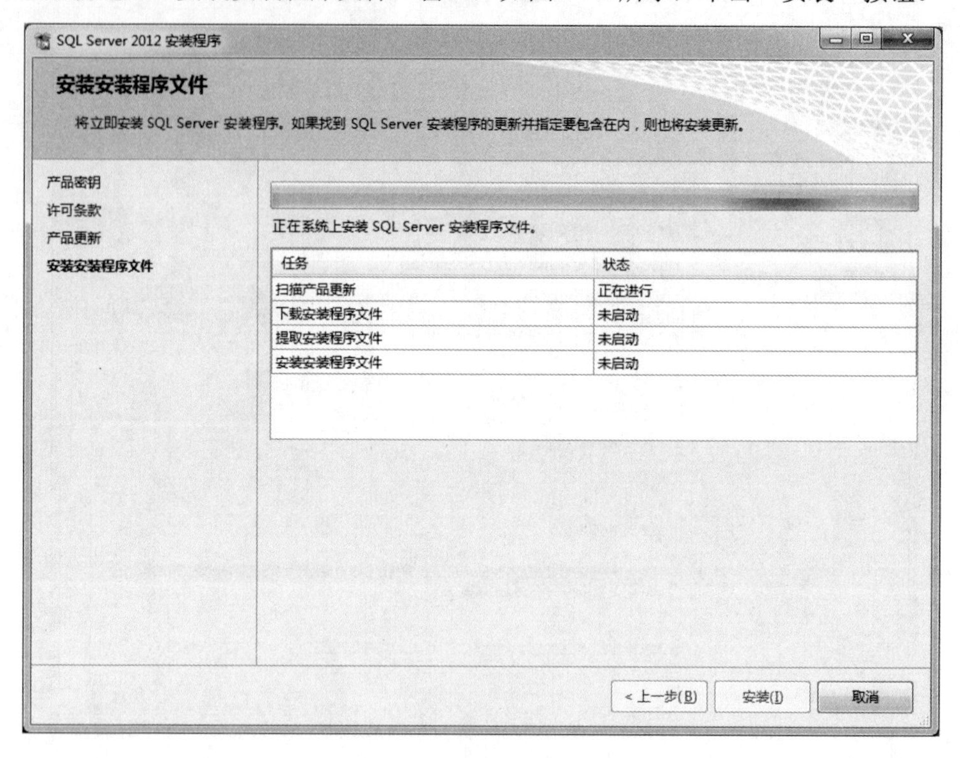

图 14-6　安装步骤六

（7）系统进入“安装程序支持规则”窗口，如图 14-7 所示，单击“下一步”按钮。

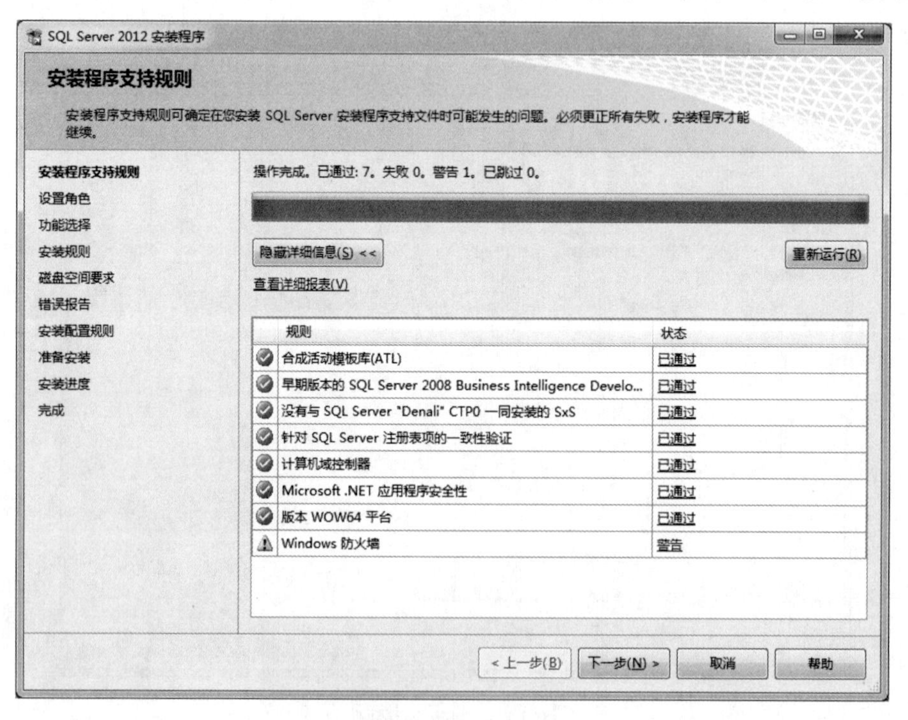

图 14-7　安装步骤七

（8）系统进入“设置角色”窗口，如图 14-8 所示，单击“下一步”按钮。

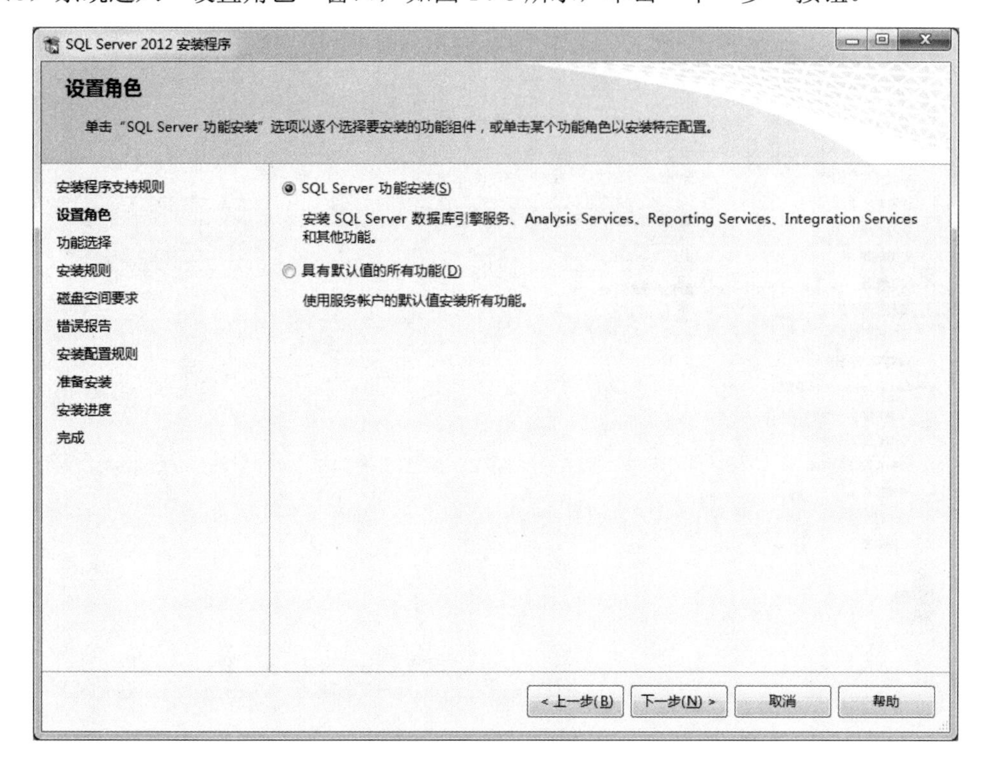

图 14-8 安装步骤八

（9）系统进入“功能选择”窗口，如图 14-9 所示，单击“下一步”按钮。

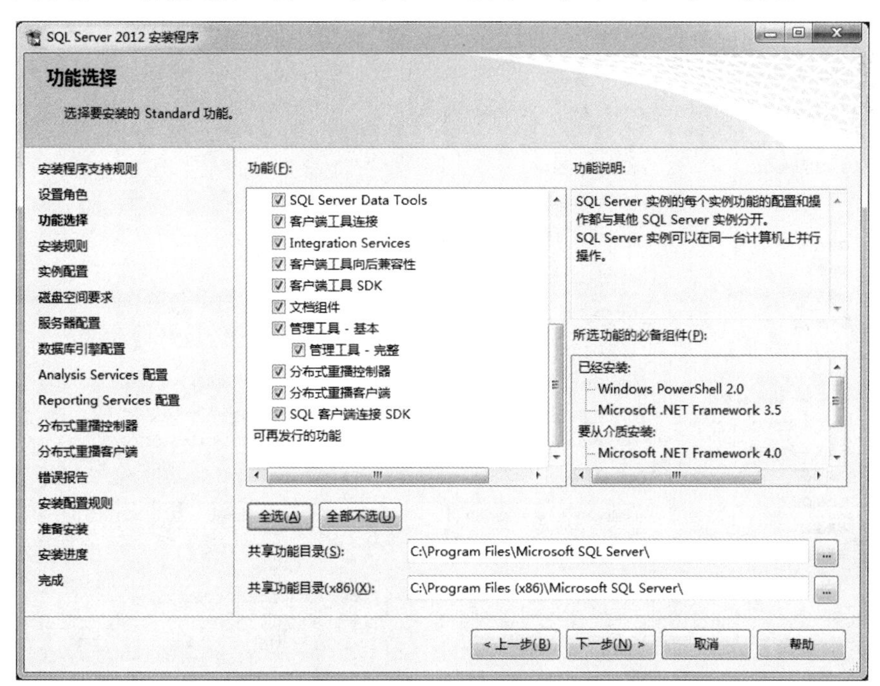

图 14-9 安装步骤九

（10）系统进入“安装规则”窗口，如图 14-10 所示，单击“下一步”按钮。

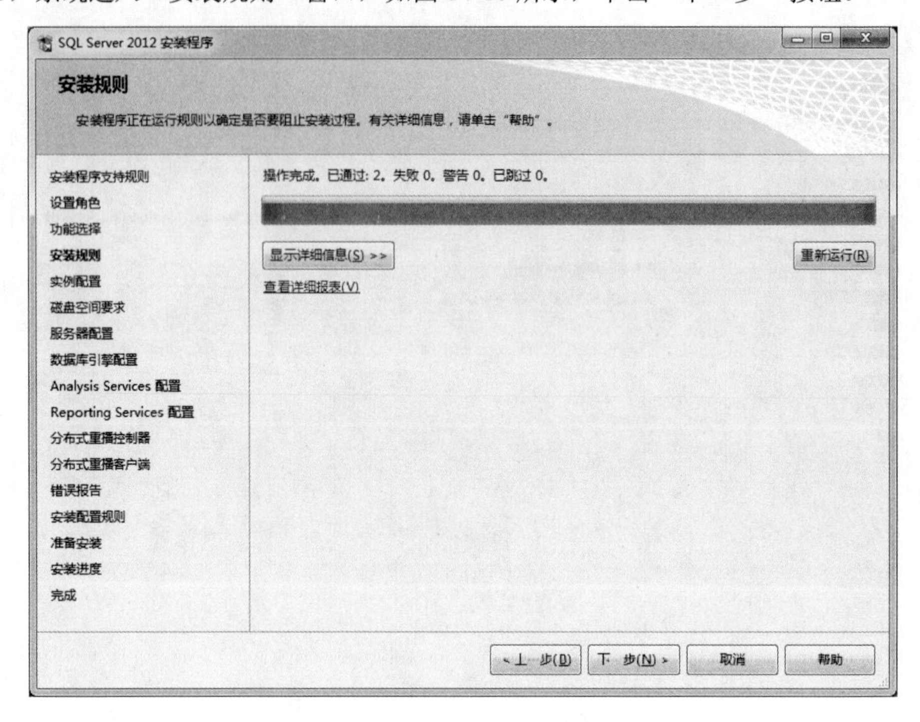

图 14-10　安装步骤十

（11）系统进入“实例配置”窗口，如图 14-11 所示，选择单选按钮“默认实例”，可以根据需要设置“实例 ID”和“实例根目录”，设置完成后，单击“下一步”按钮。

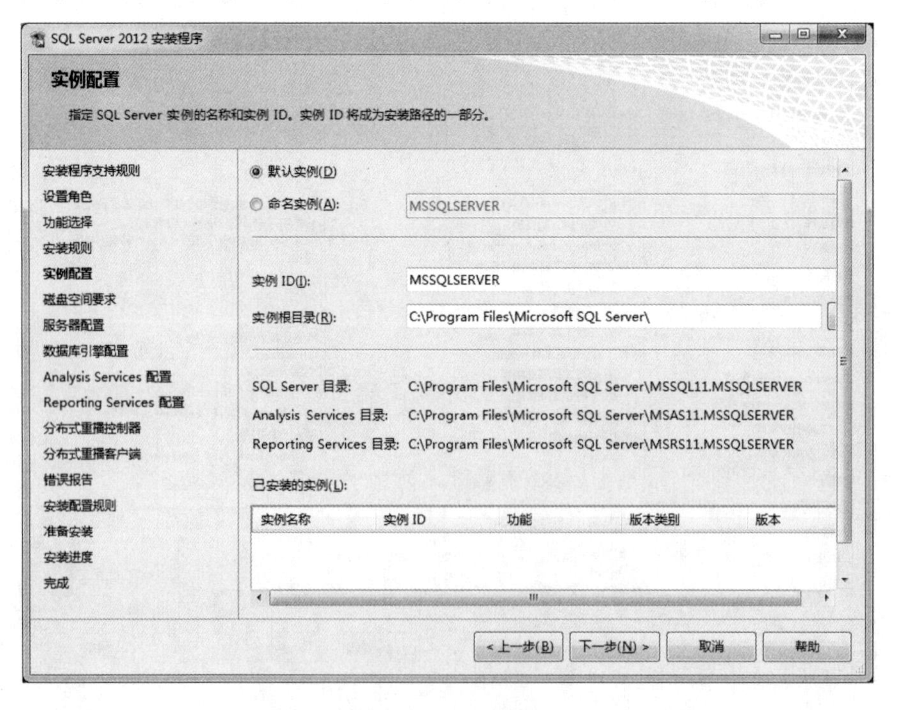

图 14-11　安装步骤十一

（12）系统进入“磁盘空间要求”窗口，如图 14-12 所示，列出“磁盘使用情况摘要”，单击“下一步”按钮。

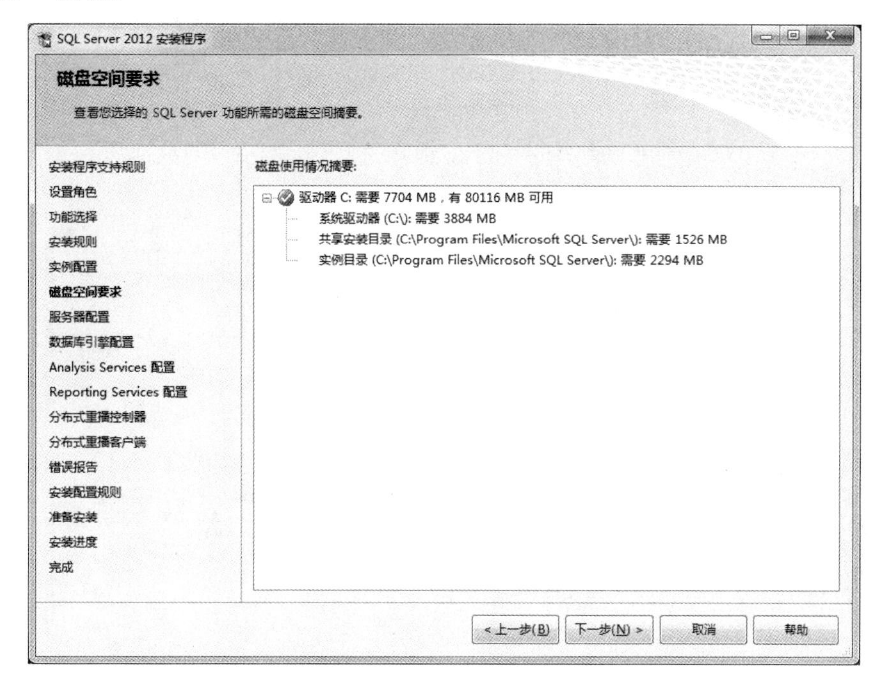

图 14-12 安装步骤十二

（13）系统进入“服务器配置”窗口，如图 14-13 所示，单击“下一步”按钮。

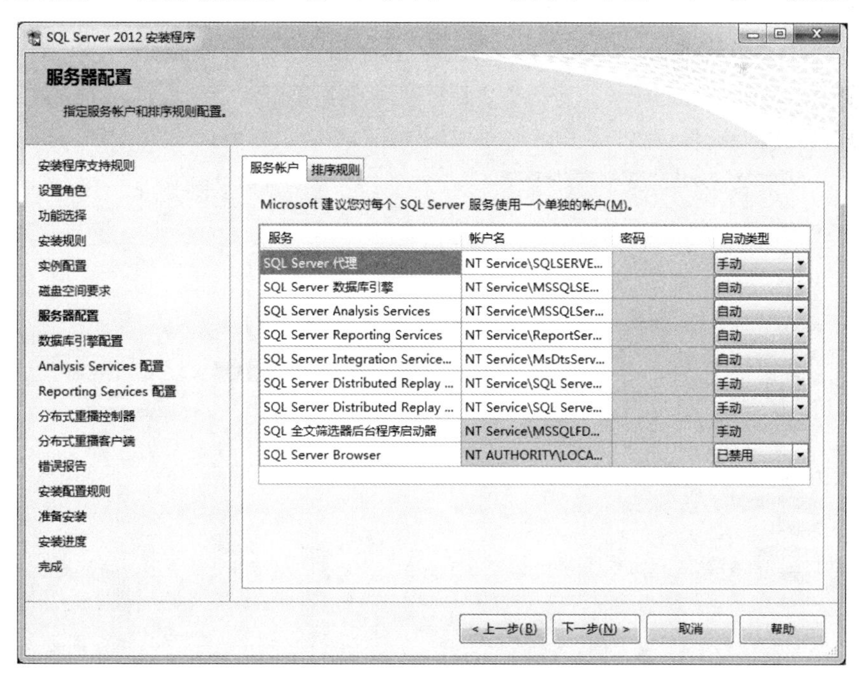

图 14-13 安装步骤十三

（14）系统进入“数据库引擎配置”窗口，选择单选按钮“混合模式（SQL Server 身份验证和 Windows 身份验证）”，输入密码并确认，再单击“添加当前用户”按钮，系统将当前 Windows 用户添加为 SQL Server 管理员，如图 14-14 所示，最后单击“下一步”按钮。

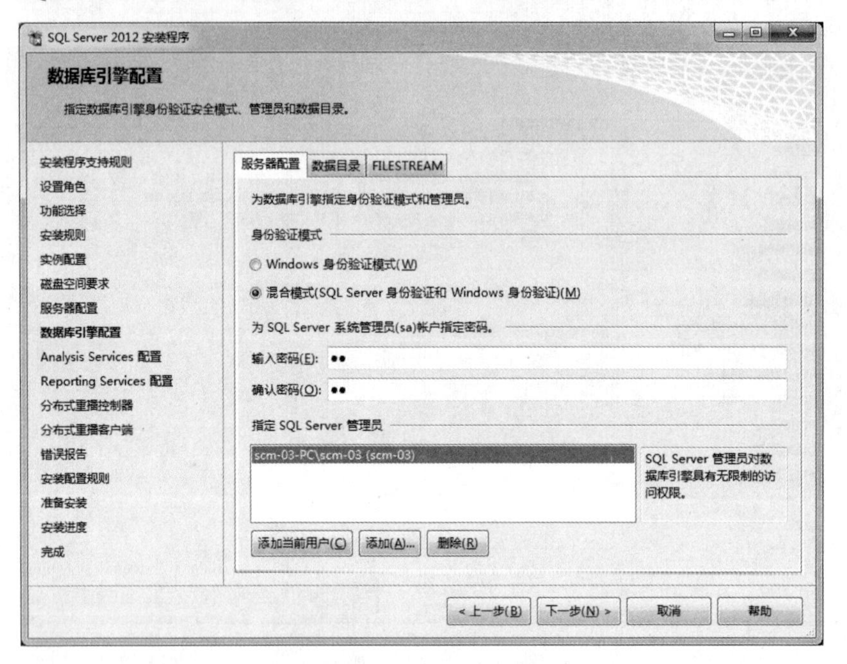

图 14-14　安装步骤十四

（15）系统进入“Analysis Services 配置”窗口，单击“添加当前用户”按钮，添加当前用户为 Analysis Services 管理员，如图 14-15 所示，再单击“下一步”按钮。

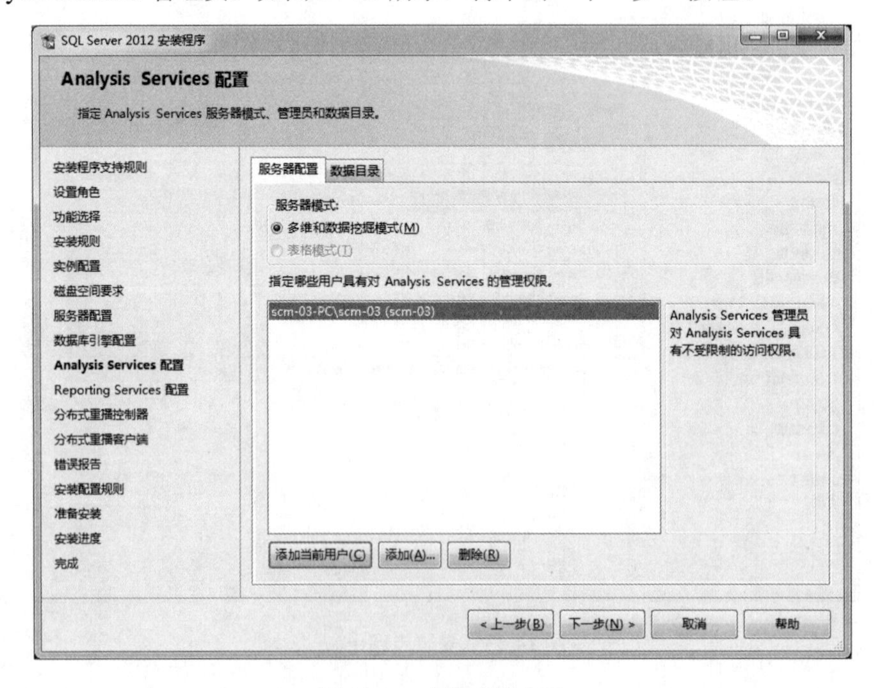

图 14-15　安装步骤十五

（16）系统进入“Reporting Services 配置”窗口，选择 Reporting Services 本机模式为“安装和配置”，选择“Reporting Services SharePoint”集成模式为“仅安装”，如图 14-16 所示，单击“下一步”按钮。

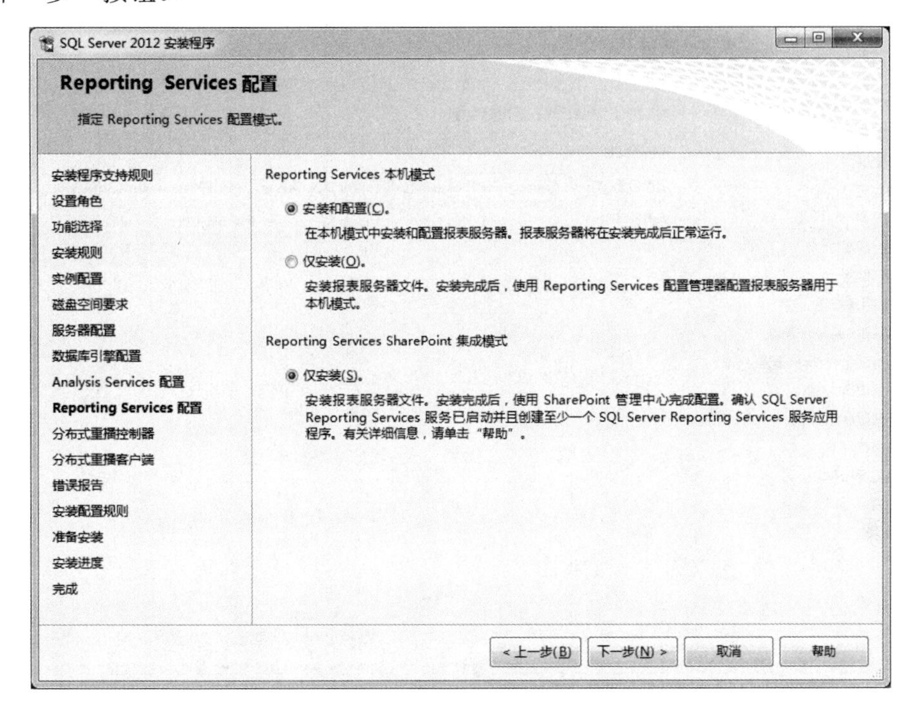

图 14-16　安装步骤十六

（17）系统进入“分布式重播控制器”窗口，如图 14-17 所示，单击“下一步”按钮。

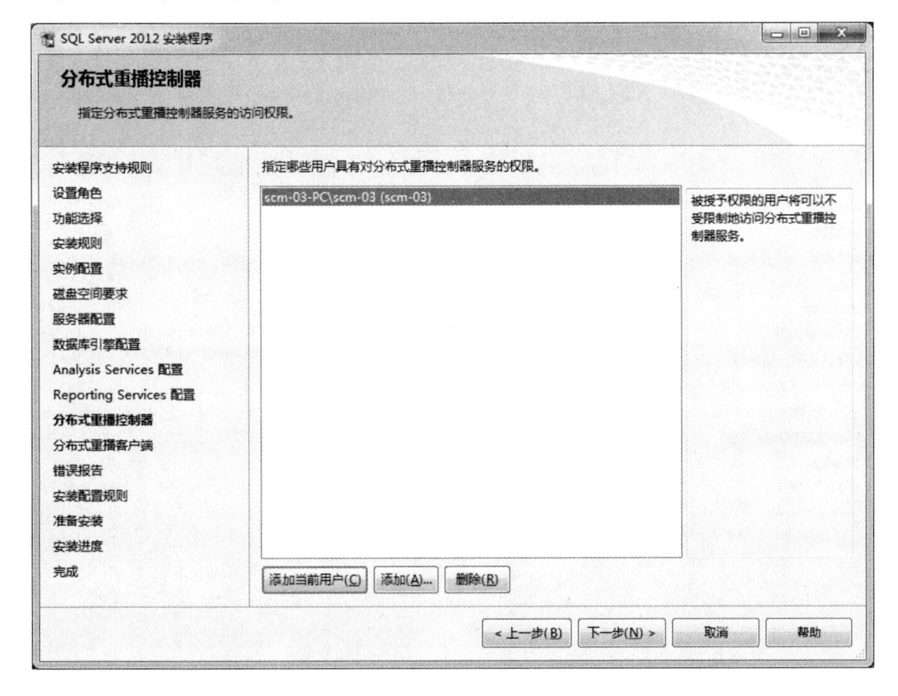

图 14-17　安装步骤十七

（18）系统进入“分布式重播客户端”窗口，如图 14-18 所示，单击“下一步”按钮。

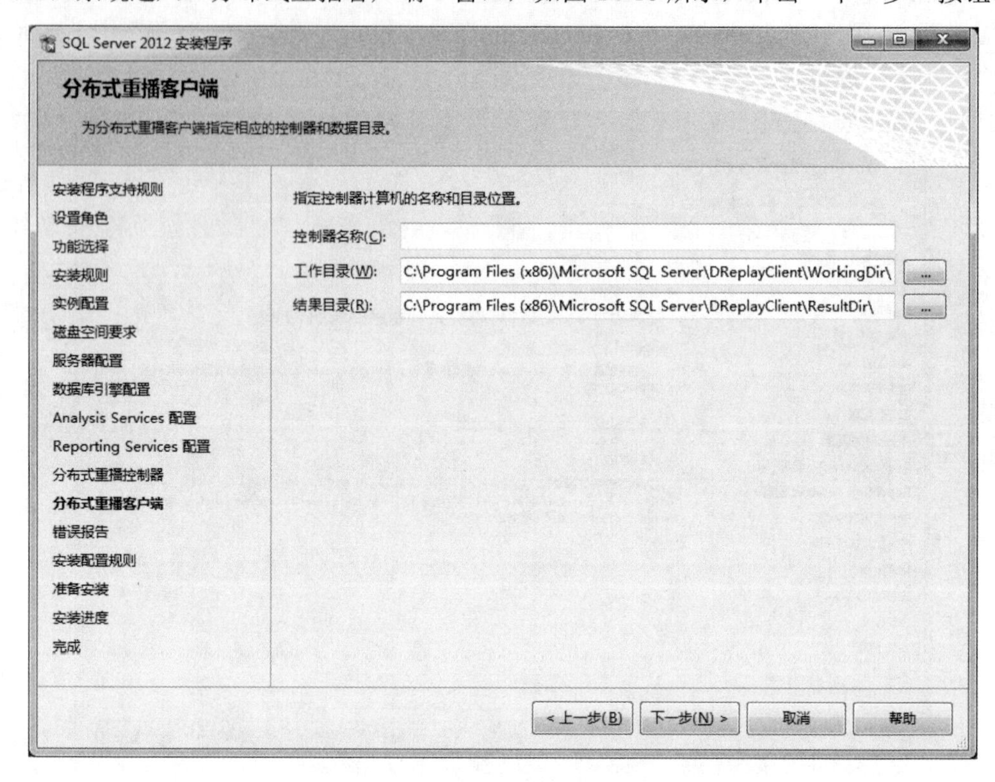

图 14-18　安装步骤十八

（19）系统进入“错误报告”窗口，如图 14-19 所示，单击“下一步”按钮。

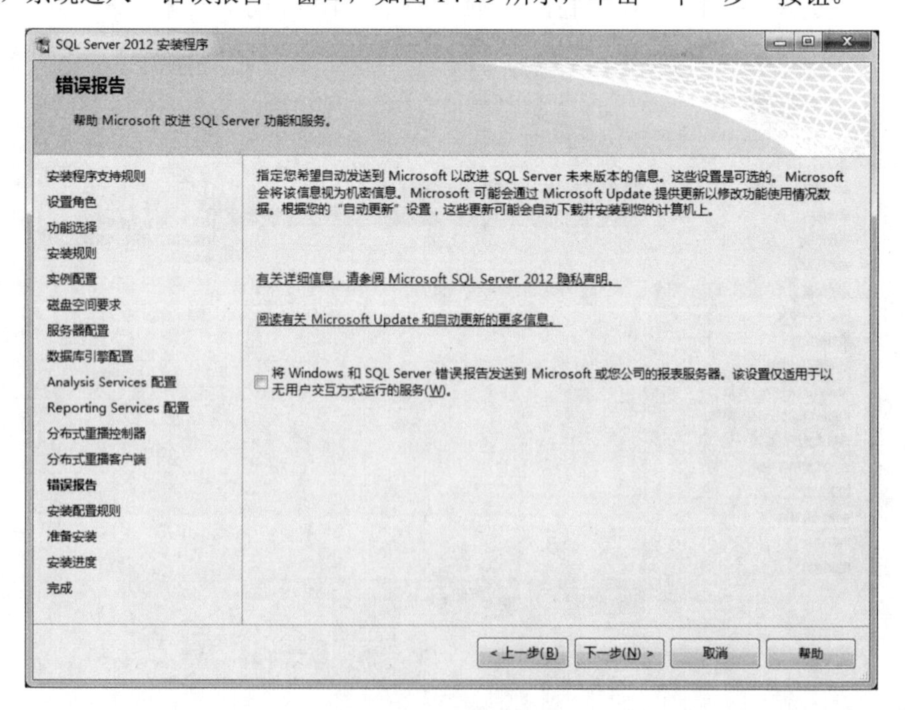

图 14-19　安装步骤十九

（20）系统进入“安装配置规则”窗口，如图 14-20 所示，单击“下一步”按钮。

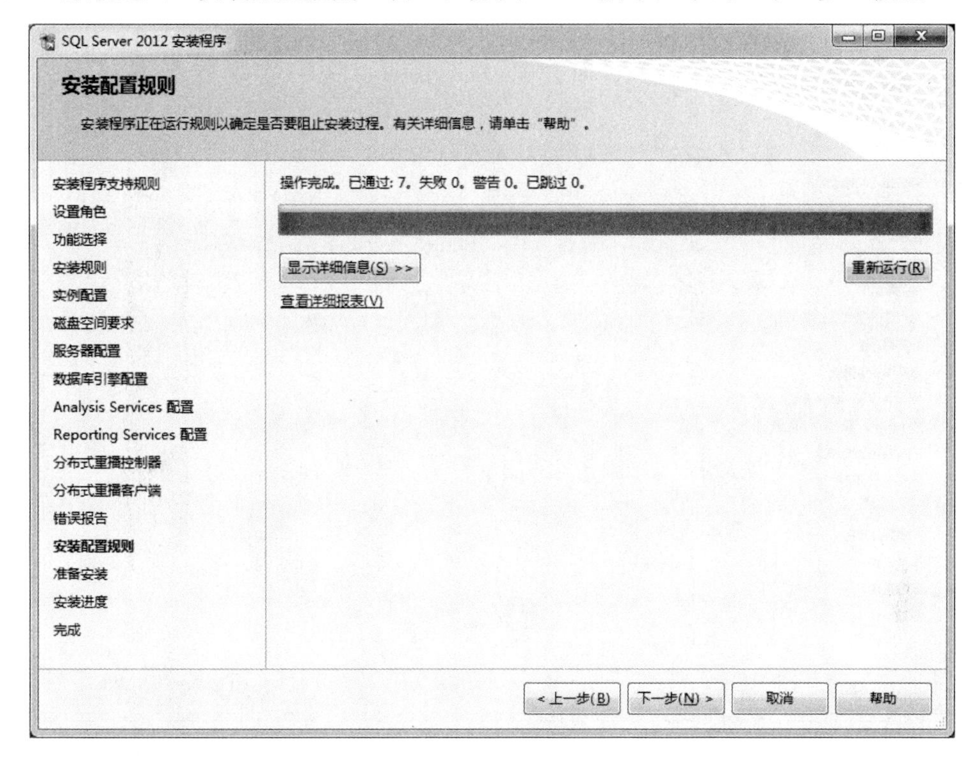

图 14-20　安装步骤二十

（21）系统进入“准备安装”窗口，如图 14-21 所示，单击“下一步”按钮，开始安装。

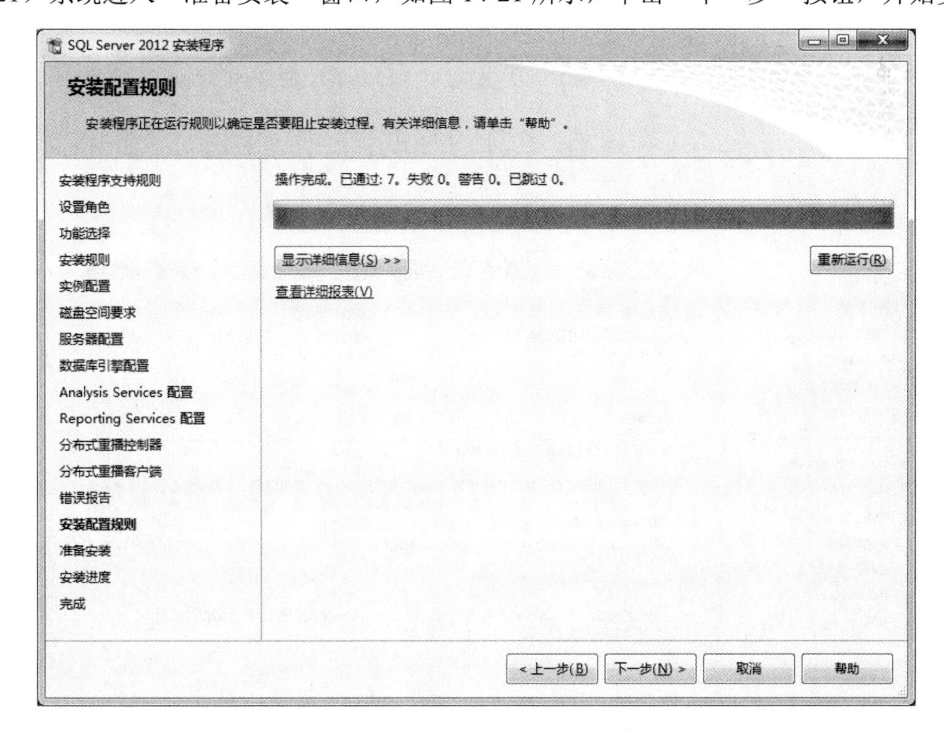

图 14-21　安装步骤二十一

（22）安装过程中，系统会进行安装进度的提示，如图 14-22 所示。

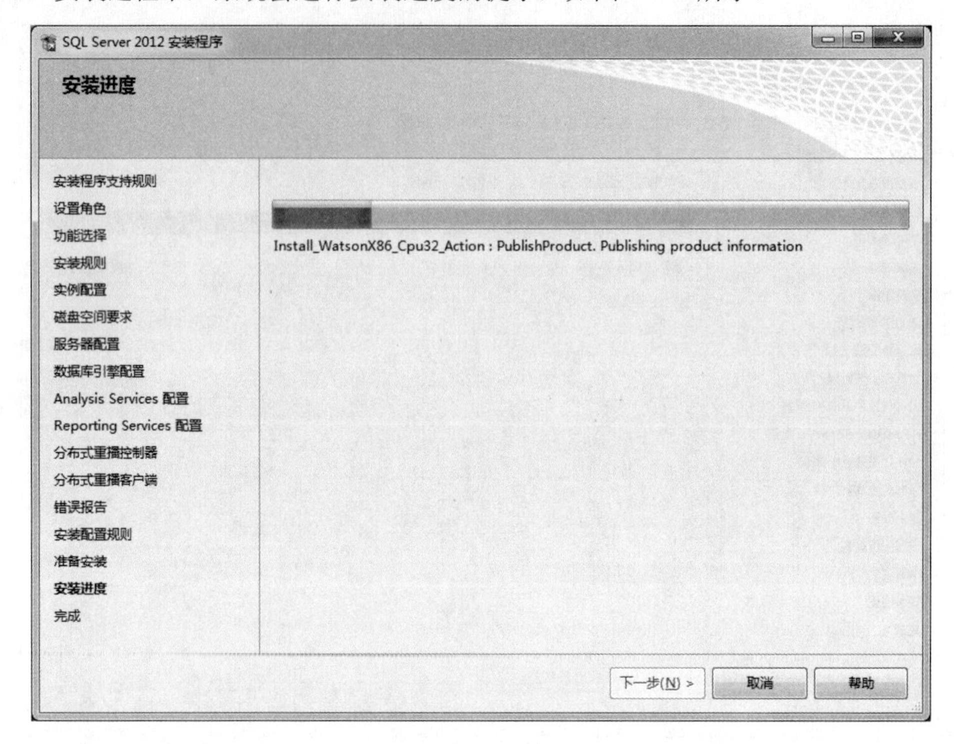

图 14-22　安装步骤二十二

（23）SQL Server 2012 安装成功后，系统弹出“完成”窗口，如图 14-23 所示，单击“关闭”按钮。

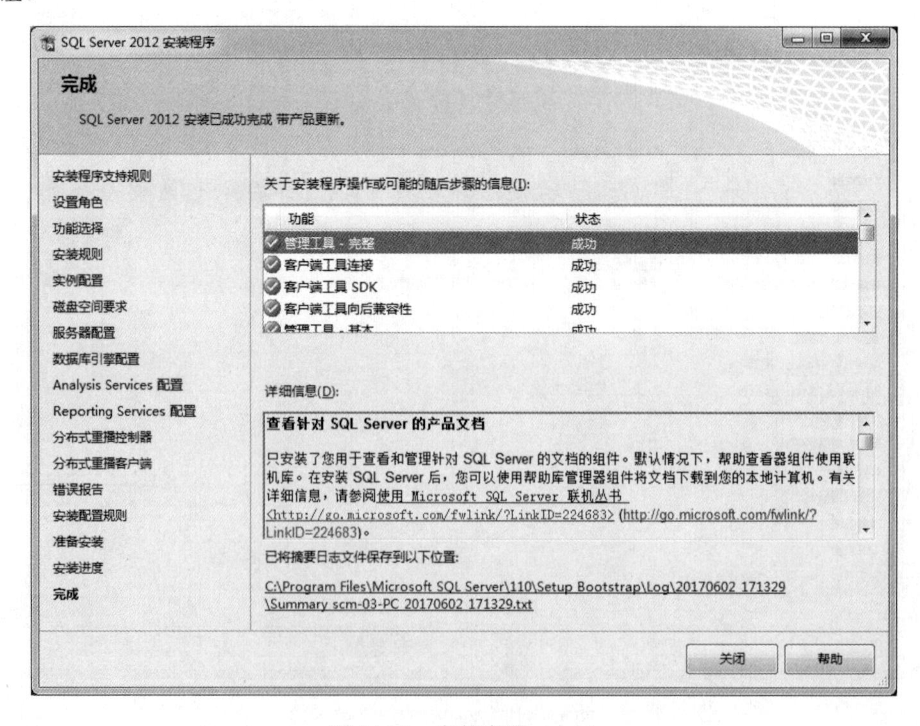

图 14-23　安装步骤二十三

（24）执行“开始”→“所有程序”→“Microsoft SQL Server 2012”→“Microsoft SQL Server Management Studio”，系统弹出“连接到服务器”窗口，身份验证选择“SQL Server 身份验证”，登录名为“sa”,密码输入安装时的密码，勾选“记住密码”选项，如图 14-24 所示，单击“连接”按钮。

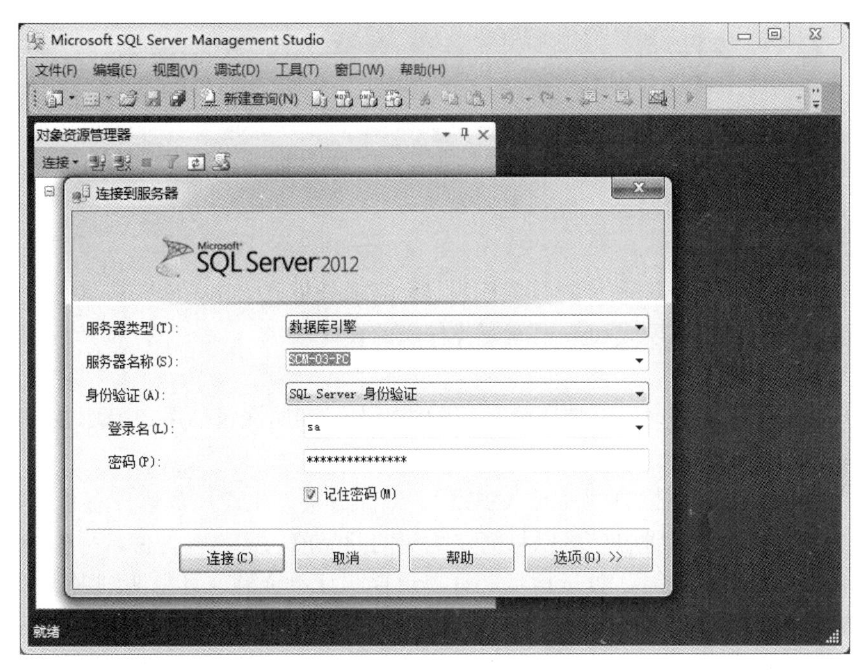

图 14-24　安装步骤二十四

（25）服务器进入“Microsoft SQL Server Management Studio”窗口，表示连接成功，如图 14-25 所示。

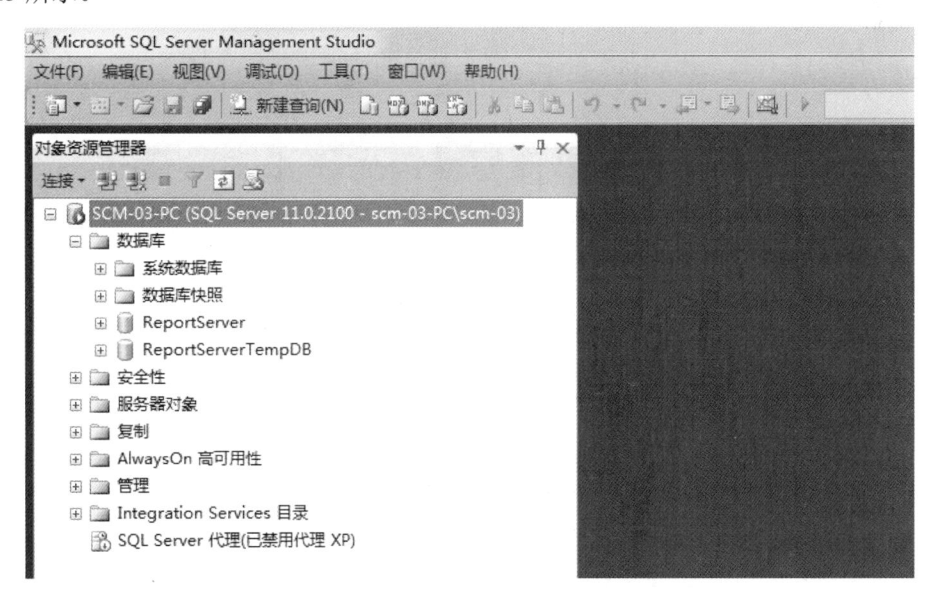

图 14-25　安装步骤二十五

14.2 实验指导二——数据库设计项目

【实验要求目的】

（1）了解数据库设计的基本方法和步骤。

（2）了解数据库中需求分析的作用。

（3）掌握 E-R 图的绘制。

（4）掌握 E-R 图到关系模式的转换。

（5）掌握数据库中表的设计。

【实验内容】

请完成一个小型网上购物系统的数据库设计，需求分析已给出，请完成这个数据库系统的 E-R 图，并给出相应的关系模式和数据库中各种表的设计。

需求分析：

（1）用户管理：注册用户可以浏览商品和购买商品，其属性包括用户 ID（主键）、用户名、密码、E-Mail、地址。

（2）商品管理：商品属性有商品号（主键）、商品分类、生产厂商、库存量和其他描述。

（3）商品订购管理：注册用户可以将需要购买的商品放入购物车，付款后生成订单，其中订单属性包含订单号、客户号、收货地址、订单日期、订单金额，订单明细内容包括商品号、单价、订货数量。

（4）评论管理：用户可以对商品发表评论，属性包括评论号、客户号、商品号、客户邮箱、评论内容、评论时间。

网上购物系统的主要业务包括：商品信息的发布与查询、商品的订购、订单的处理。

（1）请给出小型网上购物系统的 E-R 图。

（2）请将系统的 E-R 图转换为关系模式。

（3）请根据关系模式写出数据库中需要建立的表的设计。

14.3 实验指导三——数据库操作及 SQL 命令

【实验要求目的】

（1）了解 SQL Server 数据库的逻辑结构和物理结构。

（2）了解 SQL Server 的基本数据类型。

（3）学会以手动方式创建数据库、修改数据库、删除数据库。

（4）学会以 SQL 命令方式创建数据库、修改数据库、删除数据库。

【实验内容】

1. 以手动方式操作数据库

1）以手动方式创建数据库

创建一个数据库名字为 company，选择“对象资源管理器”→“数据库”→单击鼠标右键→“新建数据库”，打开新建数据库面板，在“数据库名称”中输入数据库名字 company，“所有者”为“默认值”，自动生成数据库文件逻辑名称为 company，日志文件逻辑名称为 company_log，其中，数据库文件的初始大小为 3MB，增量为 1MB，不限制增长，保存路径为默认路径值 C:\Program Files\Microsoft SQL Servershili\MSSQL10_50.MSSQLSERVER\MSSQL\DATA，日志文件初始大小为 1MB，增量为 10%，不限制增长。单击“确定”按钮，完成数据库新建任务，如图 14-26 所示。

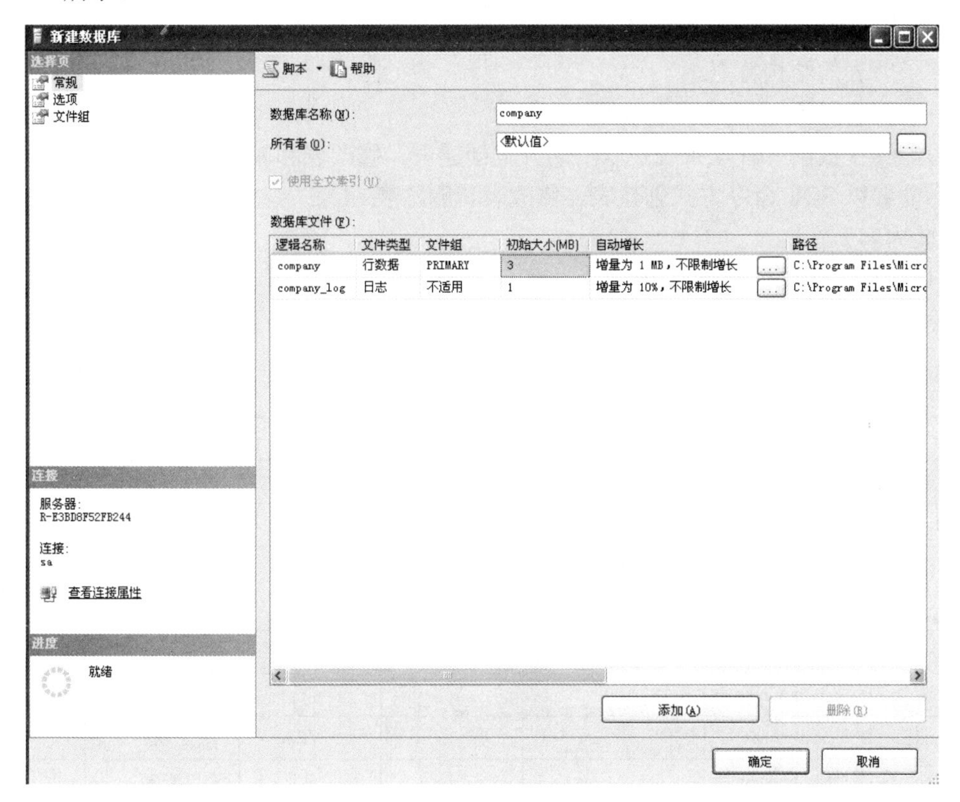

图 14-26　创建数据库

2）以手动方式修改数据库

（1）将数据文件最大大小修改为不受限制。

（2）为 company 数据库添加一个数据库文件，名字为 company2，路径为 C:\Program Files\Microsoft SQL Server\MSSQL10_50.MSSQLSERVER\MSSQL\DATA，初始大小为 5MB，最小大小为 100MB，文件增长方式为 10%。

（3）删除新建的数据库文件 company2。

3）以手动方式删除数据库

选中数据库，单击鼠标右键选择“删除”，打开“删除对象”属性页，“删除数据库备份和还原历史记录”默认为选中状态，也可以勾选上“关闭现有连接”，然后单击“确定”按钮，删除该数据库对象。

2. 以 SQL 命令方式操作数据库

（1）以 SQL 命令方式创建数据库，内容同手动操作。

（2）以 SQL 命令方式修改数据库，包括修改数据库文件属性、初始大小、最大大小、增长方式，添加数据库文件或日志文件，以及删除数据库文件或日志文件，写出命令并且测试。

（3）以 SQL 命令方式删除数据库，并且测试。

14.4 实验指导四——表操作及 SQL 命令

【实验要求目的】

（1）了解 SQL Server 数据库的逻辑结构和物理结构。

（2）了解表的结构特点。

（3）掌握 SQL Server 的基本数据类型。

（4）能够在数据库管理系统中以手动方式创建表、修改表和删除表。

（5）能够以 SQL 命令方式创建表、修改表和删除表。

【实验内容】

1. 以手动方式操作数据库表

（1）新建一个表，表数据字典如表 14-1 所示，在数据库管理系统中实现。

表 14-1 员工工资基本信息表数据字典

表 名 称	pay_info		含 义		员工工资基本信息	
字段名称	字段类型	字段长度	是否主键	是否为空	字段含义	字段说明
pid	char(8)	8	是	否	工资编号	自增
uid	varchar(10)	输入字符长度，最多不超过 10		否	用户 ID	外键
salary	smallmoney			否	基本工资	
security	smallmoney			否	社保	
pub_funds	smallmoney			否	公积金	
bonus	smallmoney			是	奖金	
tax	smallmoney			是	个人所得税	
deduction	smallmoney			是	扣发	
paydate	Date			否	工资生成时间	

（2）修改表结构。

① 添加一个字段，name char（8），不是主键，可以为空，手动方式实现。

② 修改字段 name，长度改为 10 个字符，手动方式实现。

③ 删除添加字段 name。

2. 以 SQL 命令方式操作数据库表

（1）以 SQL 命令方式创建车辆基本信息表、运输信息表，以及汽车运输基本信息表，如表 14-2～表 14-4 所示。

表 14-2 车辆基本信息表数据字典

表 名 称	car_info		含 义		车辆基本信息	
字段名称	字段类型	字段长度	是否主键	是否为空	字段含义	字段说明
cid	char(4)	4	是	否	车辆编号	
load	int	4		否	载重量	
price	smallmoney	4		否	运费单价	

表 14-3 运输信息表数据字典

表名称	tran_info		含义		运输基本信息	
字段名称	字段类型	字段长度	是否主键	是否为空	字段含义	字段说明
tid	char(8)	8	是	否	运单号	自增
startdate	smalldatetime	4		否	发车时间	外键
startloc	varchar(20)	输入字符长度，最多不超过 20		否	发车地点	
stopdate	smalldatetime	4		否	收车时间	
stoploc	varchar(20)	输入字符长度，最多不超过 20		否	收车地点	

表 14-4 汽车运输基本信息表数据字典

表名称	cartran		含义		汽车运输基本信息	
字段名称	字段类型	字段长度	是否主键	是否为空	字段含义	字段说明
tid	char(8)	8	是	否	运单号	
cid	char(4)	4	是	否	车辆编号	
uid	char(4)	4		否	用户 ID	司机

（2）以 SQL 命令方式修改表，写出如下命令并且进行测试。

① 为 car_info 添加一个字段 usedate，int 类型，不是主键，可以为空，表示汽车年限。

② 修改 usedate 数据类型为 tinyint。

③ 删除该字段。

（3）以 SQL 命令方式删除表 car_info、tran_info、cartran，并且测试。

14.5 实验指导五——数据更新及 SQL 命令

【实验要求目的】

（1）了解表的结构特点。

（2）了解 SQL Server 的基本数据操作。

（3）掌握以手动方式更新数据库表中的数据。

（4）掌握以 SQL 命令方式更新数据库表中的数据。

【实验内容】

1. 以手动方式修改数据库表中的数据

（1）录入数据，如表 14-5 所示。

表 14-5 员工信息表数据

用户 ID uid	姓名 name	性别 sex	出生年月日 birthday	入职时间 entrydate	职位 job
U001	王明	男	1972.11.24	2013.6.1	经理
U002	杨帆	男	1982.8.11	2013.6.1	人事
U003	杨莉	女	1988.11.2	2013.6.1	会计

续表

用户ID uid	姓名 name	性别 sex	出生年月日 birthday	入职时间 entrydate	职位 job
U004	周玉云	女	1990.7.9	2013.9.1	会计
U005	陈平	男	1982.10.1	2013.6.1	物流调度
U006	李林	男	1965.5.12	2013.6.1	司机
U007	代刚	男	1977.6.12	2013.9.1	司机

（2）修改代刚的职位，变为物流调度。

（3）删除U007号员工的数据。

2. 以SQL命令方式修改数据库表中的数据

（1）使用insert into命令录入数据表数据，如表14-6～表14-8所示。

表14-6　工资信息表数据

工资编号 pid	用户ID uid	基本工资 salary	社保 security	公积金 pub_funds	奖金 bonus	所得税 tax	扣发 deduction	工资生成时间 paydate
P1406007	U007	4100	256	600	300	158	0	2014.6.28

表14-7　资金信息表数据

资金编号 asid	用户ID uid	支出项 payout	支出数 payoutnum	收入项 income	收入数 incomenum	资金发生时间 assetdate
a1401001	U001	员工工资	10000	运费	5688	2014.01.8
a1401002	U007	奖金	7844	运费	565	2014.01.15

表14-8　运单信息表数据

运单号 tid	发车时间 startdate	发车地点 startloc	收车时间 stopdate	收车地点 stoploc
t1401001	2014.01.8	成都	2014.01.12	上海
t1401002	2014.01.11	成都	2014.01.11	贵阳
t1401003	2014.01.15	成都	2014.01.16	武汉

（2）使用update修改数据，将员工信息表中U006号员工的职位改为经理。

（3）使用update修改数据，将工资信息表中编号为P1406007的扣发改为100，奖金改为0。

（4）使用update修改数据，将资金信息表中2014.01.15日的收入改为665，支出改为8866。

（5）使用update修改数据，将运输信息表中运单号为t1401001的发车地点改为绵阳。

（6）使用delete删除数据，将员工信息表中编号为U001的员工信息删除。

（7）使用delete删除数据，将工资信息表中U007号员工的工资信息删除。

（8）使用delete删除数据，将资金信息表中a1401002号信息删除。

（9）使用delete删除数据，将运输信息表中收车地点是上海的信息删除。

14.6　实验指导六——单表查询及 SQL 命令

【实验要求目的】

（1）了解表的结构特点。

（2）了解 SQL Server 的基本数据操作。

（3）掌握 select 查询语句的基本语法格式。

（4）能够熟练使用 select 语句完成对数据的查询、排序及统计等操作。

【实验内容】

1. 完成下列对列的查询

（1）查询员工编号、姓名、入职时间和职位。

（2）查询工资编号、员工编号、基本工资、社保、公积金。

（3）查询资金编号、收入项和支出项及资金发生时间。

（4）查询车辆编号、载重量。

（5）查询运单号、发车地点及收车地点。

（6）查询员工信息表的所有信息。

（7）查询工资表的所有信息。

（8）查询资金表的所有信息。

（9）查询运输表的所有信息。

（10）查询员工编号、姓名、性别、入职时间和职位，列标题显示为汉字。

（11）查询工资编号、用户编号、奖金、个人所得税、扣发，列标题显示汉字。

（12）查询员工工资基本信息表，如果工资大于 5000，显示工资高，工资 3000 到 5000 为中等，3000 以下为工资低。

（13）查询计算基本工资加奖金减去社保、住房公积金、个人所得税和扣除之后的结余数。

2. 完成下列对行的查询

（1）查询公司职位有哪些，消除重复行。

（2）查询运输表中出发地都有哪些，消除重复行。

（3）查询公司资金基本信息信息表前 20 行数据。

（4）查询车辆运输基本信息表前 30%的数据。

（5）查询男性司机的员工信息。

（6）查询比杨莉年龄小的员工信息。

（7）查询 2013 年 8 月 28 日的公司工资信息。

（8）查询 2013 年 9 月 28 日基本工资大于 2500 的工资信息。

（9）查询公司资金基本信息表中由 U001 操作的资金信息。

（10）查询发车地点为南京的运算基本信息。

（11）查询姓杨的员工的基本信息。

（12）查询社保大于 300 并且公积金大于 500 的工资信息。

（13）查询支出项为奖金，或者支出项为邮费的资金信息。

（14）查询车辆运输单价大于 220 的车辆基本信息。

（15）查询发车时间为 2014 年 2 月 2 日的基本运输信息。

3. 使用聚合函数的查询

（1）查询公司的员工数量。

（2）查询公司的职位数量。

（3）查询公司的平均工资、平均社保、平均公积金。

（4）查询公司的最高工资、最低工资、最高奖金、最低奖金。

（5）查询公司 2013 年 11 月 28 日发放的工资总和、奖金总和。

（6）查询 U001 号员工在公司期间共领取的工资总和、奖金总和。

（7）查询公司邮费支出数总和。

（8）查询公司运费收入总和。

（9）查询公司车辆的平均载重和平均价格。

（10）查询公司运输从成都出发的次数及到成都的次数。

4. 对查询结果进行分组

（1）查询公司每个职位的人数。

（2）查询公司每个员工领取的奖金总和。

（3）查询公司每个员工在公司期间的平均工资。

（4）查询资金表中每个员工操作的运费总和。

（5）查询每个司机的出车次数。

（6）查询每个车辆的出车次数。

5. 对查询结果进行排序

（1）对公司员工进行查询，按年龄从高到低进行排序。

（2）查询公司 2013 年 10 月 28 日的工资信息，按工资从低到高排序。

14.7　实验指导七——多表查询及 SQL 命令

【实验要求目的】

（1）了解表的结构特点。

（2）了解 SQL Server 的基本数据操作。

（3）掌握多表查询的类型和语法格式。

（4）能够熟练使用 select 语句完成对数据的多表查询任务。

【实验内容】

1. 连接查询

（1）查询王明的基本信息及 2013 年 7 月 28 日的工资、社保和公积金。

（2）查询司机的姓名及 2014 年 1 月 28 日的奖金和扣发情况。

（3）查询由杨帆操作的资金基本信息。

（4）查询 2014 年 1 月 8 日运输的基本信息及担任运输的车辆基本信息。

（5）查询运单号 t1401003 的车辆基本信息和司机姓名。

2. 嵌套查询

（1）查询李林 2013 年 8 月 28 日的工资信息。

（2）查询周玉云操作的资金信息。

（3）查询 2014 年 01 月 11 日运输车辆的基本信息。
（4）查询南昌到上海的运输车辆的基本信息。
（5）查询 2014 年 2 月 2 日负责开车的司机的员工信息。

3. 集合查询

（1）查询男性员工，或职位为司机的员工基本信息。
（2）查询基本工资大于 3000，并且奖金大于 300 的工资信息。
（3）查询性别为男，并且职位不是司机的员工信息的差集。
（4）查询出发地为南京，但是终点不是成都的差集。
（5）查询载重超过 8 吨，但是价格不大于 210 的汽车信息。

14.8 实验指导八——数据库备份和还原

【实验要求目的】
（1）了解数据库备份和还原的基本概念。
（2）能够使用对象资源管理器备份、还原数据库。
（3）能够使用 T-SQL 语句备份、还原数据库。
【实验内容】
数据库为 company，上机操作，完成下列题目。
（1）使用对象资源管理器完全备份数据库 company。
（2）使用对象资源管理器差异备份数据库 company。
（3）使用对象资源管理器日志备份数据库 company。
（4）使用 T-SQL 语句完全备份数据库 company。
（5）使用 T-SQL 语句差异备份数据库 company。
（6）使用 T-SQL 语句日志备份数据库 company。
（7）使用对象资源管理器还原完全备份的数据库 company。
（8）使用 T-SQL 语句还原完全备份的 company 数据库文件。
（9）使用 T-SQL 语句还原日志备份的 company 数据库文件。

14.9 实验指导九——索引

【实验要求目的】
（1）了解索引的基本概念。
（2）能够使用对象资源管理器创建、删除索引。
（3）能够使用 T-SQL 语句创建、删除索引。
【实验内容】
数据库为 company，上机操作；首先还原数据库 company，然后完成下列题目。
（1）用对象资源管理器在表 user_info 的“name”列上建立非聚簇索引，索引名为 uname_index。
① 依次展开对象资源管理器中的“+”节点直到找到要创建索引的表 user_info；单击鼠标

右键，在弹出的菜单中选择“设计”，打开表 user_info；选中表 user_info 中要创建索引的列“name”，单击鼠标右键，在弹出的菜单中选择“索引/键”或在菜单栏的“表设计器”中选择“索引/键”。

② 在弹出的“索引/键”对话框中，单击“添加”按钮，在右边的“常规”选项中设置该索引的属性。

③ 设置完成后，单击“关闭”按钮，完成并结束索引的创建。

（2）用对象资源管理器删除索引 uname_index。

① 展开对象资源管理器，直到找到要删除索引的表 user_info，在该表的折叠项中找到“索引”并展开；选中要删除的索引“uname_index”，单击鼠标右键，在弹出的菜单中选择“删除”命令。

② 在弹出的“删除对象”对话框中，单击“确定”按钮，完成并结束索引的删除。

（3）用 T-SQL 语句在表 pay_info 的“pid”列上建立非聚簇索引，索引名为 pay_index，顺序为降序。

```
USE company
Create index nonclustered   index pay_index
On pay_info(pid desc)
```

（4）用 T-SQL 语句删除索引 pay_index。

```
USE company
Drop index pay_info.pay_index
```

（5）用对象资源管理器在表 car_info 的“cid”列上建立非聚簇索引，索引名为 carid_index。

（6）用 T-SQL 语句在表 asset 的“uid”上建立非聚簇索引，索引名为 asu_index，顺序为升序。

（7）用 T-SQL 语句在表 cartran 的“uid”列上建立非聚簇索引，索引名为 ucartran_index，顺序为降序。

（8）删除索引 carid_index、asu_index 和 ucartran_index。

14.10 实验指导十——视图

【实验要求目的】

（1）了解视图的基本概念。

（2）能够使用对象资源管理器创建、查询视图。

（3）能够使用 T-SQL 语句创建、查询、删除视图，通过视图进行数据的插入、更新和删除。

【实验内容】

数据库为 company，上机操作；首先还原数据库 company，然后完成下列题目。

（1）使用对象资源管理器创建视图名为 sjinfo_view（描述职位为司机的员工信息）的视图，并查看视图中的数据。

① 依次展开对象资源管理器中的“+”节点直到 company 下的“视图”节点；单击鼠标右键，选择“新建视图”命令。

② 在弹出的“添加表”对话框中选择与创建视图相关的表、视图、函数或同义词。选择完成后，单击“添加”按钮。

③ 在弹出的窗口中选择创建视图需要的字段，并且可以指定各列的别名、排序类型、排序顺序和筛选条件等。指定 job 字段的筛选条件为“司机”。设置完成后，单击“保存”按钮，弹出“保存视图”对话框。输入视图名后单击“确定”按钮就完成了视图 sjinfo_view 的创建。

④ 选中需要查看的视图 dbo.sjinfo_view，单击鼠标右键，在弹出的菜单中选择“选择前 1000 行”命令就可以查看视图中的数据。

（2）为职位是司机的员工创建视图 sjpay_view，包括用户 ID、工资单编号、姓名和奖金。

```
CREATE VIEW sjpay_view
AS
SELECT user_info.uid, name,pid, bonus
FROM user_info, pay_info
WHERE user_info.uid=pay_info.uid and job='司机'
```

（3）为职位是司机的员工创建平均奖金的视图 sjpay_avg，包括用户 ID（在视图中列名为员工编号）和平均奖金（在视图中列名为平均奖金）。

（4）查询司机的平均奖金。

（5）创建视图 user_entrayday_view，包含 2013 年 6 月 1 日入职的员工的用户 ID、姓名和职位。

```
use company
Create view user_entrayday_view
as
Selecte uid,name,job
From user_info
Where entrayday='2013.6.1'
```

（6）查询 2013 年 6 月 1 日入职会计的 ID、姓名和职位。

```
use company
Select * from user_entrayday_view
Where job='会计'
```

（7）创建视图 userbonus_view，包含所有员工的 ID、姓名和奖金，列名分别为“员工编号”、“姓名”和“奖金”。

```
Use company
Create view userbonus_view(员工编号,姓名,奖金)
As
Select user_info.uid,name,bonus
From user_info,pay_info
Where user_info.uid=pay_info.uid
```

（8）创建视图 userbonus500_view，其中包含奖金超过 500 的员工的 ID、姓名和奖金。

```
Use company
Create view userbonus500_view
as
Select * From userbonus_view
```

```
Where bonus>500
```

（9）创建视图 assetpayout_view，其中包含各员工的 ID、姓名和资金支出信息。

```
Use company
Create view assetpayout_view
As
Select asset_info.uid,name,payout,paypoutnum
From asset_info,user_info
Where asset_info.uid=user_info.uid
```

（10）创建一个视图名为 assetpayout_totalview，包含每个员工的 ID 和总支出额。

```
Use company
Create view assetpayout_totalview（员工编号，总支出额）
As
Select uid,sum(payoutnum)
From assetpayout_view
Group by uid
```

（11）创建视图 carinfo_view，包含车辆的基本信息，列名分别为“车辆编号”、“载重”、“单价”。

```
Use company
Create view carinfo_view（车辆编号，载重，单价）
As
Select * From car_info
12.向视图 carinfo_view 中插入数据('c011',10,260)
Use company
Insert into carinfo_view values('c011',10,260)
```

（12）将视图 carinfo_view 中所有车辆的单价均减少 10 元。

```
Use company
Update carinfo_view
Set price=price-10
```

（13）创建视图 cartran_view，包含每辆车的详细运输信息。

```
Use company
Create view cartran_view
As
Select car_info.cid,tran_info.tid,startdate,startloc,stopdate,stoploc
From car_info,tran_info, cartran
Where car_info.cid=cartran.cid and tran_info.tid=cartran.tid
```

（14）删除视图 carinfo_view 中车辆编号为 c011 的车辆信息。

```
Use company
Delete from carinfo_view
Where cid='c011'
```

（15）删除视图 kjinfo_view 和 carinfo_view。

```
Use company
Drop view kjinfo_view,carinfo_view
```

14.11 实验指导十一——存储过程

【实验要求目的】

（1）了解存储过程的基本概念。

（2）能够使用对象资源管理器创建、删除存储过程。

（3）能够使用 T-SQL 语句创建、删除存储过程。

【实验内容】

数据库为 company，上机操作；首先还原数据库 company，然后完成下列题目。

（1）使用对象资源管理器创建一个存储过程 pr_carinfo，其作用是查看 company 数据库中某车辆的记录，具体操作步骤如下。

① 依次展开对象资源管理器中的“+”节点直到 company 下的“可编程性”节点；展开“可编程性”节点，右击“存储过程”，单击“新建存储过程”，出现创建存储过程的查询编辑器窗口。

② 在“查询”菜单中单击“指定模板参数的值”，在弹出的对话框中设置完成后，单击“确定”按钮（参数 procedure_name 设置为 pr_carinfo，@Paran1 设置为@p1，数据类型为 char，默认值为 c001）。

③ 在查询编辑器窗口中，将“Add the parameters for the stored procedure here”下面第一行最后的逗号和第二行删除；在“Insert statements for procedure here”下面输入查询的 T-SQL 语句“select * from car_info where cid=@p1”。

④ 在“查询”菜单中单击“分析”测试语法后，单击“执行”创建存储过程。

（2）使用对象资源管理器删除存储过程 pr_carinfo。

依次展开对象资源管理器中的“+”节点直到 company 下的“可编程性”节点；展开“可编程性”—>“存储过程”，选中要删除的存储过程 pr_carinfo，单击鼠标右键，再单击“删除”。

（3）创建一个存储过程 pr_assetview，它接收一个用户 ID，并显示该用户审核的资金支出和收入信息。

```
Use company
Create procedure pr_assetview @myid char(4)
As
Select uid,payout,payoutnum,income,incomenum,assetdate
From asset_info
Where uid=@myid
GO
Exec pr_assetview 'U007'
```

（4）创建一个存储过程 pr_userAdd，将以下数据添加到表 user_info 中。

uid	name
U010	王璐

```
Use company
Create procedure pr_ userAdd @uid char(4),@name varchar(20)
As
Insert user_info
Values(@uid,@name)
GO
Exec pr_ pr_ userAdd 'U010','王璐'
```

（5）创建一个存储过程 pr_carview，它返回某辆运输车的载重和单价。

```
Use company
Create procedure pr_carview @cid char(4),@load int output,@price smallmoney output
As
Select @load=loads,@price=price
From car_info
Where cid=@cid
GO
Declare @myload int
Declare @myprice smallmoney
Exec pr_carview 'c001',@myload output,@myprice output
Select @myload,@myprice
```

（6）创建一个存储过程 pr_traninfo，用于显示从某个城市发车的运单信息。

```
Use company
Create procedure pr_traninfo @startloc varchar(20)
As
Select * from tran_info
Where startloc=@startloc
GO
Exec pr_traninfo '成都'
```

（7）删除存储过程 pr_userAdd。

```
Use compamy
Drop procedure pr_userAdd
```

14.12 实验指导十二——触发器

【实验要求目的】

（1）了解触发器的基本概念。

（2）能够使用对象资源管理器创建、删除触发器。

（3）能够使用 T-SQL 语句创建、删除触发器。

【实验内容】

数据库为 company，上机操作；首先还原数据库 company，然后完成下列题目。

（1）使用对象资源管理器创建触发器 trgcar1，当向表 car_info 插入、更新、删除数据之后被触发。

① 依次展开对象资源管理器中的“+”节点直到 company 中表 dbo.car_info 下的“触发器”

节点；单击鼠标右键，在弹出的菜单中选择“新建触发器”。

② 在单击“新建触发器”后出现的窗口中输入 SQL 语句。

```
Use company
GO
Create trigger trgcar1 on car_info
After insert,update,delete
As
Select * from car_info
go
```

③ 单击菜单栏上的 执行(X) 按钮，则在该表的“触发器”节点下面可以看到新建的触发器 trgcar1。

（2）使用对象资源管理器删除触发器 trgcar1。

依次展开对象资源管理器的“+”节点直到表 dbo.car_info 下的“触发器”节点；展开“触发器”节点，选中要删除的触发器 trgcar1 后单击鼠标右键，在弹出的菜单中选择“删除”即可。

（3）创建一个触发器 trgInsertUser1，当向表 user_info 中插入数据时，如果出现重复的 ID，则产生回滚。

```
Use company
GO
Create trigger trgInsertUser1 on user_info
After insert
As
Begin
    Declare @id char(4)
    Select @id=inserted.uid from inserted
    If exists(select uid from user_info where uid=@id)
    Begin
        Raiserror('用户 ID 不允许重复，插入失败！',16,1)
        Rollback
    End
End
```

（4）创建一个触发器 trgInsertUser2，当向表 user_info 中插入数据时，如果性别输入不正确，则给出错误提示，但不回滚。

```
Use company
GO
Create trigger trgInsertUser2 on user_info
After insert
As
Declare @mysex char(2)
Select @mysex=sex from inserted
If @mysex<>'男' or @mysex<>'女'
Raiserror('性别只能是男或者是女',16,1)
Rollback
Go
```

（5）创建一个触发器 trgNotUpdate，防止表 user_info 中的用户 ID 被修改。

```
Use company
Go
Create trigger trgNotUpdate on user_info
After update
As
If update(uid)
Begin
    Raierror('不能修改用户 ID',16,2)
    Rollback
End
Go
```

（6）在 user_info 表中创建一个删除触发器 trgDeleteUid，当在 user_info 表中删除某一条记录后，触发该触发器，在 pay_info 表中删除与此用户 ID 对应的记录。

```
Use company
Go
Create trigger trgDeleteUid
On user_info
After delete
As
Print '删除触发器开始执行……'
Declare @myuid char(4)
Print '把在 user_info 表中删除的记录的用户 ID 赋值给局部变量@myuid。'
Select @myuid=uid from deleted
Print '开始查找并删除 pay_info 表中的相关记录…..'
Delete from pay_info
Where uid=@myuid
Print '删除了 pay_info 中用户 ID 为' + rtrim(@myuid) + '的记录'
GO
```

（7）删除触发器 trgInsertUser1。

```
Use company
Drop trigger trgInsertUser1
Go
```

14.13 实验指导十三——VB/SQL 数据库开发

【实验要求目的】

（1）理解 VB/SQL 的原理。

（2）了解几种数据访问方法的不同之处。

（3）能够使用 VB 程序完成基本的界面设计。

（4）能够在编写的 VB 代码中使用 SQL 语句，实现表数据查询、删除和增加。

【实验内容】

将前面实验中完成的数据库整理完毕，确保里面数据的完整和正确。然后根据设计的信息系统中的主要功能，使用 Visual Basic 6.0 程序完成界面设计（如表 14-9 所示），最终实现通过应用程序访问数据的操作。

表 14-9 界面

人员管理	财务管理	运输管理	系统管理
人员设置	资金管理	出车管理	用户管理
员工档案管理	收入结算	车辆设置	数据修改
考勤管理	支出结算	费用设置	数据备份
工资管理	收付款审核	跟踪管理	数据导入
人员查询	财务查询	运输查询	数据导出

【上机操作】

1. 实现对“财务管理”中的“收入/支出结算”功能

1）数据表结构

数据表结构如表 14-10 所示。

表 14-10 数据表结构——公司资金基本信息

表 名 称	asset_info		含 义		公司资金基本信息	
字段名称	字段类型	字段长度	是否主键	是否为空	字段含义	字段说明
asid	char(8)	8	是	否	资金编号	自增
uid	char(4)	4		否	用户 ID	外键
payout	varchar(20)	输入字符长度，最多不超过 20		是	支出项	
payoutnum	smallmoney	4		是	支出数	
income	varchar(20)	输入字符长度，最多不超过 20		是	收入项	
incomenum	smallmoney	4		是	收入数	
assetdate	smalldatetime	4		否	资金发生时间	

2）完成思路

首先，某企业收支的结算可分为按“天”、“月”、“季度”来进行，在界面设计时应考虑可选方式，进而映射到“资金发生时间”字段值的范围。其次，结算值的结算涉及对应字段值的计算。最后，将结算后的结果较为合理地在应用程序界面中显示出来。

2. 实现对“人员管理”中的“工资管理”功能

1）数据表结构

数据表结构如表 14-11 所示。

2）完成思路

此处的工资管理功能应该站在管理员的角度来完成给某位员工设定“基本工资”值，以及根据该值使用正确的计算公式自动计算出其他值，如“社保”、“公积金”、“个人所得税”等，应用程序界面随之显示。在确保正确无误的情况下最终将其写入数据库中。

表 14-11　数据表结构——员工工资基本信息

表 名 称	pay_info		含　义		员工工资基本信息	
字段名称	字段类型	字段长度	是否主键	是否为空	字段含义	字段说明
pid	char(8)	8	是	否	工资编号	自增
uid	char(4)	4		否	用户 ID	外键
salary	smallmoney	4		否	基本工资	
security	smallmoney	4		否	社保	
pub_funds	smallmoney	4		否	公积金	
bonus	smallmoney	4		是	奖金	
tax	smallmoney	4		是	个人所得税	
deduction	smallmoney	4		是	扣发	
paydate	smalldatetime	4		否	工资生成时间	

14.14　实验指导十四——Tableau 安装和数据连接

【实验要求目的】

（1）熟悉 Tableau 的产品。

（2）了解 Tableau 的特点。

（3）能够根据自己的操作系统安装合适版本的 Tableau。

（4）掌握 Tableau 的数据连接。

【实验内容】

（1）从官网下载 Tableau 的合适产品版本，并且进行安装。

（2）将 Excel 数据导入 Tableau 系统，并且进行测试。

（3）将 SQL Server 数据库数据导入 Tableau 系统，并且进行测试。

14.15　实验指导十五——Tableau 基本图表一

【实验要求目的】

（1）熟悉 Tableau 的基本图表制作。

（2）能够根据具体案例进行图表设计和制作。

【实验内容】

（1）将 Excel 数据导入 Tableau 系统。

（2）制作条形图并且进行分析。

（3）制作线形图并且进行分析。

（4）制作饼图并且进行分析。

（5）制作复合图并且进行分析。
（6）制作嵌套条形图并且进行分析。
（7）制作热图并且进行分析。
（8）制作动态图并且进行分析。
（9）制作突显图并且进行分析。

14.16 实验指导十六——Tableau 基本图表二

【实验要求目的】
（1）熟悉 Tableau 的基本图表制作。
（2）能够根据具体案例进行图表设计和制作。
【实验内容】
（1）将 Excel 数据导入 Tableau 系统。
（2）制作散点图并且进行分析。
（3）制作气泡图并且进行分析。
（4）制作甘特图并且进行分析。
（5）制作靶标图并且进行分析。
（6）制作瀑布图并且进行分析。
（7）制作直方图并且进行分析。
（8）制作帕累托图并且进行分析。

14.17 实验指导十七——Tableau 仪表板设计

【实验要求目的】
（1）熟悉 Tableau 的仪表盘制作。
（2）能够根据具体案例进行仪表盘设计和制作。
【实验内容】
（1）将 Excel 案例数据导入 Tableau 系统。
（2）根据案例进行需求分析。
（3）根据需求分析制作可视化图例。
（4）根据图例设计仪表盘并且进行展示。

1. 数据库的操作

1）数据库的创建（creatc databasc namc）

课程数据库名称为 db_stu，分别创建数据库文件和日志文件，数据库文件为 db_stu_data，保存在 C:\Program Files\Microsoft SQL Server\MSSQL\Data\db_stu_data.MDF，初始大小为 10MB，最大大小为 5MB，数据库按 5%比例增长；日志文件为 db_stu_log，保存在 C:\Program Files\Microsoft SQL Server\MSSQL\Data\db_stu_log.LDF 中，大小为 2MB，最大可增长到 100MB，按 1MB 增长。

```
create database db_stu
on
(
name=db_stu_data,
filename='C:\Program Files\Microsoft SQL Server\MSSQL\Data\db_stu_data.MDF',
size=10MB,
maxsize=50MB,
filegrowth=5%
)
log on
(
name=db_stu_log,
filename='C:\Program Files\Microsoft SQL Server\MSSQL\Data\db_stu_log.LDF',
size=2MB,
maxsize=100MB,
filegrowth=1MB
)
```

2）数据库的修改（alter database name）

（1）修改方式 1：修改（modify）

将数据库文件的最大大小改为不受限制。

```
Alter database db_stu
Modify file
(
Name=db_stu_data,
Maxsize=unlimited
)
```

（2）修改方式 2：添加（add）

向数据库再添加一个数据库文件。

```
Alter database db_stu
Add file
(
Name=db_stu_data2,
filename='C:\Program Files\Microsoft SQL Server\MSSQL\Data\db_stu_data2.MDF',
size=10MB,
maxsize=50MB,
filegrowth=5%
)
```

（3）修改方式 3：删除（remove）

删除数据库的数据库文件。

```
Alter database db_stu
Remove file db_stu_data2
```

3）数据库的删除（drop database）

```
Drop database db_stu
```

2. 关系表的操作

1）关系表的创建（create table name）

```
use db_stu
create table Student
(
Sno    char(10) not null primary key,
Sname char(30) not null,
Sage int not null,
Ssex int null,
Sdept char(20) null
)
```

2）关系表的修改（alter table name）

（1）修改方式 1：修改（alter column）

将关系表字段 Ssex 改为 bit 类型。

```
Alter table student
Alter column Ssex bit
```

（2）修改方式 2：添加（add）

向关系表再添加一个字段。

```
Alter table student
Add Sdel char(11) null
```

（3）修改方式 3：删除（drop column）

删除关系表字段。

```
Alter table student
Drop column Sdel
```

3）关系表的删除（drop table name）

```
Drop table student
```

3. 表数据的操作

1）表数据的录入（insert into table values）

```
insert into Student values ('40900001','小红',19,0,'09')
insert into Student values ('40900002','小张',20,1,'09')
insert into Student values ('40900003','小明',19,1,'09')
insert into Student values ('40900004','小白',19,0,'09')
```

2）表数据的修改（update table set）

将所有同学的年龄都增加一岁。

```
Update student
Set Sage=Sage+1
```

3）表数据的删除（delete from name）

将男同学的记录都删除。

```
Delete from student
Where Ssex=1
```

4. 数据表查询

```
SELECT select_list    [ INTO new_table ]
[ FROM    table_source ]
[ WHERE search_condition ]
[ GROUP BY <列名> [, <列名>…]]
[ HAVING    search_condition]
[ ORDER BY <列名> [ ASC|DESC] [, <列名>…][ ASC|DESC] ]
```

1）对列的相关查询（select table_list from table）

（1）选择一个表中指定的列（select table_list from table）

查询学生的学号、姓名及年龄。

```
SELECT Sno，Sname，Sage    FROM Student
```

（2）查询全部列（select * from table）

```
SELECT *    FROM Student
```

（3）修改查询结果中的列标题（select list as list_name from table）

查询数据表 Student 中所有学生的学号及年龄，结果中各列的标题分别指定为学号、年龄。

```
SELECT Sno as  学号, Sage   as   年龄   FROM Student
或者   SELECT Sno    学号, Sage    年龄    FROM Student
或者   SELECT  学号=Sno,  年龄= Sage    FROM Student
```

（4）替换查询结果中的数据（select list case when then end from table）

查询数据表 Student 的学生的所有记录，结果按（学号，姓名，性别，年龄，院系）显示。对于性别按以下规定显示：性别为 0 则显示为男；性别为 1 则显示为女。

```
SELECT   Sno  学号, Sname  姓名,
                性别=     case      when Ssex=0    then   '男'
                                      when Ssex=1    then   '女'
         end age  年龄,Sdept  院系
FROM Student
```

（5）查询经过计算的值（select expression from table）

显示学生的学号、姓名及出生年份。

```
SELECT   Sno  学号, Sname  姓名,
         出生年份= year(getdate()) - Sage
FROM Student
```

注：year(getdate()) =2010

2）对行的相关查询（select table_list from table）

（1）消除结果集中的重复行（distinct）

查询学生的性别和年龄，消除重复的行。

```
Select distinct Ssex,Sage from student
```

（2）限制结果集的返回行数（top n percent）

查询学生成绩的前 5 行记录。

```
Select top 5 * from chose
```

查询学生成绩的前 30%记录。

```
Select top 30 percent * from chose
```

（3）查询满足条件的行（select list from table where）

① 逻辑运算符（and not or）

查询院系为 09 或 08 的学生的记录。

```
SELECT   *   FROM Student   WHERE Sdept ='09' or Sdept ='08'
```

② 比较运算符(=　　<　　<=　　>　　>=　　<>　　!=　　!<　　!>)

查询年龄大于 18 小于 22 的学生记录。

```
SELECT   *   FROM Student    WHERE Sage>=18 and Sage<=22
```

③ 指定范围（between 和 not between）

查询年龄大于 18 小于 22 的学生记录。

```
SELECT  *  FROM Student    WHERE Sage between 18 and 22
```

查询学分不在 1 分到 3 分之间的课程号及课程名。

```
SELECT  Cno,Cname  FROM Course     WHERE Ccredit not between 1 and 3
```

④ 确定集合（in 与 not in）

查询年龄为 18、19 或 20 的学生记录。

```
SELECT  *  FROM Student WHERE Sage  in (18 ,19 ,20)
```

查询院系为 09 或 08 的男学生的记录。

```
SELECT  *  FROM Student WHERE Sdept in ('09' ,'08') and Ssex='男'
```

⑤ 字符匹配（like 和 not like）

通配符	含义
_下划线	任何单个字符（如 a_c 表示以 a 开头，c 结尾，长度为 3 的字符串）
%百分号	包含 0 个或多个字符的任意字符串 （如 a%c 表示以 a 开头，c 结尾，任意长度的字符串）
[ ]	在指定范围（如[a-f] 或[abcdef]内的任何单个字符）
[^]	不在指定范围（如[^a-f] 或[^abcdef]内的任何单个字符）

查找学号以 2002 开头的所有学生记录。

```
SELECT  *  FROM Student  WHERE Sno  like  '2002%'
```

查找学号中第 5 个字符为 5 的所有学生记录。

```
SELECT  *  FROM Student  WHERE  Sno  like  '____5%'
```

查找学号中第 5 个字符不是 5 的所有学生记录。

```
SELECT  *  FROM Student WHERE  Sno  like  '____[^5]%'
```

⑥ 空值比较（is null 和 is not null）

查找目前院系不明的所有学生记录。

```
SELECT  *  FROM Student  WHERE Sdept  is null
```

查找目前已经确定院系的所有学生记录。

```
SELECT  *  FROM Student WHERE Sdept  is not null
```

3）对查询结果排序（order by list_name asc|desc）

查询选修课程号为 3 的学生的成绩情况，并按照分数降序排列。

```
Select * from chose where  Cno = '003'  order  by  score Desc
```

查询所有学生的成绩情况，先按照课程号升序排列，再按照分数降序排列。

```
Select * from chose  order  by  Cno ,score Desc
```

4）使用聚合函数 SUM( ) AVG( ) MIN( ) MAX( ) COUNT()

查看院系为计算机的学生的平均年龄。

```
Select 平均年龄= avg(Sage) From  Student Where Sdept='计算机'
```

显示出来学生的最大年龄、最小年龄和平均年龄。

```
Select 最大年龄= max(Sage) , 最小年龄= min(Sage),  平均年龄= avg(Sage)  From  Student
```

查询参加选课学生的个数。

```
Select count(distinct sno)  as  选课学生个数 From chose
```

5）对查询结果分组 group by

查看各个院系的学生数量。

```
Select Sdept  , count(Sno)  From  Student  group by Sdept
```

查询表中每个院系的男女生个数。

```
Select Sdept  , Ssex, count(*)  From  Student   group by Sdept , Ssex
```

查看各个课程的平均成绩。

```
Select Cno , avg(score)   From chose  group by Cno
```

6）分组数据进行过滤（having）

查找男生人数超过 20 的年级。

```
Select Sdept From Student where Ssex ='男' group by Sdept having count(*)>=20
```

查看平均成绩在 60 以上的各门课程。

```
Select Cno , avg(Grade) as '平均成绩'  From chose group by Cno   having avg(Grade) >=60
```

7）产生额外的汇总行（Compute）

查找计算机院系学生的学号、姓名，并统计 CS 的学生人数。

```
Select Sno , Sname  From Student where Sdept='计算机' compute count（Sno）
```

5. 多表查询

1）连接查询

```
select [all|distinct] <目标列表达式>[,<目标列表达式>]…
    from <表名 1>[,<表名 2>]…
    [where<条件表达式>]
```

Where 子句中用来连接两个表的条件称为连接条件或连接谓词。

```
一般格式为:   [<表名 1>.]<列名 1> <比较运算符> [<表名 2>.]<列名 2>
```

（1）条件连接

查询选修课程号为 2 的学生姓名。

```
SELECT sname FROM Student,chose WHERE Student.Sno = chose.sno and chose.cno='2'
```

查询学号为“40900001”的学生的姓名、院系、课程号及成绩。

```
SELECT   sname,sdept,cno,score
FROM     Student,chose
WHERE    Student.Sno='40090001' and Student.Sno = chose.Sno
```

查询每个学生的学号、姓名、院系及选修课程的课程号、课程名和课程成绩。

```
SELECT   Student.sno, sname,sdept,course.cno,cname,score
FROM     Student,course,chose
WHERE    Student.Sno = chose.Sno and course.cno=chose.cno
```

查询选修课学分在 3 分以上的学生的学号、姓名、课程号、课程名、学分及成绩。

```
SELECT   Student.sno,sname,course.cno,cname,ccredit,score
FROM     Student,course,chose
WHERE    Student.Sno = chose.Sno and course.cno=chose.cno    and ccredit >=3
```

（2）自身连接

查询和“郭进”一个院系的其他学生的基本情况。

```
SELECT   *    FROM    Student a,student b
    WHERE   a.Sname='郭进'   and a.Sdept= b.Sdept
```

查询在同一个系的学生的基本情况。

```
SELECT   *    FROM      Student a ,student b
    WHERE   a.sno<>b.sno    and    a.Sdept= b.Sdept
```

2）嵌套查询

（1）带有 In 谓词的子查询

查询选修课程号为 2 的学生姓名。

```
SELECT Sname FROM Student
WHERE Sno IN (SELECT Sno   FROM chose WHERE Cno= '2')
```

查询没有选修课程的学生的基本情况。

```
SELECT * FROM Student
WHERE Sno not in (SELECT sno   FROM chose)
```

（2）带有比较运算符的子查询

查询和“李勇”不在一个院系的学生基本情况。

```
SELECT * FROM Student
WHERE Sdept <> (SELECT Sdept   FROM Student
WHERE sname= '李勇')
```

查询年龄高于平均年龄的学生的基本信息。

```
SELECT * FROM   Student
WHERE Sage >  (SELECT avg(sage) FROM student)
```

（3）带有 EXISTS 谓词的子查询

查询参加选修的学生信息。

```
SELECT   *    FROM   student
```

```
WHERE EXISTS (SELECT * FROM chose    WHERE student.sno = chose.sno)
```

3）集合查询

（1）并操作 UNION

查询 09 系的学生或年龄不大于 19 岁的学生。

```
SELECT * FROM Student WHERE Sdept= '09'
UNION
SELECT *FROM Student WHERE Sage<=19
```

（2）交操作 INTERSECT

查询 09 系且年龄小于等于 19 岁的学生集合。

```
SELECT * FROM Student WHERE Sdept= '09'
INTERSECT
SELECT * FROM Student WHERE Sage<=19
```

（3）差操作 EXCEPT

查询 09 系的学生与年龄不大于 19 岁的学生的差集。

```
SELECT * FROM Student    WHERE Sdept='09'
EXCEPT
SELECT * FROM Student    WHERE Sage <=19
```